前沿科技·人工智能系列

移动机器人自主控制

倪建军◎著

電子工業出版社
Publishing House of Electronics Industry
北京•BEIJING

内 容 简 介

移动机器人自主控制不仅是机器人领域的重要问题，也是人工智能研究中的热点课题之一。本书首先系统介绍移动机器人的结构和特点，以及移动机器人自主控制的关键技术等内容；然后详细研究人工智能理论与方法在移动机器人导航、路径规划、机器人视觉、环境感知、同步定位与建图、多机器人协作等方面的具体解决思路，并给出实验结果和分析；最后介绍移动机器人自主控制的进展。

本书可作为普通高校机器人、自动化、人工智能等相关专业高年级本科生和研究生的教材，也可以作为相关领域研究人员的参考用书。

图书在版编目（CIP）数据

移动机器人自主控制 / 倪建军著. —北京：电子工业出版社，2023.6
（前沿科技. 人工智能系列）
ISBN 978-7-121-45859-0

Ⅰ. ①移… Ⅱ. ①倪… Ⅲ. ①移动式机器人－智能控制 Ⅳ. ①TP242

中国国家版本馆 CIP 数据核字（2023）第 116611 号

责任编辑：田宏峰
印　　刷：天津千鹤文化传播有限公司
装　　订：天津千鹤文化传播有限公司
出版发行：电子工业出版社
　　　　　北京市海淀区万寿路 173 信箱　邮编 100036
开　　本：787×1 092　1/16　印张：17.25　字数：442 千字　　彩插：5
版　　次：2023 年 6 月第 1 版
印　　次：2023 年 6 月第 1 次印刷
定　　价：98.00 元

凡所购买电子工业出版社图书有缺损问题，请向购买书店调换。若书店售缺，请与本社发行部联系，联系及邮购电话：（010）88254888，88258888。

质量投诉请发邮件至 zlts@phei.com.cn，盗版侵权举报请发邮件至 dbqq@phei.com.cn。

本书咨询联系方式：tianhf@phei.com.cn。

前　言

机器人作为20世纪人类最伟大的发明之一，自20世纪60年代初问世以来，已成为家喻户晓的“大明星”。机器人的发展非常迅速，在促进工业生产和提高生活品质等方面占据着极其重要的地位并发挥着积极的作用。机器人学是一门高度交叉的学科，涉及机械、电子、计算机、自动控制、人工智能、生物及人类学等众多领域。机器人技术是多种学科综合发展的成果，代表高技术前沿。移动机器人是机器人领域一个重要的研究分支，也是当前研究热点之一，其应用范围已从简单的工业生产扩展到家庭服务、灾难搜救、医疗诊治、海洋勘测、太空探索等多个方面。

目前，移动机器人的研究已经得到广泛关注，有不少研究成果问世，但已出版的相关著作，有的是针对移动机器人的某一专题进行阐述的，如机器人同步定位与建图等，有的则重点探讨移动机器人自主控制的相关基础知识，如机器人运动建模等。本书的主要目的是希望借助移动机器人自主控制中关键问题的解决，探讨人工智能理论与方法在移动机器人中的应用，从而期望读者能通过具体问题的解决，进一步深入理解移动机器人自主控制的关键问题，以及人工智能在移动机器人领域的应用。

本书是在作者及其团队近几年研究工作的基础上写作而成的。自2012年以来，在相关研究领域，作者先后得到了国家自然科学基金（61203365、61873086）、江苏省自然科学基金（BK2012149）等项目的资助。在上述项目的支持下，作者搭建了各种移动机器人实验环境，先后在国内外高水平期刊上发表多篇论文，这些成果构成了本书的主要内容。在此向所有参与研究的团队成员、有关部门、期刊及其审稿人等表示感谢并致以敬意。

在研究和本书的写作过程中，得到了许多老师和同行的帮助。感谢加拿大圭尔夫大学杨先一（Simon X. Yang）教授、英国埃塞克斯大学胡豁生（Huosheng Hu）教授在作者访学期间对移动机器人自主控制相关问题解决方法给予的启发和指导。团队中的范新南教授、朱金秀教授等在作者的研究和本书的编写过程中提出了许多建设性意见，作者的博士生陈颜、唐广翼、王啸天、赵泳浩等为本书部分实验进行了代码测试以及书稿的校对，在此一并表示感谢。在本书的编写过程中所参考的文献已尽可能一一列出，如有遗漏在此表示歉意，并向所有文献资料的作者表示衷心的感谢。

移动机器人自主控制研究日新月异，新的理论和方法不断涌现，而作者水平及所了解的情况有限，因此书中难免有不少欠妥乃至错误之处，恳请广大读者和专家批评指正。

作　者

2023年5月

目　　录

第1章 绪　论

机器人作为20世纪人类最伟大的发明之一，自20世纪60年代初问世以来，目前已经家喻户晓，发展非常迅速。机器人在促进工业生产和提高生活品质等方面占据着非常重要的地位并发挥着积极作用。随着科学技术的发展和人们对机器人性能要求的不断提高，机器人已经从早期简单的工业机器人发展到配备多种传感器与通信设备的移动机器人，其应用范围也从简单的工业生产扩展到家庭服务、灾难搜救、医疗诊治、海洋勘测、太空探索等多个方面。

移动机器人是机器人领域一个重要的分支，是当前的研究热点之一，它将环境感知、决策规划、运动控制等功能集于一体[1]，具有自行组织、自主运行、自主规划的能力，能够在复杂的环境下工作。移动机器人在发展的过程中结合了机械工程、自动控制、传感器技术以及人工智能等学科的理论和方法，是多门学科综合发展的成果，代表高技术前沿。

1.1 移动机器人简介

1.1.1 移动机器人的定义

机器人至今还没有一个统一、严格的定义，不同国家、不同领域对机器人的定义虽然基本原则大体一致，但仍有较大的区别。下面是一些有代表性的定义[2]：

- 国际标准化组织（ISO）给出的定义是：机器人是一种自动的、位置可控的、具有编程能力的多功能操作机，这种操作机具有几个轴，能够借助可编程操作来处理各种材料、零件、工具和专用装置，可以执行各种任务。
- 美国机器人协会（RIA）给出的定义是：机器人是一种用于移动各种材料、零件、工具或专用装置的，可通过可编程序动作来执行种种任务的，并具有编程能力的多功能机械手。
- 英国机器人协会给出的定义是：机器人是一种可重复编程的装置，用以加工和搬运零件、工具、特殊的加工器具，通过可变的程序流程以完成特定的加工任务。
- 维基百科给出的定义是：机器人是自动控制机器的俗称，自动控制机器包括一切模拟人类行为或思想以及模拟其他生物的机械。

移动机器人作为机器人的一个分支，除了具备一般机器人的特点外，还具有高度的自主性，是一个由许多组件和技术组成的可移动自主系统，其组成如图1.1所示。

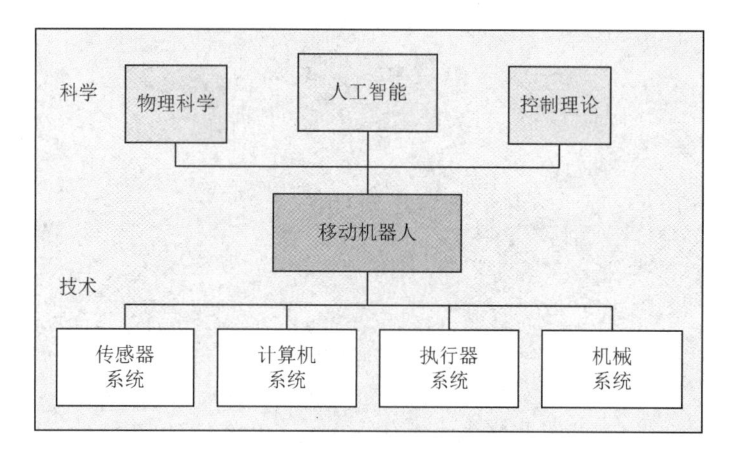

图 1.1 移动机器人组成

综上可知，移动机器人是在不确定性条件下实现特定的目标或维持一个期望行为的自主系统[3]。移动机器人属于智能机器人的范畴，是一个具有从感知到行动的高度智能化系统，通常又被称为智能移动机器人。

移动机器人处理的不确定性包括：意外事件的发生，如内部组件故障、外部世界发生的不可预测的变化等；不完整的、不一致的或不可靠的信息等。

移动机器人与环境的交互如图 1.2 所示。

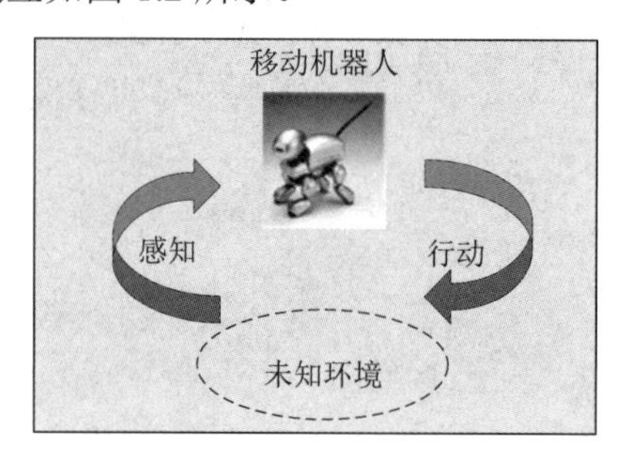

图 1.2 移动机器人与环境的交互

1.1.2 移动机器人的组成

移动机器人的组成包括移动机器人的体系结构和硬件构成两个层面。从体系结构来讲，由于移动机器人具有感知工作环境、任务规划和决策控制的能力，所以移动机器人的体系结构中应包含感知、规划和执行三种基本要素。目前，移动机器人的体系结构可以分为三种：慎思结构、反应结构以及混合结构，如图 1.3 所示。

从 1967 年到 20 世纪 80 年代后期，慎思结构一直占统治地位，由图 1.3（a）可以看出慎思结构明确地给出了感知、规划和执行之间的次序，移动机器人完成一次任务后才能进入下一个循环。但是因为在任务执行前都要进行感知和规划这两个步骤，而感知和规划需要较长的时间，也就导致了执行时间较长。

如图 1.3（b）所示，反应结构对移动机器人的各种任务进行分解，从而可以加快任务的执行。根据任务划分的不同，反应结构又可分成类别型和计划型两种，其中：

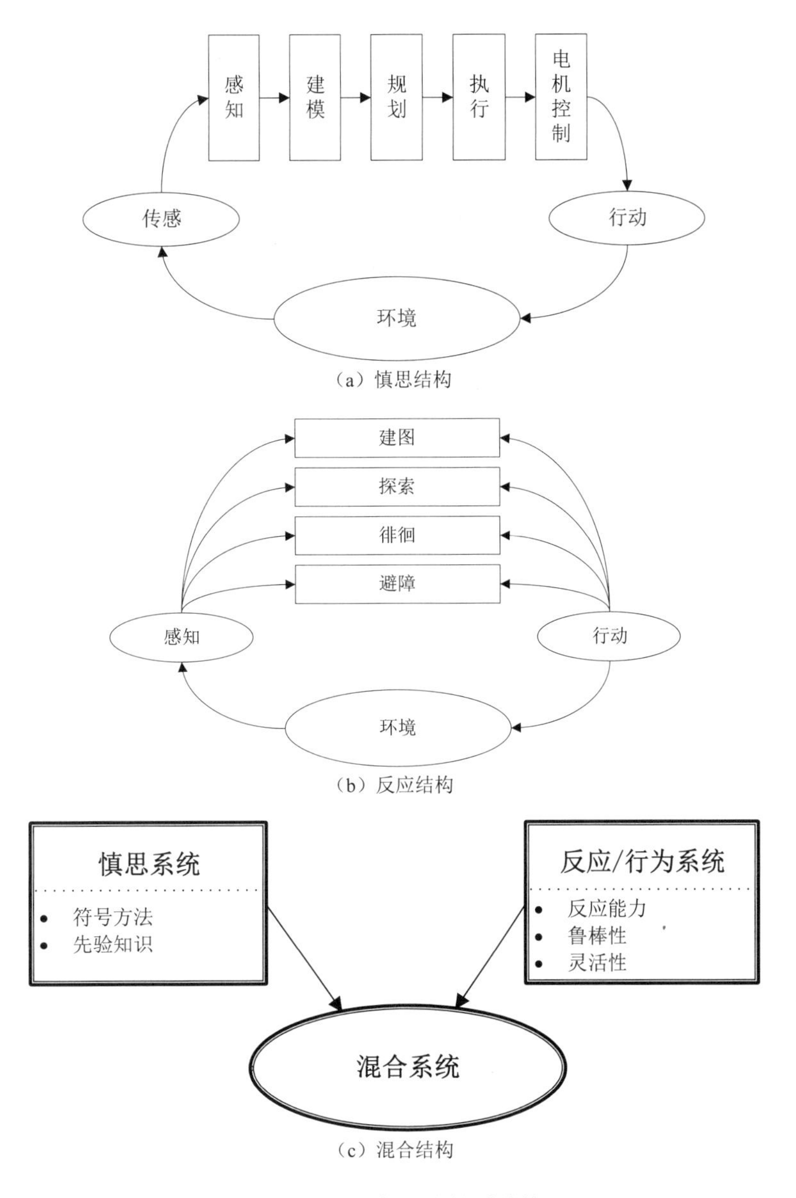

（a）慎思结构

（b）反应结构

（c）混合结构

图 1.3 移动机器人体系结构

（1）在类别型反应结构中，任务是离散的，不同任务之间存在竞争关系，其具体的设计步骤有：

➲ 定性地指定任务所需的行为；

➲ 将移动机器人的独立行为分解成一组可观察的不相交的动作；

➲ 确定行为粒度，并将由此产生的底层行为与传感器和执行器联系起来。

（2）在计划型反应结构中，任务是连续的，不同任务之间是合作的关系，它与类别型反应结构的主要区别有：

➲ 不存在用于协调的预定义层次结构；

➲ 行为响应都以单一的统一格式表示；

➲ 通过合作方式实现多任务之间的协调。

慎思结构和反应结构各有优缺点，基于反应结构的移动机器人在复杂动态环境中的鲁棒性强，但基于纯反应结构的移动机器人并不适合现实世界的所有应用，如没有精确的定位和世界知识。基于慎思结构的移动机器人在环境的不确定性是有限的时候，可以利用世界知识实现各种规划，其缺点是当环境是动态和未知的时候，移动机器人的工作效率比较低。因此，产生了一种慎思+反应的混合式体系结构，如图 1.3（c）所示，这种结构最早出现在 20 世纪 90 年代，并且至今仍是研究的热点。该结构具有如下优势：

- 行为和感知策略可以表示为不同的模块，用以匹配各种任务和环境；
- 先验的世界知识，可以用来有效地配置或重新配置移动机器人的不同行为；
- 动态获取的世界模型可以用来防止基于反应结构的移动机器人所面临的某些陷阱。

移动机器人是一种由传感器、自动控制移动载体等组成的机器人系统，在硬件构成上，其通常由中央控制器、传感器和驱动底盘等几个主要部分组成。中央控制器相当于人的大脑，有计算决策能力，可以进行路径规划和动态避障等。传感器则类似于人的五官，可以分为内部传感器和外部传感器，内部传感器是不依赖于外部设备的传感器，主要用于机器人内部状态的监测，如位姿、速度等，包括各种内部编码器等；外部传感器则为移动机器人提供外部环境信息的观测，包括各种激光雷达、摄像头等。驱动底盘类似于人的四肢，主要由电机、电机驱动器、底盘控制器等设备组成，通过响应中央控制器发送的指令，实时调节移动机器人的运动速度和方向，以精确到达目标位置。

1.1.3 移动机器人的特点

根据机器人的定义可以看出，机器人一般具有如下主要特征：

- 机器人的动作具有类似人或其他生物某些器官（如肢体、感官等）的功能；
- 机器人具有通用性，工作种类多样，动作程序灵活易变，是柔性加工的主要组成部分；
- 机器人具有不同程度的智能，如记忆、感知、推理、决策、学习等；
- 机器人具有独立性，完整的机器人系统在工作中可以不依赖于人的干预。

另外，从移动机器人的定义以及移动机器人的体系结构中，我们可以知晓移动机器人最大的特点就是具有三大要素，即感觉要素、运动要素和思考要素。感觉要素是指移动机器人能够通过各种传感器来认识周围的环境状态；运动要素是指移动机器人能够根据自身的状态以及将要完成的任务来对外界做出的反应性动作；思考要素则是指移动机器人能够根据从感觉要素中获得的信息以及自己所要完成的任务，自主得出要采取什么样的反应动作才能比较合理地完成任务并最终做出决策。

根据自主性能的不同，移动机器人有不同的特点。半自主移动机器人拥有着一定的规划、组织和适应能力，同时能够接收远程操作者的指令以及辅助信息，并且能够将移动机器人的当前状态以及环境信息反馈到操作者。全自主移动机器人的最大特点就是自主性和适应性，其中自主性是指移动机器人在一定的环境中，可以不依赖于任何外界控制，独立自主地完成一些任务；适应性则是指移动机器人能够实时识别和探测周围的环境，并以此为前提，自动调整自身的参数和动作策略，能够处理紧急情况[4]。

随着社会的发展，移动机器人逐渐成为生产、生活中一个重要的组成部分，可以代替人类完成某些工作，具备以下几个方面的优势：

- 提高生产率、安全性、效率、产品质量和产品一致性；

- 可以在危险或者恶劣的环境下工作，可以不知疲倦、不厌其烦地持续工作，这些工作属于 3D（Dirty, Dull, Dangerous）类型；
- 除了发生故障或磨损，可以始终如一地保持精确度，而且通常具有比人高很多的精确度；
- 具有人类所不具有的某些能力，如大力气、高速度等；
- 可以同时响应多个激励或处理多项任务。

1.2 移动机器人的关键技术

1.2.1　环境感知

对于移动机器人而言，首先要处理的问题是对采集的现场信息进行处理、辨识、特征提取，完成现场信息的分类、识别等，以便为下一步决策、规划等提供基础。根据移动机器人使用的传感器的不同，常用的环境感知方法包括基于激光雷达的方法、基于红外线的方法、基于视觉的方法和基于多传感器融合的方法等[5]。

近年来，随着图像处理等技术的发展，基于视觉的环境感知方法逐渐成为该领域的研究热点。通常基于视觉的环境感知任务主要包括环境信息三维重构、目标检测和场景语义标注等任务。

环境信息三维重构通常是指采用基于双目视觉成像技术，完成对现场环境图像信息的采集，通过图像的合成与匹配，实现移动机器人作业环境的三维场景可视化表面重构，得到具有一定深度感的环境立体视觉及其高维特征，为移动机器人识别作业环境中的物体形态和运动提供依据。

目标检测的任务是确定环境中所有感兴趣的目标（物体），包括确定它们的类别和位置。三维目标检测是指在环境中给出目标（物体）的三维包围框[6]，包括位置、尺寸等，如图 1.4 所示。对于多类别的目标检测问题，还需对每个包围框进行分类。

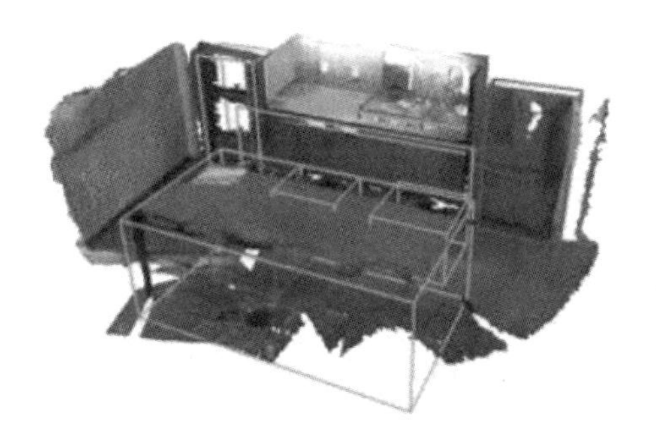

图 1.4　三维物体检测结果

场景语义标注是对环境中所有的物体进行语义识别。相较于目标检测，场景语义标注不需要给出物体的包围框，但需要对数据感知单元进行遍历标注，如图像的像素级别标注、点云的三维点级别标注等。场景语义标注示意图如图 1.5 所示[7]，可通过不同的颜色表示不同的语义。

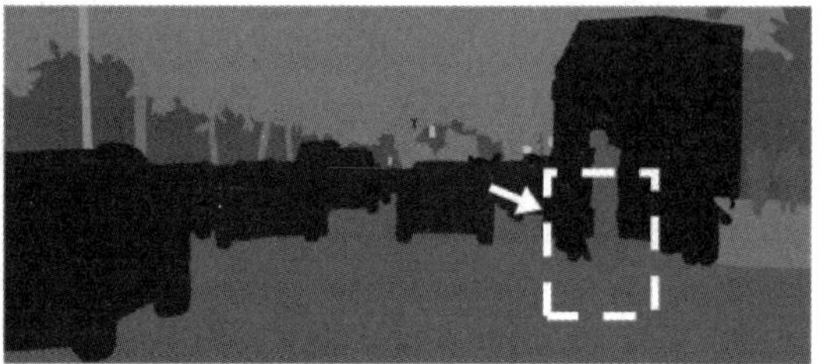

图 1.5 场景语义标注示意图

1.2.2 导航与路径规划

在移动机器人中，自主导航是一项核心技术，是移动机器人研究领域的重点和难点。导航的基本任务有三个：

- 基于环境理解的全局定位：通过对环境中景物的理解，将其识别为路标或具体实物，以完成对移动机器人的定位，为路径规划提供信息。
- 目标识别和障碍物检测：实时对障碍物或特定目标进行检测和识别，提高系统的稳定性。
- 安全保护：对移动机器人工作环境中出现的障碍物和移动物体进行分析，避免它们对移动机器人造成损伤。

移动机器人有多种导航方式，根据环境信息的完整程度、导航指示信号类型等因素的不同，可以将导航系统分为基于地图的导航、基于创建地图的导航和无地图的导航；根据导航采用的传感器的不同，可以将导航系统分为视觉导航、非视觉传感器导航和组合导航。

移动机器人路径规划是指移动机器人通过传感器感知环境和自身状态，在有障碍物的工作环境中规划出一条从起始点到目标点的路径，该路径需要满足路程短、效率高、安全性高等要求，并且能够避开沿途的静态障碍物和动态障碍物[8-9]。当前，三维复杂环境中的移动机器人路径规划是研究的热点和难点，如图 1.6 所示。

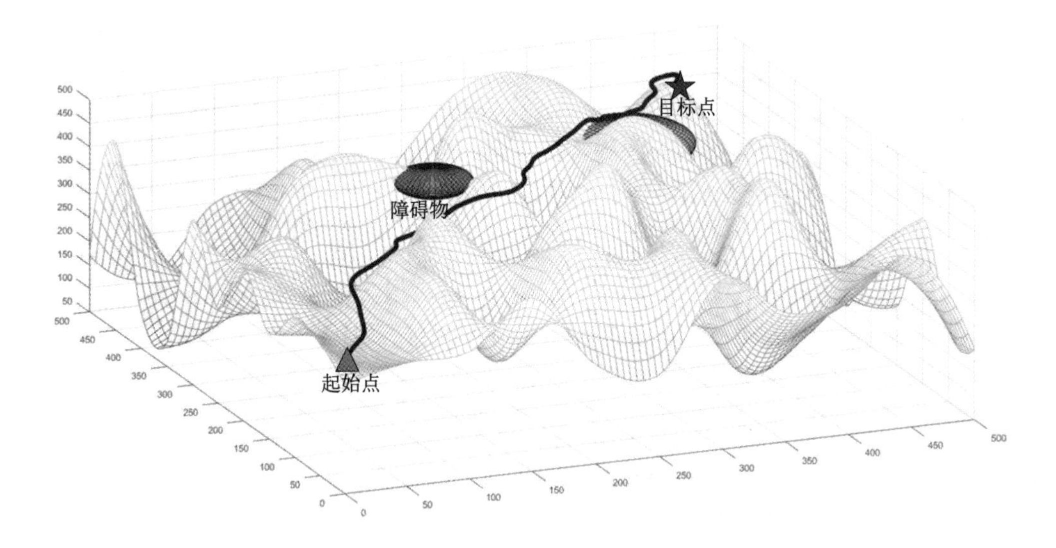

图 1.6 三维复杂环境中的移动机器人路径规划

路径规划方法大致可以分为传统路径规划方法和智能路径规划方法两种。传统路径规划方法主要包括自由空间法、图搜索法、栅格解耦法、人工势场法等[10-12]。智能路径规划方法将人工智能算法应用到路径规划中，从而提高移动机器人路径规划的避障精度，加快规划速度，满足实际应用的需要，其中应用较多的主要有模糊算法、神经网络算法、遗传算法、Q学习算法等[13-16]。目前，移动机器人路径规划的研究已相对成熟，但每种方法都有其优缺点，仅凭单一的方法通常无法同时满足路程短、实时性强和安全性高等要求，而多种方法的融合可以取长补短，弥补各自算法的不足，提高路径规划的性能。另外，将物联网、人工智能等新一代信息技术与路径规划方法相结合是未来重要的研究方向之一。

1.2.3 机器人视觉

机器人视觉属于机器视觉的具体应用，它的研究目标是使机器人能够通过视觉观察和理解世界，具有自主适应环境的能力。机器视觉发展于20世纪50年代对二维图像识别与理解的研究，包括字符识别、工件表面缺陷检测、航空图像解译等。20世纪60年代，麻省理工学院的L. R. Roberts提出了利用物体的二维图像来恢复诸如立方体等物体的三维模型（如弹簧模型与广义圆柱体模型等），以及建立空间关系描述，开辟了面向三维场景理解的立体视觉研究。从20世纪80年代中期开始，机器视觉技术在国外得到了蓬勃的发展，并在90年代进入高速发展期，提出了多种新概念、新方法、新理论。

随着深度学习概念的提出，以及卷积神经网络、递归神经网络等算法的推广应用，机器可以通过训练自主建立识别逻辑，图像识别的准确率得到了大幅提升，机器视觉进入了一个新的阶段。机器视觉技术在机器人、3D视觉、工业传感器、图像处理技术、人工智能等多个领域都得到了广泛的应用[17-18]。

视觉系统是智能机器人的重要组成部分，作为机器人的“眼睛”，机器人视觉系统利用光学装置和非接触的传感器获得被检测物体的特征图像信息，并通过计算机进行分析处理，进而实现检测和控制的目的。机器人视觉系统具有实时性好、定位精度高等优点，能有效地增加机器人的灵活性与智能化程度。

机器人视觉系统集成了多种技术，如图像处理、机械工程、自动控制、光学成像、传感器技术、模拟与数字视频技术等[19]。一个典型的机器人视觉系统包括图像捕捉、光源系统、图像数字化、数字图像处理、智能决策和机械控制执行等模块。

1.2.4 同步定位与地图构建

机器人同步定位与地图构建（Simultaneous Localization And Mapping，SLAM）是指机器人本体在未知环境下通过传感器获取的环境信息，在移动过程中对自身进行定位的同时构建周围环境的结构一致性地图[20-21]。

SLAM问题起源于1986年在美国旧金山召开的IEEE机器人与自动化会议。早期的研究主要集中在利用滤波理论来降低目标姿态和地标的噪声，如卡尔曼滤波（Kalman Filter, KF）、扩展KF（Extended KF，EKF）、无迹KF（Unscented KF，UKF）和Fast SLAM等[22-24]。随着机器视觉等技术的研究突破，视觉SLAM取得了很大的进展[25-26]。

SLAM中使用的传感器包括激光测距仪、相机、里程计、超声测距仪等，根据传感器的不同，SLAM 可以分为激光 SLAM、视觉 SLAM、复合 SLAM 等。其中，视觉 SLAM 以摄像机为主要的传感器，与惯性器件和激光雷达传感器相比，摄像机具有信息丰富、成本低、重量轻、体积小等优点，因此视觉 SLAM 在无人驾驶、自主机器人等领域有着广泛的应用。随着计算机性能的提升，基于深度学习的图像处理技术得到了迅速的发展，利用深度学习来处理场景语义信息，将是未来 SLAM 的一个发展方向。

1.2.5 多机器人协作

相比于单个机器人，多机器人系统具有更好的鲁棒性、容错性、并行性、灵活性和可扩展性等。随着移动机器人技术的不断发展，多机器人系统的研究引起了日益广泛的重视，其中的多机器人协作一直是多机器人系统研究中最热门的话题之一。多机器人协作机制与多机器人系统的体系结构、感知通信、学习优化等有密切的关系，其目的是使多机器人系统中的信息、知识、意图、规划、动作等实现交互协调，最终达到协作，从而提高多机器人系统的整体性能[27-28]。

针对多机器人协作的研究方法主要有两类，一类是将诸如博弈论、经典力学等其他研究领域研究实体行为的技术运用到多机器人协作的研究中；另一类是从多机器人系统的目标、意图、规划等“心智”状态出发，研究多机器人之间的协调协作，如 FA/C 模型、联合意图框架等。

随着多机器人系统的发展，越来越多的异构多机器人被用来处理一些需要不同机器人来完成的复杂任务，如空间探索、城市搜索和救援等[29]。所谓异构，是指多机器人系统中的机器人类型或能力是不同的。异构多机器人系统将是机器人领域的一个新的研究热点。

1.3 移动机器人的研究进展

1.3.1 移动机器人的发展历史

机器人的发展已有上百年的历史，“Robot”一词最先出现在捷克作家卡雷尔·恰佩克（Karel Capek）于 1920 年编写的剧本《罗素姆的万能机器人》（*Rossum's Universal Robots*），剧中的人造劳动者名为 Robota，意为“苦力”“奴隶”，反映了人们希望造出和自己一样具有思考和劳动能力的机器代替自己工作的愿望。下面简单介绍移动机器人的发展历史[30-33]。

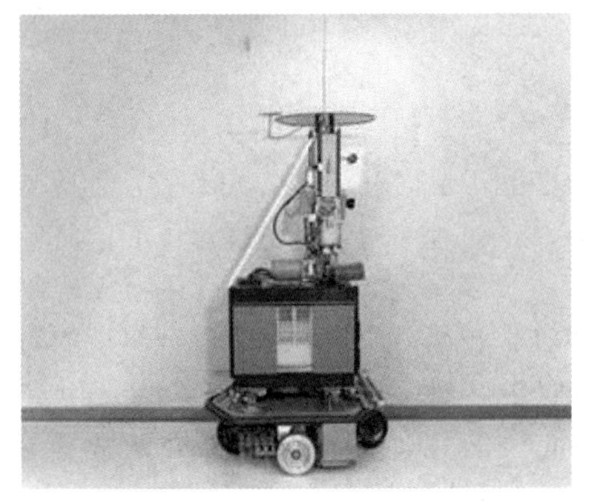

图 1.7 机器人 Shakey

20 世纪 60 年代末至 70 年代初，由查理·罗森领导的斯坦福研究院（SRI）人工智能中心研发了世界上第一台能实现移动的机器人 Shakey，如图 1.7 所示。Shakey 机器人首次全面应用了人工智能技术，由计算机通过无线通信系统进行控制，装备了摄像机、三角测距仪、碰撞传感器以及驱动电机，这使得其能解决简单的感知、运动规划和控制问题。

在 Shakey 之后，欧洲及日本等一些发达国家也陆续开发出了多台性能优异的移动机器人。20 世纪

70 年代，欧洲研发的第一款机器人 HILARE 问世，如图 1.8 所示，该机器人安装了视觉传感器、激光测距仪和超声传感器等，可以获得更丰富的环境信息，构建准确的环境模型，从而实现精确的定位。同一时期，日本早稻田大学研制出了具有仿人功能的双足步行机器人（如图 1.9 所示），该机器人可以在凸凹不平或有障碍的地面行走，比一般的移动机器人的机动性好、灵活性强。

图 1.8　机器人 HILARE

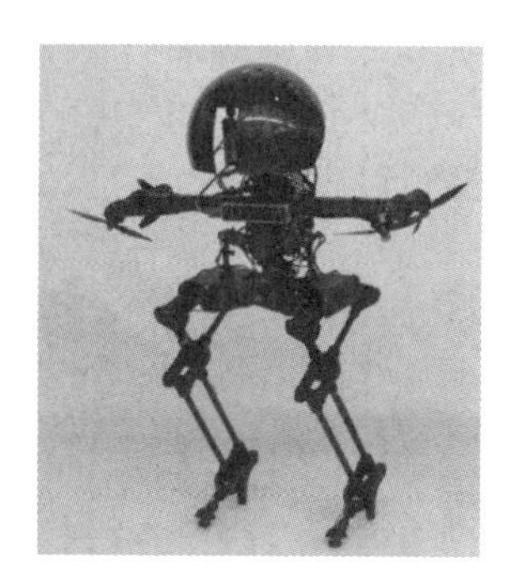

图 1.9　双足步行机器人

20 世纪 80 年代末，随着人口红利的消退，劳动力成本不断增高，移动机器人开始进入工厂和服务行业，如 1984 年，约瑟夫·恩格尔伯格（Joseph Engelberger）研发的服务机器人 HelpMate，如图 1.10 所示。

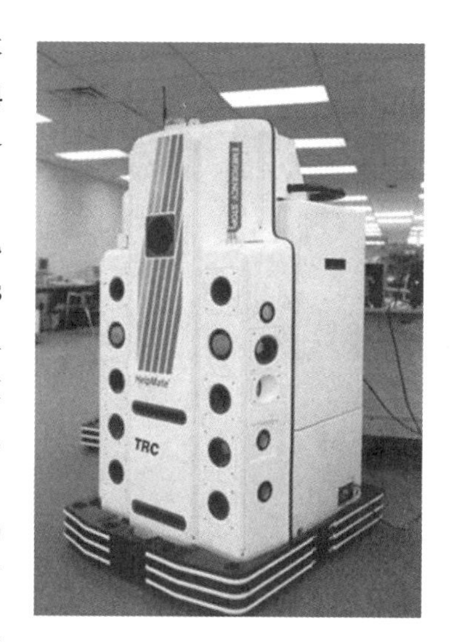

图 1.10　机器人 HelpMate

进入 20 世纪 90 年代后，随着科技的迅速发展，移动机器人向实用化、系列化、智能化进军。1995 年，MobileRobots 公司研发了 Pioneer 移动机器人，如图 1.11 所示，该机器人具备图像采集功能，可以在行进途中识别障碍物。在 20 世纪 90 年代末，丹麦 iRobot 公司研制的大型清洁机器人（见图 1.12）具有出色的除尘性能。

日本本田公司于 2000 年开始研制的人形机器人 ASIMO（见图 1.13），高 1.3 m，行走速度最快可达 9 km/h，同时可以做到“8”字形行走、上下台阶、弯腰等动作，还可与人握手、进行对话，甚至可以随着音乐翩翩起舞。ASIMO 是世界第一款真正意义上可双足行走机器人，共完成了七次迭代更新，可以实现听取并理解三个人的同时讲话。

图 1.11　Pioneer 机器人

图 1.12　大型清洁机器人

相比国外而言，国内的机器人技术研究起步较晚，与发达国家有一定的差距。但随着国家的政策扶持，以及国内科研水平的不断提高，我国在移动机器人领域也取得了较大的进步。

高校和科研机构是我国移动机器人研发的重要集中地，取得了不少成果。例如，1995年中国科学院沈阳自动化研究所主持完成“CR-01”无缆水下机器人（见图 1.14）的研制，并在之后的三年内两次赴南太平洋海域参加中国大洋协会海底资源调查，获得重大成功；1999 年，该所的科研人员开始着手“CR-02”自治水下机器人的研制，并于 2006 年 9 月在南海成功完成了“CR-02”的深海试验任务。又如，2003 年，清华大学何克忠教授领导的 THMR 课题组成功研制出了 THMR-Ⅴ智能车，该智能车达到了国际先进水平。

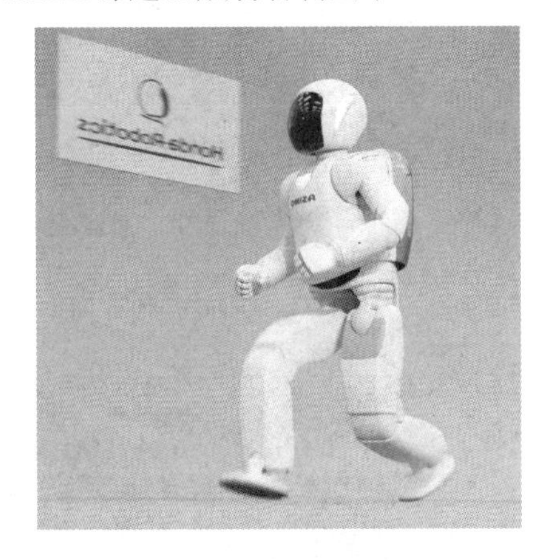

图 1.13 ASIMO 机器人

图 1.14 “CR-01”无缆水下机器人

21 世纪以来，我国涌现出了一大批致力于高科技产品开发的优秀企业，这些企业对国内移动机器人的发展做出了很大的贡献。例如，深圳大疆公司推出的无人机（见图 1.15）；百度研发的 Appllo 系列无人车，充分发挥了其在人工智能领域内的技术优势，在无人驾驶领域开创了自己的技术生态；科沃斯推出的扫地机器人（见图 1.16），该款机器人具有很大科技亮点，如基于激光的 SLAM、更强大的清洁能力、更智能的使用方式等。

图 1.15 深圳大疆公司推出的无人机

图 1.16 科沃斯推出的扫地机器人

1.3.2 移动机器人的研究展望

随着技术的发展，以及对移动机器人自主化和智能化要求的提高，移动机器人向着高度自主化和智能化发展。与移动机器人密切相关的几个方面需要重点关注：

1. 网络机器人

网络技术的发展拓宽了机器人的应用范围，将网络技术和机器人技术相结合后产生了网络机器人。网络机器人将不同类型的机器人通过网络协调起来，以完成单体形式不能完成的任务。在由网络机器人组成的系统中，环境中装有各种传感器和传动器，并至少包含一台智能机器人，系统能够通过网络与环境中的传感器和人进行协作，人和机器人能够进行交互。

利用网络机器人，可以进行远程控制和操作，代替人在遥远的地方工作。利用网络机器人，外科专家可以在异地为病人实施疑难手术。2001 年，身在美国纽约的外科医生雅克·马雷斯科成功地利用网络机器人为一位在法国东北部城市的女患者做了胆囊摘除手术。这是网络机器人成功应用的一个范例。在国内，北京航空航天大学、清华大学和中国人民解放军总医院第六医学中心（原海军总医院）共同开发的遥控操作远程医用机器人系统可以在异地为病人实施开颅手术。

2. 微型机器人

微型机器人是微电子机械系统的一个重要分支。由于微型机器人能进入人类和中大型机器人所不及的狭小空间内作业，近几十年来受到了广泛的关注。例如，美国哥伦比亚大学的科学家成功研制出了一种由 DNA 分子构成的“纳米蜘蛛”微型机器人［见图 1.17（a）］，它们不仅能够跟随 DNA 的运行轨迹自由地行走、移动、转向以及停止，还能够自由地在二维物体的表面行走。这种“纳米蜘蛛”微型机器人的大小仅有 4 nm，比人类头发直径的十万分之一还小。飞利浦的研究部门于 2008 年发布了一款胶囊机器人“iPill”［见图 1.17（b）］，其主要用于电子控制给药。荷兰戴夫特技术大学的研发小组发明出一种飞行昆虫机器人“DelFlyMicro”［见图 1.17（c）］，该机器人只有 3 g 重、10 cm 长，飞行速度却可以达到 18 km/h，还可配备无线摄像机等设备。

（a）“纳米蜘蛛”

（b）“iPill”

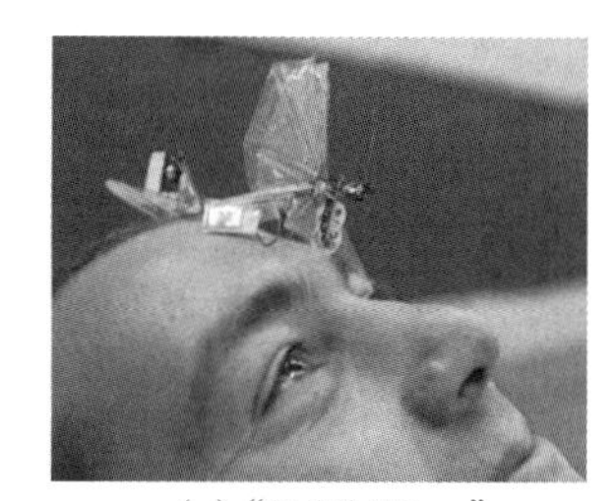
（c）“DelFlyMicro”

图 1.17 微型机器人

微型机器人的发展依赖于微加工工艺、微传感器、微驱动器和微结构的发展，微型机器人的研究还需重点考虑能源供给、可靠性、安全性、高度自主控制等问题。

日本东京工业大学的一名教授对微型和超微型机构尺寸做了一个基本的定义：尺寸为 1～100 mm 的是小型机构，0.01～1 mm 的是微型机构，10 μm 以下的是超微型机构。

3. 仿生机器人

仿生机器人是仿生学在机器人科学中的应用，在军事侦察、作战、电子干扰及反恐救援等场合有广泛的应用，已成为机器人研究的热点之一。按照研究领域，仿生机器人可分为结构仿生机器人、材料仿生机器人、控制仿生机器人等。

图 1.18 大狗机器人

结构仿生机器人主要有仿蛇机器人、仿鱼机器人、仿昆虫机器人和仿腿式机器人等。例如，著名的大狗机器人(Big dog)，如图 1.18 所示，是由波士顿动力(Boston Dynamics）公司专门为美国军队研究设计的。与以往各种机器人不同的是，大狗机器人并不依靠轮子行进，而是依靠其身下的四条“铁腿”，它不仅仅可以爬山涉水，还可以承载较重的负荷，而且这种机械狗可能比人类跑得都快。

材料仿生机器人从生物功能的角度来考虑材料的设计与制作，通过对生物体材料构造与形成过程进行研究及仿生，使材料具有特殊的强度、韧性以及一些类生物的特性，并应用于机器人的设计与制作之中，从而有效地提高机器人的相关性能。

控制仿生机器人从控制方法上模仿生物的行为、神经系统等，从而实现机器人的控制和多机器人协作等，如基于行为的机器人控制、基于生物刺激神经网络的机器人导航、基于蜂群算法的群机器人控制等。

仿生机器人的研发是一个极其复杂的系统工程，是仿生技术、微机电技术、通信技术、控制技术的高度融合。

4．高智能机器人

美国著名的科普作家艾萨克·阿西莫夫（Isaac Asimov）曾设想机器人具有这样的数学天赋：“能像小学生背乘法口诀一样来心算三重积分，做张量分析题如同吃点心一样轻巧”。智能机器人研究人员一直在试图研究出更高智能的机器人，具有跟人类一样的智能。随着计算机技术的发展和机器学习等人工智能技术的突破，更多高智能机器人被不断开发出来了。例如，IBM 公司开发的名为“深蓝”的 RS/6000SP 超级计算机在 1997 年打败了国际象棋世界冠军卡斯帕罗夫，显示出了大型计算机的威力。“深蓝”重达 1.4 t，有 32 个节点，每个节点有 8 块专门为进行国际象棋对弈设计的处理器，平均运算速度为 200 万步/秒。如果将“深蓝”这样的计算机体积缩小到相当小，就可以直接放入机器人中，实现机器人的智能。2016 年 3 月，谷歌（Google）旗下 DeepMind 团队开发的 AlphaGo 以 4∶1 的总比分战胜世界围棋冠军、职业九段选手李世石。2017 年，10 月 19 日，谷歌旗下的 DeepMind 团队公布了进化后的最强版 AlphaGo，代号 AlphaGo Zero。AlphaGo Zero 经过短短三天的自我训练，就可以轻松击败与李世石对战的 AlphaGo，而且在 100 场对决中无一败绩。

综上所述，移动机器人总的发展趋势是：在横向上，应用面越来越宽，更多的是面向非工业应用；在纵向上，移动机器人的种类越来越多，逻辑分析能力、运动能力等各方面都将得到加强，会变得更加聪明、更加灵活，其功能更加多样化；其他方面，移动机器人的语言交流功能将变得越来越完美、自我故障修复能力将变得越来越强大、体内能量储存也变得越来越大。

1.4 本书的主要内容和结构安排

本书重点研究移动机器人的自主控制技术，从移动机器人的定义、关键技术和发展概况入手，着重研究各种智能方法在移动机器人中的应用。全书的主要研究内容及结构安排如下：

第 1 章对移动机器人的定义、发展历史、关键技术、最新研究进展进行了概述，并重点介绍了移动机器人的体系结构和硬件组成。

第 2 章主要简要介绍了移动机器人的常用导航方法，重点研究了模糊控制以及强化学习在移动机器人导航中的应用。

第 3 章主要研究移动机器人路径规划，对传统的路径规划方法进行了概述，在此基础上重点研究了人工蜂群算法、蛙跳算法和文化基因算法在移动机器人路径规划中的应用。

第 4 章介绍移动机器人视觉的研究概况，并在此基础上重点研究了机器人视觉中的运动目标检测与跟踪问题。

第 5 章重点介绍移动机器人环境感知的主要研究内容，并对移动机器人环境感知使用的主要传感器进行介绍，重点研究场景特征提取与匹配、移动机器人场景分类等问题。

第 6 章重点介绍移动机器人同步定位与建图，首先对移动机器人定位技术和常用地图模型进行概述，然后在此基础上介绍基于扩展卡尔曼滤波的移动机器人 SLAM 算法、基于仿生视觉的移动机器人 SLAM 算法以及基于深度学习的移动机器人语义 SLAM 算法。

第 7 章主要研究多机器人协作，包括基于自组织神经网络的任务分配、基于动态生物刺激神经网络的多机器人编队控制，以及基于精确势博弈的多无人机协同覆盖搜索等。

第 8 章简要介绍移动自主机器人最新研究进展，主要包括生物启发式算法和深度神经网络两个方面。在此基础上，重点研究异构多 AUV 协同围捕及机器人故障自恢复。

本书的各章之间具有较好的系统性，主要围绕移动机器人自主控制中的关键技术展开，在对各种传统方法进行简要介绍的基础上，重点介绍各种人工智能理论与方法的应用情况，且各章采用的理论方法尽量各不相同，有助于读者了解各种理论与方法的特点。

1.5 本章小结

本章通过对移动机器人的定义、发展历史的简单介绍，给出了移动机器人的关键技术和主要特征，并对移动机器人的体系结构和硬件组成等进行了分析。在此基础上，对移动机器人自主控制的最新进展进行了分析和总结。

参考文献

[1] 徐国保，尹怡欣，周美娟．智能移动机器人技术现状及展望[J]．机器人技术与应用，2007(02): 29-34.

[2] 倪建军，史朋飞，罗成名．人工智能与机器人[M]．北京：科学出版社，2019.

[3] 张文前．智能移动机器人技术现状及展望[J]．电子技术与软件工程，2016(08): 130.

[4] 陈琛，马旭东，戴先中．基于行为控制的半自主移动机器人系统[J]．计算机工程与应用，2003, 39(2): 108-110.

[5] 刘祎，刘萍，李守军．基于激光雷达的移动机器人导航三维地图实时重建方法[J]．激光杂志，2021, 42(07): 90-94.

[6] Simonyan K, Zisserman A. Very Deep Convolutional Networks for Large-Scale Image Recognition[C]//3rd International Conference on Learning Representations, ICLR 2015, San Diego, CA, United states, 7- 9 May, 2015.

[7] Chen L C, Zhu Y, Papandreou G, et al. Encoder-decoder with atrous separable convolution for semantic image segmentation[C]//Proceedings of the European conference on computer vision (ECCV), Glasgow, United Kingdom, 23-28 August, 2018.

[8] Contreras-Cruz M A, Ayala-Ramirez V, Hernandez-Belmonte U H. Mobile robot path planning using artificial bee colony and evolutionary programming[J]. Applied Soft Computing, 2015, 30: 319-328.

[9] Ajeil F H, Ibraheem I K, Azar A T, et al. Grid-based mobile robot path planning using aging-based ant colony optimization algorithm in static and dynamic environments[J]. Sensors, 2020, 20(7): 1880.

[10] Lozano-Pérez T, Wesley M A. An algorithm for planning collision-free paths among polyhedral obstacles[J]. Communications of the ACM, 1979, 22(10): 560-570.

[11] LaValle S M. Rapidly-exploring random trees: A new tool for path planning[J]. Computer Science Dept Oct, 1998, 98(11).

[12] Khatib O. Real-time obstacle avoidance for manipulators and mobile robots[M]. Autonomous robot vehicles, Springer, New York, NY, 1986.

[13] 黄书召，田军委，乔路，等. 基于改进遗传算法的无人机路径规划[J]. 计算机应用，2021, 41(2): 390-397.

[14] 罗志远，丰硕，刘小峰，等. 一种基于分步遗传算法的多无人清洁车区域覆盖路径规划方法[J]. 电子测量与仪器学报，2020, 34(08): 43-50.

[15] Wu Q, Chen Z, Wang L, et al. Real-time dynamic path planning of mobile robots: a novel hybrid heuristic optimization algorithm[J]. Sensors, 2019, 20(1): 188.

[16] 孙辉辉，胡春鹤，张军国. 移动机器人运动规划中的深度强化学习方法[J]. 控制与决策，2021, 36(06): 1281-1292.

[17] 朱云，凌志刚，张雨强. 机器视觉技术研究进展及展望[J]. 图学学报，2020, 41(6): 871-890.

[18] 宋春华，彭泫知. 机器视觉研究与发展综述[J]. 装备制造技术，2019(6): 213-216.

[19] 付斌斌. 工业机器视觉的应用与发展趋势[J]. 中国工业和信息化，2021(11): 18-24.

[20] Durrant-Whyte H, Bailey T. Simultaneous localization and mapping: Part I[J]. IEEE Robotics and Automation Magazine, 2006, 13(2):99- 110.

[21] Bailey T, Durrant-Whyte H. Simultaneous localization and mapping (SLAM): Part II[J]. IEEE Robotics and Automation Magazine, 2006, 13(3):108-117.

[22] Paz L M, Tardós J D, Neira J. Divide and conquer: EKF SLAM in O(n)[J]. IEEE Transactions on Robotics, 2008, 24(5): 1107-1120.

[23] Wan E A, Van Der Merwe R. The unscented Kalman filter for nonlinear estimation[C]//IEEE 2000 Adaptive Systems for Signal Processing, Communications, and Control Symposium (Cat. No. 00EX373). Lake Louise, AB, Canada, October 4, 2000.

[24] Montemarlo M. FastSLAM: A Factored Solution to the Simultaneous Localization and Mapping Problem[C]//AAAI National Conference on Artificial Intelligence, California, July 28 - August 1, 2020.

[25] Fuentes-Pacheco J, Ruiz-Ascencio J, Rendón-Mancha J M. Visual simultaneous localization and mapping: a survey[J]. Artificial intelligence review, 2015, 43(1): 55-81.

[26] Campos C, Elvira R, Rodríguez J J G, et al. Orb-slam3: An accurate open-source library for visual, visual-inertial, and multimap slam[J]. IEEE Transactions on Robotics, 2021, 37(6): 1874-1890.

[27] Freund E. On the design of multi-robot systems[C]// IEEE International Conference on Robotics and Automation, Atlanta, United states, 13-15 March, 1984.

[28] Shin K, Epstein M. Communication primitives for a distributed multi-robot system[C]// IEEE International Conference on Robotics and Automation, St. Louis, United states, 25-28 March, 1985.

[29] Rizk Y, Awad M, Tunstel E W. Cooperative heterogeneous multi-robot systems: A survey[J]. ACM Computing Surveys (CSUR), 2019, 52(2): 1-31.

[30] 李云江．机器人概论[M]．北京：机械工业出版社，2011.

[31] 蔡自兴．机器人学基础[M]．北京：机械工业出版社，2011.

[32] R • 西格沃特，I.·R • 诺巴克什，D • 斯卡拉穆扎．自主移动机器人导论[M]．李人厚，宋青松，译．2 版．西安：西安交通大学出版社，2013.

[33] 朴松昊，钟秋波，刘亚奇，等．智能机器人[M]．哈尔滨：哈尔滨工业大学出版社，2011.

第 2 章
移动机器人导航

在移动机器人相关技术的研究中，导航是其核心，也是移动机器人实现智能化及完全自主的关键技术。移动机器人导航是指移动机器人利用相关传感器对环境进行感知，建立环境模型，并在环境模型基础上进行自主路径规划，从而使移动机器人安全无碰撞地到达指定目标位置[1-2]。

移动机器人实现自主导航主要取决于以下三个因素：

（1）定位与地图构建。SLAM 技术的出现解决了这方面的问题，具体表现为：移动机器人在未知环境中从一个未知位置开始运动，在运动过程中根据位置和地图进行自身定位，同时在自身定位的基础上构建增量式地图。

（2）避障。避障是指移动机器人根据采集的障碍物状态信息，在运动过程中通过传感器感知到妨碍其运动的静态和动态物体时，按照一定的方法进行有效的避障，最后达到目标位置。传感器技术在移动机器人避障中起着十分重要的作用。

（3）路径规划。该过程主要依赖路径规划算法，分为全局路径规划和局部路径规划。全局路径规划是指根据先验环境模型找出从起始点到目标点的符合一定性能的可行或最优路径。相比全局路径规划，局部路径规划更具实时性和实用性，对动态环境的适应力较强，但由于仅依靠局部信息，有时会产生局部极值点或振荡，可能会导致移动机器人无法顺利到达目标点。具体的路径规划算法将在第 3 章进行专门介绍。

本章首先简要介绍移动机器人导航的发展历史以及常用的导航方法，然后在此基础上详细介绍两种智能导航方法，即强化学习与生物刺激神经网络相结合的移动机器人导航方法，以及模糊控制与虚拟力场法相结合的移动机器人导航方法。

2.1 移动机器人导航概述

2.1.1 移动机器人导航的发展历史

移动机器人导航技术的发展历史与机器人的发展历史相当，最早的算法可以追溯到 1956 年。荷兰计算机学家艾兹格・迪科斯彻（Edsger Wybe Dijkstra）在 1959 年提出了著名的 Dijkstra 寻路算法，该算法有效解决了带权有向图的最短路径问题。自 20 世纪 70 年代以来，移动机器人路径规划的研究引起了人们的广泛关注，成为机器人导航领域的研究热点。

为了提高移动机器人的避障能力，20 世纪 80 年代，研究人员引入了仿生算法和机器学习算法。仿生算法包括神经网络算法、遗传算法、蚁群算法等。蚁群算法是经典的启发式优化算法之一，在 1991 年由马可 • 多里戈（Marco Dorigo）等人首次提出[3]，该算法模拟了蚂蚁在觅食时通过遗留的信息素浓度来得到全局最优路径，并且当环境发生改变时，该算法也能做出对应的路径优化。国内学者李晓磊于 2002 年提出了人工鱼群算法[4]，这是一种典型的群体仿生算法，通过模拟鱼群觅食行为，从而寻找到最优值。人工鱼群算法具有对初值选择不敏感、目标函数要求低和易于实现的优点。机器学习算法包括强化学习算法、深度学习算法等。不同于传统的导航方法，基于强化学习的导航可通过移动机器人与环境交互来学习导航策略，不仅可避免对环境地图和专家经验的依赖，而且具有较强的自适应能力和鲁棒性等优点[5]。近年来深度强化学习（Deep Reinforcement Learning，DRL）取得了快速发展，DRL 利用深度学习强大的感知能力与拟合能力来学习高维环境状态到控制动作之间的映射，从而获得更好的导航策略。如 2018 年，Ding 等人提出一种用于多机器人导航任务的分层控制方法[6]，利用 DRL 和简单规则分别得到了避障策略和目标接近策略，并对相应的控制动作进行了加权输出。

2.1.2　移动机器人的常用导航方式

移动机器人导航的主要方式有：惯性导航、磁导航、视觉导航以及卫星导航等[7-9]。

1．惯性导航

惯性导航是一种最基本的导航方式。惯性导航依据移动机器人本身的惯性信息，利用陀螺仪、加速度计等惯性敏感元件，能够提供移动机器人线加速度、角速度等多种运动信息，结合移动机器人初始惯性信息，如初始速度、位置、姿态等，通过高速积分即可获得移动机器人的实时速度与位姿，不需要任何外来信息，属于自主导航。

2．磁导航

磁导航基于预埋导线中的交变信号产生的磁场，不同的安装方式、磁道形状以及电流大小会产生不同的磁场强度，安装在移动机器人机身的磁传感器在运动过程中会接收到不同强度的磁场，通过检测磁场强度的变化获得移动机器人当前所处路径，从而引导移动机器人按照一定的路径运动。

磁导航是目前自动导引车（Automated Guided Vehicle，AGV）的主要导航方式。AGV 是移动机器人中的一种，是自动化物流运输系统、柔性生产组织系统的核心关键设备。磁导航需要在 AGV 的运动路径上开出深度为 10 mm 左右、宽度为 5 mm 左右的沟槽，在其中埋入导线，然后在导线上通以 5～30 kHz 的交变电流，从而在导线周围产生磁场。AGV 上左右对称安装了 2 只磁传感器，用于检测磁场强度，引导 AGV 沿埋设导线的路径运动。

3．视觉导航

视觉导航主要通过安装在移动机器人上的视觉传感器来拍摄周围环境，对拍摄的图像进行预处理、目标提取、目标跟踪、数据融合等处理，通过与事先存储的固定标志物图像进行比对，从而获得移动机器人在当前时刻的位置，同时可以结合视觉信息实现移动机器人的避障，优化移动机器人的局部路径。

在移动机器人领域中，近几年，在同步定位与建图（SLAM）技术的基础上，以摄像机作为感测器的视觉导航应用正在逐渐增多。与其他导航方式不同，视觉导航的最大优势是允许无固定参照物。但为了获得更高的定位精度并保证移动机器人在各种环境中的稳定运动，除了视觉导航，一般还需要其他的导航或定位系统作为辅助，同时也要尽可能使用带有固定参照物的视觉导航系统，以确保获得更好的定位精度和更高的安全性。

4. 卫星导航

卫星导航是指从卫星上连续发射无线电信号，为地面、海洋、空中和空间的用户提供导航定位服务。世界四大卫星导航系统分别是美国的全球定位系统（GPS）、俄罗斯的全球卫星导航系统（GLONASS）、欧洲航天局的伽利略卫星定位系统（GALILEO）和中国的北斗卫星导航定位系统（BDS）。

全球定位系统（Global Positioning System，GPS）是 20 世纪 70 年代由美国陆海空三军联合研制的新一代空间卫星导航定位系统，其主要目的是在陆、海、空三大领域提供实时、全天候和全球性的卫星导航定位服务，并用于情报收集、核爆监测和应急通信等军事目的。GPS 由三部分组成：空间部分是 GPS 星座、地面控制部分是地面监控系统、用户设备部分是 GPS 信号接收机。GPS 的空间部分由 24 颗卫星组成，它位于距地表 20200 km 的上空，均匀分布在 6 个轨道面上（每个轨道面 4 颗），轨道倾角为 55°。地面控制部分由一个主控站、5 个监测站和 3 个地面控制站组成。监测站将获取到的卫星观测数据发送到主控站，主控站从各个监测站收集跟踪数据，计算出卫星的轨道和时钟参数，然后将结果发送到 3 个地面控制站。地面控制站在每颗卫星运行至其上空时，把这些导航数据及主控站指令注入卫星。GPS 接收机包括天线单元和接收单元两部分，一般采用机内和机外两种直流电源。

北斗卫星导航定位系统（BeiDou Navigation Satellite System，BDS）是我国自行研制的全球卫星导航定位系统，是继 GPS、GLONASS 之后第三个成熟的卫星导航系统。BDS 和 GPS、GLONASS、GALILEO 是联合国卫星导航委员会已认定的供应商。BDS 由空间段、地面段和用户段三部分组成，可在全球范围内全天候、全天时地为各类用户提供高精度、高可靠的定位、导航、授时服务，并具有短报文通信能力，已经初步具备区域导航、定位和授时能力，定位精度为 10 m，测速精度为 0.2 m/s，授时精度为 10 ns。

2.1.3 传统导航方法简介

1. 航位推算法

移动机器人安装了光电编码器，可根据光电编码器读取的脉冲数将轮子的转动转换成相应的移动距离，结合方位传感器测量航向，实现移动机器人从已知位置推断出当前位置，称为移动机器人的航位推算法。航位推算法的基本步骤如下：

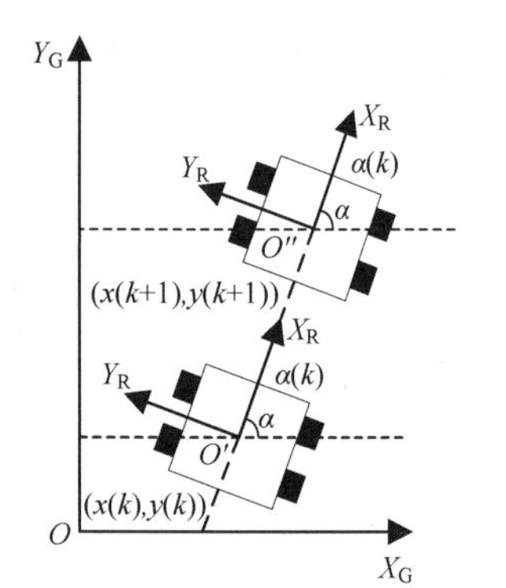

图 2.1 移动机器人运动学建模

（1）将移动机器人建模为刚体，分析移动机器人的运动过程，如图 2.1 所示。以水平向右为 X_G 轴，以垂直于 X_G 轴向上为 Y_G 轴，建立全局参考坐标系 X_GOY_G；以移动机器人运动方向为 X_R，以垂直于 X_R 轴向上为 Y_R 轴，建立机身坐标系 $X_RO'Y_R$，全局参考坐标系与机身坐标系之间的角度为 α，在 k 时刻移动机器人的机身位置由二维向量表示 $\boldsymbol{X}(k)=[x(k) \quad y(k)]^{\mathrm{T}}$。

（2）令移动机器人在平面内匀速运动，速度为 $v(k)$，基于运动学建模，在 k+1 时刻移动机器人位置 $\boldsymbol{X}(k+1)$为：

$$\boldsymbol{X}(k+1)=\begin{bmatrix}x(k+1)\\y(k+1)\\\alpha(k+1)\end{bmatrix}=\begin{bmatrix}x(k)+\Delta Tv(k)\cos\alpha(k)\\y(k)+\Delta Tv(k)\sin\alpha(k)\\\alpha(k)+\Delta\alpha(k)\end{bmatrix}+\xi \tag{2-1}$$

式中，$v(k)\cos\alpha(k)$ 为横坐标速度分量；$v(k)\sin\alpha(k)$ 为纵坐标速度分量；ΔT 为采样时间；ξ 表示过程噪声。

航位推算法的实现比较简单，成本较低，可以提供短航时的精确定位，但由于移动机器人轮子打滑等原因，其转动不可能总是精确地转化为线性位移，存在距离误差、转动误差和漂移误差等，使得移动机器人位置是按时间对位移增量积分的结果，在长航时运动时不可避免地会引入累计误差。航位推算法的误差传播如图 2.2 所示。

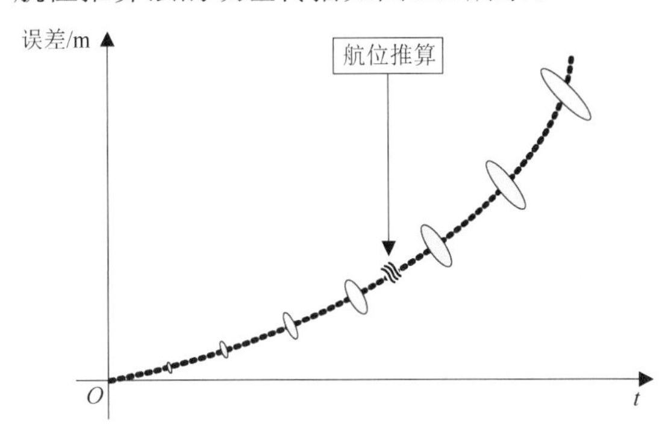

图 2.2　航位推算法的误差传播

因此，移动机器人在采用基于光电编码器和方向传感器的航位推算法时，必须用其他定位机制不断予以更新，以消除或减小误差；否则移动机器人在长航时运动中不能保持有意义的位置估计。常用的解决方式有两种，一种方式是在移动机器人中安装其他传感器来校正定位误差，尽管会增加移动机器人的复杂度和硬件成本，但可以有效减少累计误差；另一种方式是建立精确的误差模型，同时采用滤波算法来对移动机器人进行导航计算，这种方式在一定程度上会增加移动机器人导航算法的复杂度。

2. 惯性导航法

惯性导航法基于移动机器人惯性信息，采用加速度计和陀螺仪等惯性敏感元件，获得移动机器人线加速度和角速度等惯性参量，可在不依赖于外界信息的情况下，对移动机器人进行动态跟踪。

当移动机器人在起伏地面上运动时，容易使机身产生倾斜。移动机器人在起伏地面上存在 3 个姿态角，即横滚角 φ、俯仰角 β 以及偏航角 θ，而移动机器人的机身倾斜角度 (φ,β,θ) 将影响三维位置输出 $\boldsymbol{X}(k)=\begin{bmatrix}x(k) & y(k) & z(k)\end{bmatrix}^{\mathrm{T}}$。因此，需要采用四元数法对移动机器人的姿态进行求解。单位四元数用 Q 表示，即

$$Q(q_0,q_1,q_2,q_3)=q_0+q_1i+q_2j+q_3k \tag{2-2}$$

对式（2-2）进行求解，其姿态变换矩阵为：

$$\begin{bmatrix}C_{11}&C_{12}&C_{13}\\C_{21}&C_{22}&C_{23}\\C_{31}&C_{32}&C_{33}\end{bmatrix}=\begin{bmatrix}q_0^2+q_1^2-q_2^2-q_3^2&2(q_1q_2-q_0q_3)&2(q_1q_3+q_0q_2)\\2(q_1q_2+q_0q_3)&q_0^2-q_1^2+q_2^2-q_3^2&2(q_2q_3-q_0q_1)\\2(q_1q_3-q_0q_2)&2(q_2q_3+q_0q_1)&q_0^2-q_1^2-q_2^2+q_3^2\end{bmatrix} \tag{2-3}$$

由式（2-3）可以得到移动机器人的三维姿态角，即：

$$\begin{cases}\varphi = \arctan\left(-\dfrac{C_{13}}{C_{33}}\right) \\ \beta = \arcsin(C_{23}) \\ \theta = \arctan\left(\dfrac{C_{21}}{C_{22}}\right)\end{cases} \tag{2-4}$$

基于移动目标姿态变换矩阵的移动机器人比力方程为：

$$f^n = \dot{V}_e^n + (2\omega_{ie}^n + \omega_{en}^n) \times V_e^n - g^n \tag{2-5}$$

式中，f^n 为东北天分力；V_e^n 为东北天的速度分量；ω_{ie}^n 为地球坐标系相对惯性坐标系的旋转角速率；ω_{en}^n 为导航坐标系相对地球坐标系的旋转角速率；g^n 为线加速度。

由于移动机器人作为运动载体，其姿态角的变化将影响位置测量值，因此这里以移动机器人 Z 轴坐标来分析姿态角对位置测量的影响。令移动机器人与 xOy 平面的夹角为俯仰角 β，与 yOz 平面的夹角为横滚角 φ，移动机器人机身高度为 h_1，测量单元到机身质心高度为 h_2，移动机器人的中心宽度为 l_1，考虑水平面的起伏变化等因素，经俯仰角和横滚角补偿后，移动机器人 z 轴坐标 z 为：

$$z = (h_1 + h_2)\cos\beta - l_1 \tan\varphi \tag{2-6}$$

由式（2-6）可知，俯仰角 β 及横滚角 φ 容易对移动机器人 z 轴坐标产生误差，同时也会影响 x 和 y 轴的坐标值。

由移动机器人姿态角度引起的误差无法通过滤波方法消除，因此需要对其姿态角度进行建模。不同坐标系间姿态角的关系可以通过旋转实现，绕 x、y 及 z 轴旋转 β、φ 和 θ 角度，其旋转变换矩阵 $\mathbf{Rot}(x,\beta)$、$\mathbf{Rot}(y,\varphi)$ 和 $\mathbf{Rot}(z,\theta)$ 为：

$$\mathbf{Rot}(x,\beta) = \begin{bmatrix} 1 & 0 & 0 \\ 0 & \cos\beta & \sin\beta \\ 0 & -\sin\beta & \cos\beta \end{bmatrix} \tag{2-7}$$

$$\mathbf{Rot}(y,\varphi) = \begin{bmatrix} \cos\varphi & 0 & -\sin\varphi \\ 0 & 1 & 0 \\ \sin\varphi & 0 & \cos\varphi \end{bmatrix} \tag{2-8}$$

$$\mathbf{Rot}(z,\theta) = \begin{bmatrix} \cos\theta & -\sin\theta & 0 \\ \sin\theta & \cos\theta & 0 \\ 0 & 0 & 1 \end{bmatrix} \tag{2-9}$$

基于坐标系旋转关系，依次绕 z、x 和 y 轴旋转后可消除相关误差，其旋转矩阵为：

$$\boldsymbol{C} = \mathbf{Rot}(y,\varphi)\mathbf{Rot}(x,\beta)\mathbf{Rot}(z,\theta) \tag{2-10}$$

2.2 基于改进强化学习的移动机器人导航

2.2.1 强化学习概述

根据反馈的不同，机器学习可以分为监督学习、非监督学习和强化学习三大类。其中监督学习是目前研究得较多的一种方法，该方法要求给出学习系统在各种环境输入信号下的期望输出。在这种方法中，学习系统完成的是与环境没有交互的记忆和知识重组的功能。无监督学习主要包括各种自组织学习（如聚类学习、自组织神经网络学习）等[10]。强化学习是介于监督学习和无监督学习之间的一种学习方法，以环境反馈作为输入的、特殊的、适应环境的机器学习方法。

所谓强化学习，是指从环境状态到动作映射的学习，使动作从环境中获得的累计奖赏值最大。该方法不像监督学习那样通过正例、反例来告知采取何种行为，而是通过试错（trial and error）的方法来发现最优行为策略，它是从控制论、统计学、心理学等相关学科发展而来的。由于强化学习不需要事先提供训练样例，因此强化学习是一种在线学习方法。

强化学习也不同于规划技术，两者的主要区别在于：第一，规划技术需要构造复杂的状态图，而采用强化学习的移动机器人只需要记忆其所处的环境状态和当前策略知识；第二，规划技术总假定环境是稳定的，移动机器人和环境的交互作用可以通过某种搜索过程来预测。由于规划技术并没有真正考虑行为是如何适应环境的，因此只适用于系统可控的环境。强化学习强调与环境的交互作用，比规划技术的适用面更广泛。同样强化学习也不同于自适应控制技术，虽然两者都有共同的奖赏函数，但在自适应控制中，尽管不能事先确定系统的动态模型，但系统模型必须可以从统计数据中估计得到，而且系统的动态模型必须是固定的，因此自适应控制在本质上是一个参数估计问题，而且可以通过统计分析进行假设估计。相反，在强化学习中，并没有这些限制[11]。

标准的强化学习框架主要由状态感知器（P）、学习器（L）和动作选择器（C）三个模块组成。状态感知器（P）主要用于移动机器人对社会环境和自然环境的掌握，k 为具体的知识。对环境的认知可以用下式表示：

$$A=\{x_1,x_2,\cdots,x_n\},\qquad n>1$$

式中，x_n 表示移动机器人内部与研究内容相关的具体属性。具体的知识 k 可以表示为：

$$k=\{k_1,k_2,\cdots,k_n\},\qquad n>1$$

学习器（L）的学习材料主要来源于两个方面，即状态感知器（P）形成的具体知识 k 和环境的反馈值 r。L 可以表示为：

$$L=\{r,k\}$$

式中，环境的反馈值 r 可以表示为：

$$r=\{r_1,r_2,\cdots,r_n\},\qquad n>1$$

学习器（L）在形成后会同时影响移动机器人的状态感知器（P）与动作选择器（C）。

动作选择器（C）主要受到状态感知器（P）和学习器（L）的影响，移动机器人通过感知和学习形成的决策空间是一系列决策的集合[12]，可以用 d 来表示，即：

$$d=\{d_1,d_2,\cdots,d_n\},\qquad n\geqslant 2$$

状态感知器（P）把环境状态映射成移动机器人的内部感知；动作选择器（C）根据当前策略选择动作并作用于环境；学习器（L）根据环境的反馈值 r 以及内部的感知信息更新移动机器人的策略知识；环境在动作的作用下会发生变化并将变化情况传递给移动机器人的状态感知器（P）。

标准的强化学习框架结构如图 2.3 所示。

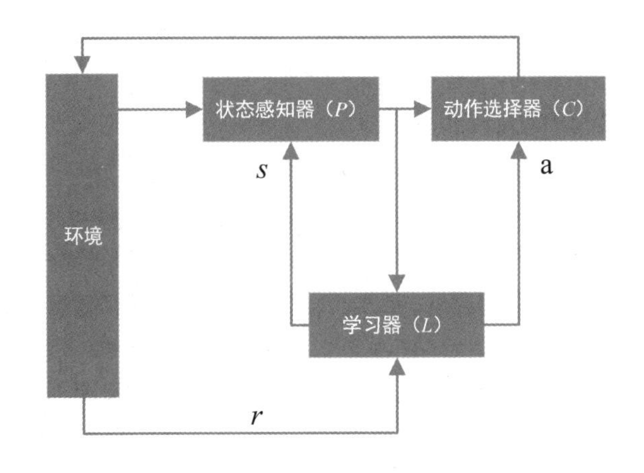

图 2.3 标准的强化学习框架结构

迄今为止，强化学习已有多种常用算法，如 TD 算法、Sarsa 算法、Q 学习算法、Dyna 算法等[13-16]。其中，Q 学习算法的应用最为广泛、深入，并且其理论完善，被认为强化学习研究发展的一个重要标志。Q 学习算法是一种无模型的迭代算法，也是一种基于马尔可夫决策过程的增量动态规划算法。移动机器人在运动过程中，通过传感器获取环境信息，对移动机器人的状态-动作对进行奖赏，最终根据状态-动作对的不同来选择最优的动作，从而实现自主导航。

在 Q 学习算法中，每个状态（s）-动作（a）对都对应一个相应的 $Q(s, a)$值，在学习过程中可根据 $Q(s, a)$值的大小选择是否执行动作 a。$Q(s, a)$表示从状态 s 执行当前相关的动作 a 并且按照某一策略执行下去时获得的累计奖赏。最优的 $Q(s, a)$值可表示为 $Q^*(s, a)$，其定义为：

$$Q^*(s,a) = R(s,a) + \gamma \sum_{s \in S} T(s,a,s') \max_{a' \in A} Q^*(s',a') \tag{2-11}$$

式中，S 表示状态集；A 表示动作集；$T(s,a,s')$ 表示在状态 s 下执行动作 a 后转换到状态 s' 的概率；$R(s,a)$ 表示在状态 s 下执行动作 a 将得到的奖赏；γ 表示折扣因子，表示时间的远近对奖赏的影响程度。

通过不断的探索状态空间，$Q(s, a)$值会逐步趋近 $Q^*(s, a)$，这表明当满足一定条件时，Q 学习算法必然收敛在最优解。在 Q 学习算法中，移动机器人可以通过不断的反射学习来优化一个可以迭代计算的 Q 函数，从而提高学习能力。Q 函数的初始值可任意给定。

设状态集为 $S = \{s_1, s_2, \cdots, s_m\}$，动作集为 $A = \{a_1, a_2, \cdots, a_n\}$，在每个时刻 t，移动机器人根据策略选择一个动作并观察它的奖赏 r_t。移动机器人可根据式（2-12）更新它的 $Q(s, a)$值[17]：

$$Q_{t+1}(s,a) = (1-\alpha)Q_t(s,a) + \alpha[r_t + \gamma \max_b Q_t(s',b)] \tag{2-12}$$

式中，$\alpha \in [0,1]$ 是学习率；γ 为折扣因子；s 为移动机器人在 t 时刻的状态；s' 为移动机器人在 t+1 时刻的状态，a 为移动机器人在 t 时刻的动作，b 为移动机器人在 t+1 时刻的动作。

传统的 Q 学习算法的伪代码如下：

```
//传统的 Q 学习算法的伪代码
Initialize Q(s,a) arbitrarily
for all episode do
    Initialize s_t
    while s_t is not terminal do
```

$a_t \leftarrow \pi(a)$

$\pi(a) \leftarrow P(s|a) = e^{Q(s,a)} / \sum_j e^{Q(s,a_j)}$

Take action a_t; observe r_t and s_{t+1}

$Q(s_t,a_t) \leftarrow Q(s_t,a_t) + \alpha[r_t + \gamma \max_b Q(s_{t+1},b) - Q(s_t,a_t)]$

$t \leftarrow t+1$

end while

end for

2.2.2　基于生物刺激神经网络改进 Q 学习算法的移动机器人导航

在 Q 学习算法中，有一些关键的问题目前还没有得到彻底的解决，如奖赏函数的设定、奖赏函数的更新、动作选择策略的确定等。本节将针对这些问题，对于原有的 Q 学习算法进行相应的改进，使其更好地应用于未知环境中的移动机器人导航。

1．环境模型的构建

本节的主要目的是通过应用 Q 学习算法使移动机器人能够在未知环境中进行自主导航，因此首先要建立环境模型。在本节中，环境为二维空间下的离散模型，为了降低状态的数量，将环境分为 8 个区域：

$$R = \begin{cases} R_1, & \theta \in [-22.5^\circ, 22.5^\circ) \\ R_2, & \theta \in [22.5^\circ, 67.5^\circ) \\ R_3, & \theta \in [67.5^\circ, 112.5^\circ) \\ R_4, & \theta \in [112.5^\circ, 157.5^\circ) \\ R_5, & \theta \in [157.5^\circ, 202.5^\circ) \\ R_6, & \theta \in [202.5^\circ, 247.5^\circ) \\ R_7, & \theta \in [247.5^\circ, 292.5^\circ) \\ R_8, & \theta \in [292.5^\circ, 337.5^\circ) \end{cases} \tag{2-13}$$

式中，θ 是移动机器人当前方向的绝对角度，移动机器人的车载传感器检测到的环境决定了该时刻的状态，该状态是由移动机器人侦测范围内的目标和障碍物位置组合而成的，即：

$$s_t = (L_r, R_g, R_o) \tag{2-14}$$

式中，$L_r = (x_r, y_r)$，表示移动机器人在 t 时刻的位置；R_g 表示目标的位置；R_o 表示机器人侦测范围内危险障碍物的分布，用 8 位二进制数表示。图 2.4 所示为一个状态示例，该时刻移动机器人的位置为（4, 7），目标位于 R_7 区域，移动机器人发现侦测范围内的危险障碍物位于 R_3、R_6 区域，因此该时刻的状态可以表示为 $s_t = [(4,7), 7, 00100100] = [(4,7), 7, 36]$。

注意：本节中的危险障碍物由障碍物与移动机器人之间的距离 d_{or} 决定，如果某一障碍物与移动机器人的距离满足 $d_{or} \leqslant d_{safe}$，则认为该障碍物为危险障碍物，$d_{safe}$ 为移动机器人的最小安全距离。

由于 Q 学习算法是基于状态-动作对的强化学习算法，因此要为每一个状态设定动作空间。本节设定移动机器人具有 8 个动作，即可以移动到 8 个对应的位置，$\{AA, BB, \cdots, HH\}$ 为移动机器人下一个可能位置的集合（如图 2.4 所示）。移动机器人的动作集合 A 可表示为：

$$A = (a_1, a_2, a_3, a_4, a_5, a_6, a_7, a_8) \tag{2-15}$$

式中，a_i（i=1,⋯,8）表示移动机器人的动作，与移动机器人的运动方向一致。

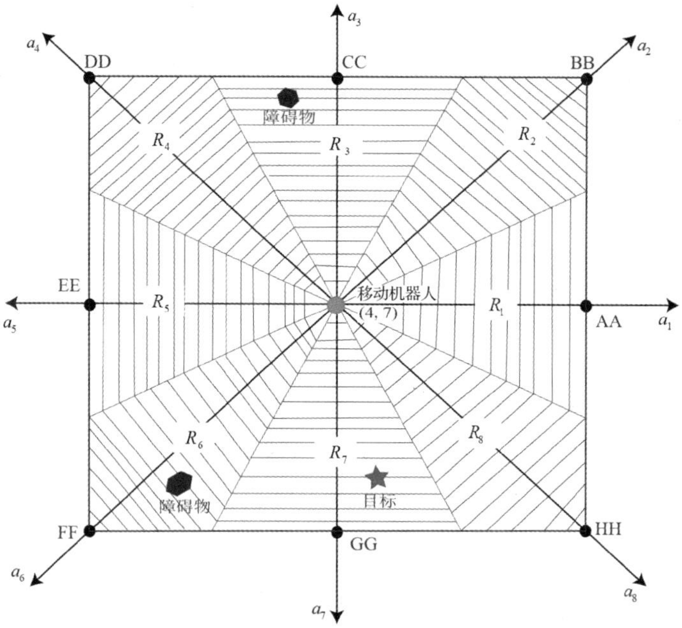

图 2.4　基于 Q 学习算法的移动机器人环境模型示例

2．基于生物刺激神经网络模型的奖赏函数

奖赏函数是 Q 学习算法的关键部分之一，它是对移动机器人在给定的状态下采取某一动作的即时评价，用于确定强化学习的目标，将学习者感知到的环境状态信息映射为一个可以度量的标量值。奖赏函数的取值将决定移动机器人在不同状态下的行为，Q 学习算法就是用奖赏函数来描述环境和任务的。通常情况下，奖赏函数通过一个单一的行为惩罚或者目标奖赏结构来描述，但这种方法不适合实时应用环境，并且不能准确地描述特定的环境和实际的任务。

针对以上不足，本书提出了一种基于生物刺激神经网络模型的奖赏机制，之所以选择该模型是因为其具有良好的稳定性和有效的计算性能[18-19]。该机制的基本思想是使用生物刺激神经网络神经元的实时活性值来评判移动机器人行为的好坏，该方法可以有效地提高 Q 学习算法的收敛速度。基于生物刺激神经网络模型的奖赏函数定义为：

$$r(s,a)=W(x_i,y_i) \tag{2-16}$$

式中，$r(s,a)$ 表示对状态-动作对 (s,a) 的奖赏；$W(x_i,y_i)$ 表示环境中神经元 (x_i,y_i) 的活性值。计算公式如下：

$$\frac{\mathrm{d}W(x_i,y_i)}{\mathrm{d}t}=-Cx_i+\left[B-W(x_i,y_i)\right]\left\{[I(x_i^{\mathrm{e}},y_i^{\mathrm{e}})]^{+}+\sum_{j=1}^{k}\omega_{ij}[W(x_i,y_i)]^{+}\right\}-[D+W(x_i,y_i)][I(x_i^{\mathrm{o}},y_i^{\mathrm{o}})]^{-} \tag{2-17}$$

本节中神经元的外部输入函数定义为：

$$I(x_i^{\mathrm{e}},y_i^{\mathrm{e}})=\begin{cases}E, & \mathrm{dist}(p_i,p_{\mathrm{e}})\leqslant d_{\mathrm{step}}\\ \dfrac{E}{\mathrm{dist}(p_i,p_{\mathrm{e}})}, & \mathrm{dist}(p_i,p_{\mathrm{e}})>d_{\mathrm{step}}\end{cases} \tag{2-18}$$

$$I(x_i^{\text{o}}, y_i^{\text{o}}) = \begin{cases} -E, & \text{dist}(p_i, p_{\text{o}}) \leqslant d_{\text{safe}} \\ \dfrac{-E}{\text{dist}(p_i, p_{\text{e}})}, & d_{\text{safe}} < \text{dist}(p_i, p_{\text{e}}) \leqslant R_{\text{S}} \\ 0, & \text{dist}(p_i, p_{\text{e}}) > R_{\text{S}} \end{cases} \tag{2-19}$$

式中，p_{e} 和 p_{o} 分别为目标和障碍物的位置；p_i 为第 i 个神经元的位置；R_{S} 表示移动机器人传感器的侦测范围；d_{step} 表示移动机器人的步长；dist() 函数用于计算两个位置的欧氏距离。

注意：在本节提出的基于生物刺激神经网络模型的奖赏函数中，状态-动作对的奖赏值是连续的，这对基于 Q 学习算法的移动机器人导航的收敛速度是非常重要的。此外，本节提出的奖赏函数是基于移动机器人与障碍物和目标之间的距离的，不需要环境的先验知识。

3．改进的适应度函数

Q 学习算法定义了一个奖赏函数，用于寻找从一个状态到另一个状态的一系列的路径轨迹，直到到达目标状态为止。在 Q 学习算法中，奖赏函数将奖赏值存储在一个表中，方便查询。$Q(s, a)$的计算公式为：

$$Q(s,a) \leftarrow Q(s,a) + \alpha[r(s,a) + \gamma \max Q(s',a') - Q(s,a)] \tag{2-20}$$

式中，$\alpha \in (0,1)$，表示学习率；$0 < \gamma < 1$，表示折扣因子；$Q(s,a)$ 表示状态-动作对的 Q 值；$Q(s',a')$ 表示下一状态 s' 的最优期望 Q 值。在 Q 学习算法中，学习率 α 的取值是非常重要的，决定了 Q 学习算法的效率。然而，在传统的 Q 学习算法中，α 的取值一般是根据环境设定的固定值，这种取值不能满足未知动态环境下移动机器人导航的需求。因此，本节将学习过程和目标状态与当前状态之间的距离相结合，对参数 α 提出了一种新的定义方法，即：

$$\alpha(s,n) = \frac{1}{2}\left(\frac{1}{1+\text{e}^{-n}} + \frac{1}{d_{\text{st}}+1}\right) \tag{2-21}$$

式中，$\alpha(s,n)$ 表示在第 n 次迭代过程中状态 s 下的学习率；d_{st} 表示目标位置与移动机器人当前位置的距离。

4．基于模拟退火-禁忌算法的动作选择策略

在 Q 学习算法中，每一个状态 s 下都会有一个可供选择的动作集合 A，尽可能选择一个最优的动作，是保证移动机器人工作效率的一个前提。动作选择策略规定了移动机器人在每个可能的状态下应该采取的动作集合，是基于 Q 学习算法移动机器人导航的核心技术之一。该策略的好坏最终决定了移动机器人的动作和整体性能。目前的动作选择策略主要包括贪婪策略、随机选择策略、Boltzmann 选择策略、模拟退火选择策略等，虽然这些策略都能进行合理的动作选择，但仍没有解决探索与利用的平衡问题。本节将模拟退火算法的优势与禁忌算法[20-21]的优势相结合，提出了一种新的动作选择策略来解决 Q 学习算法中的探索与利用的平衡问题（简称 TS-SA），其动作选择规则为：

$$V(a_r, a_p) = \exp\left[\frac{Q(s,a_r) - Q(s,a_p)}{\lambda^n \times T_0}\right] \tag{2-22}$$

$$a = \begin{cases} a_r, & V(a_r, a_p) > \delta \\ a_p, & \text{其他} \end{cases} \tag{2-23}$$

式中，a_r、a_p 表示移动机器人动作集中不同的动作选择；T_0 表示初始温度；λ 表示衰减因

子；n 表示迭代次数；$0<\delta<1$，表示一个均匀分布的随机数。

本节提出的基于改进强化学习的移动机器人导航方法的工作流程如图 2.5 所示，其主要步骤为：

步骤 1：初始化实验参数，设计一个禁忌表并把移动机器人的当前状态 s 放入禁忌表中，即 $t=1$，$\Gamma(t)=s$。

步骤 2：从可选的动作集 A 中任意选择一个动作 a_r，即 $a_r=\text{Choose\_rand}(A)$。

步骤 3：如果动作 a_r 在禁忌表 $\Gamma(t)$ 中，则将该动作从可选动作集 A 中删除并转到步骤 2，直到所选的动作都不在禁忌表 $\Gamma(t)$ 中为止；否则，转到步骤 4。

步骤 4：计算可选的动作集 A 中所有动作的概率值 $\text{Cal\_prob}(a)$。

步骤 5：利用 Boltzmann 选择策略和轮盘赌算法从可选的动作集 A 中选择一个动作 a_p，即 $a_p=\text{Choose\_bolt}(A)$。

步骤 6：利用 TS-SA 动作选择策略选择当前动作 a。

步骤 7：执行当前动作，根据生物刺激神经网络（BINN）算法获得相应的奖赏值 r，并将下一时刻的状态 s' 作为当前状态 s，即 $r(s,a)=W(x_i,y_i)$，$s=s'$。

步骤 8：将当前时刻的移动机器人的状态加入禁忌表 $\Gamma(t)$ 中，并更新禁忌表的内容。

步骤 9：如果移动机器人到达目标位置，则结束本次迭代；否则转到步骤 2。

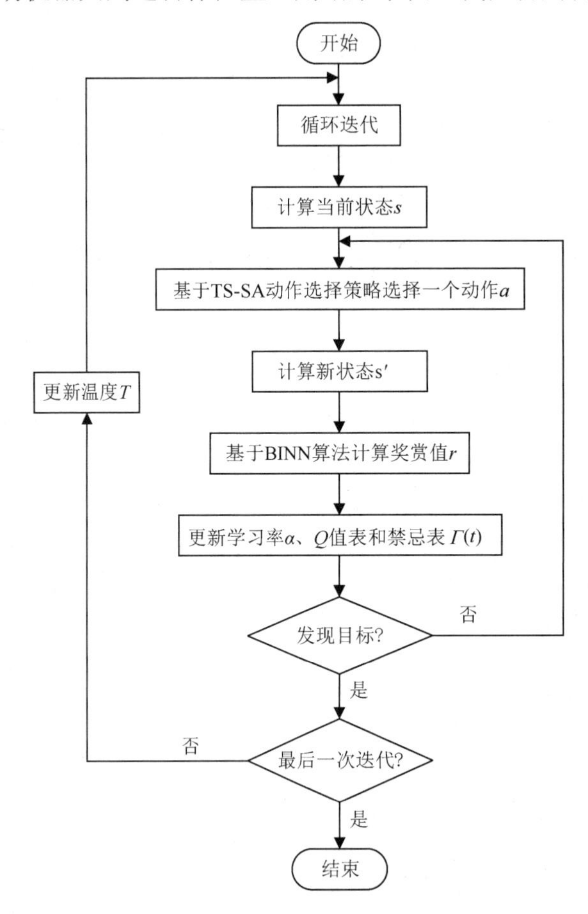

图 2.5　基于改进强化学习的移动机器人导航方法的工作流程

2.2.3　实验及结果分析

为了测试改进方法在未知动态环境下进行机器人导航的有效性，本书作者进行了大量的实验仿真。在实验中，移动机器人没有任何环境先验知识，移动机器人携带的传感器能够实现定位，并获取周围障碍物的位置信息。实验的环境为 30 m×30 m 的矩形区域，环境中的移动机器人、目标和障碍物分别用圆形、三角形和方形表示。仿真实验的学习周期设定为 500 次，最大执行步长为 3000 步。当到达目标位置时，移动机器人进入下一个学习周期。实验参数的具体设置如表 2-1 所示。

表 2-1　移动机器人导航中的实验参数设置

参　数	值	备　注	参　数	值	备　注
C	25	神经元活性值的衰减率	B	1	神经元活性值的上限
D	−1	神经元活性值的下限	α	0.8	Q 学习算法的学习率
γ	0.9	Q 学习算法的折扣因子	λ	0.95	SA 算法的衰减因子
T_0	105	SA 算法的初始温度	L	10	禁忌表的长度

1．静态环境下移动机器人导航实验

为了测试改进方法的基本性能，在静态环境下进行移动机器人导航实验，初始环境如图 2.6（a）所示，移动机器人导航的任务就是尽可能快地从起始位置（10，3）移动至目标位置（25，25）。这里将分别对改进 Q 学习（B-QL）算法、传统 Q 学习（G-QL）算法和基于模拟退火算法的 Q 学习（S-QL）算法进行仿真对比实验。在 G-QL 算法和 S-QL 算法中，除了动作选择策略不同，其他设置相同，且奖赏函数设置同参考文献[16，22]一样，即要么是 0，要么是 1。G-QL 算法采用 Boltzmann 机制作为动作选择策略，S-QL 算法采用模拟退火算法作为动作选择策略。每种方法都进行了 10 次仿真实验，静态环境下基于 G-QL、S-QL 和 B-QL 算法的移动机器人导航性能对比如表 2-2 所示，仿真结果如图 2.6（b）至图 2.6（d）所示（图中给出的是最优导航路径），三种方法的学习过程如图 2.7 所示。

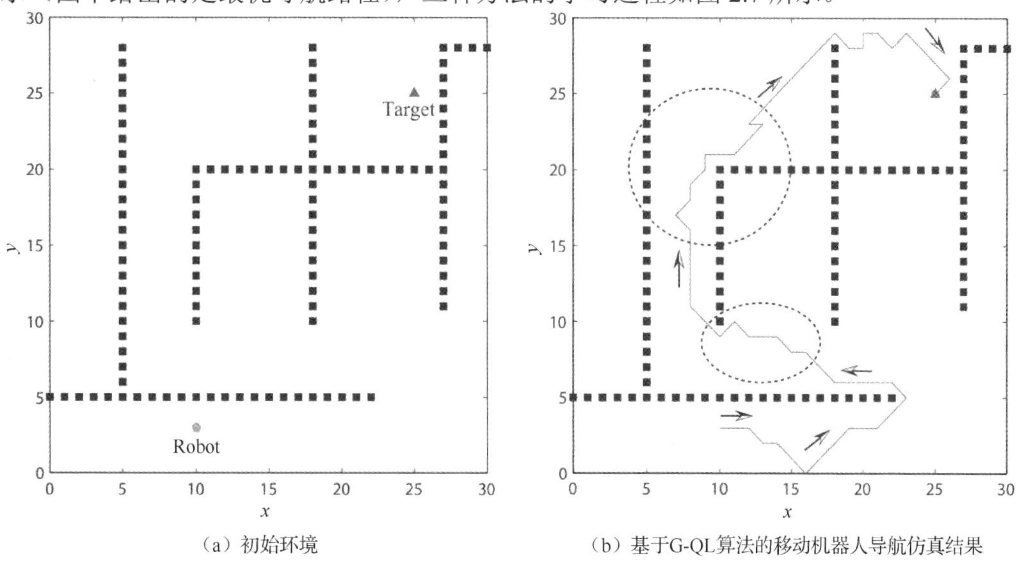

（a）初始环境　　（b）基于G-QL算法的移动机器人导航仿真结果

图 2.6　静态环境下基于 G-QL、S-QL 和 B-QL 算法的移动机器人导航仿真结果

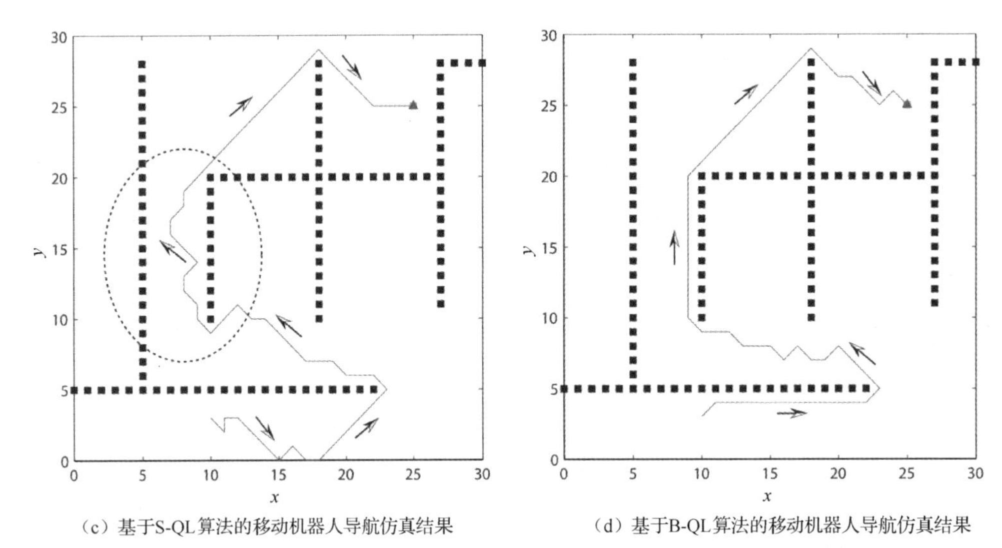

（c）基于S-QL算法的移动机器人导航仿真结果　　（d）基于B-QL算法的移动机器人导航仿真结果

图 2.6　静态环境下基于 G-QL、S-QL 和 B-QL 算法的移动机器人导航仿真结果（续）

表 2-2　静态环境下基于 G-QL、S-QL 和 B-QL 算法的移动机器人导航性能对比

导 航 算 法	最短轨迹长度/m	平均轨迹长度/m	10 次实验的方差
G-QL	73.08	77.60	14.93
S-QL	70.15	73.01	9.36
B-QL	63.77	65.12	0.52

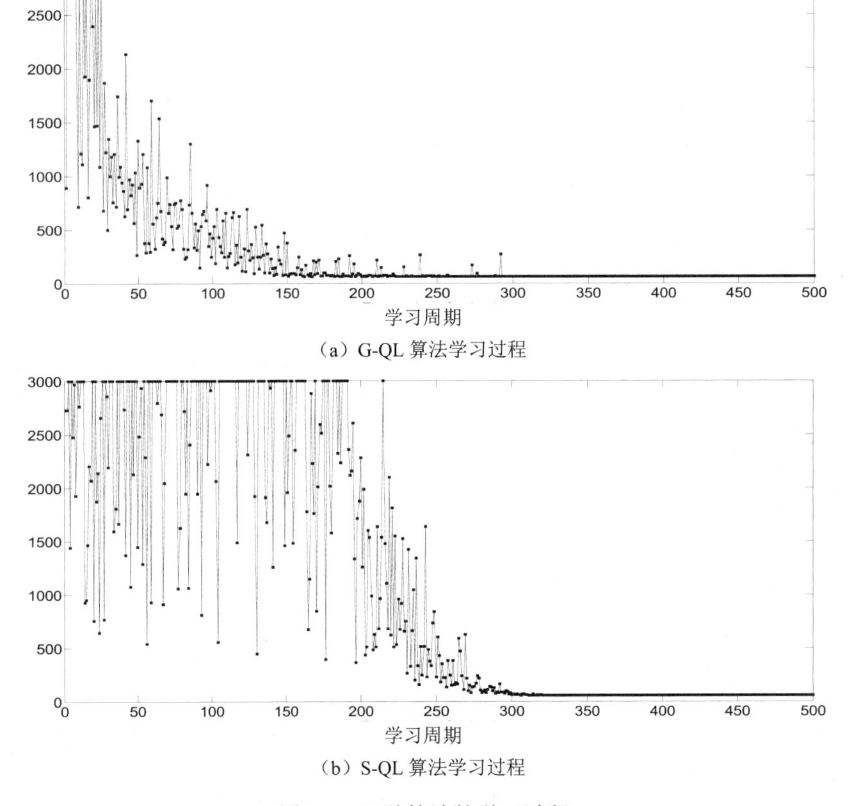

（a）G-QL 算法学习过程

（b）S-QL 算法学习过程

图 2.7　三种算法的学习过程

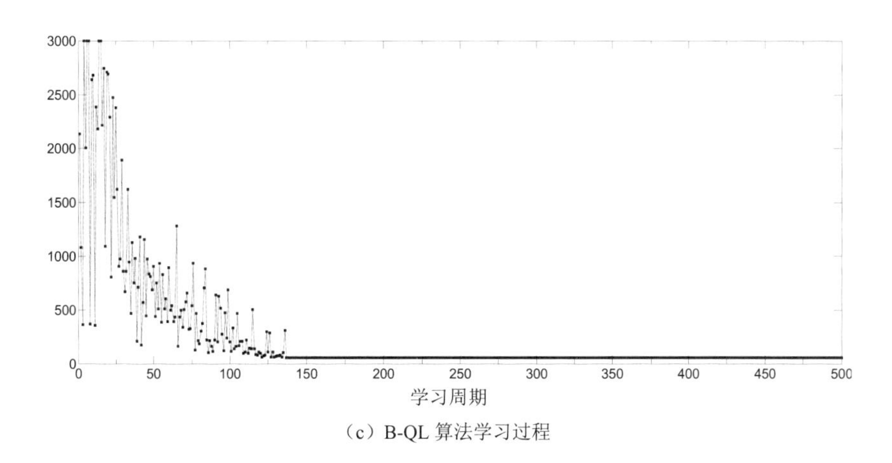

（c）B-QL 算法学习过程

图 2.7　三种算法的学习过程（续）

表 2-2 所示仿真结果表明，改进方法得到的平均轨迹长度为 65.12 m，远小于其他两种方法。在学习过程中，G-QL、S-QL、B-QL 这三种算法达到收敛时的学习步数分别为 330、347、137，且失误率分别为 2.2%、22.6%、1.0%，这些数据显示了改进算法能够快速地收敛到最优状态，这在实际的移动机器人导航中是非常重要的。移动机器人导航的最优结果展现出 S-QL 算法得到的移动机器人轨迹要比 G-QL 算法好，这是因为 S-QL 算法通过增加随机探测的代价得到的，所以其收敛步数和失误率都比较高。本节介绍的改进算法不仅能够很好地处理这两者之间的关系，而且 10 次仿真结果的方差比其他两种算法小得多，这也证明了改进算法比其他两种算法的稳定性要好。

2．动态环境下机器人导航实验

为了进一步测试改进方法的性能，在目标和障碍物均处于移动状态时环境中进行该实验，初始环境如图 2.8（a）所示。目标将从初始位置（12，28）沿直线向右移动，移动机器人导航的任务就是尽可能快地将初始位置（8，2）移动到目标位置。在该实验中，假设移动机器人的移动速度大于目标以及障碍物的移动速度，即 $V_r > V_t$，$V_r > V_o$，V_r=1 block/s，V_t=0.2 block/s，V_o=0.2 block/s，动态环境下基于 G-QL、S-QL 和 B-QL 算法的移动机器人导航性能对比如表 2-3 所示，仿真结果如图 2.8（b）至图 2.8（d）所示（图中给出的是最优导航路径）。

表 2-3　动态环境下基于 G-QL、S-QL 和 B-QL 算法的移动机器人导航性能对比

导 航 算 法	最短轨迹长度/m	平均轨迹长度/m	10 次实验的方差
G-QL	42.94	46.72	11.27
S-QL	40.94	43.53	4.47
B-QL	37.28	38.36	0.65

表 2-3 所示的导航性能表明，本书的改进算法可以很好地跟踪目标和躲避动态障碍物。从图 2.8 的最优导航结果图可以看出，当机器人移动到障碍物附近的时候，G-QL 和 S-QL 算法生成的轨迹具有剧烈的波动，而改进算法生成的轨迹比较平滑，主要的原因是改进算法比使用模拟退火和 Boltzmann 动作选择策略的算法能更有效地平衡探索与利用的关系。

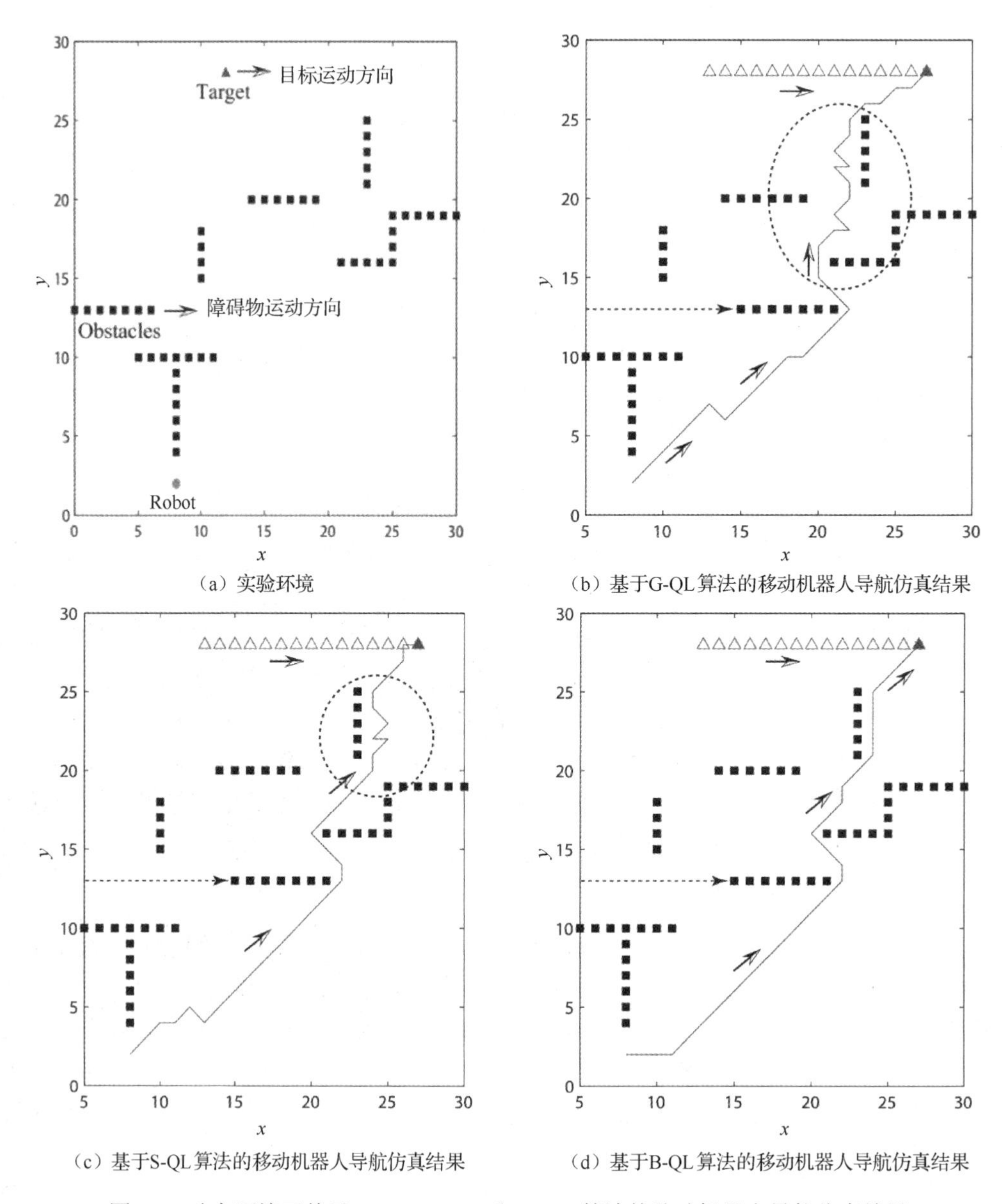

（a）实验环境

（b）基于G-QL算法的移动机器人导航仿真结果

（c）基于S-QL算法的移动机器人导航仿真结果

（d）基于B-QL算法的移动机器人导航仿真结果

图 2.8　动态环境下基于 G-QL、S-QL 和 B-QL 算法的移动机器人导航仿真结果

2.3 模糊控制与虚拟力场法相结合的移动机器人导航

2.3.1　虚拟力场法简介

虚拟力场（Virtual Force Field）法的基本思想是构造由目标方位的引力场和障碍物周围的斥力场共同作用的虚拟人工力场，通过搜索势函数的下降方向来规划无碰撞路径，使移动机器人沿虚拟斥力和虚拟引力的合力方向运动。虚拟力场法是人工势场法和栅格法结合得到的移动机器人导航方法。下面首先简单介绍人工势场法的基本原理。

人工势场法是由美国斯坦福大学 O. Khatib 最早提出的，其基本原理是：在移动机器人所处的工作空间中设置一个人工势场，当移动机器人在其中运动时，会受到两种力的作用，目标的引力作用和障碍物的斥力作用；目标的引力使得移动机器人不断靠近目标，障碍物的斥力则使得移动机器人远离障碍物，通过这两种力的共同作用，可控制移动机器人朝着某个方向运动，并最终到达目标位置。

利用人工势场法进行移动机器人导航，首先要在移动机器人的运动环境中创建一个势场 $\boldsymbol{U}$，这个势场主要包括两个部分：一部分是由目标产生的引力场，它的方向是指向目标位置；另一部分是由障碍物产生的斥力场，它的方向是背离障碍物。势场 $\boldsymbol{U}$ 是引力场和斥力场的势场叠加。移动机器人在势场合力的作用下，绕开运动线路上的障碍物，向目标位置移动。基于人工势场法的移动机器人受力模型如图 2.9 所示，图中目标产生的引力场在整个移动机器人的运动环境中有效，障碍物产生的斥力场则仅在其周围的一定范围内有效。

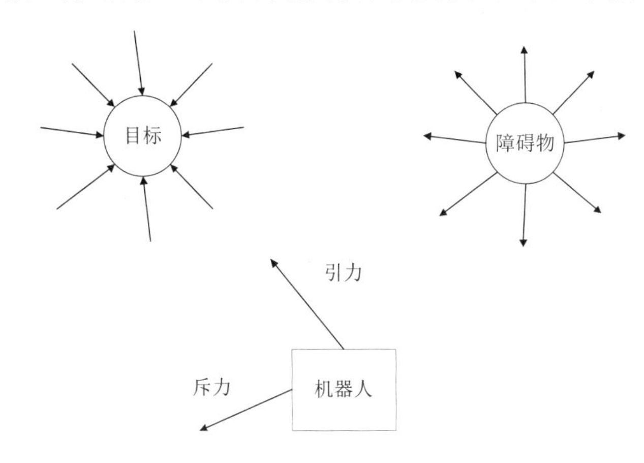

图 2.9　基于人工势场法的移动机器人受力模型

人工势场法可以采用不同表达形式的势函数，常用的是梯度势场法，其基本原理介绍如下。

在任意一个状态下，移动机器人的位姿用 q 表示，势场用 $\boldsymbol{U}(q)$表示，目标状态位姿用 q_{g} 来表示，并定义和目标相关联的吸引势 $\boldsymbol{U}_{\mathrm{att}}(q)$ 以及和障碍物相关联的排斥势 $\boldsymbol{U}_{\mathrm{rep}}(q)$。在位姿空间中某一位姿的势场可以表示为：

$$\boldsymbol{U}(q)=\boldsymbol{U}_{\mathrm{att}}(q)+\boldsymbol{U}_{\mathrm{rep}}(q) \tag{2-24}$$

对于位姿空间中的每一个位姿，$\boldsymbol{U}(q)$都必须是可微分的。移动机器人所受到的虚拟力为目标的引力和障碍物的斥力的合力，按照势场力的定义，势场力是势函数的梯度函数，如下所示：

$$\begin{aligned}
&\vec{\boldsymbol{F}}_{\mathrm{att}}(q)=-\mathrm{grad}[\boldsymbol{U}_{\mathrm{att}}(q)]\\
&\vec{\boldsymbol{F}}_{\mathrm{rep}}(q)=-\mathrm{grad}[\boldsymbol{U}_{\mathrm{rep}}(q)]\\
&\vec{\boldsymbol{F}}_{\mathrm{sum}}(q)=-\nabla\boldsymbol{U}(q)=-\mathrm{grad}[\boldsymbol{U}_{\mathrm{att}}(q)]-\mathrm{grad}[\boldsymbol{U}_{\mathrm{rep}}(q)]
\end{aligned} \tag{2-25}$$

式中，$\nabla\boldsymbol{U}(q)$ 表示 $\boldsymbol{U}(q)$在 q 处的梯度，它是一个向量，其方向是位姿 q 所处势场变化率最大的方向。对于二维空间中的位姿 $q(x,y)$ 来说，有：

$$\nabla\boldsymbol{U}(q)=\begin{bmatrix}\dfrac{\partial\boldsymbol{U}}{\partial x}\\[2mm]\dfrac{\partial\boldsymbol{U}}{\partial y}\end{bmatrix} \tag{2-26}$$

势场 $\boldsymbol{U}(q)$的定义方式可以有很多种，对于吸引势$\boldsymbol{U}_{\text{att}}(q)$和排斥势$\boldsymbol{U}_{\text{rep}}(q)$，最常用的定义为静电场势场模型：

$$\boldsymbol{U}_{\text{att}}(X)=\frac{1}{2}K_{\text{att}}(X-X_{\text{g}})^2 \tag{2-27}$$

$$\boldsymbol{U}_{\text{rep}}(X)=\begin{cases}\dfrac{1}{2}K_{\text{rep}}\left(\dfrac{1}{X-X_{\text{o}}}-\dfrac{1}{\rho_{\text{o}}}\right)^2, & X-X_{\text{o}}\leqslant\rho_{\text{o}}\\ 0, & X-X_{\text{o}}>\rho_{\text{o}}\end{cases} \tag{2-28}$$

式中，K_{att}为引力增益系数；K_{rep}为斥力增益系数；X_{g}为目标位置；X_{o}为障碍物位置；X为移动机器人的当前位置；$X-X_{\text{g}}$为移动机器人与目标的距离；$X-X_{\text{o}}$为移动机器人与障碍物的距离；ρ_{o}为障碍物的影响距离。

由上述公式可得到引力和斥力的公式为：

$$\begin{aligned}\bar{\boldsymbol{F}}_{\text{att}}(X)&=-\nabla\boldsymbol{U}_{\text{att}}(X)=-K_{\text{att}}(X-X_{\text{g}})\\ \bar{\boldsymbol{F}}_{\text{req}}&=-\nabla\boldsymbol{U}_{\text{req}}(X)\\ &=\begin{cases}K_{\text{req}}\left(\dfrac{1}{X-X_{\text{o}}}-\dfrac{1}{\rho_{\text{o}}}\right)\dfrac{1}{(X-X_{\text{o}})^2}\dfrac{\partial(X-X_{\text{o}})}{\partial X}, & X-X_{\text{o}}\leqslant\rho_{\text{o}}\\ 0, & X-X_{\text{o}}>\rho_{\text{o}}\end{cases}\end{aligned} \tag{2-29}$$

则移动机器人所受到的合力为：

$$\bar{\boldsymbol{F}}_{\text{sum}}(q)=\bar{\boldsymbol{F}}_{\text{att}}(q)+\bar{\boldsymbol{F}}_{\text{rep}}(q) \tag{2-30}$$

在势场中，移动机器人在地图上运动并始终受到来到目标的引力作用，目标位置决定了移动机器人的整体运动方向，当移动机器人运动到障碍物的作用范围内时会受到斥力作用，移动机器人在引力和斥力的合力作用下避开障碍物到达目标位置。

人工势场法实际上是将障碍物分布情况及其形状信息反映在环境中每一点的势场中，即势场反映了环境的拓扑结构。人工势场法的主要特点是：移动机器人的运动是由移动机器人当前位置所承受的势场及其梯度方向所决定的，故它与其他的方法相比具有计算量小、实时性好等优点。

虚拟力场法结合栅格地图进行移动机器人导航，即采用栅格法将移动机器人采集到的环境分成若干个视窗栅格。其中，目标和机器人之间会产生一种虚拟的引力，计算公式为：

$$\boldsymbol{F}_{\text{t}}=F_{\text{ct}}\left[\frac{x_{\text{t}}-x_{\text{r}}}{d_t}\boldsymbol{x}'+\frac{y_{\text{t}}-y_{\text{r}}}{d_t}\boldsymbol{y}'\right] \tag{2-31}$$

式中，F_{ct}表示引力常数；$(x_{\text{t}},y_{\text{t}})$表示目标中心点的坐标；$(x_{\text{r}},y_{\text{r}})$表示移动机器人当前位置坐标；$d_t$表示当前时刻机器人与目标的距离；$\boldsymbol{x}'$和$\boldsymbol{y}'$分别表示$x$轴和$y$轴的单位向量。

障碍物会对移动机器人产生一个虚拟的斥力$\boldsymbol{F}_{\text{r}}$，计算公式为：

$$\boldsymbol{F}_{\text{r}}=\sum_{ij}\frac{F_{\text{cr}}C_{ij}}{d_{ij}^2}\left[\frac{x_i-x_{\text{r}}}{d_{ij}}\boldsymbol{x}'+\frac{y_j-y_{\text{r}}}{d_{ij}}\boldsymbol{y}'\right] \tag{2-32}$$

式中，F_{cr}表示斥力常数；C_{ij}表示栅格(i,j)中存在障碍物的可信度，C_{ij}值大表示此栅格存在障碍物的可能性大；d_{ij}表示栅格(i,j)与移动机器人当前位置的距离；(x_i,y_j)表示栅格的中心坐标。

虚拟力场法用于移动机器人导航的基本思想是：移动机器人在合力 $\boldsymbol{F}$（$\boldsymbol{F}=\boldsymbol{F}_{\mathrm{t}}+\boldsymbol{F}_{\mathrm{r}}$）的作用下朝着目标运动。将合力 $\boldsymbol{F}$ 的方向角记作 θ_F，它决定了移动机器人下一时刻的运动方向，计算公式为：

$$\theta_F=(\theta_{\mathrm{r}})_{t+1} \tag{2-33}$$

失踪，θ_{r} 为机器人当前的运动方向。基于虚拟力场法的移动机器人导航如图 2.10 所示。

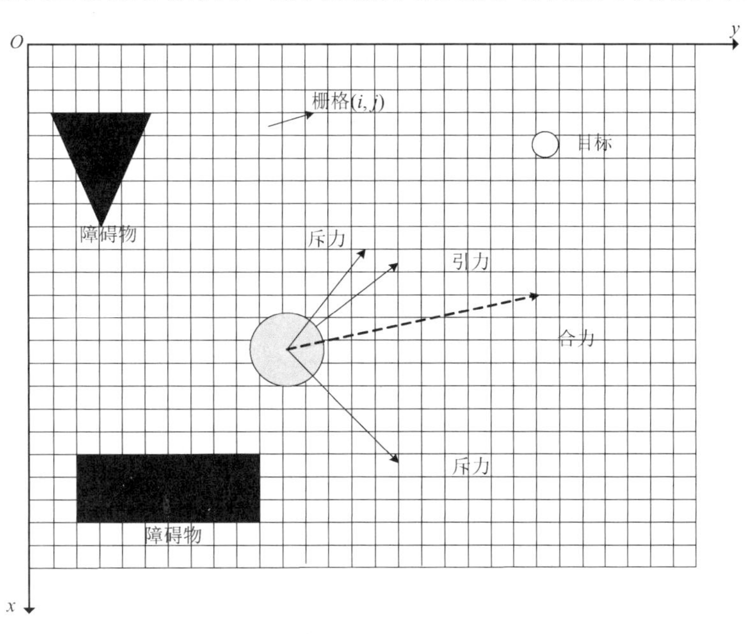

图 2.10　基于虚拟力场法的移动机器人导航

传统的虚拟力场法用于移动机器人导航时，虽然具有数学描述简洁美观、计算量小、易于实现等优点，但也存在以下一些问题。

- 当移动机器人距离目标位置较近时，引力将变得特别大，障碍物的斥力相对较小甚至可以忽略，在这种情况下，移动机器人可能会碰到障碍物；
- 当目标位置附近有障碍物时，障碍物的斥力将变得非常大，引力相对较小，移动机器人很难到达目标位置点；
- 在某个点时，如果引力和斥力刚好大小相等、方向相反，则移动机器人容易陷入局部最优解或振荡。

2.3.2　基于模糊控制改进虚拟力场法的移动机器人导航

为了解决传统虚拟力场法存在的不足，本节通过引入面积比来调整虚拟力场法中的斥力大小，以克服传统虚拟力场法中常出现的局部最小值问题，并且可以减少算法的计算复杂度。同时，利用模糊控制模块还可以解决移动机器人和动态障碍物之间的避障问题。

1. 面积比参数

在介绍面积比参数前，先建立移动机器人的探测模型。在本节中，移动机器人的探测范围用一个圆形区域表示，这个圆形区域称为感知空间。圆形区域的半径为移动机器人机载传感器的最大探测范围，用 R 表示，由实际应用确定。图 2.11 所示为移动机器人感知空间的一个示例，图中移动机器人检测到三个障碍物，分别用 O_1、O_2、O_3 表示。

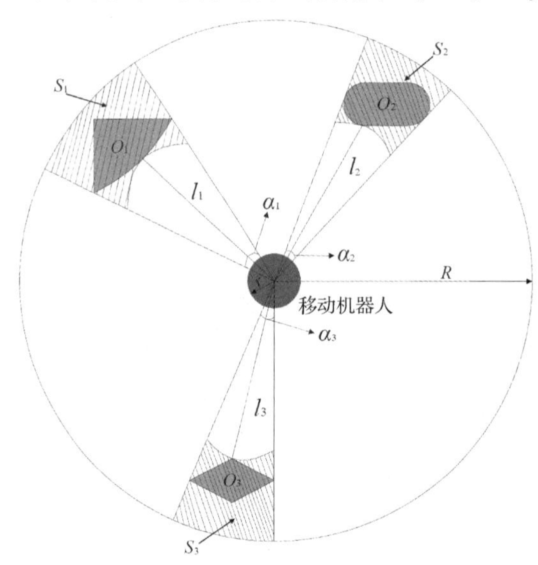

图 2.11 移动机器人感知空间示例

本节中面积比参数用 δ_i 表示，其定义为第 i 个障碍物与移动机器人的面积之比。由于移动机器人并不能完全确定障碍物的形状，因此本节利用下面的公式来估算移动机器人探测到的第 i 个障碍物在工作平面的投影面积：

$$S_i = \frac{\alpha_i (R^2 - l_i^2)}{2} \tag{2-34}$$

式中，α_i 为移动机器人与探测到的第 i 个障碍物两边缘点的夹角；R 表示移动机器人机载传感器的探测半径；l_i（i=1,2,3⋯）表示移动机器人到第 i 个障碍物的最短距离。面积比参数的大小可通过式（2-35）得到：

$$\delta_i = \frac{S_i}{S_0} \tag{2-35}$$

式中，S_0 表示移动机器人在工作平面上的投影面积。利用面积比参数，可以得到修正的虚拟斥力计算公式，即：

$$\boldsymbol{F}_{\mathrm{r}} = \sum_{i=1}^{m} \delta_i \boldsymbol{F}_{\mathrm{r}}^i \tag{2-36}$$

式中，m 表示移动机器人机载传感器探测范围内的障碍物个数；$\boldsymbol{F}_{\mathrm{r}}^i$ 表示第 i 个障碍物产生的虚拟斥力，可由式（2-37）得到。

$$\boldsymbol{F}_{\mathrm{r}}^i = \frac{F_{\mathrm{cr}} \lambda_i}{d_{\mathrm{o}i}^2} \left[\frac{x_i - x_{\mathrm{r}}}{d_{\mathrm{o}i}} \boldsymbol{x}' + \frac{y_i - y_{\mathrm{r}}}{d_{\mathrm{o}i}} \boldsymbol{y}' \right] \tag{2-37}$$

式中，(x_i, y_i) 表示第 i 个障碍物的中心点坐标；$d_{\mathrm{o}i}$ 表示当前时刻移动机器人到第 i 个障碍物中心点的距离。由于无法准确知道障碍物的中心点坐标，可以采用式（2-38）来估算移动机器人到第 i 个障碍物中心点的距离：

$$d_{\mathrm{o}i} = \frac{l_i + R}{2} \tag{2-38}$$

2．模糊控制模块

由于传统虚拟力场法在计算斥力和引力时，一般都假设障碍物和目标是静止的，因此当移动机器人所处的环境中的障碍物位置是动态变化的时候，就有可能出现移动机器人和障碍物相碰撞的情况。为了解决这个问题，本节在虚拟力场法中引入模糊控制规则，当移动机器人探测到动态障碍物且满足一定条件时，启用模糊控制模块，结合 2.3.1 节所述的虚拟力场法指导移动机器人进行避障[23-26]。

模糊控制通过模仿人类思维方式，采用产生式规则，可以不依赖系统的数学模型仅依靠专家的先验知识进行近似推理。其中，模糊语言变量的集合称为变量的模糊状态，划分模糊语言变量的多少反映了偏差的程度，决定了控制的精度和运算速度，是实现模糊控制的前提。

在基于模糊控制的移动机器人导航（见图 2.12）中，模糊控制模块是核心，其主要包括模糊化处理、模糊控制规则、模糊决策推理、逆模糊化过程四个部分。

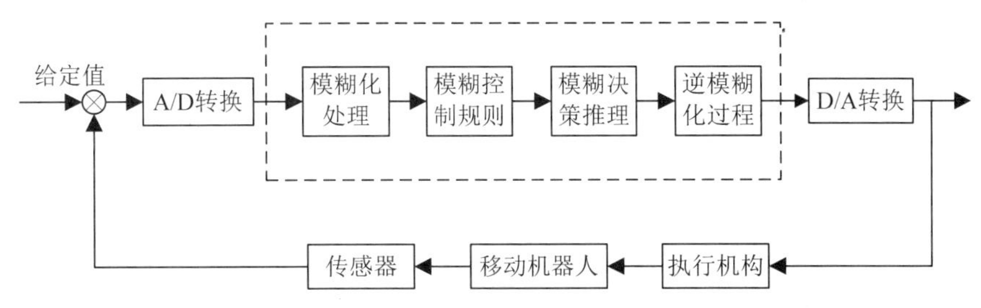

图 2.12　基于模糊控制的移动机器人导航

为了便于分析，本节假设移动机器人和动态障碍物都是匀速运动的，移动机器人和动态障碍物的相对速度为 v_{or}，相对速度与两者位置间连线的夹角为 θ_v，移动机器人与障碍物的距离为 d_{or}。移动机器人和障碍物的位置关系如图 2.13 所示。

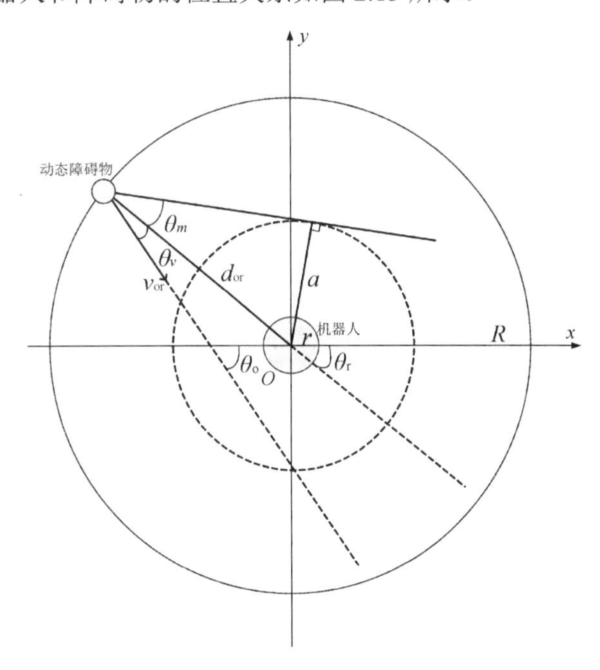

图 2.13　移动机器人和障碍物的位置关系

图 2.13 中，R 表示移动机器人机载传感器的探测半径；a 表示移动机器人的安全距离；θ_r 和 θ_o 分别表示相对位置连线与 x 轴的夹角，以及相对速度 v_{or} 与 x 轴的夹角；θ_m 表示碰撞角。当动态障碍物进入以移动机器人为中心、以 a 为半径的圆形区域，且 $\theta_v < \theta_m$ 时，引入模糊控制模块；否则利用 2.3.1 节介绍的改进虚拟力场法进行导航。从图 2.13 中可以看出 θ_v 及 θ_m 的计算公式为：

$$\theta_v = \theta_o - \theta_r \tag{2-39}$$

$$\theta_m = \arcsin \frac{a}{d_{or}} \tag{2-40}$$

本节综合考虑机器人与障碍物的速度、移动机器人的安全距离等因素，因此以 $|v_{or}\cos\theta|$ 和 d_{or} 作为模糊控制模块的输入（分别用 λ_1 和 λ_2 表示）。模糊控制模块主要是用来判断动态障碍物对移动机器人产生的威胁大小[27]，其输出为移动机器人的旋转角度 φ。输入参数和输出参数的隶属度函数如图 2.14 所示。

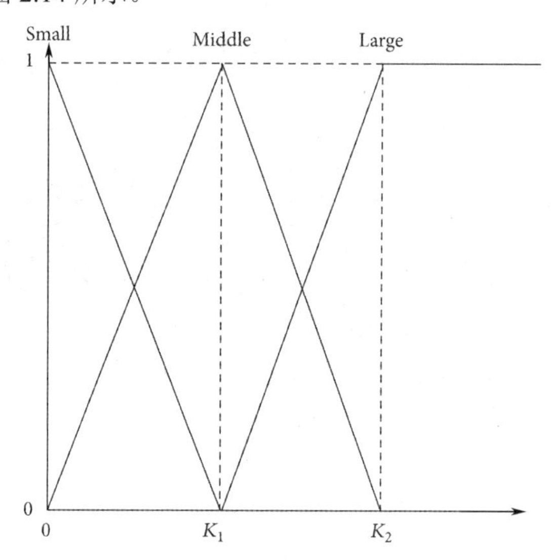

图 2.14　输入参数和输出参数的隶属度函数

图 2.14 中，K_1 和 K_2 为输入参数和输出参数隶属度函数中的相关参数，本节中具体设计如表 2-4 所示。

表 2-4　输入参数和输出参数的隶属度函数参数设置

参 数 名 称	K_1 的值	K_2 的值
λ_1	v_r	$2v_r$
λ_2	$2r$	$4r$
φ	$\pi/4$	$\pi/2$

结合机器人避障的相关经验，本节采用的模糊控制规则如下所示：

- 规则 1：如果 λ_1 为 Large、λ_2 为 Small，则 φ 为 Large。
- 规则 2：如果 λ_1 为 Small、λ_2 为 Small，则 φ 为 Middle。

……

- 规则 9：如果 λ_1 为 Middle、λ_2 为 Small，则 φ 为 Large。

推理结果逆模糊化的常用方法有面积重心法和最大值平均法[28-29]，本节采用面积重心法进行移动机器人旋转角度的在线计算，计算公式为：

$$(\theta_{\mathrm{r}})_{t+1} = \theta_F + \varphi \tag{2-41}$$

本书中的模糊控制模块只决定移动机器人旋转角度φ的大小，而移动机器人旋转的方向由障碍物和移动机器人的相互位置决定，若障碍物在移动机器人左边则移动机器人向右旋转；反之则移动机器人向左旋转；若障碍物和移动机器人在同一直线上，且障碍物在目标前方，则移动机器人向着目标的方向旋转。

基于改进虚拟力场法的移动机器人导航工作流程如图 2.15 所示，简单概括如下：

步骤 1：开始任务，确定目标位置。

步骤 2：通过传感器感知环境信息。

步骤 3：根据感知到的环境信息，利用改进的虚拟力场法进行移动机器人导航。

步骤 4：判断感知空间中是否遇到动态障碍物并判断是否启动模糊控制模块。

步骤 5：若满足启动条件，则在改进的虚拟力场法中引入模糊控制模块进行辅助导航。

步骤 6：判断移动机器人是否到达目标位置，若到达则结束任务；否则返回步骤 3。

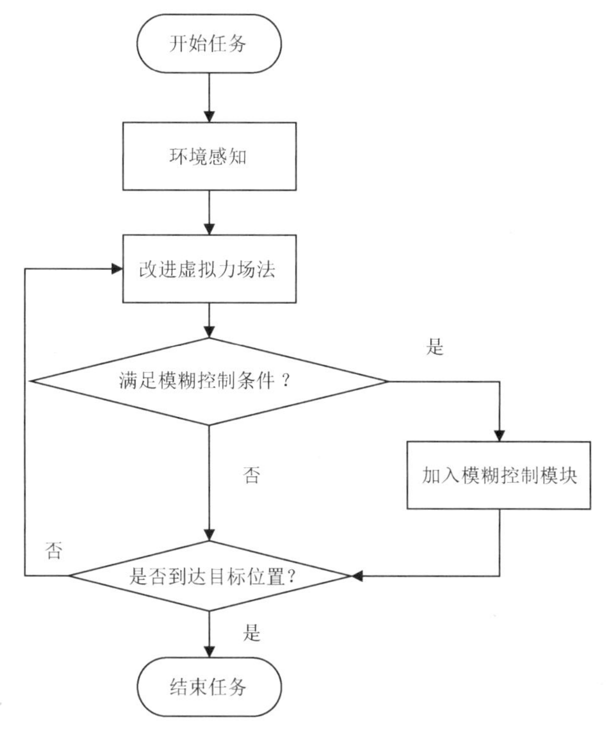

图 2.15　基于改进虚拟力场法的移动机器人导航工作流程

2.3.3　实验及结果分析

为了验证 2.3.2 节提出的方法在未知和动态环境下移动机器人导航的有效性，本节使用 Mobotsim 软件进行仿真实验。在仿真实验中，环境设置为矩形。本节在两个不同情况下进行仿真实验，仿真实验参数均相同（见表 2-5）。

表 2-5 仿真实验参数设置

参 数	大 小	备 注
F_{cr}	1	斥力常数
F_{ct}	1	引力常数
r	0.4 m	移动机器人半径
R	2.0 m	机载传感器的探测半径
v_r	0.5 m/s	移动机器人的运动速度
a	0.8 m	移动机器人安全距离

1. 目标位置不可达情况下的仿真实验

本实验用于测试 2.3.2 节提出的方法在目标位置不可达状态下的性能。在基于传统 VFF 方法的路径规划过程中，可能存在目标位置不可达的情况。有两种情况会导致目标位置不可达：一种是合力 $\boldsymbol{F}$ 在某个时刻可能为零，即当虚拟斥力等于虚拟引力，但它们的方向相反情况；另一种是障碍物、目标和移动机器人在一条直线上，在这种情况下，当移动机器人接近目标时，虚拟斥力可能大于虚拟引力[30]，这样移动机器人就会远离目标，导致移动机器人导航失败。

为了展示本章提出的改进 VFF 方法（P-VFF）的优点，将其与基于传统的 VFF（T-VFF）方法和基于虚拟目标的 VFF（V-VFF）方法进行比较。基于虚拟目标的 VFF 方法的基本思想是人为地增加一个虚拟目标，以弥补传统基于虚拟目标方法的不足[31-32]。

目标位置不可达情况下的仿真结果如图 2.16 表示，图 2.16（a）所示为移动机器人、障碍物和目标初始位置，此时移动机器人的初始坐标为（12.06，6.04），目标的初始坐标为（17.5，12.32），移动机器人前方扇形表示传感器的探测范围。图 2.16（b）所示为基于 T-VFF 方法的移动机器人导航仿真结果，图 2.16（c）所示为基于 V-VFF 方法的移动机器人导航仿真结果，图 2.16（d）所示为基于 P-VFF 方法的移动机器人导航仿真结果。

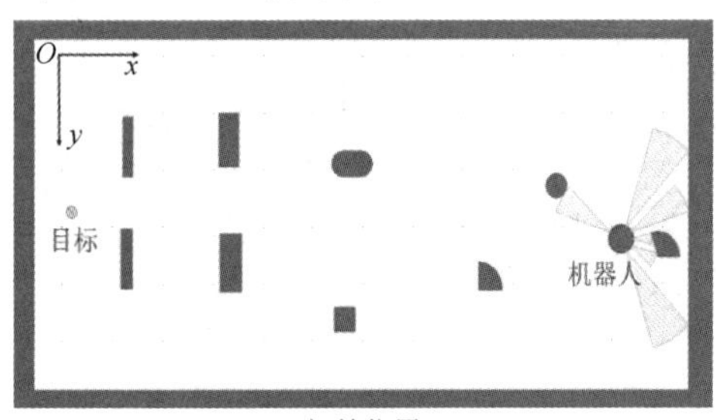

（a）初始位置

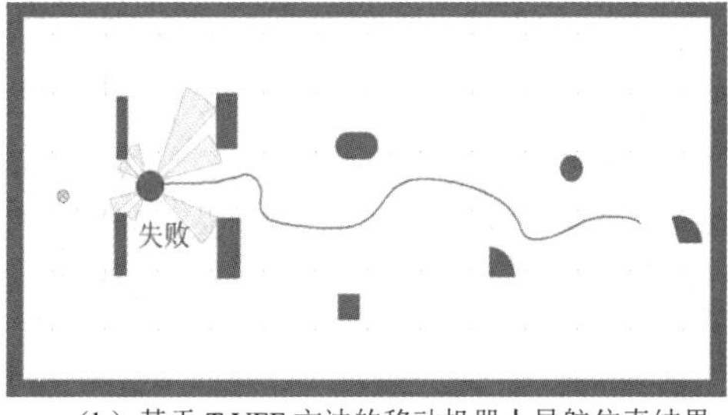

（b）基于 T-VFF 方法的移动机器人导航仿真结果

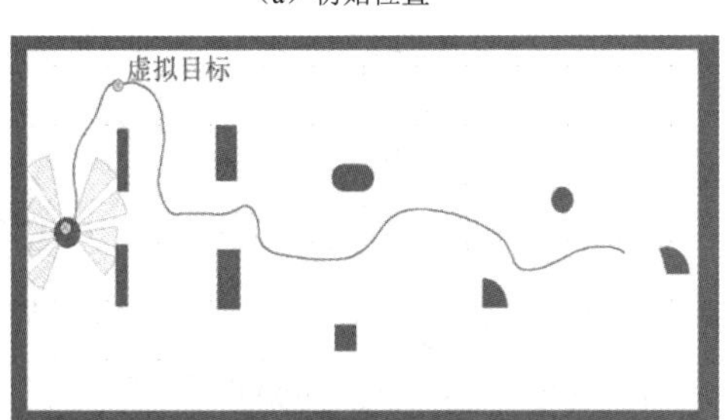

（c）基于 V-VFF 方法的移动机器人导航仿真结果

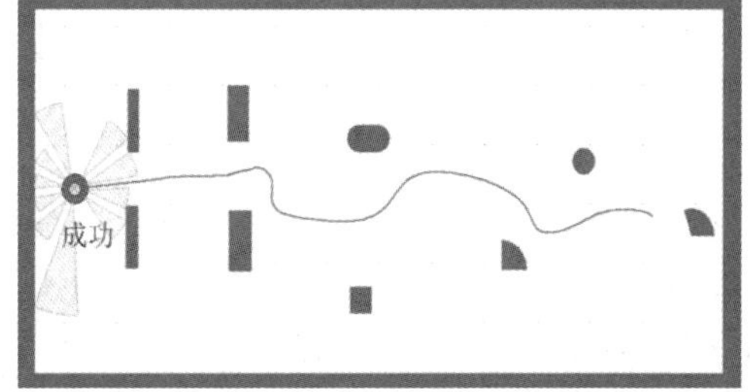

（d）基于 P-VFF 方法的移动机器人导航仿真结果

图 2.16 目标位置不可达情况下的移动机器人导航仿真结果

由图 2.16 所示的仿真结果可知，如果采用传统虚拟力场法导航，当移动机器人运行 9.3 s 时，此时的合力为零，移动机器人将停止运动，如图 2.16（b）所示。由图 2.16（c）可以看出，通过引入虚拟目标后，虽然可以解决这种情况下目标位置不可达问题，但虚拟目标位置的确定比较困难，往往依靠经验和环境信息来确定，移动机器人到达目标位置的轨迹有可能不是最优的，因此到达目标位置所需的时间变长，并且运动过程中，移动机器人的旋转角度也会很大，这样会造成移动机器人的运动轨迹变得不平滑，且消耗过多的能量。采用加入面积比参数的改进虚拟力场法可以较好地解决这些问题，如图 2.16（d）所示。合力为零的情况下采用三种方法的移动机器人导航的性能比较如表 2-6 所示，表中的“—”表示基于 T-VFF 方法的移动机器人导航的仿真实验未到达目标位置。

表 2-6　合力为零情况下采用三种方法的移动机器人导航的性能比较

方　法	运行所需时间/s	平均每步旋转角度/°
T-VFF 方法	—	—
V-VFF 方法	15.3	11.2
P-VFF 方法	12.4	9.7

移动机器人、目标和障碍物在一条直线上时移动机器人导航仿真结果如图 2.17 所示，移动机器人、目标和障碍物的初始位置如图 2.17（a）所示。由图 2.17 所示的仿真结果可知，如果采用传统虚拟力场法导航，移动机器人运行 9.7 s 时就会停止运动，仿真结果如图 2.17（b）所示。通过引入虚拟目标后，虽然可以解决目标位置不可达的问题，但虚拟目标的最优位置的确定比较困难，基于 V-VFF 方法的移动机器人导航仿真结果如图 2.17（c）所示。采用加入面积比参数的改进虚拟力场法可以较好地解决这些问题，仿真结果如图 2.17（d）所示。移动机器人、目标和障碍物在一条直线上时移动机器人导航性能比较如表 2-7 所示，表中的“—”表示基于 T-VFF 方法的移动机器人导航的仿真实验未到达目标位置。

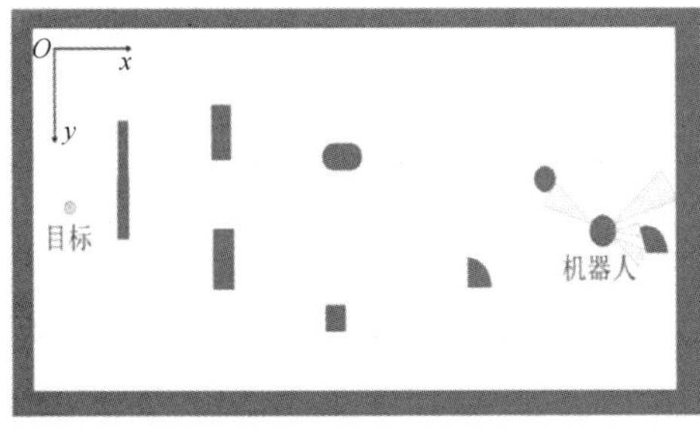

（a）初始位置

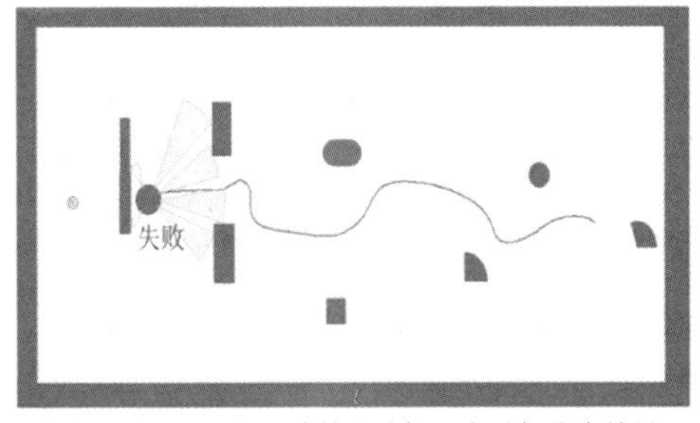

（b）基于 T-VFF 方法的移动机器人导航仿真结果

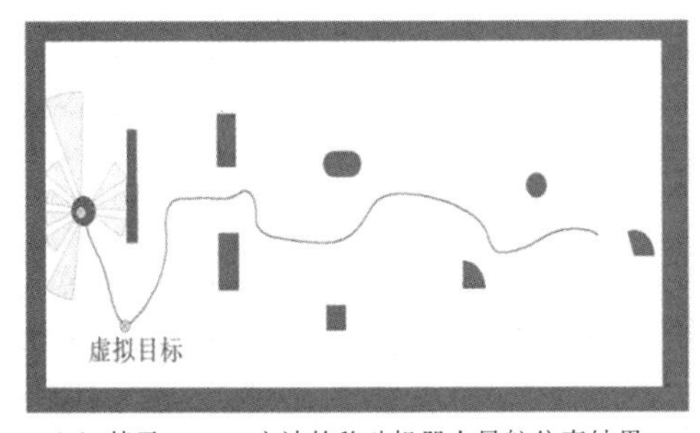

（c）基于 V-VFF 方法的移动机器人导航仿真结果

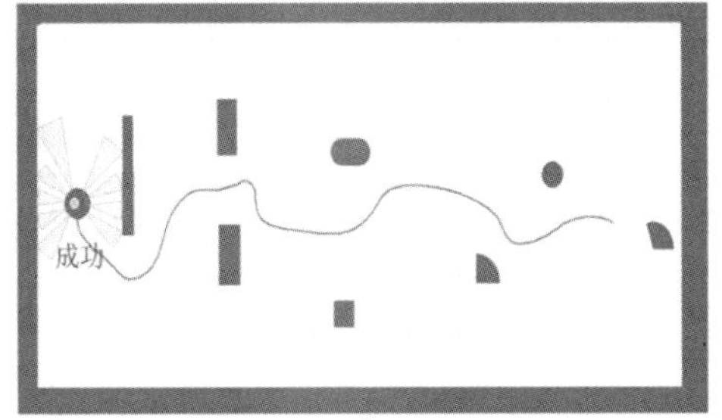

（d）基于 P-VFF 方法的移动机器人导航仿真结果

图 2.17　移动机器人、目标和障碍物在一条直线上时移动机器人导航仿真结果

表 2-7 移动机器人、目标和障碍物在一条直线上时移动机器人导航性能比较

算 法	运行所需时间/s	平均每步旋转角度/°
T-VFF 方法	—	—
V-VFF 方法	14.5	7.6
P-VFF 方法	12.5	6.9

2．动态环境下的仿真实验

为了进一步测试 2.3.2 节提到的方法在动态环境中的性能，在动态环境下也进行了仿真实验。在仿真实验中，有两个相同的移动机器人，它们有不同的目标，其中一个移动机器人用来表示动态障碍物，用 O_0 表示（即图中黑色机器人）。动态障碍物 O_0 和移动机器人 R_0 的目标分别表示为 M_O 和 M_R。动态障碍物 O_0 基于传统 VFF 方法进行导航。在动态环境中，采用虚拟目标的 VFF（P-VFF）方法对移动机器人进行导航，很难确定虚拟目标的位置。因此在本次仿真实验中，仅对比了基于 P-VFF 方法和基于传统 VFF 方法（T-VFF）的移动机器人导航。本次仿真实验设置了两种情况：第一种情况是移动机器人向动态障碍物运动；第二种情况是一个速度更快的动态障碍物跟踪并撞击移动机器人。由图 2.18 可以看出，在移动机器人 R_0 和动态障碍物 O_0 相向运行 6.6 s 后，它们之间的相对距离为 0.8 m，此时，移动机器人和动态障碍物相对速度 v_{or} 与两者位置间连线的夹角为 θ_v=27°、碰撞角 θ_m=36°，如图 2.18（b）所示。因为移动机器人 R_0 和动态障碍物 O_0 的距离较近，在采用 T-VVF 方法时，计算斥力的变化过程较慢，移动机器人 R_0 避障不及时，会导致移动机器人 R_0 和动态障碍物 O_0 相撞，如图 2.18（c）所示。通过引入模糊控制模块，移动机器人 R_0 会逆时针旋转 53°，从而成功避开障碍物，如图 2.18（d）所示。根据该仿真结果可以看出，2.3.2 节提到的方法可以有效解决动态环境中移动机器人与动态障碍物相向运动避障失败的问题。

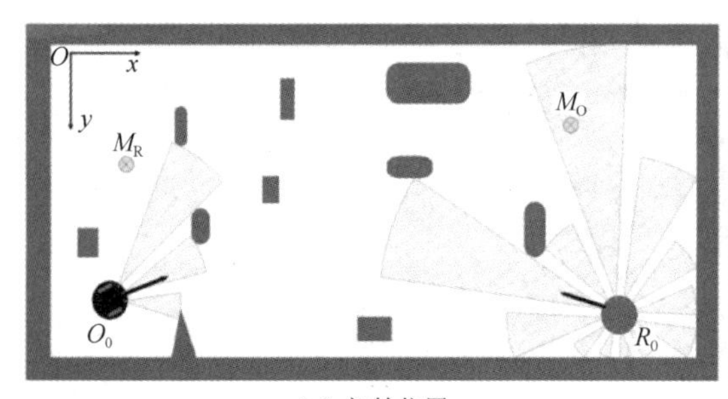

（a）初始位置

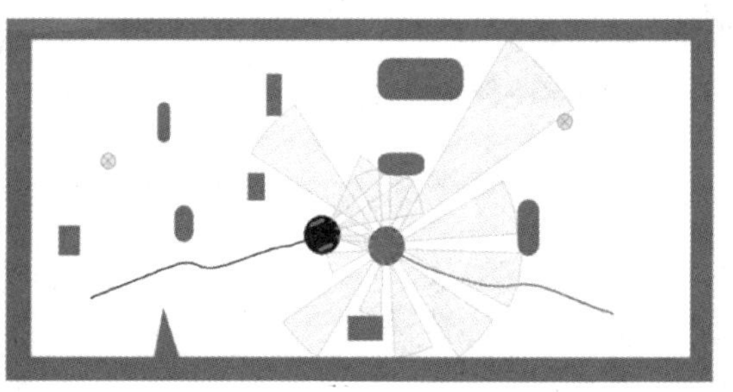
（b）动态障碍物进入安全区域

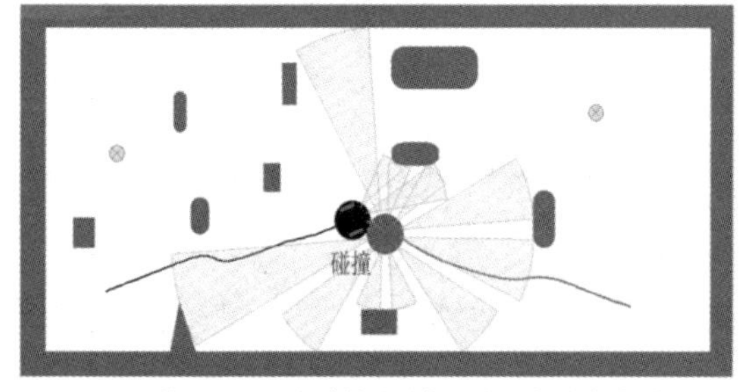

（c）基于 T-VFF 方法的移动机器人导航仿真结果

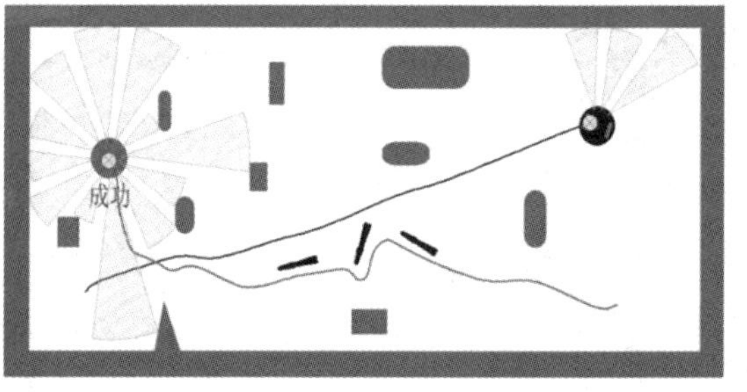

（d）基于 P-VFF 方法的移动机器人导航仿真结果

图 2.18 移动机器人向动态障碍物运动的仿真结果

在第一种情况中，移动机器人 R_0 的初始坐标为（8.56，6.69），动态障碍物 O_0 的初始坐标为（1.23，6.54），它们各自的目标分别是 M_R 和 M_O，对应的坐标分别为（1.45，4.84）和（7.78，4.14），初始位置如图 2.18（a）所示。在仿真实验中，动态障碍物 O_0 与移动机器人 R_0 的运动参数完全相同。移动机器人向动态障碍物运动的仿真结果如图 2.18 所示。

在第二种情况中，移动机器人 R_0 的初始坐标为（2，5.24），动态障碍物 O_0 的初始坐标为（1.12，5.65），它们各自的目标分别是 M_R 和 M_O，对应的坐标分别为（7.2，4.6）和（8.31，3.94），初始位置如图 2.19（a）所示。在仿真实验中动态障碍物 O_0 的速度是移动机器人 R_0 的 2 倍，其他参数和第一种情况相同。速度更快的动态障碍物跟踪并撞击移动机器人的仿真结果如图 2.19 所示。由仿真结果可以看出，移动机器人 R_0 和动态障碍物 O_0 相向运行 4.6 s 后，它们之间的相对距离为 0.8 m，此时移动机器人 R_0 和动态障碍物 O_0 的相对速度 v_{or} 与两者位置间连线的夹角 θ_v=10°、碰撞角 θ_m=24°，如图 2.19（b）所示。基于 T-VFF 方法的移动机器人导航仿真结果如图 2.19（c）所示，移动机器人 R_0 和动态障碍物 O_0 相撞。基于 P-VFF 方法的移动机器人导航仿真结果如图 2.19（d）所示，移动机器人 R_0 可以成功避开动态障碍物 O_0。

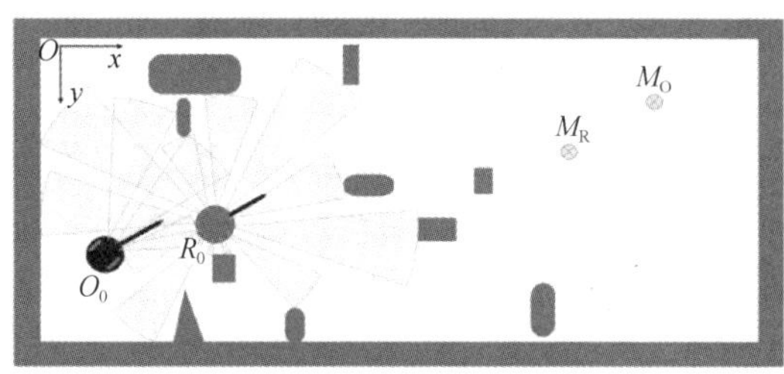

（a）初始位置

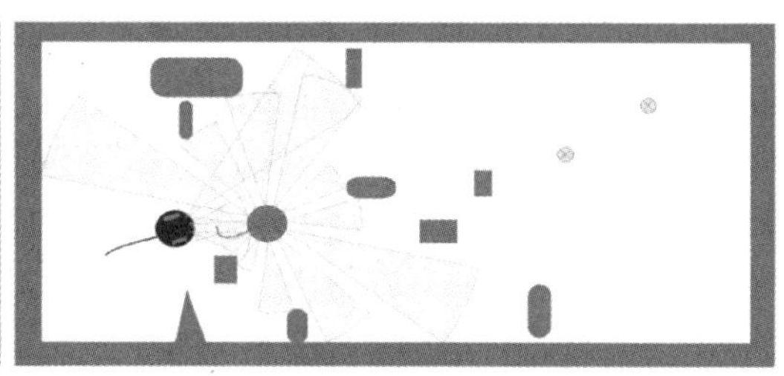
（b）动态障碍物进入安全区域

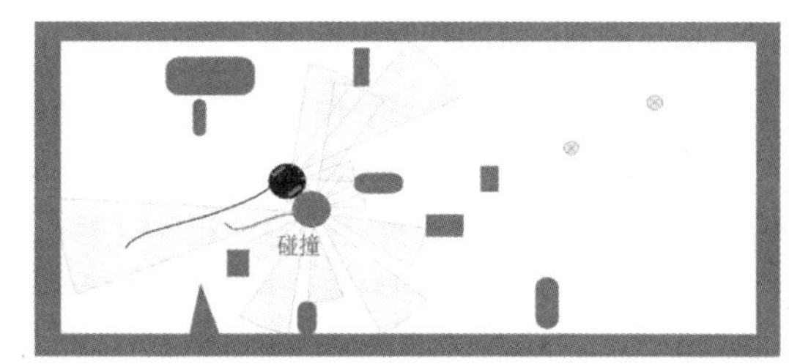

（c）基于 T-VFF 方法的移动机器人导航仿真结果

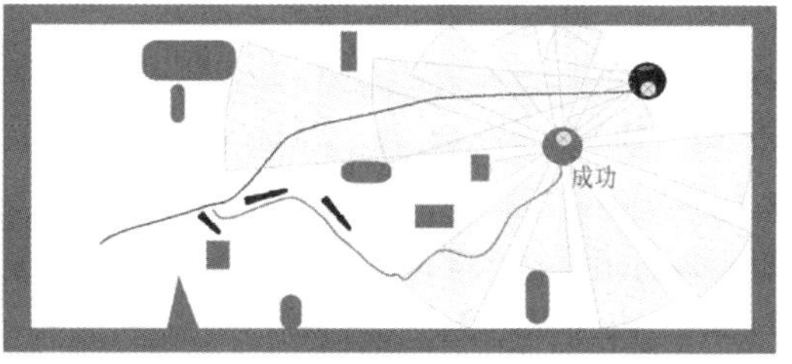

（d）基于 P-VFF 方法的移动机器人导航仿真结果

图 2.19　速度更快的动态障碍物跟踪并撞击移动机器人的仿真结果

2.4 本章小结

移动机器人导航是移动机器人的关键技术之一，特别是在未知环境中，如何安全、快速地将移动机器人导航至目标位置是移动机器人的研究热点。本章在对移动机器人导航进行概述的基础上，介绍了常用的移动机器人导航方法，并重点研究了两种基于智能方法的移动机器人导航方法。在这两种导航方法中，多种智能算法被应用，包括强化学习、模糊控制、生物刺激神经网络等，仿真结果表明这些方法可以较好地弥补传统的移动机器人导航方法存在的不足。

参考文献

[1] 张博文．基于 ROS 的移动机器人自主导航功能的优化与实现[D]．兰州：西北师范大学，2021.

[2] 倪建军，史朋飞，罗成名．人工智能与机器人[M]．北京：科学出版社，2019.

[3] Dorigo M, Gambardella L M. Ant colony system: a cooperative learning approach to the traveling salesman problem[J]. IEEE Transactions on Evolutionary Computation, 1997, 1(1): 53-66.

[4] 李晓磊，邵之江，钱积新．一种基于动物自治体的寻优模式:鱼群算法[J]．系统工程理论与实践，2002(11): 32-38.

[5] Fan T, Long P, Liu W, et al. Distributed multi-robot collision avoidance via deep reinforcement learning for navigation in complex scenarios[J]. The International Journal of Robotics Research, 2020, 39(7): 856-892.

[6] Ding W, Li S, Qian H, et al. Hierarchical reinforcement learning framework towards multi-agent navigation[C]// Proceedings of the IEEE International Conference on Robotics and Biomimetics. Kuala Lumpur, Malaysia, December 12-15, 2018.

[7] 库克．移动机器人导航、控制与遥感[M]．赵春晖，潘泉，译．北京：国防工业出版社，2015.

[8] 秦永元．惯性导航[M]．北京：科学出版社，2006.

[9] R • 西格沃特，I. R • 诺巴克什，D • 斯卡拉穆扎．自主移动机器人导论[M]．李人厚，宋青松，译．2 版．西安：西安交通大学出版社，2013.

[10] 陈学松，杨宜民．强化学习研究综述[J]．计算机应用研究，2010, 27(8): 2834-2840.

[11] 高阳，陈世福，陆鑫．强化学习研究综述[J]．自动化学报，2004, 30(1): 86-100.

[12] 王涛，陈海，白红英，等．基于 Agent 建模的农户土地利用行为模拟研究：以陕西省米脂县孟岔村为例[J]．自然资源学报，2009, 24(12): 2056-2066.

[13] Sutton S. Learning to Predict by the methods of temporal difference [J]. Machine Learning, 1988, 3(1):9-44

[14] 刘忠，李海红，刘全．强化学习算法研究[J]．计算机工程与设计，2008, 29(22): 5805-5809.

[15] Ni J, Liu M, Ren L, et al. A Multiagent Q-Learning-Based Optimal Allocation Approach for Urban Water Resource Management System[J]. IEEE Transactions on Automation Science & Engineering, 2014, 11(1):204-214.

[16] Viet H H, Choi S Y, Chung T C. Dyna-QUF: Dyna-Q based univector field navigation for autonomous mobile robots in unknown environments[J]. Journal of Central South University, 2013, 20(5):1178-1188.

[17] 许培，薛伟．基于 Q-learning 的一种多 Agent 系统结构模型[J]．计算机与数字工程，2011, 39(8): 8-12.

[18] Zhu D, Zhao Y, Yan M. A bio-inspired neural dynamics based back stepping path-following control of an AUV with ocean current[J]. International Journal of Robotics and Automation, 2012, 27(3): 298-307.

[19] Qu H, Yang S X, Willms A R, et al. Real-time robot path planning based on a modified pulse-coupled neural network model[J]. IEEE Transactions on Neural Networks, 2009, 20(11): 1724-1739.

[20] Miao H, Tian Y C, Dynamic robot path planning using an enhanced simulated annealing approach[J]. Applied Mathematics and Computation, 2013, 222: 420-437.

[21] Masehian, E, Amin-Naseri, et al. Sensor-based robot motion planning - A tabu search approach[J]. IEEE Robotics and Automation Magazine, 2008, 15(2): 48-57.

[22] Ma X, Xu Y, Sun G Q, et al. State-chain sequential feedback reinforce-ment learning for path planning of autonomous mobile robots[J]. Journal of Zhejiang University: Science C, 2013, 14(3): 167-178.

[23] 刘金琨．智能控制[M]．2 版．北京：电子工业出版社，2005．

[24] Wu Z, Feng L. Obstacle prediction-based dynamic path planning for a mobile robot [J]. International Journal of Advancements in Computing Technology, 2012, 4(3): 118-124.

[25] Liu C, Yang J. Mobile robot path planning based on potential field method in dynamic Environments [J]. Journal of Computational Information Systems, 2010, 6(13): 4435-4444.

[26] Yin L, Yin Y, Lin C J. A new potential field method for mobile robot path planning in the dynamic environments [J]. Asian Journal of Control, 2009, 11(2): 274-225.

[27] 谢敬，傅卫平，杨静．基于碰撞危险度和运动预测的多移动机器人避碰规划[J]．西安理工大学学报，2004, 20(2): 171-173.

[28] Ye C, Yung N H C, Wang D. A fuzzy controller with supervised learning assisted reinforcement learning algorithm for obstacle avoidance [J]. IEEE Transactions on Systems, Man, and Cybernetics, Part B: Cybernetics, 2003, 33(1): 17-27.

[29] Jaradat M A K, Garibeh M H, Feilat E A. Autonomous mobile robot dynamic motion planning using hybrid fuzzy potential field [J]. Soft Computing, 2012, 16(1): 153-164.

[30] Ge S S, Cui Y J. New potential functions for mobile robot path planning[J]. IEEE Transactions on Robotics and Automation, 2000, 16(5): 615-620.

[31] Ye W, Wang C, Yang M, et al. Virtual obstacles based path planning for mobile robots[J]. Robot, 2011, 33(3): 273-286.

[32] Sun L, Lin R, Wang W, et al. Mobile robot real-time path planning based on virtual targets method[C]// in Proceedings of the 3rd International Conference on Measuring Technology and Mechatronics Automation (ICMTMA '11), Shanghai, China, January 2011.

第3章
移动机器人路径规划

路径规划是移动机器人实现自主导航的关键技术之一，它可以为移动机器人安全导航提供有效保障。对于移动机器人路径规划，国内外学者提出了许多方法，每种方法都有自己的优缺点。但目前还没有一种普适性的方法，可以完全胜任各种情况下的移动机器人路径规划。

本章在对移动机器人路径规划中的主要问题以及路径规划方法分类进行概述的基础上，首先对传统的移动机器人路径规划方法进行了简要介绍，然后详细介绍了基于人工蜂群算法、基于蛙跳算法和基于文化基因算法的移动机器人路径规划方法，并进行了实验和结果分析。

3.1 移动机器人路径规划概述

移动机器人路径规划，就是指移动机器人根据环境的先验知识和自身携带的传感器来感知环境中障碍物和目标的信息，并依据某种算法规划出一条从起点到终点的安全的、满足各种性能指标的最优或次优路径。一个成功的路径规划方法需要解决以下几个问题：

- 根据移动机器人工作的环境，能够对环境进行合理的建模，同时规划一条安全的、满足各种条件的路径；
- 在移动机器人的运动过程中，当环境发生变化或出现不确定性因素时，移动机器人能够绕开障碍物，同时保证路径尽量最优；
- 能够满足其他性能指标的需求，如移动机器人能量消耗问题等。

移动机器人路径规划问题是在 20 世纪 70 年代随着移动机器人导航的研究而被提出来的，目前很多学者在移动机器人路径规划方面做了广泛的研究，提出了许多具有理论和实际价值的方法。但该领域仍然存在着许多困难需要深入研究解决，例如：

- 当移动机器人所处的环境完全未知并且是动态变化的时，如何规划出较优的路径；
- 路径规划的计算效率问题，很多方法都能够规划出较优的路径，但计算复杂，无法满足移动机器人的实时性要求；
- 多机器人路径规划问题，大多数路径规划方法只考虑了单个机器人，而在实际情况中经常需要使用多机器人协同工作，因而路径规划方法需要考虑多机器人协作及机器人之间的相互避让，这属于多机器人协作的相关内容。

根据不同的划分方法，可以对移动机器人路径规划方法进行不同的分类：

- 依据环境中是否存在动态障碍物和动态目标，路径规划方法可以分为静态路径规划方法和动态路径规划方法[1-2]；

- 依据移动机器人事先对环境信息的了解程度，路径规划方法可以分为局部路径规划方法和全局路径规划方法[3-4]；
- 依据是否采用人工智能技术，路径规划方法可以分为传统路径规划方法和智能路径规划方法[5-6]。

近年来，研究者们尝试将各种不同的路径规划方法结合起来，使它们发挥各自优点，产生了混合路径规划方法[7]。

3.2 传统路径规划方法简介

移动机器人常用的路径规划方法主要有构形空间法、可视图法、栅格法、拓扑法等，本节简要介绍这些常用的路径规划方法[8]。

3.2.1 构形空间法

构形空间法（Configuration-Space，C-Space）是由 S. Udupa 和 T. Lozano-Perez 等人提出并发展起来的一种无碰路径规划方法，其实质是将对运动物体位姿（位置和姿态）的描述简化为构形空间（C-Space）中的一个点。

构形空间法可以将物体的路径规划问题转化为一个点在 C-Space 空间中的运动问题。由于环境中存在障碍物，因此运动物体在构形空间中就有一个相应的禁区，称为构形空间障碍（C-Obstacle）。这样就可以构造一个虚拟的数据结构，对运动物体、障碍物及其几何约束关系进行等效变换，简化了问题的求解。

运动物体 A 与障碍物 B 发生碰撞的所有状态在构形空间中构成了构形空间障碍，记为 $\mathrm{CO}_A(B)$，表示为：

$$\mathrm{CO}_A(B)=\{P\in \text{C-Space}\,|\,A(P)\cap B\neq\varnothing\} \tag{3-1}$$

式中，$A(P)$ 表示欧氏空间的一个子集，对应于 A 在构形空间中的位姿。

构形空间法是一种相对成熟和比较常用的路径规划方法，但如何快速有效地进行构形空间建模，以及在构形空间内进行路径搜索是实现构形空间法的关键，有待于进一步的研究。

3.2.2 可视图法

可视图法将移动机器人看成一个点，将移动机器人、目标 G 和多边形障碍物的各顶点进行组合连接，并保证这些直线均不与障碍物相交，这就形成了一张图。因为图中任意两直线的顶点均是可见的（即不与多边形障碍物相交），故称为可视图（Visibility Graph）。由于任意两直线的顶点都是可见的，从起点沿着这些直线到达终点的所有路径均是移动机器人的无碰路径。

利用构形空间法将移动机器人 A 映射为一点，将障碍物 B 映射为 $\mathrm{CO}_A(B)$。用直线段连接起点 S、所有构形空间障碍物的顶点和终点 G，并保证这些直线段不与 $\mathrm{CO}_A(B)$ 相交，即可构造可视图，如图 3.1 所示。对可视图进行搜索就可找到 A 的最短无碰安全运动路径。在这种搜索图中，S、G 和顶点均为图的节点，直线段为弧。

利用可视图法进行路径规划的步骤如下：

（1）计算构形空间障碍物 $CO_A(B)$；

（2）建立可视图，用一种合适的数据结构表达可视图；

（3）搜索图，求最短安全路径。

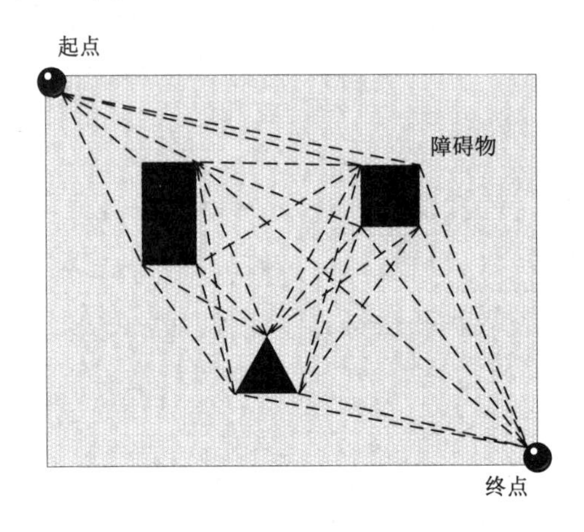

图 3.1　可视图

可视图法能够求得最短路径，但忽略了移动机器人的尺寸大小，使得移动机器人通过障碍物顶点时会离障碍物太近甚至接触，并且搜索时间长。在实际采用可视图法进行移动机器人路径规划时，通常会适当增大障碍物尺寸，以此来增大移动机器人与障碍物的距离，尽管无法做到移动机器人的路径最优，但可以保障移动机器人的安全性。

3.2.3　栅格法

栅格法是由 W. E. Howden 在 1968 年提出的，他在进行路径规划时采用栅格（Grid）表示地图。若设环境的长度为 L、宽度为 W，栅格的尺度（长和宽）均为 b，则栅格数为 $(L/b \times W/b)$，环境地图 Map 由栅格 map_i 构成，即：

$$\mathrm{Map} = \{\mathrm{map}_i \,|\, \mathrm{map}_i = 1\text{或}0，i\text{为整数}\} \tag{3-2}$$

式中，$\mathrm{map}_i=1$ 表示该栅格为障碍区域（不可行区域）；$\mathrm{map}_i=0$ 表示该栅格为自由区域（可行区域）。

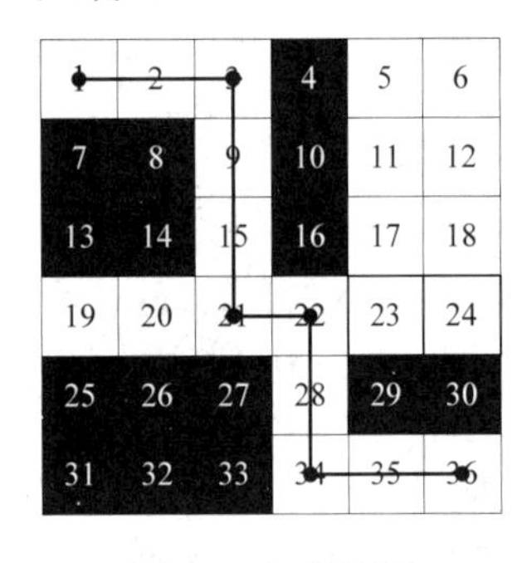

图 3.2　栅格地图

栅格的一致性和规范性使得栅格空间中的邻接关系变得简单化。赋予每个栅格一个通行因子后，路径规划问题就变成在栅格地图上寻求两个栅格间的最优路径问题。在进行路径规划时，首先建立栅格地图（如图 3.2 所示），即以栅格为基本单位表示环境信息，其中黑色栅格为不可行区域，白色栅格表示可行区域，栅格内数字表示栅格编号。

栅格的大小通常与移动机器人的步长相适应，这样就可以将移动机器人的运动转化为从一个可行栅格运动到另外一个可行栅格。根据栅格与不可行区域的交集，可将栅格分为三种：

- 可行栅格：栅格内所有区域都是安全可行的。

➲ 不可行栅格：栅格内的所有区域都不是安全可行的。

➲ 不完全可行栅格：栅格内的一部分区域是可行的，另一部分区域不是可行的。

栅格法以每个栅格为基本单元，栅格地图中每两个相邻的栅格是否能安全通过，用数值表示出来。两个栅格之间完全可行时取值为 1，完全不可行时取值为 0，即：

$$\mathrm{Map}_i(u,v)=\begin{cases}0, & \text{栅格}u,v\text{之间完全不可行}\\ 1, & \text{栅格}u,v\text{之间完全可行}\end{cases} \tag{3-3}$$

采用栅格法可以保证只要起始栅格和目标栅格存在可达路径，就能搜索到该路径。但栅格法一般只能在移动机器完全知道环境中的所有信息时进行路径规划，在动态未知环境下，则很难进行路径规划。为了简化描述，栅格法通常把路径规划问题转化为一定条件下的图搜索问题，继而转换为点之间的搜索问题。当环境比较复杂时，栅格法的计算量大，并且延迟较高。另外，在对环境进行建模时，栅格的大小（栅格划分粒度即分辨率）对环境信息的描述和路径的搜索有很重要的影响：栅格的分辨率越小，对环境的描述就越准确，路径规划的精确度就越高，但计算量也会大幅增加；反之，虽然计算量随之减少，但路径规划的精确度会比较低。因此，如何选择合适的栅格分辨率也是栅格法中的一个十分重要的问题。

3.2.4　拓扑法

拓扑法的基本思想是将状态空间分割成拓扑特性一致的子空间，并建立拓扑网络，在拓扑网络上寻找起点到终点的拓扑路径，最终由拓扑路径求出几何路径。利用拓扑法进行路径规划，包含三个主要步骤：划分状态空间、基于划分结果构建特征网、在特征网上搜索路径。

1. 状态空间的划分

设状态空间为一个图 $F(D)$，D 为状态空间的定义域，用增长线、消失线和障碍边缘线将 D 分解为 $\{D_i\}(i=1,\cdots,r)$。对 $\{D_i\}$ 中的所有 D_i，从中找出 $F(D_i)$ 的连通分支，即：

$$F(D_i)=\bigcup_{j=1}^{n}F_j(D_i) \tag{3-4}$$

由此可知，$F(D)=\{D_i,F_j(D_i)\}$，$i=1,\cdots,r$，$j=1,\cdots,n$。

2. 构建特征网

将每个 $[D_i,F(D_i)]$ 看成一个父节点 (i)，将每个 $[D_i,F(D_i)]$ 所对应的若干个子节点 (i,j) 看成父节点的后继节点，用实线在子节点上连接互相连通的分支，可得到一个树状网络，即特征网。

3. 路径搜索

首先找到运动物体的起点和终点在特征网上对应的起始节点和目标节点，然后在特征网上的子节点中寻找一条从起始节点到目标节点的连通道路，由此便可得到物理空间中相应的无碰路径。

拓扑法的优点在于利用拓扑特征大大缩小了搜索空间，其算法复杂性仅仅取决于障碍物的数目，在理论上是完备的；缺点在于表示的复杂性、特殊性，建立拓扑网的过程是相当复杂且费时的，在障碍物较多的情况下，状态空间的划分算法极其复杂，用解析法很难甚至不可能实现。一般只能通过人机交互，利用图形学知识计算若干特征参数，从而得出区域分割的结果。

3.2.5 概率路径图法

概率路径图法（Probabilistic Road Map，PRM）由 Overmars 等人提出，它与可视图法的不同之处在于：概率路径图在构形空间中不是以确定的方式来构造的，而是使用某种概率的方法来构造的。概率路径图法的一个巨大优点在于，其复杂度主要取决于寻找路径的难度，和整个规划场景的大小和构形空间的维数基本无关。

概率路径图法也是一种基于图搜索的方法（如图 3.3 所示），一共分为两个步骤：学习阶段和查询阶段。概率路径图法将连续空间转换成离散空间，再利用 A*等搜索算法在路线图上寻找路径，以提高搜索效率。这种方法能用相对少的随机采样点来找到一个解，对多数问题而言，相对少的样本足以覆盖大部分的可行空间，并且找到路径的概率为 1（随着采样点的增多，找到一条路径的概率趋向于 1）。显然，当采样点太少或者分布不合理时，概率路径图法是不完备的，但随着采用点的增多，也可以达到完备状态。所以概率路径图法是概率完备且非最优的。

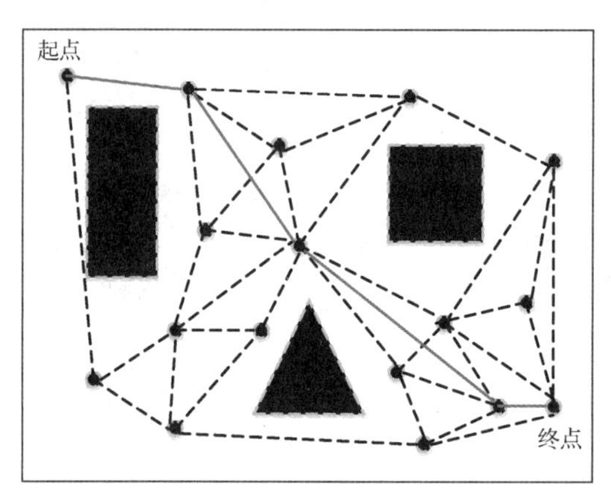

图 3.3　概率路径图法

用概率路径图法进行路径规划的步骤如下：

1. 学习阶段

在给定图的自由空间里随机撒点（自定义个数），构建一个路径网络图。该步骤构造了一个无向图的路径网络 $R=(N,E)$，其中 N 代表随机点集，E 代表所有可能的两点之间的路径集。

步骤 1：初始化两个集合 N 和 E。

步骤 2：随机撒点，将撒的点放入 N 中。随机撒点的过程中注意两点，一是必须是自由空间的随机点；二是每个点都要确保与障碍物无碰撞。

步骤 3：对于每一个新节点 c，从当前的 N 中选择一系列的相邻节点 n，并且使用局部路径规划方法进行 c 与 n 之间的路径规划。

步骤 4：将可行路径的边界 (c,n) 加入到 E 中，去掉不可行路径。

2. 查询阶段

查询从起点到终点的路径，包括局部路径规划、距离计算、碰撞检查。

3.3 基于人工蜂群算法的移动机器人路径规划

3.3.1 人工蜂群算法简介

人工蜂群（Artificial Bee Colony，ABC）算法是基于种群的数值函数优化算法，其灵感来自于蜜蜂觅食的随机行为[9-10]。最近的研究表明，人工蜂群算法在解决多目标优化问题上具有更快的收敛速度，优于其他的进化算法，如差分进化（DE）算法[11]和粒子群优化（PSO）算法等[12]。

人工蜂群算法是由 Karaboga 于 2005 年提出来的，它是模拟蜜蜂寻找蜜源的群体智能算法。目前，人工蜂群算法已经成功应用于求解旅行商（TSP）问题、任务调度、图像处理等许多领域[13-14]。人工蜂群中有三种角色：引领蜂、跟随蜂和侦察蜂。假设蜜蜂总数为 N_{s}，其中，引领蜂种群规模为 N_{e}，跟随蜂种群规模为 N_{u}，（一般定义 $N_{\mathrm{e}}=N_{\mathrm{u}}$），则人工蜂群算法的求解过程可描述为：

（1）在进行种群初始化时随机生成 N_{s} 个可行解 $(\boldsymbol{X}_1,\boldsymbol{X}_2,\cdots,\boldsymbol{X}_{N_{\mathrm{s}}})$，每个可行解 $\boldsymbol{X}_i$ 可表示为 $\boldsymbol{X}_i=(x_{i1},x_{i2},\cdots,x_{iD})$，其中 D 为可行解的维数。

（2）计算各个解向量的适应度，并将前 N_{e} 的解作为初始引领蜂，引领蜂的数量与蜜源的数量相等。

（3）由引领蜂对相应的蜜源进行一次邻域搜索，如果新搜到的解的适应度优于之前的，则用新解替换旧解，否则保持不变。

（4）当全部的引领蜂都完成对蜜源的搜索后，回到蜂巢处通过跳摇摆舞的表达方式，把蜜源的信息传达给跟随蜂，跟随蜂通过轮盘赌算法选择一个蜜源，选中后，通过同样的策略在其周围再进行一次邻域搜索，并保存结果较优的解。

人工蜂群算法就是通过这样的不断循环，最终找到最优蜜源的[15]。

引领蜂和跟随蜂分别根据式（3-5）对蜜源位置进行更新：

$$\boldsymbol{V}_i^j=\boldsymbol{X}_i^j+r_i^j(\boldsymbol{X}_i^j-\boldsymbol{X}_k^j) \tag{3-5}$$

式中，$j\in(1,2,\cdots,D)$，$k\in(1,2,\cdots,N_{\mathrm{e}})$，且 $k\neq i$，k,j 均是随机生成的，r_i^j 是 $[-1,1]$ 之间的一个随机数。

跟随蜂选择蜜源的概率 P_i 按式（3-6）计算：

$$P_i=\frac{\mathrm{fit}(\boldsymbol{X}_i)}{\sum_{m=1}^{N_{\mathrm{e}}}\mathrm{fit}(\boldsymbol{X}_m)} \tag{3-6}$$

式中，$\mathrm{fit}(\boldsymbol{X}_i)$ 是第 i 个解的适应度。

在人工蜂群算法中，用参数 τ 来统计某个解被更新的次数。假设某个解被连续更新 τ 次后，其适应度仍没有得到提高，则表示这个解陷入了局部最优，此时应舍弃这个解，重新随机产生一个新解代替这个解。

由于蜜蜂寻找最优蜜源的过程和路径规划很相似，因此可以将人工蜂群算法应用于移动机器人路径规划，将蜜源的位置对应于路径规划的一条可行路径，蜜源的收益度对应于路径的质量，人工蜂群算法搜索最大收益度蜜源的过程就是寻找最优路径的过程，具有最大收益度蜜源代表最优路径。蜜蜂采蜜行为与路径优化问题对应关系如表 3-1 所示。

表 3-1 蜜蜂采蜜行为与路径优化问题对应关系

蜜蜂采蜜行为	路径优化问题
蜜源位置	移动机器人路径规划的可行路径
蜜源的收益度	路径的质量
搜索蜜源的过程	寻找最优路径的过程
最大收益度蜜源	最优路径

3.3.2 基于改进人工蜂群算法的路径规划方法

针对人工蜂群算法应用于移动机器人路径规划时存在的问题，本节提出了一种改进人工蜂群算法，以实现移动机器人路径规划，具体介绍如下。

1. 采用栅格法进行环境建模

如 3.2.3 节所述，在进行移动机器人路径规划时，采用栅格法来构建环境地图，可以减少在对障碍物边界处理过程中所遇到的复杂计算。栅格法需要把移动机器人的运动空间划分为栅格空间，即将环境离散化。为了方便环境模型的建立，需要对运动空间中的障碍物进行相应的处理，处理方式如下：

- 当某个障碍物所占据的面积不满一个栅格时，按照占据一个栅格处理；
- 当障碍物有空凹部分时，将空凹部分按栅格补满作为障碍物，这样可以避免局部死区的出现；
- 忽略环境中障碍物的高度等信息。

利用栅格法进行环境建模的示例如图 3.4 所示

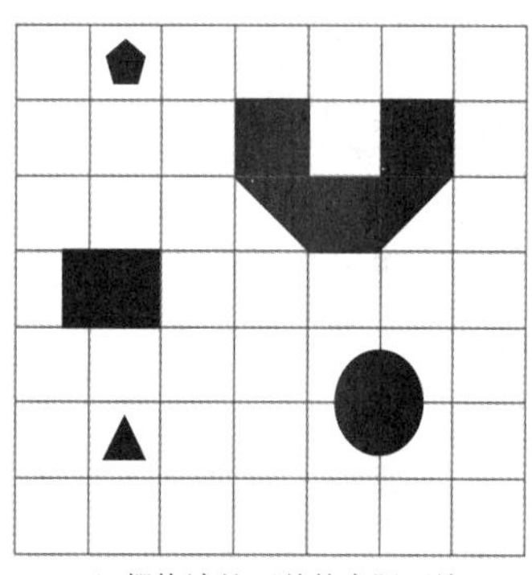
（a）栅格法处理前的实际环境

（b）栅格法处理后的环境

图 3.4 利用栅格法进行环境建模的示例

利用栅格法对机器人运动空间进行划分，其中黑色栅格表示障碍物，白色栅格为自由栅格，即移动机器人的可行区域。在全局优化工作中，移动机器人沿着规划的路径运动，工作环境中障碍物的大小、位置、形状均不改变。假设移动机器人的运动步长为 R，以 R 为单位对直角坐标系的横轴和纵轴进行划分，从而将整个环境划分为栅格地图，栅格的位置可以用坐标或者序号表示，序号 φ 与栅格一一对应，则坐标 (x,y) 与序号 φ 之间的关系可以由下式表示：

$$x = [(\varphi - 1) \bmod M] + 1$$
$$y = \mathrm{int}[(\varphi - 1)/M] + 1 \tag{3-7}$$

式中，mod 为求余运算；int 为取整运算；M 为每一行的栅格数。

2. 初始种群产生方式

在人工蜂群算法中，种群初始化是一个关键，因为它可以影响寻找全局最优的能力和收敛速度。本节在改进的人工蜂群算法中，初始化的种群是由混沌映射生成的，而不是随机产生的。

Lorenz 基于蝴蝶效应提出了混沌理论[16]，他发现当初始条件有十分微小的变化时，不断放大该变化后，结果会导致之前的状态与将来的状态有非常大的差别，所以很难进行长期预测。混沌映射可以被描述为一个具有遍历性和随机性的确定性动态行为的有界非线性系统，它是随机的、不可预知的，但也具有一定的规律性。此外，混沌映射对初始条件和参数具有非常敏感的依赖性。

一个混沌映射是一个离散时间动态系统，即：

$$x_{k+1} = f(x_k) \tag{3-8}$$

式中，$0 < x_k < 1$，$k = 0,1,\cdots,D$。混沌序列 x_k 可以作为随机数序列，可以简单、快速地生成和存储，无须存储长序列。仅仅一个混沌函数和初始参数都会产生很长的序列，通过混沌映射，改变初始条件就可以产生数量巨大的不同序列，因此利用混沌映射可以提高人工蜂群算法的初始化性能。

常见的混沌映射包括逻辑斯蒂映射（Logistic Map，也称为抛物线映射）、圆映射和高斯映射。在本节的改进人工蜂群算法中，种群初始化由逻辑斯蒂映射生成，其描述为：

$$x_{k+1} = 4x_k(1 - x_k),\ x_k \in (0,1),\qquad k = 0,1,\cdots,n \tag{3-9}$$

式中，k 是迭代计数器；n 是预设的最大混沌迭代次数。

用逻辑斯蒂映射来初始化种群，可以广泛提取搜索空间内的信息，从而增加种群的多样性，避免算法陷入局部最优。反向学习可以很明显地提高收敛速度[17]，为了提高人工蜂群算法的收敛速度，本节进一步将反向学习和逻辑斯蒂映射相结合，用于种群初始化。

反向学习的主要思想是同时考虑估计及其对应的相反估计，从而完成对当前候选方案的一个更好的近似估计。反向学习的定义描述如下：

$\boldsymbol{X}(x_1, x_2, \cdots, x_D)$ 为 D 维坐标系统下的一点，其中，$x_1,\cdots,x_D \in \mathbb{R}$，$x_i \in [a_i, b_i]$，它的反向点记为 $\overline{\boldsymbol{X}}$，由 $\overline{x_1},\cdots,\overline{x_D}$ 组成，计算如下所示：

$$\overline{x_i} = a_i + b_i - x_i,\qquad i = 1,\cdots,D \tag{3-10}$$

基于逻辑斯蒂映射和反向学习，本节使用以下算法完成种群初始化，其伪代码如下：

```
//基于逻辑斯蒂映射和反向学习的种群初始化算法伪代码
1: Set n≥300, i=1, j=1.          %初始化最大逻辑斯蒂映射迭代次数 n 以及初始计数器 i, j
2: while (i<N_s) do
3:     while (j<D) do
4:         Randomly initialize variables c_{0,j}∈(0,1);          %随机产生初始化变量
5:         set iteration counter k=0.
6:         while (k<n) do c_{k+1,j}=4c_{k,j}(1−c_{k,j})          %逻辑斯蒂映射方程
7:         k=k+1.
8:         end while
```

```
9:          x_{i,j} = x_{min,j} + c_{k,j}(x_{max,j} - x_{min,j})          %生成初始人工蜂群
10:         set j = j+1
11:     end while
12:     set i = i+1
13: end while
14: set the individual counter i = 1, j = 1
15: while (i < N_s) do
16:     while (j < D) do
17:         ox_{i,j} = x_{min,j} + x_{max,j} - x_{i,j}          %反向点计算
18:         set j = j+1
19:     end while
20:     set i = i+1
21: end while
22: select N_s fittest individual from the set {x(N_s) ∪ ox(N_s)} as initial population    %利用逻辑斯蒂映射和反向学习共同产生 N_s 个初始青蛙的位置
```

3. 基于自适应的搜索策略

收敛速度是评估算法性能的一个关键指标，传统的人工蜂群算法存在的问题是搜索和开发能力达不到平衡，如果过度搜索，则算法将过早收敛到局部最小值；如果过度开发，则算法的收敛速度将变得非常缓慢。

为了提高传统人工蜂群算法的收敛速度，本节提出了基于自适应动态调整参数的方法，把式（3-5）更新为：

$$V_i^j = X_i^j + \alpha(X_i^j - X_k^j) \tag{3-11}$$

式中，$\alpha = \alpha_{\min} + \frac{G_{\max} - \text{iter}}{G_{\max}}(\alpha_{\max} - \alpha_{\min})$，$\alpha_{\max} = 0.7$，$\alpha_{\min} = 0.2$，iter 为当前迭代次数，$G_{\max}$ 为最大迭代次数。从式（3-11）可以看到，在搜索空间内，作为搜索最优解的搜索方法，步长自适应地减少，这一改进可以提高整个算法的收敛速度。

4. 适应度函数设计

移动机器人路径规划的目标是找到一条最短的运动路径，且在运动过程中，移动机器人应避免与周围的障碍物碰撞，移动机器人离障碍物越近，碰撞的可能性越大，移动机器人离障碍物越远，碰撞的可能性越小，因此需要将移动机器人的路径与障碍物的路径作为考虑因素。路径规划的适应度函数可以描述为最短路径长度和最小碰撞可能性的加权和，本节的适应度函数设计如下：

$$\text{fitness} = k \times D_n + (1-k) \times P_n \tag{3-12}$$

式中，k 是权值，这里取 $k = 0.5$；D_n 表示路径长度的代价；P_n 表示与障碍物碰撞的代价。设移动机器人的路径由 D 个路径点构成，则 D_n 和 P_n 的计算如下：

$$D_n = \sum_{i=1}^{D-1} \sqrt{(x_{i+1} - x_i)^2 + (y_{i+1} - y_i)^2} \tag{3-13}$$

$$P_n = \begin{cases} 1, & d_{\min} > D_{\text{safe}} \\ e^{\frac{D_{\text{safe}}+1}{d_{\min}+1}}, & 0 < d_{\min} \leqslant D_{\text{safe}} \end{cases} \tag{3-14}$$

式中，D_{safe} 表示移动机器人的安全距离；$d_{\min}$ 为路径到障碍物的最短距离。fitness 的值越小，

对应的解越优，即规划出来的路径越短。

基于改进人工蜂群算法的路径规划步骤如下：

步骤 1：初始化参数。初始化蜜蜂总数 N_s、最大迭代次数 G_{max}、最大限制次数 τ、可行解的维数 D 等，令 iter=0。

步骤 2：将移动机器人的运动空间根据栅格法进行建模，并获取起点 s、终点 g 和障碍物的相关信息。

步骤 3：利用本节提出的方法生成 N_s 个 D 维向量作为初始蜂群，并计算其适应度。前 N_e 个向量为蜜源位置，即规划的初始路径，并与引领蜂一一对应。设置变量 y，用于记录第 i 只引领蜂停留在同一蜜源的位置，将 y 初始化为 0。

步骤 4：每只引领蜂按照式（3-11）在蜜源附近搜索，如果新产生的蜜源的适应度优于当前的蜜源，则替代当前蜜源所在的位置，令 y=0；否则保持不变，y 的值加 1。

步骤 5：跟随蜂按照式（3-6）计算选择蜜源的概率，并选择一个蜜源，同时在蜜源附近按照式（3-11）进行搜索，记录较优的解并更新 y 的值。

步骤 6：如果 $y > \tau$，则在解空间中，重新初始化该引领蜂的位置，iter 自动增 1。

步骤 7：若 iter $> G_{max}$，则记录最优解，该解表示移动机器人的规划路径点，并跳转到步骤 8；否则跳转到步骤 4 重新开始搜索。

步骤 8：连接移动机器人的起点和终点，就可以得到机器人的规划路径。

基于改进人工蜂群算法的路径规划算法流程如图 3.5 所示。

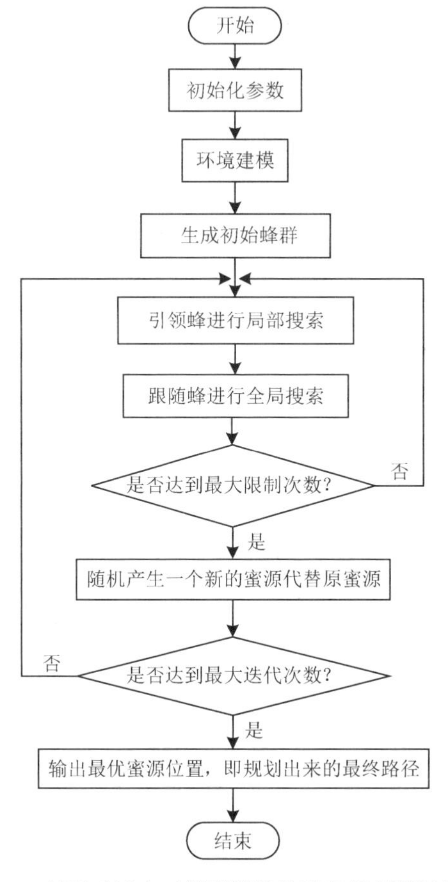

图 3.5　基于改进人工蜂群算法的路径规划算法流程

3.3.3 实验及结果分析

为了验证改进的人工蜂群算法的路径规划的准确性与可行性，本节基于配置了 2.1 GHz 的 Intel Core2 CPU 的计算机和 MATLAB 软件进行仿真实验。在人工蜂群算法中，仿真实验的参数设置为：蜜蜂总数 N_s=20、最大迭代次数 G_{max}=200、τ=5、D_{safe}=1，可行解的维数 D 的设定视环境复杂程度而定。移动机器人和目标分别用小圆和三角形表示，黑色部分表示障碍物。本节分别在简单环境和复杂环境下进行了仿真实验。简单环境是指环境中的障碍物数量较少，障碍物大小也比较小。复杂环境是指在移动机器人运动范围内分布的障碍物数量比较多，且障碍物的形状也比较复杂。

1. 简单环境下的仿真实验

为了验证基于改进人工蜂群算法的路径规划的基本性能，在简单环境下进行了仿真实验，将运动空间划分成 15×15 个栅格，令可行解的维数 $D=10$。简单环境下仿真实验的初始环境如图 3.6 所示。

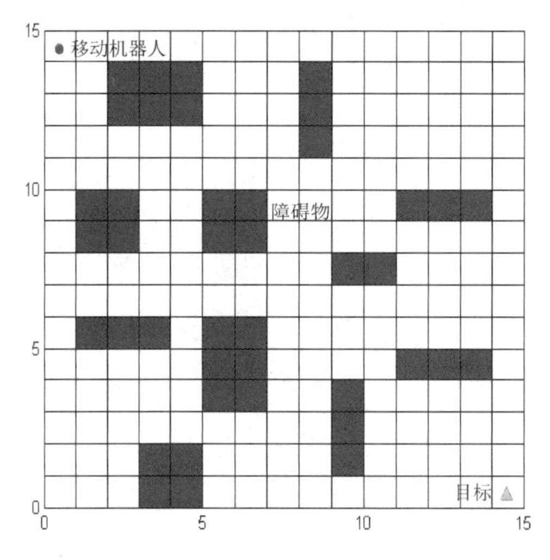

图 3.6 简单环境下仿真实验的初始环境

本节在相同环境模型下和相同的参数设置下，分别对基于传统人工蜂群算法（ABC）的路径规划和基于改进人工蜂群算法（IABC）的路径规划进行仿真实验。考虑到随机性，本节分别对两种算法单独进行了 10 次仿真实验，其基本性能如表 3-2 所示。基于 ABC 和 IABC 的路径规划得到的最优规划路径如图 3.7 所示。

表 3-2 简单环境下基于 ABC 和 IABC 的路径规划的基本性能

性 能 指 标	ABC	IABC
最短路径长度/m	22.3585	20.9547
最长路径长度/m	30.9640	22.9193
平均路径长度/m	25.9644	21.7882
均方差	2.6698	0.6519
耗时/s	364.6923	326.0139

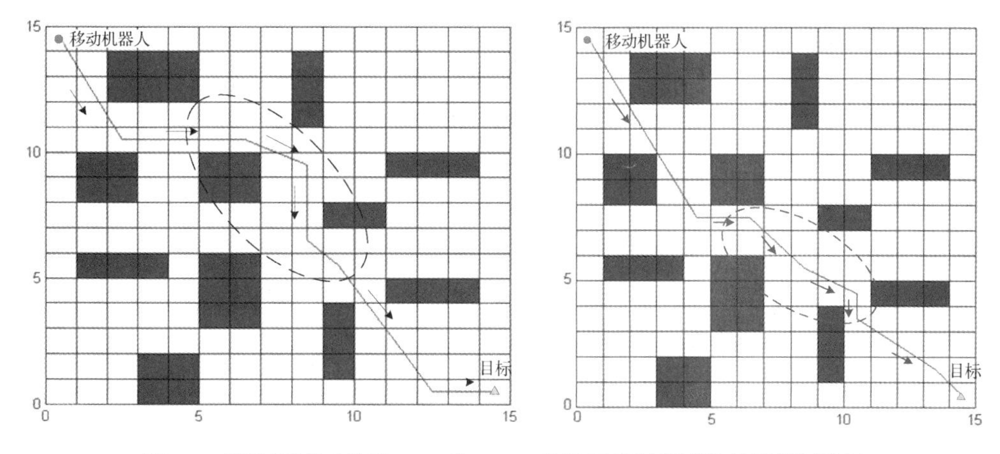

图 3.7 简单环境下基于 ABC 和 IABC 的路径规划得到的最优规划路径

分析表 3-2 中的数据可知，基于 IABC 的路径规划得到的最短路径比基于 ABC 的路径规划得到的最短路径大约小 6.28%；前者的最长路径和平均路径长度比后者大约小 25.98% 和 16.08%；在 10 次仿真实验中，IABC 的均方差远远小于 ABC 的均方差，说明 IABC 的稳定性较好。除此之外，耗时也大大缩短了，提高了移动机器人的运行的效率。从图 3.8 中可以看出，基于 IABC 的路径规划得到的最优规划路径更加平滑，长度也更短。综上所述可知，基于 IABC 的路径规划的性能优于基于 ABC 的路径规划。

在相同参数设置下，两种算法的迭代曲线如图 3.8 所示。从图中可以看出，本节提出的改进人工蜂群算法在迭代次数达到 45 次左右时，就开始收敛；ABC 在迭代次数达到 120 次左右时才开始收敛。由此可知，本节提出的 IABC 具有更好的寻优能力和更高的全局收敛速度，可节省移动机器人路径规划的时间。

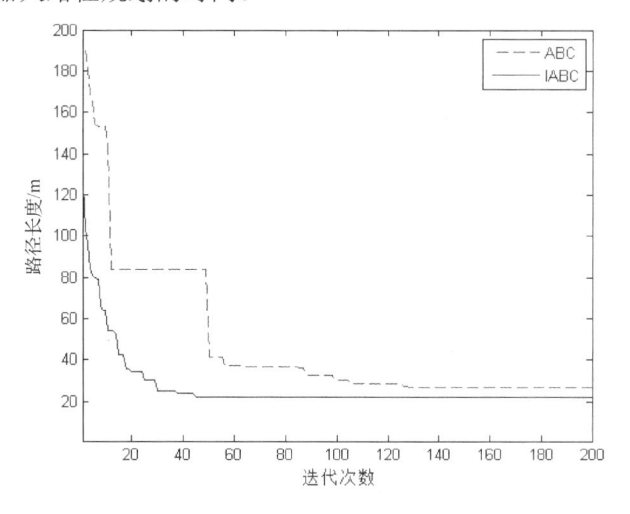

图 3.8 简单环境下的两种算法的迭代曲线

2．复杂环境下的仿真实验

为了进一步验证基于 IABC 的路径规划的性能，本节还在复杂环境下进行了仿真实验，将运动空间划分成 20×20 个栅格，令可行解的维数 $D=12$。复杂环境下仿真实验的初始环境如图 3.9 所示，可以看出，环境中障碍物的形状相对复杂，且障碍物的数量也比较多。

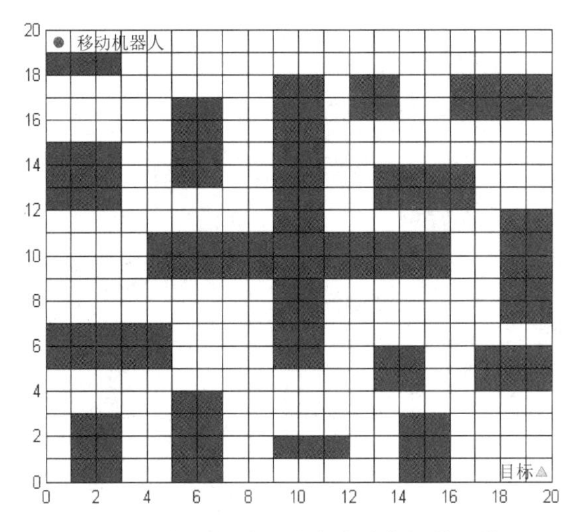

图 3.9 复杂环境下仿真实验的初始环境

在复杂环境下，本节对基于 ABC 的路径规划和基于 IABC 的路径规划分别独立地进行了 10 次仿真实验，基于 ABC 和 IABC 的路径规划的基本性能如表 3-3 所示，得到的最优规划路径如图 3.10 所示，两种算法的迭代曲线如图 3.11 所示。

表 3-3 复杂环境下基于 ABC 和 IABC 的路径规划的基本性能

性 能 指 标	ABC	IABC
最短路径长度/m	37.6878	32.2008
最长路径长度/m	52.0416	35.6832
平均路径长度/m	42.8246	32.6661
均方差	4.9634	1.0639
耗时/s	378.1864	331.2641

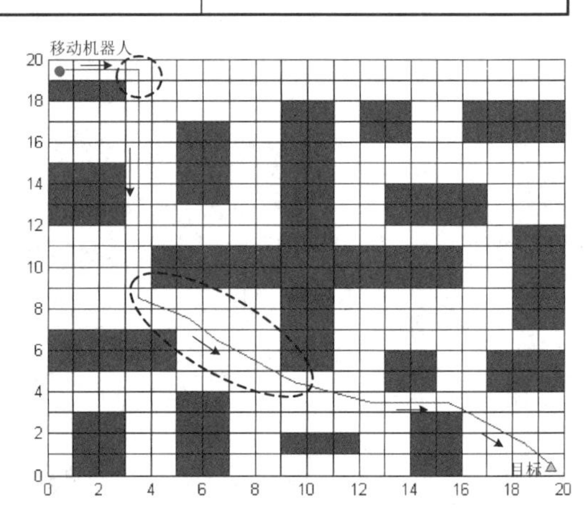

图 3.10 复杂环境下基于 ABC 和 IABC 的路径规划得到的最优规划路径

分析表 3-3 中的数据可知，在复杂环境下，基于 IABC 的路径规划得到的路径长度要小于基于 ABC 的路径规划，前者的均方差也远远小于后者，这说明本节的 IABC 的稳定性比较好。从图 3.10 可以看出基于 IABC 的路径规划得到的路径更加平滑、长度更短。从图 3.11

中可以看出，IABC 在迭代次数达到 100 次左右时，就开始收敛；而 ABC 在迭代次数达到 170 次左右时才开始收敛。

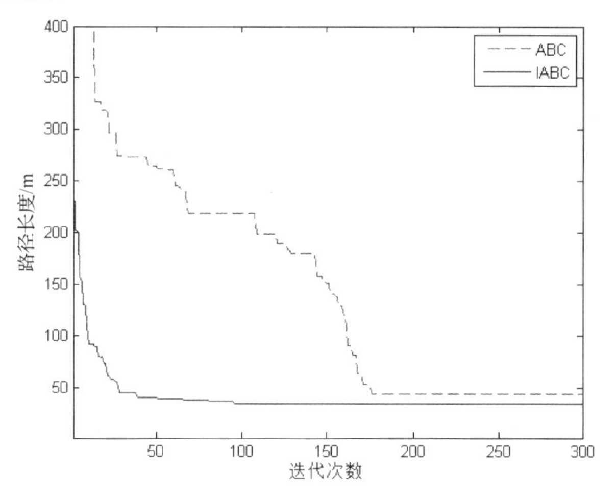

图 3.11　复杂环境下两种算法的迭代曲线图

3.4 基于蛙跳算法的移动机器人路径规划

3.4.1　蛙跳算法简介

蛙跳算法是由 Eusuff 和 Lansey 于 2003 年提出来的，又称为混合蛙跳算法（Shuffled Frog Leaping Algorithm，SFLA）。蛙跳算法结合了模因演算（MA）算法和粒子群（PSO）算法的性能优势[18]，目前已成功应用在一些优化问题上，如任务调度问题、旅行商问题和机组组合问题等[19-21]。蛙跳算法的工作原理如下。

1. 种群的初始化

蛙跳算法的第一步是在可行解空间内随机产生 F 只青蛙作为初始种群，空间中的每一只青蛙表示问题的一个可行解，第 i 只青蛙的位置表示为 $X_i=(\mathrm{x}_{i1},\mathrm{x}_{i2},\cdots,\mathrm{x}_{id})$，其中，$d$ 表示问题的解维数。

2. 种群分组

种群分组是指对生成的种群进行分组，首先将种群内的青蛙个体按照适应度的降序进行排列，并记种群中具有全局最优适应度的青蛙为 X_{g}；然后按照下面的策略将所有青蛙分成 m 个模因组，每个模因组里包含 n 只青蛙。分组策略为：第 1 只青蛙分入第 1 个模因组，第 2 只分入第 2 个模因组，第 m 只青蛙分入第 m 个模因组，第 m+1 只青蛙分入第 m+1 个模因组，以此类推，直到分完为止。

3. 局部搜索策略

在局部搜索策略中，要对每个模因组中具有最差适应度的青蛙 X_{w} 进行更新，根据最初蛙跳规则，X_{w} 的更新公式为：

$$D=\mathrm{rand}()\times(X_{\mathrm{b}}-X_{\mathrm{w}}) \tag{3-15}$$

$$X_{\mathrm{w}}^{\mathrm{new}} = X_{\mathrm{w}}^{\mathrm{current}} + D, \qquad -D_{\max} \leqslant D \leqslant D_{\max} \tag{3-16}$$

式中，X_{b}为每个模因组中具有最优适应度的青蛙；rand()表示（0,1）之间的随机数；$D_{\max}$表示青蛙每次跳跃步长的最大值。经过更新后，如果新得到的青蛙$X_{\mathrm{w}}^{\mathrm{new}}$优于当前的青蛙$X_{\mathrm{w}}^{\mathrm{current}}$，则用$X_{\mathrm{w}}^{\mathrm{new}}$取代$X_{\mathrm{w}}^{\mathrm{current}}$；如果没有得到改善，则用全局最优适应度的青蛙$X_{\mathrm{g}}$替代式（3-15）中的$X_{\mathrm{b}}$，重新进行局部搜索过程，如果仍然没有得到改进，则随机产生一只青蛙取代$X_{\mathrm{w}}^{\mathrm{current}}$。

4. 全局搜索

在局部搜索完成后，将所有的青蛙进行混合并排序，然后划分模因组，接着进行局部搜索，如此反复，直到满足设定的收敛条件为止。

3.4.2 基于改进蛙跳算法的路径规划

1. 产生初始种群

蛙跳算法（SFLA）是基于种群的启发式算法，因此种群的搜索性能受初始种群质量的影响很大。如果初始种群位于局部搜索范围或者分布不均匀，则该算法的搜索空间会受到限制，搜索能力将被削弱。蛙跳算法的初始种群是随机分布的，有可能使得蛙跳算法陷入局部最优，为了解决这个问题，采用如下的方式对蛙跳算法进行改进：首先将环境可行区域均匀地分成p个小区域；然后在每个小区域内随机生成初始化种群，所有小区域内的种群加起来就构成了整个搜索空间内的初始种群。通过这种方法生成的初始种群既是均匀的又是随机的，可以有效避免蛙跳算法陷入局部最优解问题。

2. 蛙跳规则

蛙跳算法采用每个模因组内的最优解对最差解进行更新，这样有可能造成有效信息的丢失。为了避免这个问题，可以采用中值策略对蛙跳算法中的蛙跳规则进行改进。在这种策略中，不再仅由每个模因组内的最优解对最差解进行更新，而是用模因组中的中心点对最差解进行修正，这样可以充分利用模因组内所携带的信息量。具体计算过程如下：

设每个模因组中的中心点为$X_{\mathrm{c}} = (x_{\mathrm{c}1}, x_{\mathrm{c}2}, \cdots, x_{\mathrm{c}d})$，则$X_{\mathrm{c}}$中的每个元素由以下公式计算所得：

$$x_{\mathrm{c}j} = \sum_{i=1}^{n} \frac{x_{ij}}{n}, \qquad j=1,2,\cdots,d \tag{3-17}$$

在每个模因组中，将具有最差适应度的青蛙的更新公式相应地修改为：

$$D = \mathrm{rand}() \times (X_{\mathrm{c}} - X_{\mathrm{w}}) \tag{3-18}$$

3. 适应度函数

假设T为目标，其位置为$(x_{\mathrm{T}}, y_{\mathrm{T}})$；环境中有$N$个障碍物，记为$O = \{O_1, O_2, \cdots, O_N\}$，青蛙的适应度的计算公式为：

$$f(X_i) = \omega_1 \times \mathrm{e}^{-\min\limits_{O_j \in O} \|X_i - O_j\|} + \omega_2 \times \|X_i - T\| \tag{3-19}$$

式中，ω_1、ω_2为常数；$\|\cdot\|$表示计算两者之间的欧氏距离。

基于蛙跳算法的路径规划的具体步骤如下：

步骤 1：参数初始化。设定青蛙数量F、模因组数m、局部搜索迭代次数L、全局迭代

次数 G、青蛙每次跳跃步长的最大值 D_{max} 等。

步骤 2：生成初始种群。以移动机器人的当前位置为圆心、以移动机器人机载传感器的探测半径为半径，在该圆形区域内随机生成 F 只青蛙作为初始种群，记为 $P=\{X_1,X_2,\cdots,X_F\}$。

步骤 3：计算适应度。按照适应度公式计算每只青蛙的适应度。

步骤 4：划分青蛙种群。首先按照适应度的大小对 F 只青蛙进行降序排列，记具有全局最优适应度的青蛙为 X_g；然后根据分组规则将整个种群分成 m 个模因组，每个模因组包含 n 只青蛙，满足 $F=mn$。

步骤 5：局部搜索。记每个模因组中适应度最好的青蛙为 $X_b=(x_{b1},x_{b2},\cdots,x_{bd})$，适应度最差的青蛙为 $X_w=(x_{w1},x_{w2},\cdots,x_{wd})$，对模因组中适应度最差的青蛙个体采用中值策略进行更新。重复执行更新过程，在达到设定的迭代次数 L 时，停止各模因组的局部搜索。

步骤 6：将所有模因组的青蛙重新混合并执行步骤 4 和步骤 5。重复此操作直到达到设定的全局迭代次数 G 为止，记下此时蛙群中最优适应度的青蛙位置，作为移动机器人的下一步的位置。

步骤 7：判断是否到达目标为止，如果没有到达目标为止，则执行步骤 2 至步骤 6，直到移动机器人到达目标位置为止。

基于蛙跳算法的路径规划流程如图 3.12 所示。

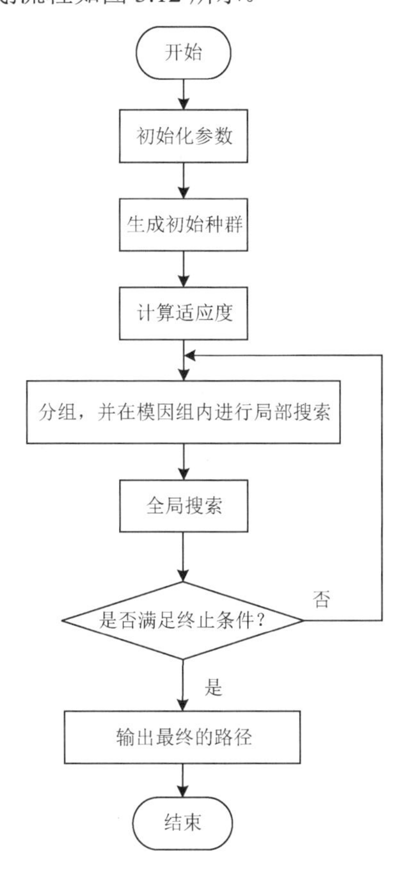

图 3.12　基于蛙跳算法的路径规划流程

3.4.3 实验及结果分析

为了验证基于蛙跳算法的路径规划的可行性与有效性，本节在内存为 4.0 GB、CPU 频率为 3.2 GHz 的计算机上，采用 MATLAB 软件，分别在静态环境下和动态环境下进行了仿真实验。在仿真实验中，移动机器人和目标分别用小圆和三角形表示，蛙跳算法中的主要参数是通过仿真实验确定的。仿真实验中蛙跳算法的主要参数如表 3-4 所示。

表 3-4 仿真实验中蛙跳算法的主要参数

参 数	参 数 值	备 注	参 数	参 数 值	备 注
F	60 只	青蛙的总数量	m	6 个	模因组的数量
n	10 只	每个模因组中的青蛙数量	L	10 次	局部迭代次数
D_{max}	2 m	青蛙允许移动的最大步长	G	100 次	全局迭代次数
ω_1	5	惯性权重	ω_2	12	惯性权重

1. 静态环境下的仿真实验

1）简单环境下的仿真实验

为了测试基于蛙跳算法的路径规划的基本性能，在简单环境下进行了仿真实验。在简单环境下，设置初始环境的大小为 20 m× 20 m，起点坐标为（0，0），目标坐标为（16，19），移动机器人机载传感器的探测半径为 2 m。简单环境下移动机器人、障碍物和目标的位置如图 3.13 所示。

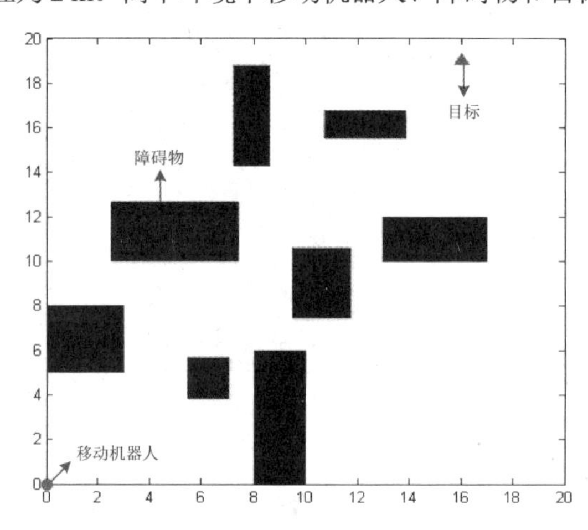

图 3.13 简单环境下移动机器人、障碍物和目标的位置

在相同环境模型下，本节对基于蛙跳算法（SFLA）的路径规划和基于改进蛙跳算法（ISFLA）的路径规划进行了仿真实验。考虑初始蛙群的随机性，分别对基于这两种算法的路径规划进行了 10 次仿真实验。基于 SFLA 的路径规划和基于 ISFLA 的路径规划的性能比较如表 3-5 所示，仿真结果如图 3.14 所示（图中给出的是最优规划路径）。

表 3-5 简单环境下基于 SFLA 和 ISFLA 的路径规划的性能比较

算 法	最小长度值/m	最大长度值/m	平均长度值/m	耗时/s	转向次数
SFLA	25.8841	39.3146	32.3134	53.5631	16
ISFLA	25.2053	26.5332	25.7905	46.9126	14

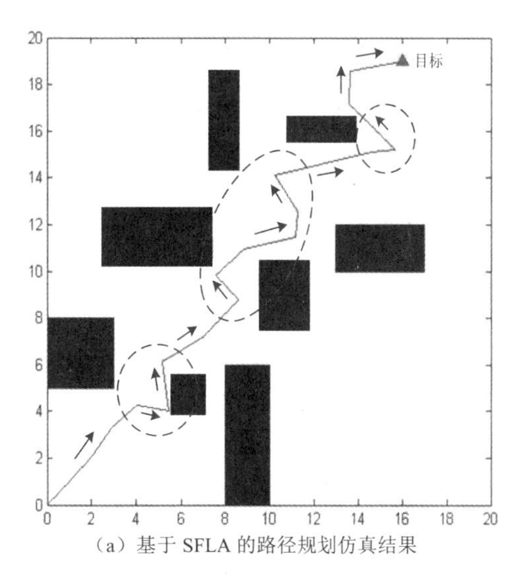

(a) 基于 SFLA 的路径规划仿真结果

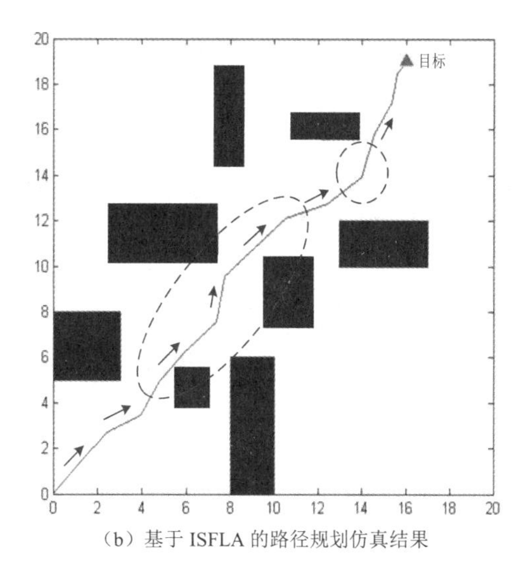

(b) 基于 ISFLA 的路径规划仿真结果

图 3.14 简单环境下基于 SFLA 和 ISFLA 的路径规划仿真结果

分析表 3-5 中的数据可知，基于 ISFLA 的路径规划得到的路径平均长度比基于 SFLA 的路径规划得到的路径平均长度小很多，主要的原因基于指数函数的适应度函数，使得规划出来的路径相比 SFLA 更加平滑，移动机器人的转向次数也有所减少，这意味着移动机器人在基于 ISFLA 的路径规划得到的路径上运行时，损耗的能量将大大减少。实验结果表明，在简单环境下，基于 ISFLA 的路径规划比基于 SFLA 的路径规划更有效。

2）复杂环境下的仿真实验

为了进一步说明基于 ISFLA 的路径规划的可行性与有效性，本节在复杂环境下进行了仿真实验。在简单环境下，设置初始环境的大小为 20 m×20 m，起点坐标为（0，0），目标坐标为（11，19）。复杂环境下移动机器人、障碍物和目标的位置如图 3.15 所示，基于 SFLA 和 ISFLA 的路径规划的性能比较如表 3-6 所示，仿真结果如图 3.16 所示（图中给出的是最优规划路径）。

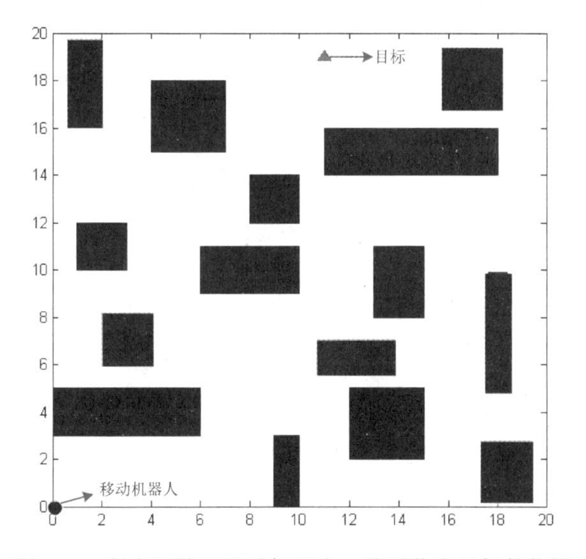

图 3.15 复杂环境下移动机器人、障碍物和目标的位置

表 3-6 复杂环境下基于 SFLA 和 ISFLA 的路径规划的性能比较

算　法	最小长度值/m	最大长度值/m	平均长度值/m	耗时/s	转向次数
SFLA	—	—	—	—	—
ISFLA	27.0774	29.6568	27.7645	62.4509	16

注："—"表明基于 SFLA 的路径规划失败。

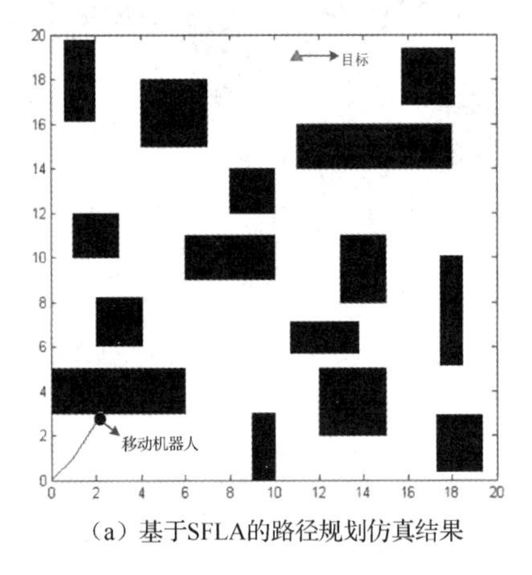

（a）基于SFLA的路径规划仿真结果

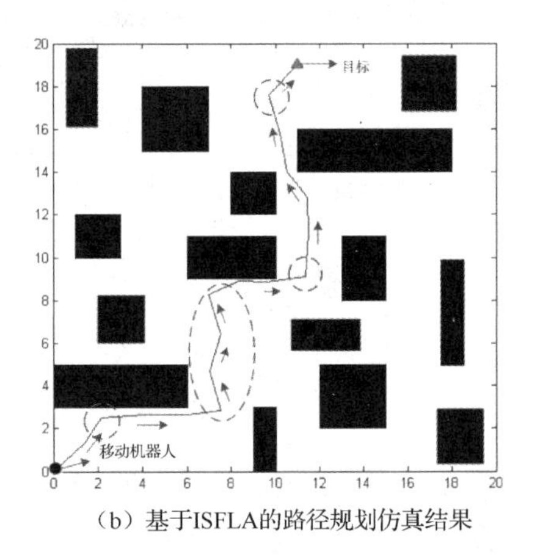

（b）基于ISFLA的路径规划仿真结果

图 3.16 复杂环境下基于 SFLA 和 ISFLA 的路径规划仿真结果

由图 3.16（a）可以看出，当移动机器人的前方有障碍物时，无法绕过障碍物，导致路径规划任务失败。基于 ISFLA 的路径规划则可以在复杂环境下完成移动机器人的路径规划任务。

2．动态环境下的仿真实验

为了进一步测试本章提出的算法在一些复杂情况下的性能，进行了动态环境下的仿真实验。在动态环境中，目标以 0.5 m/s 的速度从左向右移动，目标的初始坐标为（8，18）。动态环境下目标、机器人和障碍物的初始位置如图 3.17 所示。

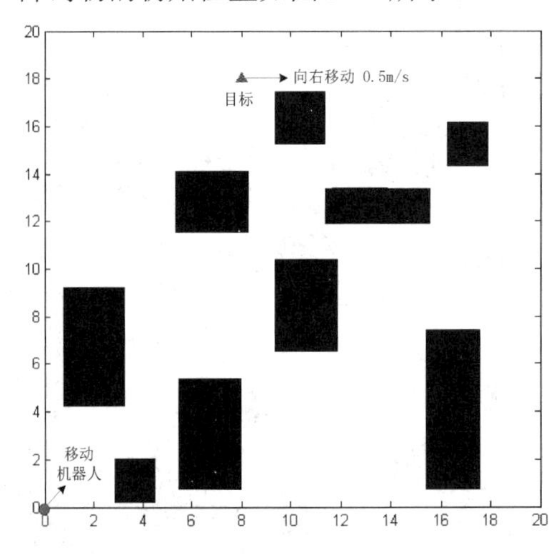

图 3.17 动态环境下目标、机器人和障碍物的初始位置

动态环境下基于 SFLA 和 ISFLA 的路径规划的性能比较如表 3-7 所示，仿真结果如图 3.18 所示。

表 3-7　动态环境下基于 SFLA 和 ISFLA 的路径规划的性能比较

算　法	最小长度值/m	最大长度值/m	平均长度值/m	耗时/s	转向次数
SFLA	27.4513	34.9161	32.0175	57.9937	18
ISFLA	22.9542	24.1673	23.3927	43.1842	14

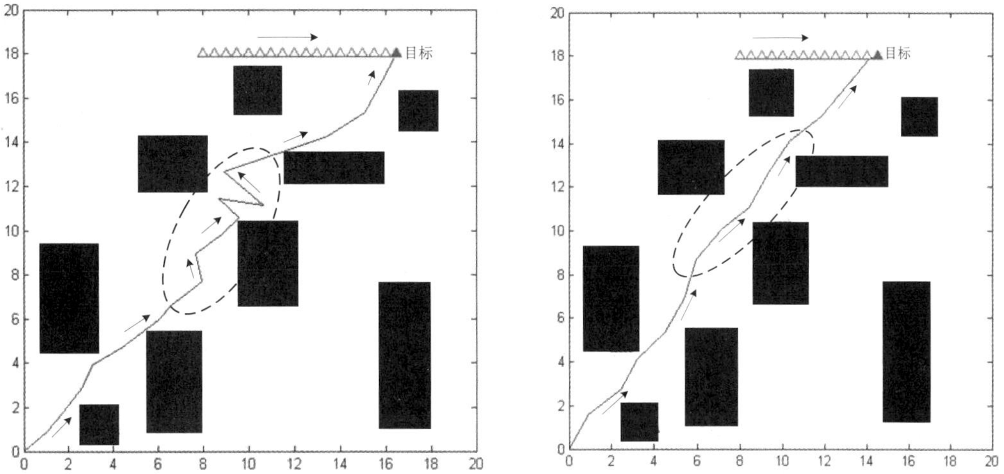

（a）基于 SFLA 的路径规划仿真结果　　（b）基于 ISFLA 的路径规划仿真结果

图 3.18　动态环境下基于 SFLA 和 ISFLA 的路径规划仿真结果

分析表 3-7 中的数据可知，基于 ISFLA 的路径规划，移动机器人可以更好地避开障碍物并追踪目标。在动态环境下的仿真实验中，由于采用在移动机器人机载传感器的探测范围内产生初始蛙群的策略，使得基于 ISFLA 产生的路径要比基于 SFLA 产生的路径更平滑、更短。基于 SFLA 的路径规划，移动机器人改变方向的次数明显较多；而基于 ISFLA 的路径规划，移动机器人在动态环境下改变方向的次数和简单静态环境下改变方向的次数一样多（见表 3-5）。尤其是在障碍物比较密集的环境下（见图 3.18 虚线圈出的部分），基于 ISFLA 的路径规划的性能优势明显。

3.5 基于文化基因算法的路径规划

3.5.1　文化基因算法简介

文化基因算法是一种与遗传算法的结构和原理均相似的智能优化算法[22]。该算法的具体过程是：首先确定染色体编码方法并进行种群初始化，生成一组数量合适的染色体；接着不断进行迭代来获取最优解。在每一次迭代中，染色体利用全局搜索操作（如交叉、变异）和局部搜索操作进行搜索，产生新的子代染色体，并淘汰掉不符合条件的染色体个体。文化基因算法的流程如图 3.19 所示。

从文化基因算法的流程中可以看出，该算法的结构和过程与遗传算法相似，但它与遗传算法还存在较大的区别。文化基因算法结合了遗传算法和局部搜索算法的优势，不仅具有很强的全局搜索能力，同时还会在每次全局搜索后进行局部搜索，从而进一步在局部优化种群中的个体，加快算法的收敛速度。

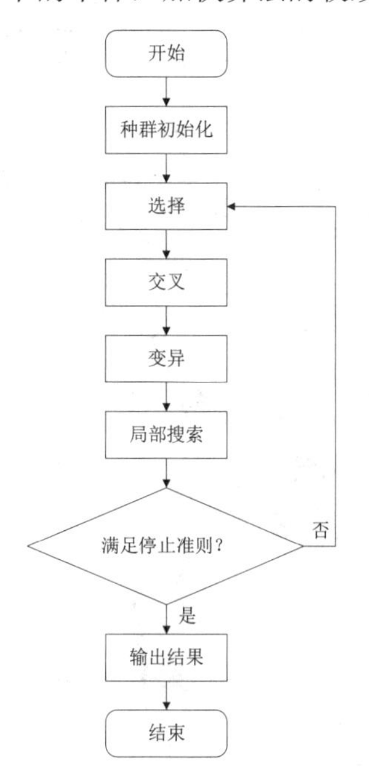

图 3.19 文化基因算法的流程

随着对文化基因算法研究的不断深入，根据问题的不同，该算法的许多环节均存在多种实施策略和较大的改进空间，主要体现在：

（1）染色体的编码。染色体的编码方式是文化基因算法在解决问题时首先需要明确的部分。由于文化基因算法与遗传算法具有一定的相似性，因而在编码方式上可以参考遗传算法所使用的编码方式，如二进制编码、实数编码等。

（2）染色体的选择原则。选择操作是文化基因算法从种群中选择符合条件的个体进入到交配池来进行交叉和变异操作。染色体的选择原则是：适应度高的个体被选入交配池中的概率大，适应度低的个体被选入交配池中的概率小。一般来说，常用的选择策略有轮盘赌选择、随机联赛选择和排序选择等。

（3）全局搜索策略。全局搜索策略主要包括交叉和变异操作。全局搜索操作是文化基因算法的一个非常关键的操作，它能够产生新的子代个体，确保种群的多样性，并使得算法具有很好的全局搜索能力。常用的交叉方法有单点交叉法、两点交叉法等，常用的变异方法有随机变异法等。

（4）局部搜索策略。在文化基因算法中，局部搜索策略决定了文化基因算法效率的高低，是文化基因算法区别于遗传算法的主要方面之一。一般来说，根据所研究的问题不同，采用的局部搜索策略也不同。例如，在函数优化问题中，有爬山法、牛顿迭代法等局部搜索策略。

3.5.2 基于改进文化基因算法的路径规划

文化基因算法融合了全局搜索算法和局部搜索算法的优势，能够较好地用于移动机器人的路径规划。然而，现有的基于文化基因算法的路径规划一般使用传统的遗传算法作为其全局搜索算法，如文献[23]。在运用传统遗传算法时，存在很多不足，例如：

（1）基于传统遗传算法进行路径规划时，只会考虑到移动机器人是否与障碍物发生碰撞，不会考虑移动机器人与障碍物保持安全距离的问题。

（2）传统遗传算法在采用单点交叉法或两点交叉法时，由于选择交叉的位置在两个染色体上相同，对染色体的破坏较小，因而无法让文化基因算法及时从局部最优中跳出来。

（3）传统遗传算法的变异操作只针对染色体的某个随机基因进行变异，而在随机变异中要得到一个正确的可提高整体性能的变异操作是非常困难的，这会减缓进化速度。

另外，传统的文化基因算法没有较为有效的局部搜索策略，导致算法收敛速度较慢，使其无法应用于大范围、复杂环境的移动机器人路径规划。

针对传统的文化基因算法在移动机器人路径规划中的不足，本节做了相应的改进，主要的改进工作包括：一是采用栅格法进行环境建模并提出了一种自适应的策略来计算染色体的长度；二是提出了基于威胁度的适应度函数；三是针对传统的文化基因算法的全局搜索策略和局部搜索策略进行改进。

1. 采用栅格法进行环境建模

本节同样采用栅格法进行环境建模，具体方法见 3.3 节。在栅格地图中，一条染色体由一个整数集合表示，代表着移动机器人规划的一条路径。为了简单实现染色体的编码，用一个唯一的整数表示一个栅格的位置，并将整个地图按照从左至右、从上至下的顺序进行编码。这里不考虑移动机器人的大小和形状，并假设静态障碍物的位置是已知的。

在采用栅格法进行移动机器人路径规划时，染色体长度 N 的选取在染色体的编码中是至关重要的，N 越大，表示移动机器人的规划路径越精确，但算法的复杂度就会越大；N 越小，算法的复杂度越低，但移动机器人的规划路径可能不是最优的或根本规划不出较优的路径。许多文献在采用栅格法进行移动机器人路径规划时将 N 设为固定不变，其值根据经验进行选取。一旦环境发生变化，又得重新设置 N，不具备自适应性。

针对这个问题，本节提出了一个自适应计算染色体长度 N 的方法，该方法可表示为：

$$N = \alpha + \text{round}\left(\frac{N_\text{O}}{N_\text{G}}\right) \times \beta \tag{3-20}$$

式中，α 是一个常数；N_O 表示的环境中障碍物占据的栅格数；N_G 则表示环境被划分的总栅格数；β 是表征障碍物影响系数；round() 函数表示数学上常用的四舍五入函数。

在算法迭代进化过程中，N 会根据种群间的信息来动态调整，调整公式为：

$$\text{如果condition1\&condition2\&condition3为真，则} N = N + 2 \tag{3-21}$$

式中，condition1 是指当前的迭代次数 $N_\text{steps} > 100$；condition2 是指 $f_\text{min} < \gamma$；condition3 是指在连续的 10 代之内，$(f_\text{max} - f_\text{avg})/f_\text{max} < \varepsilon$，$f_\text{max}$、$f_\text{min}$ 和 f_avg 分别表示某一代种群的最大适应度、最小适应度和平均适应度。

2. 基于威胁度的适应度函数

适应度函数作为评价种群中个体好坏及其生存概率的准则，是文化基因算法的关键部分之一。在移动机器人路径规划中，目标是要找到一条最短的路径，并且当移动机器人在该路径上运动时，能够与环境中的障碍物保持一定的安全距离。另外，移动机器人一般使用电池等作为能量源，其能量是有限的，因而能量消耗也是移动机器人规划路径性能好坏的重要的指标之一。

在进行路径规划时，传统的算法通常只考虑移动机器人规划路径的长短，以及是否与障碍物发生碰撞，并没有考虑移动机器人与障碍物保持安全距离和能量消耗等问题，无法很好地应用于实际的路径规划任务中[24]。针对这些问题，本节提出了一种基于威胁度的适应度函数，能够很好地满足移动机器人路径规划中的实际需求，该适应度函数如下所示：

$$f(p) = w_d \times d(p) + w_o \times o(p) + w_s \times s(p) \tag{3-22}$$

式中，$d(p)$ 表示路径的长度；$o(p)$ 表示路径的威胁度；$s(p)$ 表示路径的光滑度；参数 w_d、w_o、w_s 表示路径的长度、威胁度和光滑度所占的权重。当进行移动机器人路径规划时，$f(p)$ 的值越小，表示移动机器人规划的路径越优。

假设一条路径包含 N 个节点和 N-1 条线段，则该路径的长度可通过路径上节点之间的欧氏距离来计算，即：

$$d(p) = \sum_{i=1}^{N-1} \text{Dist}(p_i, p_{i+1}) \tag{3-23}$$

式中，$\mathrm{Dist}(p_i, p_{i+1})$ 表示节点 p_i 与 p_{i+1} 之间的欧氏距离。

在本节中，如果一条路径穿过障碍物或与障碍物边界相交，则称为不适宜的路径，即该条路径会对移动机器人产生较大的威胁度；否则称为适宜的路径，其产生的威胁度为 0。计算公式为：

$$o(p)=\begin{cases}0, & \text{该路径是适宜的} \\ n_0 \times b + c, & \text{该路径是不适宜的}\end{cases} \tag{3-24}$$

式中，n_0 表示路径穿过或与障碍物边界相交的栅格数目；b 表示评价路径的惩罚系数；c 是一个调整参数。

当移动机器人在环境中运动时，如果规划的路径不光滑，则意味着移动机器人会经常大幅度地改变方向和转弯等，这样不仅会浪费大量的能量，还会使移动机器人在运动过程中产生不稳定性，增加移动机器人的磨损。因此，光滑度对路径的好坏是比较重要的。在本节中，路径的光滑度计算公式为：

$$s(p)=\frac{a}{\sum_{i=1}^{N-1}\sigma(l_i, l_{i+1})} \tag{3-25}$$

式中，$\sigma(l_i, l_{i+1})$ 表示线段 l_i 与 l_{i+1} 之间的夹角；a 是一个常数。

3．改进的全局搜索策略与局部搜索策略

在文化基因算法中，全局搜索操作是其一个重要的步骤，它能够产生新的子代个体，确保种群的多样性，并使得算法具有很好的全局搜索能力。一般来说，全局搜索策略主要包括交叉操作和变异操作。对于交叉，本节提出了一种改进的基于种群差异度的两点交叉法，它充分利用了进化过程中种群的适应度信息，不仅使文化基因算法具有很好的全局搜索能力，而且能使文化基因算法避免陷入局部最优。种群差异度 D_{P} 是用来衡量进化过程中种群的个体差异性的参数，其计算公式为：

$$D_{\mathrm{P}}=\frac{f_{\max}-f_{\mathrm{avg}}}{f_{\max}} \in [0,1] \tag{3-26}$$

当 $D_{\mathrm{P}} \geqslant 0.5$ 时，意味着种群中个体间差异性较大，种群多样性较好，文化基因算法不会陷入局部最优，此时采用传统的两点交叉法，如图 3.20 所示；当 $D_{\mathrm{P}} < 0.5$ 时，种群的个体间差异不大，此时文化基因算法很有可能会陷入局部最优，此时采用不固定的两点交叉法，使算法能够在进行全局搜索的同时确保种群的多样性，避免算法陷入局部最优。不固定的两点交叉法的原理是交叉两个点的位置在父代染色体上的间隔是相同的，但位置是随机的，这就使得交叉的部分长度相同但位置不一样，如图 3.21 所示。应该注意的是，无论使用何种交叉方法，如果子代染色体上包含了相同的节点，则删除该子代染色体，并随机生成一条染色体。

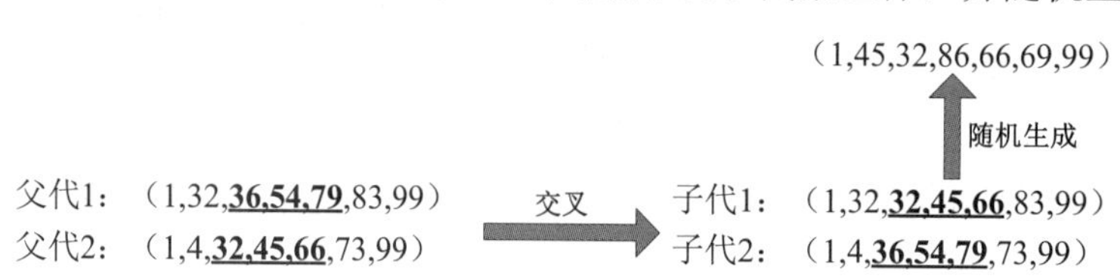

图 3.20 传统的两点交叉法

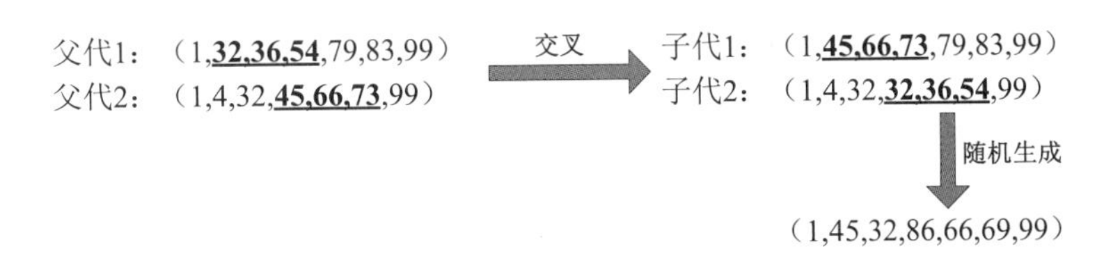

图 3.21　不固定的两点交叉法

在变异操作中，本节采用细菌变异替代传统的随机变异。细菌变异能够使文化基因算法较快地收敛到最优解所在的区域，并增强算法的全局搜索能力。在细菌变异中，交叉后得到的每条子代染色体都被视为一个细菌，并以一定的变异概率进行细菌变异。细菌变异的具体过程为：首先对被视为细菌的染色体进行克隆，生成一定数目的细菌克隆体；接着随机选择一个位置，并对每个克隆体在该位置上的基因进行随机变异；然后采用适应度函数对每个细菌进行评价，找出适应度最小的那个细菌，并将其变异后的基因传递给其他细菌，替换掉其他细菌在该位置上的基因。重复执行以上步骤，直到细菌染色体上的每个基因都变异过一次为止；最后去掉所有的克隆体，即可得到经过细菌变异的染色体。图 3.22 所示为细菌变异的过程。

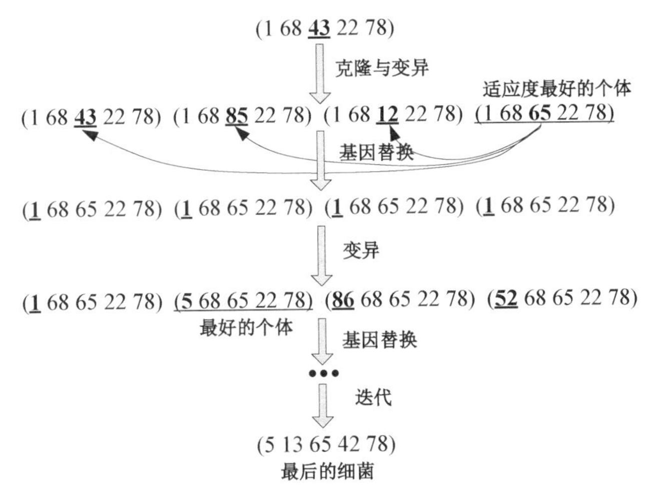

图 3.22　细菌变异的过程

局部搜索的过程也就是对种群进行局部优化的过程，是文化基因算法区别于传统遗传算法的一个关键步骤，直接影响着文化基因算法的效率[25]。本节将打乱顺序局部搜索策略和邻域局部搜索策略相结合，实现局部搜索。

打乱顺序局部搜索策略是：在进行邻域局部搜索策略之前，先使用打乱顺序策略来加快搜索过程。对于一条由 N 个基因和 $N-1$ 条线段组成的染色体 M，首先将染色体 M 上的除首尾基因外的所有基因随机打乱顺序后再排列，总共重复 N_{local} 次，得到 N_{local} 个新的染色体 M_i（$i=1,2,\cdots,N_{\text{local}}$），然后求出 M_i 的适应度并进行相互比较（包括与染色体 M 的适应度进行比较），从中找出适应度最小的染色体 M_{x}，这里得到的 M_{x} 就是目标染色体。

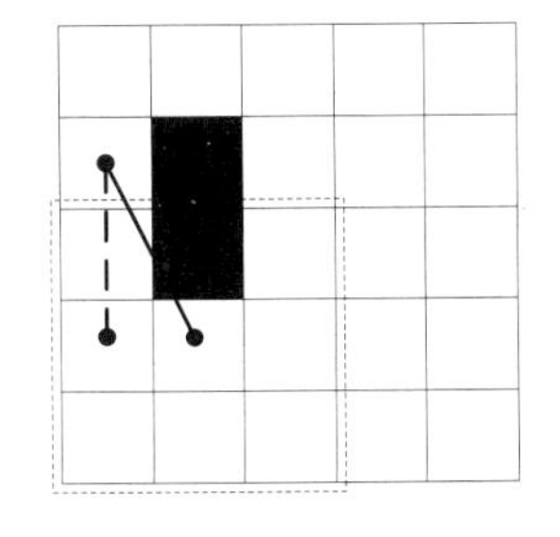

图 3.23　邻域局部搜索策略

邻域局部搜索策略是：将组成路径的每条线段的末端基因依次用其邻域基因替代（一般取八邻域），如图 3.23 所示。每次替代后计算其适应度，用染色体适应度最小的邻域基因替换原来的末端基因，当染色体的所有线段（除了最后一条线段）都搜索完毕后将该染色体作为局部搜索后的新染色体。

将改进文化基因算法用于复杂动态环境下的机器人路径规划时，其具体步骤如下：

步骤 1：环境编码和参数初始化。初始化种群大小 S_P、交叉概率 P_C、变异概率 P_M、最大迭代次数 M_G 等，并随机产生初始种群。

步骤 2：首先根据适应度函数评价每个个体的适应度；然后根据轮盘赌策略和精英选择策略选择个体到交配池，并随机从交配池中取出个体；最后根据相应的概率执行改进的两点交叉法和细菌变异，产生子代个体。

步骤 3：根据本节提出的改进的局部搜索策略为每个子代个体执行局部搜索。

步骤 4：根据适应度函数评价经过局部搜索后得到的个体。

步骤 5：检查终止条件是否满足。如果达到了最大的迭代次数，或者 10 代之内种群中最优个体的差异小于预先设定的阈值，则输出最后种群中的最优个体；否则进入步骤 2。

使用改进文化基因算法的路径规划的流程如图 3.24 所示。

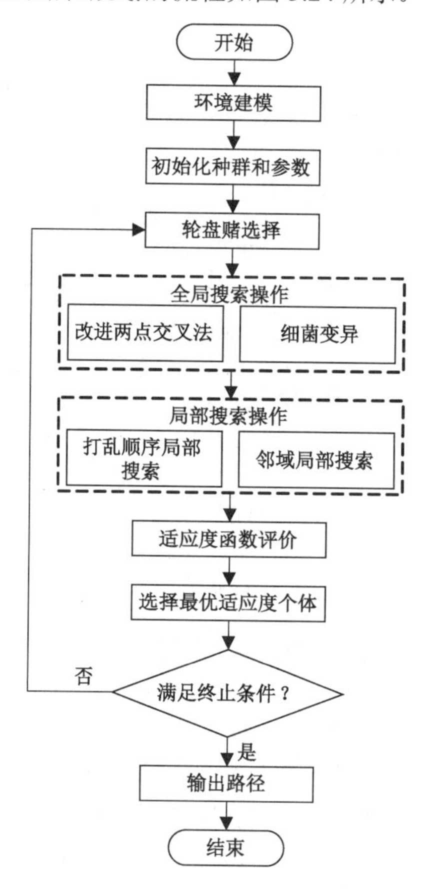

图 3.24 基于改进文化基因算法进行路径规划流程图

3.5.3 实验及结果分析

本节通过仿真实验来验证基于改进文化基因算法的路径规划性能。在本节进行的仿真实验中，改进文化基因算法的参数设置均相同，如表 3-8 所示。

表 3-8 改进文化基因算法参数设置

参 数 名 称	值	备 注	参 数 名 称	值	备 注
P_C	0.9	交叉概率	P_M	0.8	变异概率
P_L	0.3	局部搜索概率	S_P	60 个	种群大小
α	6	计算 N 的参数	M_G	200 次	最大迭代次数
a	800	圆滑度参数	b	20	惩罚系数
c	30	调整参数	β	10	计算 N 的参数

为了验证本节提出的基于改进文化基因算法（IMA）的路径规划性能，本节将其与基于传统遗传算法（CGA）的路径规划和基于传统文化基因算法（CMA）的路径规划进行了对比。在基于 CGA 的路径规划和基于 CMA 的路径规划中，选择操作与基于 IMA 的路径规划相同，交叉操作采用传统的两点交叉法，变异操作采用随机变异，变异概率为 0.15。在基于 CMA 的路径规划中，局部搜索策略采用邻域局部搜索策略，其他的参数（如最大迭代次数、交叉概率等）均与基于 IMA 的路径规划相同。考虑到路径规划具有一定的随机性，为了反映每种算法在移动机器人路径规划中的真实情况，每个仿真实验均重复 10 次。

1. 简单环境下的仿真实验

这里通过在简单环境下的仿真实验来验证基于 IMA 的路径规划的基本性能。在简单环境中，栅格数目为 20×20，障碍物较少且目标容易到达，移动机器人的初始位置为 183，目标位置为 400，初始环境如图 3.25（a）所示。简单环境下基于 CGA、CMA 和 IMA 的路径规划的性能比较如表 3-9 所示，仿真结果如图 3.25（b）至图 3.25（d）所示。图 3.26 为 CGA、CMA 和 IMA 的收敛过程曲线。

表 3-9 简单环境下基于 CGA、CMA 和 IMA 的路径规划性能比较

性 能 指 标	CGA	CMA	IMA
平均路径长度/m	46.79	45.36	43.28
路径方差	4.12	2.09	0.54
平均迭代次数/次	161	106	22
失败次数/次	0	0	0

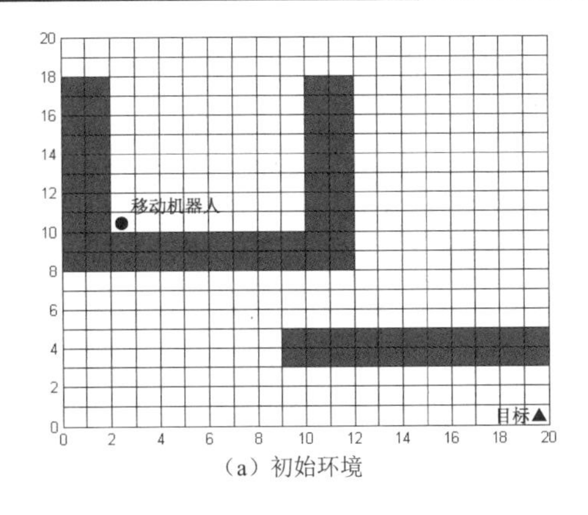

（a）初始环境

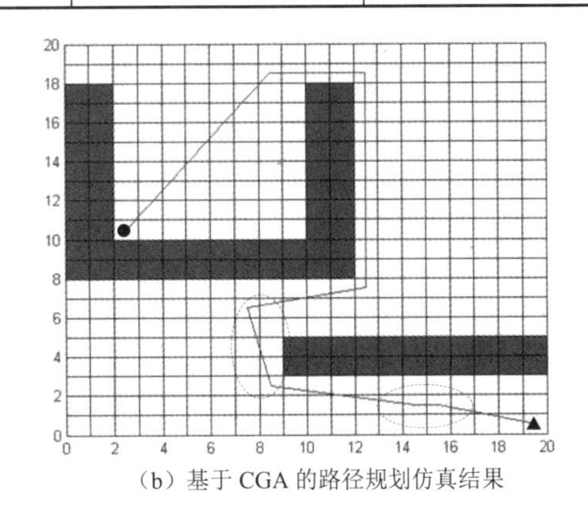
（b）基于 CGA 的路径规划仿真结果

图 3.25 简单环境下基于 CGA、CMA 和 IMA 的路径规划仿真结果

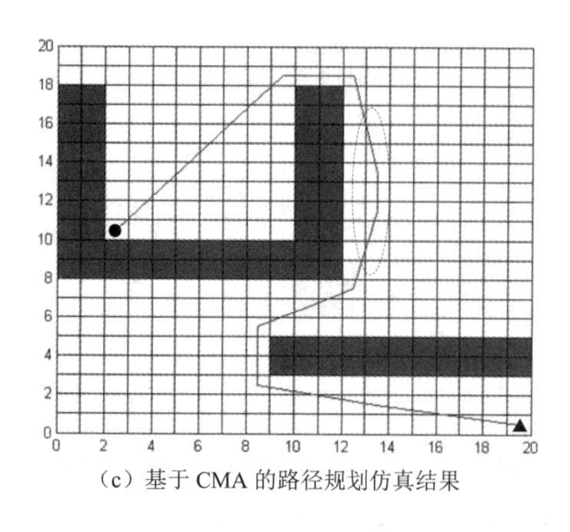

（c）基于 CMA 的路径规划仿真结果

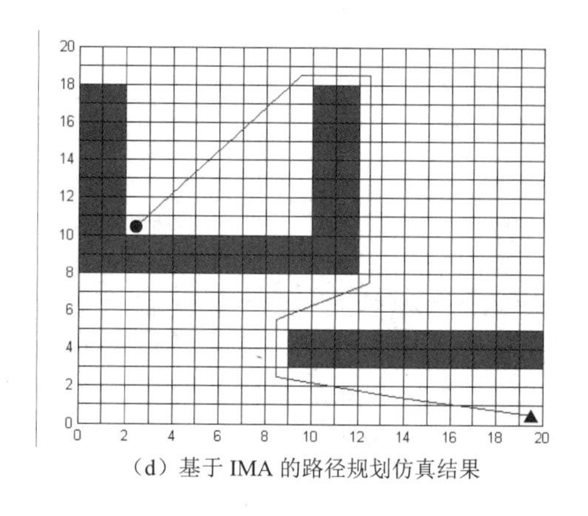

（d）基于 IMA 的路径规划仿真结果

图 3.25 简单环境下基于 CGA、CMA 和 IMA 的路径规划仿真结果（续）

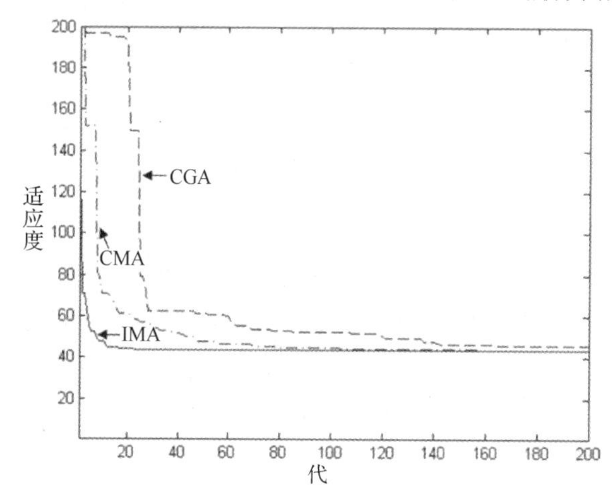

图 3.26 简单环境下 CGA、CMA 和 IMA 的收敛过程曲线

从图 3.25 可以看出，简单环境下基于 CGA、CMA 和 IMA 的路径规划均能得到最优的路径，但基于 IMA 的路径规划的得到路径更加平滑、长度最短。从表 3-9 和图 3.26 可以看出，基于 IMA 的路径规划只需要在 20 代左右便能收敛得到最优规划路径，而基于 CMA 和 CGA 的路径规划需要到 100 代以后才开始收敛，由此可以看出，基于 IMA 的路径规划具有更好的全局寻优能力和更快的收敛速度，从而节省路径规划的时间。另外，在 10 次独立的仿真实验中，基于 IMA 的路径结果仿真结果波动不大，基于 CMA 和 CGA 的路径规划的仿真结果波动较大，算法不稳定，不利于寻找最优规划路径。

2. 复杂环境下的仿真实验

为了进一步验证改进文化基因算法的性能，本节也在复杂环境下进行了仿真实验。复杂环境下，障碍物的形状各异且数量较多，目标所处的位置较为隐秘，移动机器人路径规划任务难度大。在仿真实验中，初始环境如图 3.27（a）所示，移动机器人的起始位置为 1，目标位置为 400。同样，本节在复杂环境下分别对基于 CGA、CMA 和 IMA 的路径规划都进行了 10 次独立的仿真实验，仿真结果如图 3.27（b）至图 3.27（d）所示（图中给出的是最优规划路径），复杂环境下 CGA、CMA 和 IMA 的收敛过程曲线如图 3.28 所示，复杂环境下基于 CGA、CMA 和 IMA 的路径规划性能比较如表 3-10 所示。

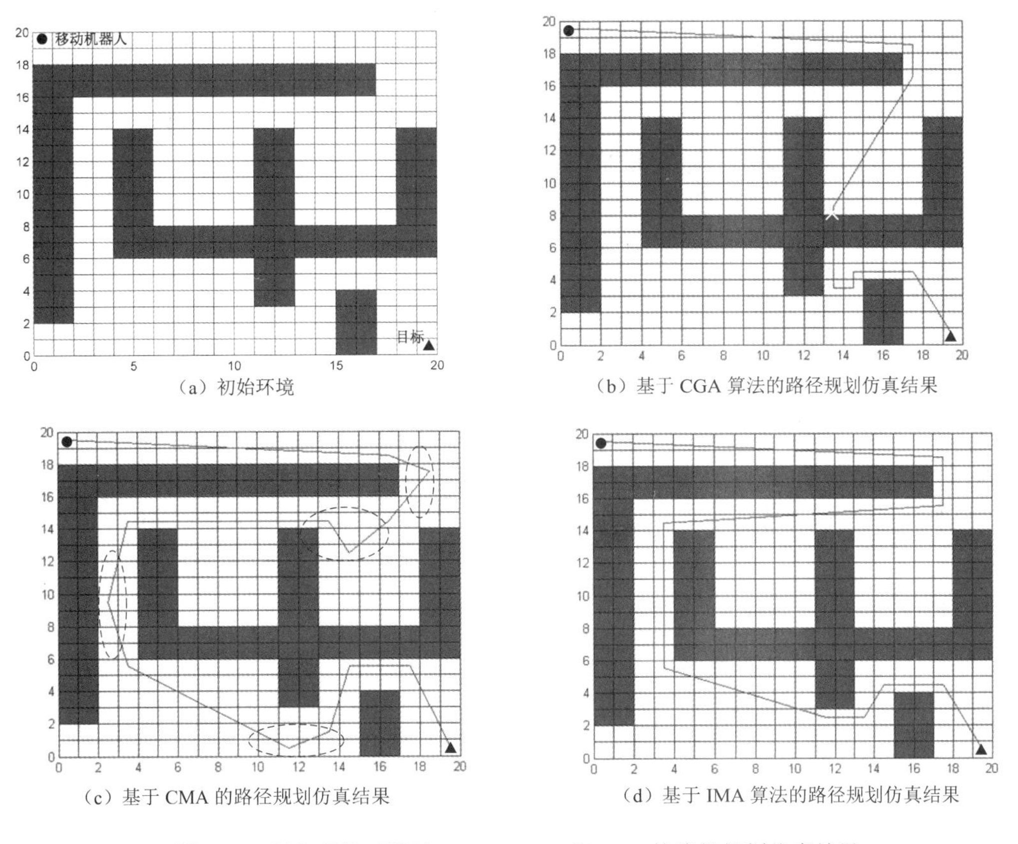

（a）初始环境　（b）基于 CGA 算法的路径规划仿真结果

（c）基于 CMA 的路径规划仿真结果　（d）基于 IMA 算法的路径规划仿真结果

图 3.27　复杂环境下基于 CGA、CMA 和 IMA 的路径规划仿真结果

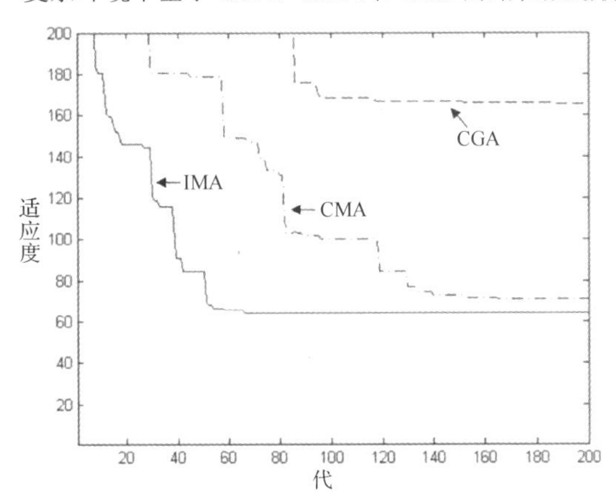

图 3.28　复杂环境下 CGA、CMA 和 IMA 的收敛过程曲线

表 3-10　复杂环境下基于 CGA、CMA 和 IMA 的路径规划性能比较

性 能 指 标	CGA	CMA	IMA
平均路径长度/m	—	71.14	64.12
路径方差	—	4.40	0.66
平均迭代次数/次	—	169	60
失败次数/次	10	5	0

注：“—”表示基于 CGA 的路径规划失败。

从图 3.27、图 3.28 和表 3-10 的仿真结果可以看出，在复杂环境下基于 CGA 的路径规划无法在 200 代之内找到一条可行路径，基于 CMA 的路径规划虽然能找到一条可行路径，但找到的路径较之基于 IMA 的路径规划找到的路径长很多，并且找到的路径也不够光滑。另外，在复杂环境下基于 IMA 的路径规划只需要在 60 代左右便能收敛得到最优规划路径，表明基于 IMA 的路径规划能够较好地用于解决复杂环境下的移动机器人路径规划问题。

3.6 本章小结

本章首先介绍了移动机器人路径规划的相关内容，包括路径规划要解决的问题、路径规划方法分类，并对传统的路径规划进行了简单介绍。然后重点阐述了三种基于仿生智能的移动机器人路径规划，即基于 IABC、ISFLA 和 IMA 的路径规划，并对每种路径规划方法进行了仿真实验，结果表明基于改进算法的路径规划比基于传统算法的路径规划更有效。

参考文献

[1] 徐腾飞，罗琦，王海. 基于向量场的移动机器人动态路径规划[J]. 计算机科学，2015, 42(5): 237-244.

[2] Wang C, Soh Y C, Wang H, et al. A hierarchical genetic algorithm for path planning in a static environment with obstacles [C]// Proceedings of the 2002 Congress on Evolutionary Computation, CEC 2002, Honolulu, HI, United states, May 12-17, 2002.

[3] 孙波，陈卫东，席裕庚. 基于粒子群优化算法的移动机器人全局路径规划[J]. 控制与决策，2005, 20(9): 1052-1055, 1060.

[4] Zhu B, Wang Z M, Liu Z L. A Biological Inspired Neural Network Approach to Robot Path Planning in Unknown Environment[C]// 2nd International Conference on Precision Mechanical Instruments and Measurement Technology, ICPMIMT 2014, Chongqing, China, May 30-31, 2014.

[5] 夏梁盛，严卫生. 基于栅格法的移动机器人运动规划研究[J]. 计算机仿真，2012, 29(12): 229-233.

[6] 史恩秀，陈敏敏，李俊，等. 基于蚁群算法的移动机器人全局路径规划方法研究[J]. 农业机械学报，2014, 45(6): 53-57.

[7] 张兴国，周东健，李成浩. 基于粒子群-蚁群融合算法的移动机器人路径优化规划[J]. 江西师范大学学报：自然科学版，2014, 38(3): 274-277.

[8] 倪建军，史朋飞，罗成名. 人工智能与机器人[M]. 北京：科学出版社，2019.

[9] Zhang X, Zhang X, Yuen S Y, et al. An improved artificial bee colony algorithm for optimal design of electromagnetic devices [J]. IEEE transactions on magnetics, 2013, 49(8): 4811-4816.

[10] M. H. Saffari, M. J. Mahjoob. Bee colony algorithm for real-time optimal path planning of mobile robots[C]// 5th International Conference on Soft Computing, Computing with Words and Perceptions in System Analysis, Decision and Control, Famagusta, Cyprus, September 2-4, 2009.

[11] 孟红云，张小华，刘三阳．用于约束多目标优化问题的双群体差分进化算法[J]．计算机学报，2008, 31(2): 228-235.

[12] 李鑫滨，朱庆军．一种改进粒子群优化算法在多目标无功优化中的应用[J]．电工技术学报，2010, 25(7): 137-143.

[13] 臧明相，马轩，段奕明．一种改进的人工蜂群算法[J]．西安电子科技大学学报，2015, 42(02): 65-70+139.

[14] 温长吉，王生生，于合龙，等．基于改进蜂群算法优化神经网络的玉米病害图像分割[J]．农业工程学报，2013, 29(13): 142-149.

[15] Li B, Gong L, Yang W. An improved artificial bee colony algorithm based on balance-evolution strategy for unmanned combat aerial vehicle path planning [J]. The Scientific World Journal, 2014, 2014: 1-10.

[16] Peng B, Liu B, Zhang F Y, et al. Differential evolution algorithm-based parameter estimation for chaotic systems[J]. Chaos, Solitons & Fractals, 2009, 39(5): 2110-2118.

[17] Rahnamayan S, Tizhoosh H R, Salama M M A. Opposition based differential evolution [J]. IEEE Transactions on Evolutionary Computation, 2008, 12(1): 64-79.

[18] 葛宇，王学平，梁静．改进的混合蛙跳算法[J]．计算机应用，2012, 32(01): 234-237.

[19] Tang D, Yang J, Cai X. Grid task scheduling strategy based on differential evolution-shuffled frog leaping algorithm[C]// 2012 International Conference on Computer Science and Service System, August 11-13, 2012.

[20] 罗雪晖，杨烨，李霞．改进混合蛙跳算法求解旅行商问题[J]．通信学报，2009, 30(7): 130-135.

[21] Eslamian M, Hosseinian S H, Vahidi B. Bacterial foraging-based solution to the unit-commitment problem[J]. IEEE Transactions on Power Systems, 2009, 24(3): 1478-1488.

[22] 刘漫丹．文化基因算法(Memetic Algorithm)研究进展[J]．自动化技术与应用，2007, 26(11):1-4+18.

[23] 罗飞，汪永超，陈思旭．Memetic 算法在机器人路径规划中的应用研究[J]．机械设计与制造，2014(2):130-132.

[24] Li Q, Zhang W, Yin Y, et al. An Improved Genetic Algorithm of Optimum Path Planning for Mobile Robots [C]// Sixth International Conference on Intelligent Systems Design and Applications (ISDA '06), Jinan, China, October 16-18, 2006.

[25] 王聪，张宏立．文化基因算法求解 TSP 问题的研究[J]．计算机仿真，2015, 32(2):284-287, 358.

第 4 章
移动机器人视觉

在人类可获得的信息中，75%以上的信息是视觉（图像）信息。俗话说“百闻不如一见”，就说明了视觉（图像）信息的重要性。在移动机器人的相关技术中，视觉技术具有重要的理论和应用价值，成为近年来发展移动机器人的核心技术之一。

移动机器人视觉系统是计算机视觉和移动机器人自主控制系统的有机结合，内容涉及图像处理、机器人运动学和动力学，以及控制理论等。移动机器人具备自主感知、行为决策和自由移动的能力，相比于其他类型机器人，其应用范围更加广泛[1]，而视觉技术可以很好地提升移动机器人的各种应用性能，已经成为当前研究和应用的热点之一。

本章首先简要介绍移动机器人视觉技术的总体发展情况，然后重点介绍移动机器人视觉技术中最常见的两类应用，即运动目标检测与跟踪，并给出了相应的解决方案。

4.1 移动机器人视觉技术概述

4.1.1 机器人视觉技术简介

机器人视觉技术是指将视觉信息作为输入，并对这些信息进行处理，进而将提取出的有用信息提供给机器人。可以看出，机器人视觉是机器视觉（计算机视觉）在机器人中的一个具体应用[2]。

所谓机器视觉就是用机器代替人眼来进行测量和判断，机器视觉要达到的三个基本目的如下：

- 根据一幅或多幅二维投影图像计算出观察点到目标的距离；
- 根据一幅或多幅二维投影图像计算出目标的运动参数；
- 根据一幅或多幅二维投影图像计算出目标的表面物理特性。

机器视觉系统要达到的最终目的是实现对三维景物世界的理解，即实现人类视觉系统的某些功能。机器视觉、图像处理、模式识别和人工智能的关系如图 4.1 所示。

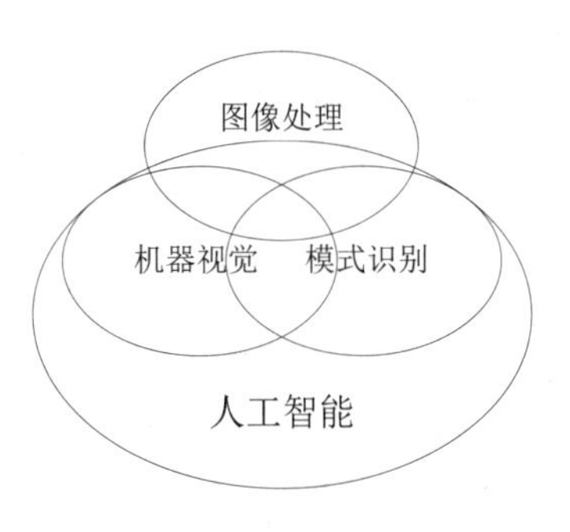

图 4.1　机器视觉、图像处理、模式识别和人工智能的关系

机器人视觉系统一般包括硬件和软件两个部分，前者是系统的基础，后者主要包括实现图像处理的基本算法和一些实现人机交互的接口程序。

机器人视觉的工作原理是：首先采用照相机将被检测的目

标转换成图像信号，并发送到专用的图像处理系统；图像处理系统然后根据图像像素分布和亮度、颜色等信息，将图像信号转变成数字信号，并对这些数字信号进行各种运算来提取目标的特征，如面积、数量、位置、长度；最后根据预设的阈值和其他条件输出识别结果，包括尺寸、角度、个数、合格/不合格、有/无等。

一个典型的机器人视觉系统包括光源、镜头、视觉传感器、图像采集卡、图像处理系统等。

（1）光源。照明是影响机器人视觉系统输入的重要因素，直接影响输入数据的质量和应用效果。常用的光源有白炽灯、日光灯、钠光灯等，但不够稳定。环境光有可能对图像质量产生影响，所以可采用加防护屏的方法减少环境光的影响。

（2）镜头。在选择镜头时应注意焦距、目标高度、影像高度、放大倍数、影像至目标的距离、中心点/节点、畸变等参数。薄透镜是镜头的理想模型，在使用中，可以忽略厚度对透镜的影响。

（3）视觉传感器。图像采集器是机器人视觉系统中的一个重要组成部分。所谓图像采集，就是指机器人视觉系统获取数字图像的过程，目前用于获取图像的视觉传感器主要有 CCD 和 CMOS 两种。

（4）图像采集卡。图像采集卡是图像采集部分和图像处理部分的接口。图像经过采样、量化以后转换为数字图像并输入、存储到帧存储器的过程，称为采集。图像采集卡还提供数字 I/O 的功能。比较典型的是与 PCI 或 AGP 兼容的图像采集卡，可以将图像迅速地传送到计算机存储器进行处理。

（5）图像处理系统。图像处理系统通常是进行图像处理及分析软件，通过根据检测功能设计的一系列图像处理及分析算法模块，对图像数据进行复杂的计算和处理，最终得到系统所需要的信息，并通过与之相连的外部设备以各种形式输出处理结果。

机器人视觉的应用领域主要有以下几方面：

- 为机器人的动作控制提供视觉反馈，其功能是识别物体，确定物体的位置和方向，为机器人的运动轨迹的自适应控制提供视觉反馈。
- 为机器人提供视觉导航，其功能是利用视觉信息跟踪路径、检测障碍物和识别路标或环境，以确定机器人所在的方位。
- 其他方面，包括代替或帮助人工对质量控制、安全检查进行视觉检验等。

4.1.2　移动机器人视觉技术的发展概况

与计算机视觉原理类似，机器人视觉就是通过视觉传感器获取环境的信息，并通过视觉处理器进行分析和解释，进而转换成为符号语言，让机器人能够实现场景识别、移动定位、自动控制等功能。与普通机器人视觉不同的是，移动机器人视觉更侧重于研究特定背景下的专用移动机器人视觉系统，如运动目标检测与跟踪、移动机器人同步定位与建图（SLAM）等，所以一般只对与执行某一特定任务相关的图像进行判断与处理。

从 20 世纪 60 年代开始，人们着手研究机器视觉系统。一开始，视觉系统只能识别平面上的类似积木的物体。到了 70 年代，已经可以识别某些加工部件，也能识别室内的桌子、电话等物体了。当时的研究工作虽然进展很快，但却无法用于实际。这是因为视觉系统的信息量极大，处理这些信息的硬件系统十分庞大，花费的时间也很长。

随着大规模集成电路的发展，计算机内存的体积不断缩小、价格急剧下降、运算速度不断提高，视觉系统开始走向实用化。进入 80 年代后，由于计算机技术的飞速发展，实用的视觉系统已经进入各个领域，其中用于机器人的视觉系统数量非常多。随着移动机器人的应用开发和机器视觉技术的不断突破，移动机器人视觉系统的功能越来越丰富，应用也更加广泛。例如，搬运机器人可以用于仓储物流的工作，通过分析周围环境，在规划路径后将货物运送到指定点；服务机器人可以识别跟随目标，当客人需要帮助拿取行李时，可以托运行李并自动跟随客人前进；扫地机器人可以通过环境感知进行覆盖室内环境的自主运动规划，从而进行清扫工作[3]。

近年来我国的移动机器人视觉技术发展也非常迅速，如中国科学院自动化研究所自行设计、制造的全方位移动式机器人视觉导航系统，香港城市大学机器人与自动化研究中心的自动导航车和服务机器人等。随着人工智能的发展和机器计算能力的提升，对不同的环境下移动机器人适应能力的要求也越来越高，移动机器人视觉技术的研究也更注重于移动机器人自我感知、定位和识别等能力的提升[4]，其中基于视觉的移动机器人同步定位与建图、智能场景识别、缺陷自动检测等成为国内外在移动机器人视觉领域的研究热点。作为一门多学科交叉的技术，移动机器人视觉技术的发展也具有多面性，影响移动机器人视觉系统性能的主要因素有移动机器人本身结构的复杂性、信息获取与处理能力、运动控制能力、路径规划能力等。

随着移动机器人的应用越来越广泛，移动机器人视觉技术正在高速发展。例如，多传感器集成与融合为移动机器人视觉提供了更加实时和可靠的图像信息来源；多机器人协作为移动机器人全方位获取环境图像信息提供了可能，并带来新的技术挑战，包括多模态图像融合技术、图像拼接技术等。

4.2 基于改进 ViBe 的运动目标检测

运动目标的实时检测是计算机视觉领域的一项重要任务，在目标跟踪、智能视频监控、异常行为分析、智能机器人等领域被广泛应用。运动目标检测是移动机器人视觉系统的最基础的任务之一，其检测结果的好坏对后续智能分析起着至关重要的作用。然而移动机器人工作环境中的阴影、背景动态变化、光照变化等因素都会对运动目标检测结果产生非常大的影响，所以在较为复杂的环境下如何快速准确地得到完整的运动目标显得尤为重要。

ViBe 算法由 Barnich 和 Droogenbroeck 于 2009 年提出，它的基本思想是首先为每个像素存储一个样本集，利用相邻的像素来建立背景模型，然后将背景模型与当前的像素值进行比较来检测前景。ViBe 算法用于运动目标检测时运算速度快、检测效果好，具有较强的检测鲁棒性和实时性，对于多种视频流以及多种复杂的场景都适用。因此 ViBe 算法近年来在运动目标检测领域的应用非常广泛，是运动目标检测算法的主流方向之一[5-6]。但传统 ViBe 算法参数固定，限制了其适应动态背景（如晃动的树叶等）的能力，并且传统 ViBe 算法采用的邻域扩散更新策略会导致移动较慢的前景目标过快地融入背景，从而增加检测错误率。此外，传统 ViBe 算法采用的单帧输入图像初始化策略会导致在后面的检测中，本应该是背景的地方显示出不存在的运动目标，我们将其称为“鬼影”区域。为了解决这些问题，本节提出了一种基于改进 ViBe 算法的运动目标检测算法。

4.2.1　改进 ViBe 算法的原理

ViBe 算法的基本思想是为每个像素存储一个样本集，样本集中的值是由该像素的像素值以及其邻域像素的像素值组成的，然后将每一个新像素的像素值与样本集中的像素值进行比较，判断新像素是背景像素还是目标像素。ViBe 算法有三个主要步骤，即背景模型初始化、前景目标检测和背景模型更新。针对这三个主要步骤中存在的问题，本节提出了一些改进措施。基于改进 ViBe 算法的运动目标检测流程如图 4.2 所示，下面进行详细介绍。

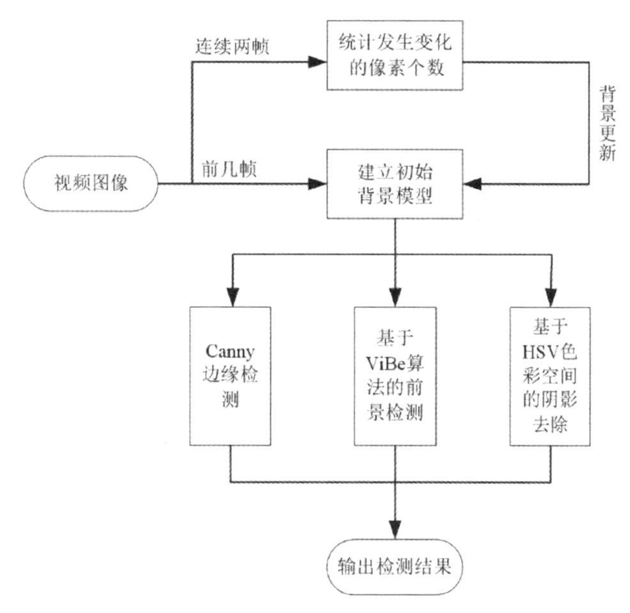

图 4.2　基于改进 ViBe 算法的运动目标检测流程图

1. 基于众数法的背景建模

背景模型的初始化是背景差分法的第一步，也是最关键的一步，它将直接影响检测结果。如果能够建立一个精确的背景模型，则可以提高运动目标检测的准确性。一般情况下，ViBe 算法使用视频图像的第一帧作为初始背景图像 [7]，即：

$$B(x,y)=V_{\mathrm{F}}(x,y) \tag{4-1}$$

式中，$B(x,y)$ 为背景的像素值，$V_{\mathrm{F}}(x,y)$ 为视频图像第一帧的像素值。在传统 ViBe 算法中，虽然使用视频图像第一帧作为初始背景图像帧的方法简单有效，但当视频图像第一帧中存在需要检测的运动目标时，就会将运动目标误判为背景，导致在后面的检测中本应该是背景的地方显示出不存在的运动目标，即所谓的“鬼影”。为了解决这个问题，人们提出了一些改进方法，如平均法，但平均法需要存储更多的视频图像，并且存在阴影问题[8-9]。为此，本节引入众数法提取背景模型，其基本思想是利用少量的视频图像来获得优化的背景模型。背景中的像素值可表示为：

$$B(x,y)=\frac{\sum_{k=1}^{\mathrm{Num}} V_k\left[\mathrm{Mode}(\boldsymbol{C})\right]}{\mathrm{Num}} \tag{4-2}$$

式中，$\mathrm{Mode}(\boldsymbol{C})$ 是一个函数，用来返回矩阵 $\boldsymbol{C}$ 中的众数样本，即在 $\boldsymbol{C}$ 中出现次数最多的像

素值；Num 为 $\boldsymbol{C}$ 中众数样本的个数。$\boldsymbol{C}$ 可以表示为：

$$\boldsymbol{C} = \mathrm{Ceil}(\Theta/E) \tag{4-3}$$

式中，Ceil() 函数的作用是将数据元素四舍五入到大于或等于该数据元素的最接近的整数；Θ 为灰度图像的灰度值。为了通过函数 Ceil() 提取 Θ 中出现的大部分数字，可以通过除以一个整数 E 来缩小 Θ 的范围。本节中将 E 设为 5，即将灰度图像分为 5 个灰度等级，这样可以提高图像中不同元素的对比度，减少小散斑对目标提取的影响。众数法的伪代码如下：

```
初始算法参数；输入图像矩阵 I_m
for  n = 1: N_Frame                      % N_Frame 为视频图像的前几帧
     I_y = Convert_gray(I_m)             %将图像矩阵 I_m 转化成灰度图像 I_y
     Θ = Save_gray(I_y)                  %保存灰度图像 I_y 的灰度值
end for
for  j = 1: N_Pixel                      % N_Pixel 为图像中像素的个数
     C = Ceil(Θ/E)                       %E 是一个整数
     Mf = Mode(C)
     Num=Count(C == Mf)                  % Count() 用来统计 C == Mf 的像素个数；
     Mode_save=Mf                        %将 Mf 的众数值保存到数组中；
     R(x, y) = Mode_save(x, y) × E       %计算数组的值；
end for
return  B(x, y) = R(x, y)
%输出由像素 B(x, y) 构成的背景图片 I_b ；
```

当建立视频图像的初始背景模型后，为了给背景图像中的每一个像素建立相应的背景集合，ViBe 算法引入了邻域的方法并用邻域的像素值填充背景样本集。对于背景图像中的每个像素 $p(x,y)$，它的样本集 $M(x,y)$ 可以表示为：

$$M(x,y) = (V_1, V_2, \cdots, V_n), \qquad i = 1,2,\cdots,n \tag{4-4}$$

式中，n 为邻居样本的数量；V_i 为从每个像素的 8 个邻居中随机选择的样本值，如图 4.3（a）所示。当获得背景中所有像素的样本集后，就建立了一个背景模型。

2. 自适应更新机制

当背景模型确定后，下一步就要进行运动目标检测。ViBe 算法检测机制的实现步骤如下：

（1）定义一个以视频图像当前帧的像素值 $p(x,y)$ 为圆心、半径为 R 的圆 $S_R[V(x,y)]$，如图 4.3（b）所示。

（2）通过圆 $S_R[V(x,y)]$ 可以衡量当前像素与对应背景集合的相似程度，即与背景样本集的相交样本个数，因此前景目标的检测可以表示为[10]：

$$\mathrm{Flag1}(x,y) = \begin{cases} 1, & \Psi\{S_R[V(x,y)] \cap M(x,y)\} \leqslant K \\ 0, & \Psi\{S_R[V(x,y)] \cap M(x,y)\} > K \end{cases} \tag{4-5}$$

式中，$\Psi\{S_R[V(x,y)] \cap M(x,y)\}$ 表示圆 $S_R[V(x,y)]$ 与背景样本集 $M(x,y)$ 相交的样本个数，K 为预先设定的阈值。当 Flag1=1 时，意味着当前像素 $p(x,y)$ 为目标像素，否则为背景像素。

（3）随机更新每一个新帧的背景模型。由于一个像素和它的邻居像素之间有很强的统计相关性，当一个像素被检测为背景像素时，它有 $1/\alpha$ 的概率来更新模型样本集（其中 α 被称为更新率）。同时，它也有 $1/\alpha$ 的概率来更新邻居像素的背景模型。

从图 4.3 所示的传统 ViBe 算法的检测机制可以看到，检测半径 R 和更新率 α 是两个非常重要的参数。一般来说，在动态背景下，检测半径 R 应该更大，更新率 α 应该更小，以便更多的像素被归类为背景。然而，在传统 ViBe 算法中，参数 R 和 α 的值是预先定义好的，降低了 ViBe 算法的环境自适应性。由于背景与当前帧之间的 8 个相邻像素差值能够反映背景复杂程度，因此可以用来自适应地确定检测半径 R 和更新率 α，即：

$$R=\begin{cases}R_0(1+a), & a>\tau_0\\ R_0(1-a), & a\leqslant\tau_0\end{cases} \tag{4-6}$$

$$\alpha=\begin{cases}\alpha_0(1-a), & a>\tau_0\\ \alpha_0(1+a), & a\leqslant\tau_0\end{cases} \tag{4-7}$$

式中，R_0 和 α_0 是检测半径 R 和更新率 α 的初始值；τ_0 是一个阈值；a 为衡量当前场景变化的参数，其表达式为：

$$a=\frac{\sum D_{k+1}(x,y)}{N} \tag{4-8}$$

式中，N 为像素数；$D_{k+1}(x,y)$ 为图像 $I_{k+1}(x,y)$ 和 $I_k(x,y)$ 之间的像素差，即：

$$D_{k+1}(x,y)=\begin{cases}0, & |I_{k+1}(x,y)-I_k(x,y)|<\tau_1\\ 1, & 其他\end{cases} \tag{4-9}$$

式中，τ_1 是一个阈值，用来减少移动目标的影响。

备注：众数法可以消除前几帧出现的前景目标，视频图像后续帧通过不断更新“鬼影”区域为背景，可以有效加快“鬼影”区域的去除。

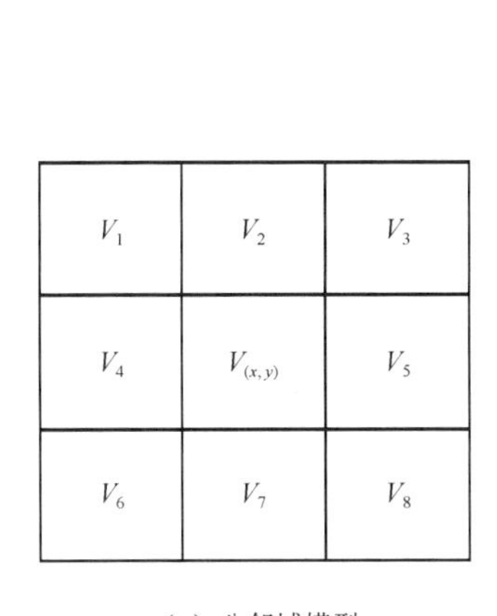

（a）八邻域模型

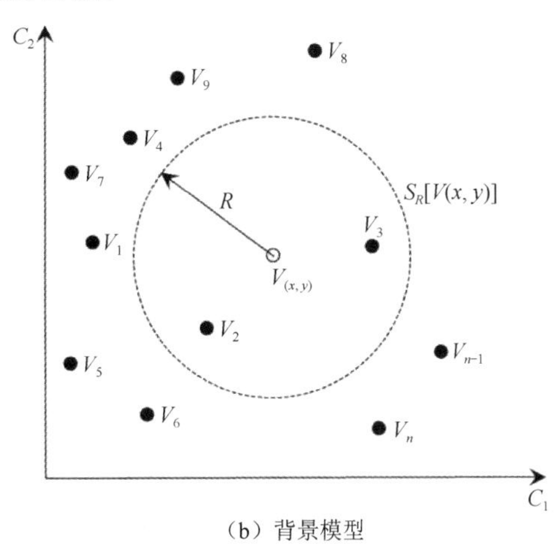

（b）背景模型

图 4.3　传统 ViBe 算法的检测机制

3．阴影去除策略

阴影是运动目标检测中常见的问题，如何去除阴影是机器视觉中的热点话题[11-12]。本节采用了一种基于 HSV 颜色空间的改进方法来完成去除阴影的任务。使用 HSV 颜色空间的主要原因是，在现有的方法中，它非常接近人类视觉的特点，比 RGB 颜色空间的阴影去除法更准确。但是，传统 HSV 颜色空间的阴影去除法中的很多参数需要在不同的视频环境中进行设置，如用于判断阴影的阈值[13]。此外，当运动目标和阴影区域在颜色属性上没有明显差异时，传统 HSV 颜色空间的阴影去除法的准确性会下降。针对这些问题，本节提出了一种改进的阴影去除法，该方法的基本思想是利用阴影强度降低和颜色不变性理论的特点区分阴影区域，HSV 颜色空间可以直接反映图像的颜色特征。该方法的主要过程如下：

（1）进行 HSV 颜色空间转换，得到 H（色调）、S（饱和度）和 V（亮度）的值。由于 V 的值是对颜色亮度的直接衡量，像素的亮度在阴影部分会明显降低。将亮度的差异表示为 $D_{\mathrm{V}}(x,y)$，其定义如下：

$$D_{\mathrm{V}}(x,y)=t_{\mathrm{V}}(x,y)/B_{\mathrm{V}}(x,y) \tag{4-10}$$

式中，$t_{\mathrm{V}}(x,y)$ 是当前视频图像的亮度；$B_{\mathrm{V}}(x,y)$ 是背景图像的亮度。对于任何像素 $p(x,y)$，$D_{\mathrm{V}}(x,y)$ 被用来判断当前像素是否为阴影像素，判断策略为：

$$\mathrm{Flag2}(x,y)=\begin{cases}1, & \tau_2 \leqslant D_{\mathrm{V}}(x,y) \leqslant \tau_3 \\ 0, & \text{其他}\end{cases} \tag{4-11}$$

式中，$\mathrm{Flag2}(x,y)$ 是一个标志；τ_2 和 τ_3 是用于阴影检测的两个阈值。

（2）当运动目标的亮度与阴影相似时，使用上述的亮度检测，就会扩大阴影区域。为了处理这个问题，本节提出了一种基于阴影消除机制的改进方法。对于每个阴影像素 $p(x,y)$，它的黑暗程度是有限的，因为它是由于照明源被遮挡而变暗的。此外，阴影像素大多在灰色区域。改进方法的判断策略为：

$$\mathrm{Flag3}(x,y)=\begin{cases}1, & t_{\mathrm{S}}(x,y) \leqslant \lambda_1 \text{且} t_{\mathrm{V}}(x,y) \geqslant \lambda_2 \\ 0, & \text{其他}\end{cases} \tag{4-12}$$

式中，$\mathrm{Flag3}(x,y)$ 是一个标志；$t_{\mathrm{S}}(x,y)$ 是当前视频图像的像素饱和度；λ_1 是灰色范围内饱和度的最大值，λ_2 是灰色范围内亮度的最小值。通过下面的判断策略可以检测阴影区域：

$$I(x,y)=\begin{cases}1, & \mathrm{Flag2}(x,y)=1 \text{ 且 } \mathrm{Flag3}(x,y)=1 \\ 0, & \text{其他}\end{cases} \tag{4-13}$$

同时，为了保证前景目标的完整性，在找到当前视频图像和背景图像的差异图像后，进行 Canny 边缘检测[14]。

本节提出了基于改进 ViBe 算法的运动目标检测，检测步骤如下：

步骤 1：基于众数法初始化背景模型。

步骤 2：先将当前视频图像和背景模型转换为灰度空间，再基于自适应检测半径 R 和更新率 α，检测包括阴影在内的前景目标。

步骤 3：对当前视频图像进行 HSV 颜色空间转换，通过色彩不变性理论检测阴影和背景。

步骤 4：对步骤 2 和步骤 3 得到的结果进行与运算，去除前景目标的阴影。

步骤 5：找到当前视频图像和背景图像之间的差异图像，并进行 Canny 边缘检测。

步骤 6：对步骤 4 和步骤 5 得到的结果进行或运算，以确保前景目标的完整性。

4.2.2 实验结果与分析

为了验证基于改进 ViBe 算法的运动目标检测的性能，本节在几个标准数据集上进行了仿真实验，包括 Walk、Highway、Bungalows、Cars 和 People 数据集[15-16]。本节的算法是在 Python 3.6 环境下完成的，实验平台为 Intel Core i7-4720HQ，CPU 的频率 2.60 GHz，内存（RAM）为 8 GB，操作系统为 64 位 Windows10。本节通过七个指标来评估基于改进 ViBe 算法的运动目标检测的性能，这 7 个指标是前景识别率（RE）、背景识别率（SP）、误警率

（FPR）、漏检率（FNR）、误检率（PWC）、精确度（PRE）和 F-测度（F），具体请见参考文献[17]。仿真实验的参数如表 4-1 所示。为了验证基于改进 ViBe 算法（I-ViBe）的运动目标检测的准确率，本节通过仿真验证将与基于高斯混合模型的方法（GMM）和传统 ViBe 方法（G-ViBe）的运动目标检测进行了比较，在基于 G-ViBe 的运动目标检测中，检测半径 R 和更新率 α 等于基于 I-ViBe 的运动目标检测中的 R_0 和 α_0。

表 4-1 仿真实验的参数

参 数	数 值	注 释
E	5	式（4-3）中给定阈值
K	1	式（4-5）中给定阈值
R_0	20	初始检测半径
α_0	16	初始更新率
τ_0	0.2	式（4-7）中给定阈值
τ_1	1	式（4-9）中给定阈值
τ_2	0.2	式（4-11）中给定阈值
τ_3	0.7	式（4-11）中给定阈值
λ_1	43	式（4-12）中给定阈值
λ_2	220	式（4-12）中给定阈值

1．单目标检测

为了测试基于 I-ViBe 的运动目标检测的基本性能，本节分别针对单目标和多目标进行了仿真实验。在单目标检测中，仿真实验使用的数据集是 Walk（视频 1）和 Bungalows（视频 2）。两个视频中的两个片段被用来测试三种运动目标检测方法，其中有运动目标的帧被用作检测帧，如图 4.4（b）。单目标检测的仿真结果如图 4.4 所示。

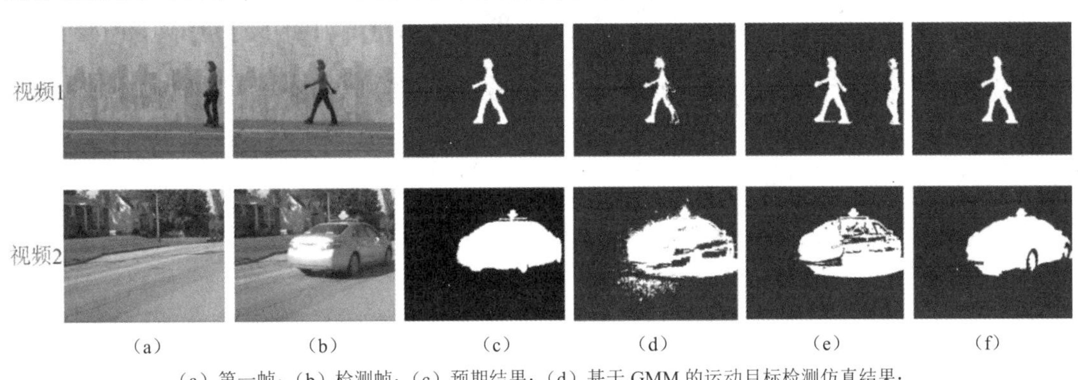

（a）第一帧；（b）检测帧；（c）预期结果；（d）基于 GMM 的运动目标检测仿真结果；
（e）基于 G-ViBe 的运动目标检测仿真结果；（f）基于 I-ViBe 的运动目标检测仿真结果

图 4.4 单目标检测的仿真结果

图 4.4 中的结果显示，在单目标检测仿真实验中，三种运动目标检测方法都能有效地检测出运动目标。单目标检测仿真实验中三种运动目标检测方法的基本性能如表 4-2 所示，表中的结果表明，基于 I-ViBe 的运动目标检测在大多数指标上比其他两种运动目标检测更好。此外，数据集 Walk（视频 1）的检测结果表明，基于 G-ViBe 的运动目标检测不能解决“鬼

影”问题，基于 I-ViBe 的运动目标检测可以很好地去除“鬼影”区域。数据集 Bungalows（视频 2）的检测结果表明，基于 I-ViBe 的运动目标检测能够比其他两种运动目标检测更有效地去除阴影区域，如图 4.4（e）和图 4.4（f）所示。

表 4-2 单目标检测仿真实验中三种运动目标检测方法的基本性能

评价指标	数据集 Walk			数据集 Bungalows		
	GMM	G-ViBe	I-ViBe	GMM	G-ViBe	I-ViBe
SP	**0.9995**	0.9804	0.9985	0.931	0.9401	**0.9854**
RE	0.7758	0.9483	**0.9612**	0.857	0.7999	**0.9636**
FPR	**0.0004**	0.0195	0.0014	0.0689	0.0598	**0.0145**
FNR	0.2241	0.0516	**0.0387**	0.1429	0.2	**0.0363**
PWC	0.006	0.0203	**0.0021**	0.0826	0.0879	**0.0186**
PRE	**0.9779**	0.5647	0.9272	0.7395	0.7702	**0.939**
F	0.8652	0.7079	**0.9493**	0.7939	0.7847	**0.9511**

2. 多目标检测

在多目标检测中，仿真实验使用的数据集是 Highway（视频 3）和 People（视频 4）。多目标检测的仿真结果如图 4.5 所示。多目标检测仿真实验中三种运动目标检测方法的基本性能如表 4-3 所示。

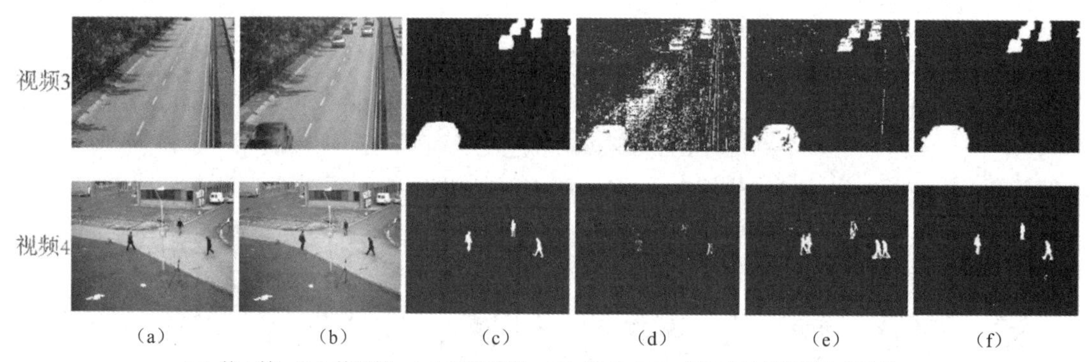

（a）第 1 帧；（b）检测帧；（c）预期结果；（d）基于 GMM 的运动目标检测仿真结果；（e）基于 G-ViBe 的运动目标检测仿真结果；（f）基于 I-ViBe 的运动目标检测仿真结果

图 4.5 多目标检测的仿真结果

表 4-3 多目标检测仿真实验中三种运动目标检测方法的基本性能

评价指标	数据集 Highway			数据集 People		
	GMM	G-ViBe	I-ViBe	GMM	G-ViBe	I-ViBe
SP	0.8765	0.991	**0.9979**	**0.9998**	0.9915	0.9992
RE	0.7843	0.8554	**0.9674**	0.1545	0.8616	**0.9849**
FPR	0.1234	0.0089	**0.002**	**0.0001**	0.0084	0.0007
FNR	0.2156	0.1445	**0.0325**	0.8454	0.1383	**0.015**
PWC	0.1307	0.0196	**0.004**	0.0059	0.0097	**0.0008**

续表

评 价 指 标	数据集 Highway			数据集 People		
	GMM	G-ViBe	I-ViBe	GMM	G-ViBe	I-ViBe
PRE	0.3532	0.8918	**0.9713**	0.8834	0.511	**0.8943**
F	0.4871	0.8732	**0.9694**	0.263	0.6415	**0.9374**

数据集 Highway（视频 3）的检测表明，基于 GMM 和 G-ViBe 的运动目标检测有很多错误，这时因为背景中的树叶有些晃动，以及树叶的颜色与车辆的颜色相似。但基于 I-ViBe 的运动目标检测通过与边缘信息相结合可以有效解决这个问题。数据集 People（视频 4）的检测结果表明，在基于 G-ViBe 的运动目标检测中存在“鬼影”问题，如图 4.5（e）所示，这是因为视频图像第 1 帧中包括了运动目标。

3. 复杂场景下的运动目标检测

为了进一步测试基于 I-ViBe 的运动目标检测在一些具有挑战性的复杂场景中的基本性能，本节分别在数据集 Fall（视频 5）和 Boulevard（视频 6）中进行了仿真实验。在数据集 Fall 中，由于树叶的剧烈晃动，使背景发生了明显的变化。在数据集 Boulevard 中，由于照相机的晃动，所以视频图像是模糊的。这些实验的结果显示在图 4.6 和表 4-4 中。

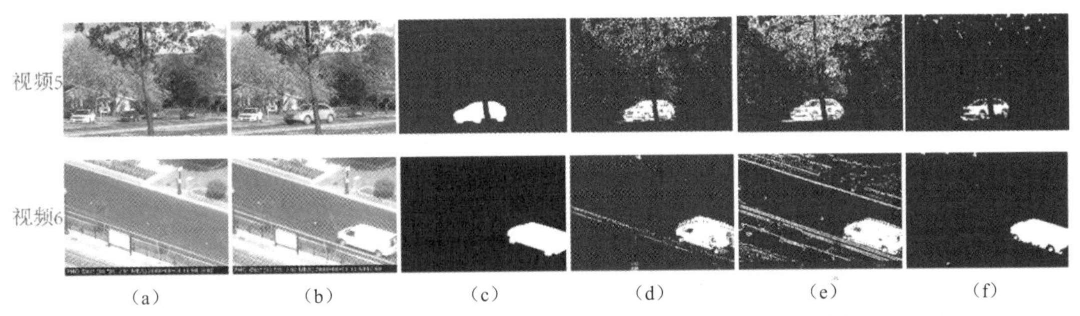

（a）第 1 帧；（b）检测帧；（c）预期结果；（d）基于 GMM 的运动目标检测仿真结果；
（e）基于 G-ViBe 的运动目标检测仿真结果；（f）基于 I-ViBe 的运动目标检测仿真结果

图 4.6　复杂场景下的仿真结果

表 4-4　复杂场景下三种运动目标检测方法的基本性能

评 价 指 标	数据集 Fall			数据集 Boulevard		
	GMM	G-ViBe	I-ViBe	GMM	G-ViBe	I-ViBe
SP	0.9547	0.8765	**0.996**	0.985	0.9025	**0.9974**
RE	**0.8755**	0.7496	0.7184	0.8643	0.9258	**0.9574**
FPR	0.0452	0.1234	**0.0039**	0.0149	0.0974	**0.0025**
FNR	**0.1244**	0.2503	0.2815	0.1356	0.0741	**0.0425**
PWC	0.0481	0.1285	**0.0106**	0.0219	0.0957	**0.0051**
PRE	0.4245	0.2016	**0.8202**	0.7819	0.4173	**0.9617**
F	0.5718	0.3178	**0.7659**	0.821	0.5753	**0.9595**

两个数据集的检测结果表明，在复杂场景下，三种运动目标检测方法的基本性能都有所

下降，主要原因是这三种方法都是基于背景差分法的基本原理。但与其他两种方法相比，基于 I-ViBe 的运动目标检测的性能并没有下降得很严重（见表 4-4 中的 PRE 和 F 值），表明该方法在复杂场景下具有较好的适应能力。

4.2.3 基于 I-ViBe 的运动目标检测的背景更新机制和实时性

4.2.2 节的仿真实验表明，基于 I-ViBe 的运动目标检测可以很好地处理“鬼影”问题，能够很好地去除阴影，该方法的基本性能优于基于 GMM 和 G-ViBe 的运动目标检测。本节将讨论基于 I-ViBe 的运动目标检测的背景更新机制和实时性。

1. 基于 I-ViBe 的运动目标检测的背景更新机制

运动目标检测的一个关键部分是背景更新机制，本节先讨基于 I-ViBe 的运动目标检测在背景更新机制方面的改进。本节以 4.2.2 节复杂场景下的仿真实验为参考，在数据集 Fall 中进行仿真实验，对三种方法进行对比。第一种方法是基于 G-ViBe 的运动目标检测；第二种方法是基于 F-ViBe 的运动目标检测，该方法与第一种方法的参数和工作流程与所提出的方法相同，只是背景更新机制是基于固定的检测半径和更新率；第三种方法是基于 I-ViBe 的运动目标检测。在数据集 Fall 中的仿真结果如图 4.7 所示，三种方法的性能如表 4-5 所示。

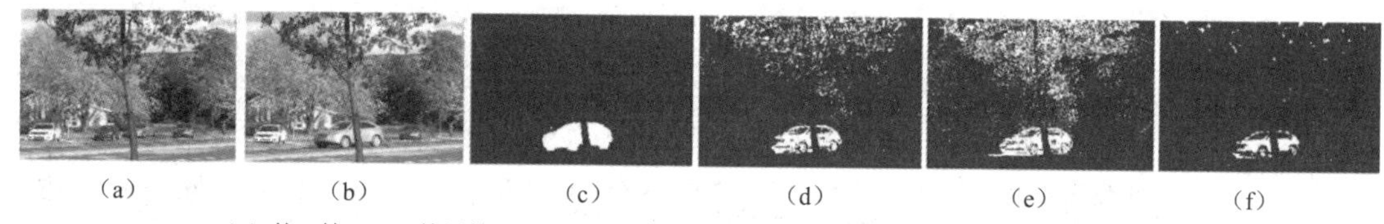

(a) (b) (c) (d) (e) (f)

（a）第 1 帧；（b）检测帧；（c）预期结果；（d）基于 G-ViBe 的运动目标检测仿真结果；（e）基于 F-ViBe 的运动目标检测仿真结果；（f）基于 I-ViBe 的运动目标检测仿真结果

图 4.7 在数据集 Fall 中的仿真结果

表 4-5 数据集 Fall 仿真实验中三种方法的性能

评价指标	G-ViBe	F-ViBe	I-ViBe
SP	0.8765	0.9738	**0.9960**
RE	**0.7496**	0.7394	0.7184
FPR	0.1234	0.0261	**0.0039**
FNR	**0.2503**	0.2605	0.2815
PWC	0.1285	0.0328	**0.0106**
PRE	0.2016	0.4551	**0.8202**
F	0.3178	0.5634	**0.7659**

在数据集 Fall 中的仿真结果表明，上述三种方法中，基于 I-ViBe 的运动目标检测能够比前两种方法能更好地处理动态环境，因此该方法采用的背景更新机制对于复杂环境下的运动目标检测是非常有效的。此外，基于 F-ViBe 的运动目标检测中的检测半径和更新率是由设计者事先设定的，这需要更多的经验和时间。

2. 基于 I-ViBe 的运动目标检测的实时性

运动目标检测的一个关键性能指标是实时性，这是因为运动目标的速度有时是非常高的。基于 I-ViBe 的运动目标检测与基于 G-ViBe 的运动目标检测有两个主要区别，即背景建模和更新机制，以及阴影去除策略。在 4.2.2 节的三个仿真实验中，基于 GMM、G-ViBe 和 I-ViBe 的运动目标检测所需的时间可分为两部分，即背景建模的时间和运动目标检测的时间（包括背景更新所需的时间），这两种时间如表 4-6 所示，表中“—”表示基于 GMM 的运动目标检测不需要背景建模。

表 4-6 基于不同背景识别机制的运动目标检测结果

视频数据集	计算时间/s	GMM	G-ViBe	I-ViBe
4.2.2 节单目标检测仿真实验中的数据集 Walk（180×144）	背景建模	—	**0.4042**	1.9662
	目标检测	**0.0337**	0.1028	0.1508
4.2.2 节多目标检测仿真实验中的数据集 Highway（320×240）	背景建模	—	**0.4077**	2.0265
	目标检测	**0.0353**	0.1049	0.2503
4.2.2 节复杂场景下仿真实验中的数据集 Fall（720×480）	背景建模	—	**0.4966**	2.2822
	目标检测	**0.0798**	0.1229	0.4138

从表 4-6 所示的数据可以看出，与基于 GMM 的运动目标检测相比，基于 G-ViBe 和 I-ViBe 的运动目标检测需要更多的时间，这是因为基于 GMM 的运动目标检测是随机选择初始背景图像的。对于高分辨率的视频图像来说，基于 I-ViBe 的运动目标检测需要更多的时间来比较 HSV 颜色空间中每个通道的像素值，因此运动目标检测的时间会增加。此外，表 4-6 所示的数据表明，基于 I-ViBe 的运动目标检测在背景建模过程中需要更多的时间，但背景建模过程可以离线进行，因此不会影响运动目标检测的实时性。在离线进行背景建模时，可以预先采集检测区域中的多幅图像，并采用众数法进行背景建模。在运动目标检测中，不需要重复建模，因此基于 I-ViBe 的运动目标检测比基于 GMM 和 G-ViBe 的运动目标检测的综合性能更好。如何降低基于 I-ViBe 的运动目标检测的计算时间，是一个有待进一步研究的问题。

4.3 基于 KCF 的运动目标跟踪

运动目标跟踪的主要任务是在视频图像的相邻帧之间确定运动目标的运动特征和运动轨迹等信息，进而实现运动目标跟踪，从而为后续工作提供需要的数据。由于实际工作环境中的运动目标通常是持续运动的，同时存在众多的干扰因素，使得运动目标跟踪是一个具有挑战性的任务。

由于基于核相关滤波器（Kernel Correlation Filter，KCF）的运动目标跟踪算法仅使用少量的计算便能够达到每秒几百帧的速度，相比于其他复杂的运动目标跟踪算法具有较大的优势，因此 KCF 跟踪算法近年来在运动目标跟踪领域的应用非常广泛，但仍存在一些缺陷[18-19]。

（1）当运动目标被遮挡时，检测区域相似度的降低以及混乱的背景都将扰乱分类器的检测，这两个因素有可能导致运动目标跟踪失败。

（2）在基于 KCF 的运动目标跟踪过程中，目标框的大小是设定好的，从始至终不会发生变化，当运动目标的尺度发生变化时，就会导致跟踪器的目标框发送漂移，从而导致运动目标跟踪失败。

为了解决以上两个问题，本节设计了一种抗目标遮挡的自适应 KCF 跟踪算法。本节首先介绍 KCF 跟踪算法的原理，然后介绍灰色预测模型 GM(1,1)根据遮挡前的统计信息进行运动目标位置估计的原理和方法；接着介绍如何充分利用间隔性模板匹配法来获得更高的跟踪准确度；最后介绍一种基于分块策略的方法来处理运动目标的尺度变化。

本节提出的基于改进 KCF 的运动目标跟踪的流程如图 4.8 所示，其中 KCF 跟踪算法是关键部分，另外两个重要部分是运动目标长期跟踪模型和基于分块策略的运动目标尺度估计模型。一般的 KCF 跟踪算法可参见文献[20-21]，本节只对 KCF 跟踪算法进行简要的描述，并对改进部分进行详细的介绍。

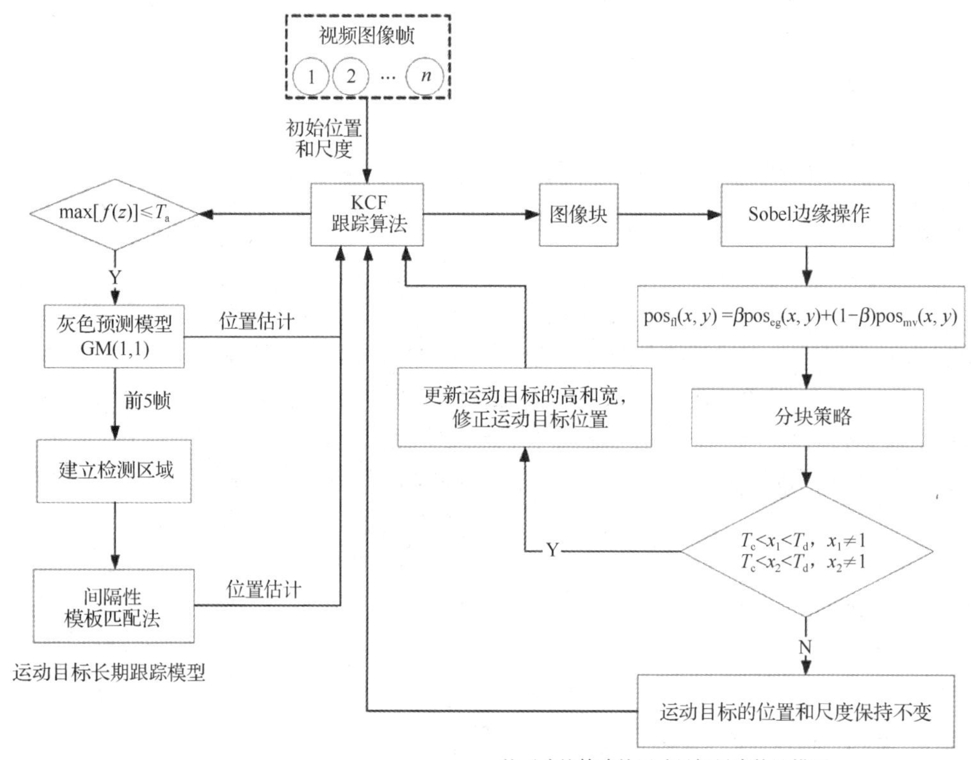

图 4.8　基于改进 KCF 的运动目标跟踪的流程

4.3.1　基于改进 KCF 的运动目标跟踪

传统的 KCF 跟踪算法主要包括两个阶段，即训练阶段和检测阶段。在训练阶段，涉及具有一组样本 $\boldsymbol{X}=[x_1\cdots x_n]^{\mathrm{T}}$ 的训练分类器 $y=f(x)$ 。在检测阶段，新样本 z 由式（4-14）检测。

$$f(z)=\mathcal{F}^{-1}\left[(k^{\hat{X}z})\odot\hat{\alpha}\right] \tag{4-14}$$

式中，$k^{\hat{X}z}$ 是 $\boldsymbol{X}$ 和 z 的核相关系数；α 是 f 的参数；$\wedge$ 表示傅里叶变换运算。

运动目标跟踪的成功与否取决于 $f(z)$ 中的最大响应值，这里定义了一个标志位 Flag1，即：

$$\text{if} \quad \max f(z) \leqslant T_{\mathrm{a}} \quad \text{then} \quad \text{Flag1} = 1 \tag{4-15}$$

式中，T_{a} 是一个预定义的阈值，Flag1=1 表示未成功跟踪运动目标。

为解决运动目标跟踪失败问题，可采用灰色预测模型 GM(1,1)和间隔性模板匹配法重新初始化 KCF 跟踪算法中的目标位置。本节提出的长期跟踪方法的基本思想是：

（1）在运动目标被跟丢的前 5 帧，调用灰色预测模型 GM(1,1)预测运动目标的位置，并根据预测的位置来更新 KCF 跟踪算法。

（2）如果更新后的 KCF 跟踪算法仍不能准确地跟踪运动目标，则进行模板匹配。在基于改进 KCF 的运动目标跟踪中，模板匹配并不是在整个视频图像中搜索目标，而是在根据灰色预测模型 GM(1,1)建立的包含运动目标的高概率区域内进行搜索。

（3）当运动目标完全被遮挡时，KCF 跟踪算法和间隔性模板匹配法都找不到目标。不过，由于运动目标被完全遮挡的时间通常较短，此时灰色预测模型 GM(1,1)可以根据遮挡前的统计信息预测出运动目标的位置并用预测的位置更新 KCF 跟踪算法。下面详细介绍本节提出的基于改进 KCF 的运动目标跟踪方法。

1．基于灰色预测模型 GM(1,1)的运动目标位置估计

灰色预测模型 GM(1,1)是灰色系统中的一种预测模型，具有数据量少、计算复杂度低、预测准确等特点[22-23]，适合实时的视觉目标跟踪。在灰色预测模型 GM(1,1)中，初始数据集被定义为：

$$x^{(0)} = [x^{(0)}(1), x^{(0)}(2), \cdots, x^{(0)}(n)] \tag{4-16}$$

式中，n 是初始数据集的总数。1-AGO（一次累加生成操作）定义为：

$$x^{(1)} = \left[x^{(0)}(1), \sum_{k=1}^{2} x^{(0)}(k), \cdots, \sum_{k=1}^{n} x^{(0)}(k) \right] \tag{4-17}$$

根据灰色预测模型 GM(1,1)，可得出一阶灰色微分方程：

$$\frac{\mathrm{d}x^{(1)}}{\mathrm{d}t} + ax^{(1)} = u \tag{4-18}$$

式中，a 和 u 是灰色参数，可以用最小二乘法求解，即

$$(a,u)^{\mathrm{T}} = (\boldsymbol{B}^{\mathrm{T}}\boldsymbol{B})^{-1}\boldsymbol{B}^{\mathrm{T}}\boldsymbol{Y} \tag{4-19}$$

式中，累积矩阵 $\boldsymbol{B}$ 和系数向量 $\boldsymbol{Y}$ 分别为：

$$\boldsymbol{B} = \begin{bmatrix} -0.5[x^{(1)}(2) + x^{(1)}(1)] & 1 \\ -0.5[x^{(1)}(3) + x^{(1)}(2)] & 1 \\ \vdots & \vdots \\ -0.5[x^{(1)}(n) + x^{(1)}(n-1)] & 1 \end{bmatrix}, \quad \boldsymbol{Y} = \begin{bmatrix} x^{(0)}(2) \\ x^{(0)}(3) \\ \vdots \\ x^{(0)}(n) \end{bmatrix} \tag{4-20}$$

由此可得到式（4-17）的解，即：

$$\hat{x}^{(1)}(k) = \left[x^{(0)}(1) - \frac{u}{a} \right] \mathrm{e}^{-a(k-1)} + \frac{u}{a} \tag{4-21}$$

通过应用逆累加生成操作，得到的预测方程为：

$$\hat{x^{(0)}}(k)=\left[x^{(0)}(1)-\frac{u}{a}\right](1-\mathrm{e}^{a})\mathrm{e}^{-a(k-1)}, \qquad k>1 \tag{4-22}$$

式中，$\hat{x^{(0)}}(k)$称为灰色预测模型 GM(1,1)的预测值。

在本节提出的基于改进 KCF 的运动目标跟踪算法中，如果运动目标不能被成功跟踪，则可以根据运动目标在被跟丢时的前 4 帧视频图像的纵坐标和水平坐标位置来建立两个预测模型，该预测模型对应的横坐标和纵坐标分别为：

$$x^{(0)}=[x^{(0)}(1),x^{(0)}(2),x^{(0)}(3),x^{(0)}(4)]$$

$$y^{(0)}=[y^{(0)}(1),y^{(0)}(2),y^{(0)}(3),y^{(0)}(4)]$$

利用这两个预测模型就可以预测运动目标的横坐标和纵坐标。运动目标的中心位置$(x_{\mathrm{p}},y_{\mathrm{p}})$可以表示为：

$$(x_{\mathrm{p}},y_{\mathrm{p}})=\begin{cases}[x^{(0)}(5),y^{(0)}(5)], & \sigma_x>T_{\mathrm{b}}、\sigma_y>T_{\mathrm{b}}\\(\mu_x,\mu_y), & \text{其他}\end{cases} \tag{4-23}$$

式中，$x^{(0)}(5)$和$y^{(0)}(5)$为上述两个预测模型的预测值；σ_x和σ_y是$x^{(0)}(5)$和$y^{(0)}(5)$的方差；T_{b}是一个阈值，用于估计$x^{(0)}(5)$和$y^{(0)}(5)$中数值的变化幅度；μ_x和μ_y分别是$x^{(0)}$和$y^{(0)}$的平均值。

2. 基于间隔性模板匹配法的目标遮挡处理

重新检测意味着当运动目标被跟丢时，跟踪器能重新恢复跟踪。在本节提出的基于改进 KCF 的运动目标跟踪算法中，如果运动目标被跟丢时，间隔性模板匹配法能为 KCF 跟踪算法重新初始化运动目标位置并恢复跟踪，从而提高传统 KCF 跟踪算法在复杂环境下的运动目标长期跟踪性能。间隔性模板匹配法主要基于滑动窗口法和模板匹配法。为了实现基于改进 KCF 的运动目标跟踪算法的实时性，在运动目标被跟丢时前 5 帧视频图像中，首先调用灰色预测模型 GM(1,1)来预测运动目标的位置，然后利用预测的位置更新 KCF 跟踪算法。

如果更新后的 KCF 跟踪算法仍不能准确地跟踪运动目标，则再执行间隔性模板匹配法。本节利用 Bhattacharyya 系数$\mathrm{BC}(\boldsymbol{T},\boldsymbol{C})$来衡量运动目标模板与候选模板之间的相似性[24]，即：

$$\mathrm{BC}(\boldsymbol{T},\boldsymbol{C})=\sum_{x\in X}\sqrt{T(x)C(x)} \tag{4-24}$$

如果视频图像是灰度图，那么$\boldsymbol{T}$和$\boldsymbol{C}$分别代表着运动目标模板和候选模板的灰度直方图的特征向量；如果视频图像为彩色图，那么$\boldsymbol{T}$和$\boldsymbol{C}$分别代表着运动目标模板和候选模板的 R、G、B 三通道直方图的重构特征向量。$\mathrm{BC}(\boldsymbol{T},\boldsymbol{C})$的值在[0，1]范围内，且其值越大，表示说明运动目标模板和候选模板越相似。

如果在整个图像区域内进行模板匹配，这对于 KCF 跟踪算法来说无疑是一件非常费时的操作。因此有必要在包含运动目标的高概率区域内进行模板匹配。本节在进行模板匹配之前，先以灰色预测模型 GM(1,1)预测的运动目标位置为中心，得到与运动目标模板匹配的检测区域，然后在该检测区域内进行搜索。检测区域可通过式（4-25）获取，即：

$$A=(x_{\mathrm{p}}-0.5H:x_{\mathrm{p}}+0.5H,\ y_{\mathrm{p}}-0.5W:y_{\mathrm{p}}+0.5W) \tag{4-25}$$

式中，H和W分别为候选模板的高和宽。检测策略如图 4.9 所示。

图 4.9 检测策略

3. 基于分块策略的尺度估计

在运动目标跟踪中，KCF 跟踪算法的一个主要缺点是不能解决运动目标尺度变化的问题。当运动目标的尺度发生变化时，由于 KCF 跟踪算法在跟踪过程中的目标框是始终固定的，因此容易产生目标框漂移，无法准确地跟踪到运动目标。针对这一问题，本节提出了一种分块策略：首先用一个全局块覆盖整个运动目标；然后从全局块中划分出上、下、左、右 4 个小块，划分标准是由运动目标的高度、宽度以及修正后的目标中心位置决定的；最后通过由分块策略得出的两个变量 x_1 和 x_2 来估计运动目标的尺度，其表示如下：

$$\begin{cases} x_1 = \dfrac{x_{\mathrm{u}} + x_{\mathrm{d}}}{2} \\ x_2 = \dfrac{x_{\mathrm{r}} + x_{\mathrm{l}}}{2} \end{cases} \tag{4-26}$$

式中，x_{u}、x_{d}、x_{r}、x_{l} 分别为：

$$\begin{cases} x_{\mathrm{u}} = \mathrm{couu}_t / \mathrm{couu}_{t-1} \\ x_{\mathrm{d}} = \mathrm{coud}_t / \mathrm{coud}_{t-1} \end{cases}, \quad \begin{cases} x_{\mathrm{r}} = \mathrm{cour}_t / \mathrm{cour}_{t-1} \\ x_{\mathrm{l}} = \mathrm{coul}_t / \mathrm{coul}_{t-1} \end{cases} \tag{4-27}$$

式中，couu、coud、coul 和 cour 分别为上、下、左、右 4 个小块中的像素的个数。如果在 4 个小块中黑色像素多于白色像素，那么 couu、coud、coul 和 cour 则为黑色像素的数量，否则就是白色像素的数量。

分块策略的流程如图 4.10 所示。第 t 帧中 4 个小块的大小是分别基于第 t−1 帧中 4 个图像块的大小来获取的，将 4 个小块都转化为二值图像块并统计 4 个小块中黑色像素和白色像素的数量。在第 t 帧中，如果运动目标越大，则 4 个小块中的像素越多，因此变量 x_1 和 x_2 不仅能够反映运动目标的尺度变化，还可以用来更新运动目标的高和宽。本节采用以下规则来判断运动目标的尺度是否发生变化，这里定义标志位 Flag2，即

$$\text{如果} T_{\mathrm{c}} < x_1 < T_{\mathrm{d}}(x_1 \neq 1)、T_{\mathrm{c}} < x_2 < T_{\mathrm{d}}(x_2 \neq 1)，\text{则} \mathrm{Flag2} = 1 \tag{4-28}$$

式中，T_{c} 和 T_{d} 为预定义的两个参数。Flag2=1 意味着运动目标的尺度发生了变化。为了更加准确地估计运动目标的尺度变化，本节对运动目标的中心位置进行重新构造，其结果为：

$$\mathrm{pos}_{\mathrm{fl}}(x, y) = \beta \mathrm{pos}_{\mathrm{eg}}(x, y) + (1 - \beta)\mathrm{pos}_{\mathrm{mv}}(x, y) \tag{4-29}$$

式中，$\mathrm{pos}_{\mathrm{eg}}(x, y)$ 为在运动目标上进行 Sobel 边缘操作后每个像素位置的平均值[25]；β 为学习率；$\mathrm{pos}_{\mathrm{mv}}(x, y)$ 为通过 KCF 跟踪算法检测到的运动目标的中心位置。运动目标的高和宽可以通过以下公式进行更新：

$$\begin{cases} \mathrm{scale\_ht}_t = x_1 \times \mathrm{scale\_ht}_{t-1} \\ \mathrm{scale\_wt}_t = x_2 \times \mathrm{scale\_wt}_{t-1} \end{cases} \tag{4-30}$$

利用该方法，可以通过运动目标跟踪过程中的每一帧来递归地估计运动目标的尺度。本节所提出的分块策略步骤如下：

步骤 1：在运动目标的中心位置进行 Sobel 边缘操作。

步骤 2：根据运动目标的高、宽以及修正后的位置构建分块策略。

步骤 3：由分块策略计算用于估计运动目标尺度的变量 x_1 和 x_2。

步骤 4：判断运动目标是否发生尺度变化。

步骤 5：如果运动目标发生尺度变化，则在跟踪过程中的每一帧递归地估计目标尺度。

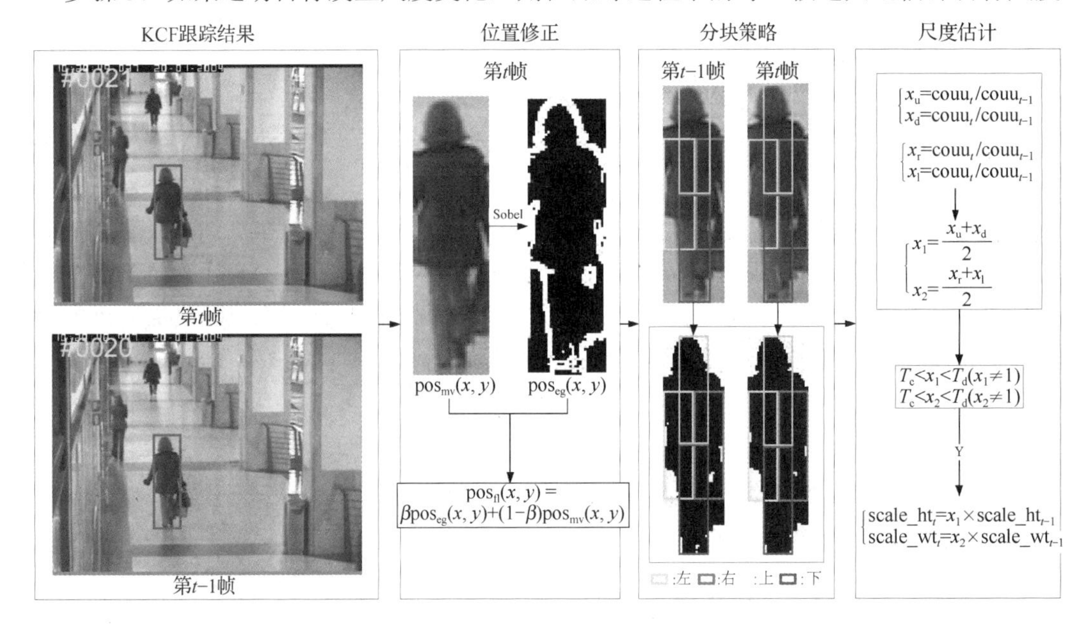

图 4.10 分块策略的流程

4. 模型更新

为了确保在运动目标跟踪过程能够适应下一帧输入视频图像中运动目标的尺度变化，KCF 跟踪算法给出以下更新策略：

$$\begin{cases}\hat{\alpha}_{t+1} = (1-\varphi)\hat{\alpha}_t + \varphi\hat{\alpha} \\ \hat{x}_{t+1} = (1-\varphi)\hat{x}_t + \varphi\hat{x}\end{cases} \tag{4-31}$$

式中，$\hat{\alpha}$ 为频域下的学习系数；φ 为学习因子；$\hat{x}$ 为在视频图像中运动目标新位置处得到的训练样本。

本节采用目标模板 patch 来衡量候选模板与运动目标之间的相似性。因此为了能够准确无误地表示运动目标，目标模板 patch 也应该被不断更新。当运动目标能够被成功跟踪时，即 $\max f(z) > T_a$，目标模板被更新，否则其保持不变。目标模板的更新方案如下：

$$\text{patch}_t = \begin{cases}(1-\eta)\text{patch}_{t-1} + \eta\text{patch}_1, & \max f(z) > T_a \\ \text{patch}_{t-1}, & \text{其他}\end{cases} \tag{4-32}$$

式中，η 为更新率；patch_1 为运动目标的初始模板。

本节所提出的整个目标跟踪算法的伪代码如下：

```
Load the initial the parameters;    %加载初始参数
for t= 1 to N     % N 是视频序列中的总帧数
```

```
    if t = =1 then
        Get  patch₁;  Set α̂₁、x̂₁ ;
        Get  cour₁、coul₁、couu₁、coud₁ ;
    end
    if t >1, then
        Calculate  max f(z) ;
        Get  cour_t、coul_t、couu_t、coud_t ;
        Calculate  x₁, x₂ ;
        if  T_c < x₁ < T_d(x₁ ≠ 1)、T_c < x₂ < T_d(x₂ ≠ 1) , then
            Flag2=1, and update the target position and scale;
        end
        if  max f(z) <= T_a , then
            M= M +1; Call GM (1, 1)            %预测目标位置并更新 KCF 跟踪算法
            if mod(M,5)= =0, then
                Call GM(1,1);                  %调用灰色预测模型 GM(1,1)
                Set up the surveyed area; Call Tem_matching();
                %建立检测区域，并调用间隔性模板匹配法
                Get  max[BC(T,C)]  and update KCF tracker's target position;
                %更新 KCF 跟踪算法中的运动目标位置
            end
            Update  patch_{t+1}、α̂_{t+1}、x̂_{t+1} ;
        end
    end
end
```

4.3.2　实验结果与分析

为了验证基于改进 KCF 的运动目标跟踪的有效性，本节在数据集 OTB50[26]上进行了仿真实验。该数据集的视频序列中包含了运动目标跟踪中的不同场景及各种挑战，如运动目标尺度变化、光照变化、遮挡、快速运动、形变、运动模糊等。本节的仿真实验是在 MATLAB 2015a 中进行的，硬件平台采用 Intel Core i7-6500U，CPU 的频率为 2.50 GHz，内存（RAM）为 4 GB，操作系统为 64 位 Windows 10。基于改进 KCF 的运动目标跟踪采用的 HOG 特征胞元大小为 4×4，梯度方向个数为 9，同时为了减小边界效应，将提取的 HOG 特征与 COS 窗口进行相乘。基于改进 KCF 的运动目标跟踪仿真实验的参数如表 4-7 所示。

表 4-7　基于改进 KCF 的运动目标跟踪仿真实验的参数

参　数	数　值	注　释
φ	0.02	初始学习率［见式（4-31）］
β	0.1	学习率［见式（4-29）］
η	0.9	更新率［见式（4-32）］
T_a	0.25	式（4-15）中的阈值
T_b	5	式（4-23）中的阈值
T_c	0.95	式（4-28）中参数的值
T_d	1.05	式（4-28）中参数的值

为了更加客观地评估本节提出的改进 KCF（SLCKF）运动目标跟踪算法的有效性，我们将该算法与其他 9 种表现优秀的主流跟踪算法进行比较，这 9 种跟踪算法分别是多存储跟踪器 MUSTER[27]、判别尺度空间跟踪器 DSST[28]、尺度自适应多特征跟踪器 SAMF[29]、KCF 跟踪器[30]、CSK 跟踪器[30]、Struck 跟踪器[31]、跟踪-学习-检测方法 TLD[32]、压缩跟踪器 CT[33]、跟踪器分布域方法 DFT[34]。

1．定量评价

本节进行的仿真实验采用常用的 3 个评估标准用来衡量算法的有效性。

（1）准确度（DP）：在视频序列中跟踪的运动目标位置在给定的准确位置的距离阈值之内的帧数占总帧数的百分比。本节使用的阈值为 20 个像素。

（2）成功率（SR）：运动目标被成功跟踪的视频帧数占总的视频帧数的百分比。运动目标被成功跟踪的标准是运动目标跟踪边界框与准确的目标框之间的重叠率大于阈值，其通常设置为 0.5。跟踪算法的性能是根据成功率图中曲线下面积（AUC）的大小来衡量的，AUC 越大，说明跟踪算法的性能越好。

（3）平均跟踪速度：所有视频帧数除以跟踪算法处理的总时间（FPS）。如果某种跟踪算法每秒能处理 25 帧（FPS），则说明该跟踪算法能实时地跟踪运动目标。

本节从 OTB50 提供的数据集中选取了 11 个复杂环境下的视频数据集作为测试样本，用以验证相关跟踪算法的性能，它们分别为：Girl、Walking2、Car4、CarScale、Football、Freeman1、Freeman4、Shaking、Soccer、Woman、Jogging1。表 4-8 和表 4-9 列出了这 11 个视频数据集中不同跟踪算法的准确度和成功率。

表 4-8　11 个视频数据集中不同跟踪算法的准确度（单位：%）

视频数据集	跟踪算法									
	SLKCF	KCF	DSST	SAMF	CSK	MUSTER	CT	TLD	Struck	DFT
Girl	100	87.40	92.80	100	55.40	99.00	60.80	91.80	100	29.60
Walking2	100	63.40	100	77.00	46.80	100	43.20	42.60	98.20	40.20
Car4	100	94.99	100	100	35.51	100	28.07	87.41	99.24	26.25
CarScale	97.22	80.56	75.79	76.59	65.08	76.19	71.83	85.32	64.68	65.08
Football	100	79.56	79.83	80.11	79.83	79.83	79.83	80.39	75.14	84.25
Freeman1	93.25	39.26	38.34	38.96	55.52	89.26	39.57	53.99	80.06	94.17
Freeman4	90.81	53.00	95.76	25.80	18.73	91.17	6.36	40.99	37.46	30.04
Shaking	95.62	2.74	99.73	4.11	56.44	98.36	4.66	40.55	19.18	83.01
Soccer	92.86	27.55	69.39	79.08	13.52	46.17	21.94	11.48	25.26	22.45
Woman	95.95	93.80	93.80	93.80	24.96	93.97	20.44	19.11	100	95.14
Jogging1	99.95	23.13	23.13	97.39	22.80	95.44	23.13	97.39	24.10	21.50
平均	96.83	58.67	78.96	70.26	43.14	88.13	36.35	59.18	65.76	53.79

表 4-9　11 个视频数据集中不同跟踪算法的成功率（单位：%）

视频数据集	跟踪算法									
	SLKCF	KCF	DSST	SAMF	CSK	MUSTER	CT	TLD	Struck	DFT
Girl	96	83.2	67	100	39.8	58	17.8	76.4	98	25.2

续表

视频数据集	跟踪算法									
	SLKCF	KCF	DSST	SAMF	CSK	MUSTER	CT	TLD	Struck	DFT
Walking2	98	41.4	41.4	51	38.8	100	38.4	34	43.4	38.2
Car4	90.74	36.42	39.91	100	27.62	100	27.47	79.21	39.76	25.8
CarScale	96.83	44.44	44.84	59.92	44.84	73.81	44.84	43.65	43.25	44.84
Football	85.36	70.17	72.65	67.68	65.75	62.71	78.45	41.16	66.02	84.25
Freeman1	23.01	16.26	15.03	28.22	14.42	62.27	10.12	21.17	21.47	17.79
Freeman4	28.98	18.37	38.16	16.61	16.96	29.68	0.35	26.86	15.55	18.02
Shaking	91.23	1.37	96.99	1.37	58.08	98.9	4.11	40	16.71	82.47
Soccer	47.19	23.21	33.16	33.93	13.78	16.58	20.15	12.24	15.56	21.94
Woman	91.96	93.63	93.47	91.96	24.46	93.30	15.91	16.58	93.47	93.47
Jogging1	97.07	22.48	22.48	96.74	22.48	94.79	22.48	96.74	22.48	21.5
平均	76.94	41.00	51.37	58.86	33.36	71.82	25.46	44.36	43.24	43.04

在 11 种视频数据集中不同跟踪算法的平均准确度曲线图［Precision plots of One-Pass Evaluation（OPE）］和平均成功率曲线图（Success plots of OPE），如图 4.11 所示。为了进一步检验本节提出的 SLCKF 跟踪算法，表 4-10 给出了不同跟踪算法在 11 中视频数据集中的准确度、成功率和平均跟踪速度。

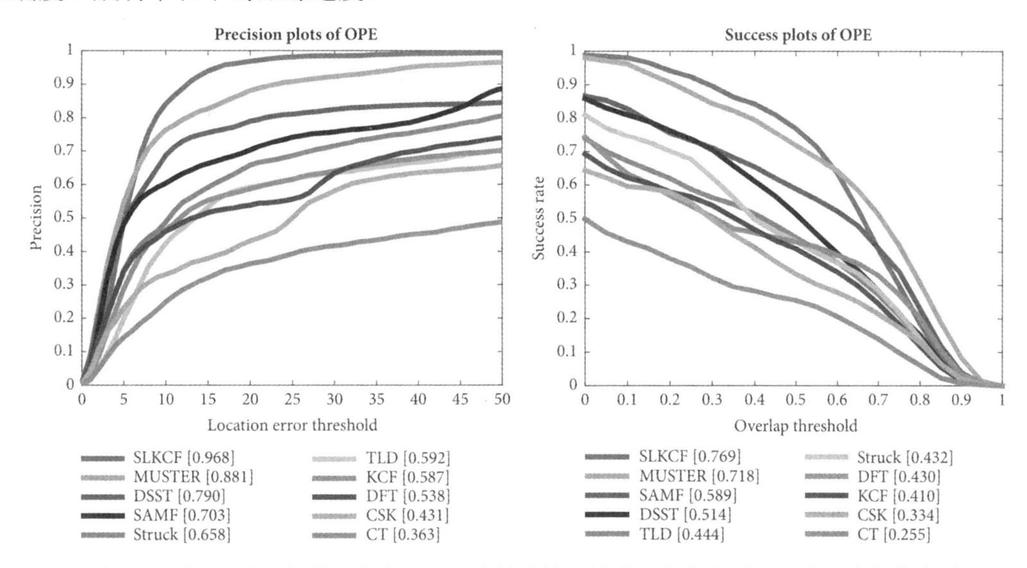

图 4.11　在 11 种视频数据集中不同跟踪算法的平均准确度曲线图和平均成功率曲线图

表 4-10　不同跟踪算法在 11 中视频数据集中的准确度、成功率和平均跟踪速度的均值

均　值	跟 踪 算 法									
	SLKCF	KCF	DSST	SAMF	CSK	MUSTER	CT	TLD	Struck	DFT
DP/%	86.29	70.97	72.60	75.65	54.46	86.13	40.57	60.75	65.61	49.60
SR/%	78.31	60.30	58.91	67.33	44.26	77.98	34.13	52.09	55.93	44.38
FPS	85.46	168.41	35.18	14.79	235.62	5.83	43.87	22.53	17.89	7.97

图 4.11 所示的结果表明，本节提出的 SLKCF 跟踪算法在准确度和成功率两个方面都取得了较为突出的表现，同时也可以看到该算法的跟踪效果明显优于 KCF 跟踪算法。从表 4-8 和表 4-9 所示的数据可以看出，SLKCF 跟踪算法的准确度和成功率分别为 96.83%和 76.94%，而 KCF 跟踪算法仅仅为 58.67%和 41.00%，SLKCF 跟踪算法使用的遮挡处理模型以及基于分块策略的运动目标尺度估计模型能够帮助基于改进 KCF 的运动目标跟踪算法获得较好的跟踪性能。表 4-10 所示的数据表明，对于 OTB50 数据集中的视频数据集，本节提出的 SLKCF 跟踪算法的准确度和成功率分别为 86.29%和 78.31%，比其他几种跟踪算法的性能都好。由于本节提出的 SLKCF 跟踪算法是在 KCF 跟踪算法的基础上加入了间隔性模板匹配检测模型、灰色预测模型 GM(1,1)以及分块策略，所以其跟踪速度慢于 KCF 和 CSK 跟踪算法。但 SLKCF 跟踪算法的跟踪速度大于除 KCF 和 CSK 之外的其他跟踪算法，并且远远大于 25FPS，说明 SLKCF 跟踪算法能满足运动目标跟踪对实时性的要求，且在综合性能上与其他算法相比具有较大的优势。

2．定性评价

为了更直观地评价本节提出的 SLKCF 跟踪算法，图 4.12 将不同跟踪算法的跟踪结果同时显示在一帧图片上，图中是几个具有代表性的视频数据集的不同跟踪算法的跟踪结果，不同颜色框代表了不同的跟踪算法。

图 4.12　不同跟踪算法在视频数据集上的跟踪结果

在图 4.12（a）中，视频数据集的原始图像是灰色的，且运动目标存在快速运动的情况，由于 SLKCF 跟踪算法融合了间隔性模板匹配法及 GM(1,1)灰色预测模型，使得其获得了较好的跟踪性能，KCF 跟踪算法在运动目标平稳运动时其表现出了良好的性能，但运动目标在快速运动时将产生跟踪漂移。在图 4.12（b）中，视频数据集显示了运动目标被完全遮挡的情况。在运动目标被遮挡之前，每种算法都能准确地跟踪运动目标。当运动目标被完全遮挡时，只有 SLKCF 跟踪算法能借助灰色预测模型 GM(1,1)来准确地预测运动目标的位置。在图 4.12（c）中，运动目标处于背景杂乱、光照变化、运动模糊、遮挡等复杂环境中，从图中的跟踪结果可以看出，SLKCF 跟踪算法能像其他跟踪算法一样很好地处理这些问题。在图 4.12（d）中，车辆的尺度会发送变化，同时有部分被遮挡。当车辆从远处不断接近摄像机时，最大目标尺度与最小目标尺度之比大于 30，DSST、SAMF、MUSTER 和本章提出 SLKCF 跟踪算法都能够适应目标尺度的变化，从跟踪结果中可以很明显看出当车辆尺度变化缓慢时，这 4 种跟踪算法都能很好地跟踪目标；但当第 200 帧后，DSST、SAMF 和 MUSTRE 跟踪算法只能捕获车辆的一部分，而 SLKCF 跟踪算法可以准确地跟踪整个车辆。在图 4.12（e）和图 4.12（f）中，跟踪结果表明在目标经历尺度变化、光照变化及遮挡时，SLKCF 跟踪算法能较好地跟踪到运动目标。

4.3.3 SLKCF 跟踪算法在复杂环境中的性能

在 OTB50 数据集中的视频都被标注了不同的挑战因素，这些因素主要包括快速运动（FM）、背景杂乱（BC）、运动模糊（MB）、目标形变（DEF）、光照变化（IV）、平面内旋转（IPR）、发生遮挡（OCC）、平面外旋转（OPR）、目标尺度变化（SV）。为了进一步探讨基于改进 KCF 的运动目标跟踪算法的有效性，即 SLKCF 跟踪算法的有效性，本节进行了一些实验。表 4-11 为不同跟踪算法在 9 种具有挑战性环境中的平均准确度，由表中的数据可以看出，SLKCF 跟踪算法获得了最好的跟踪效果。图 4.13 为各种跟踪算法在 9 种具有挑战性环境下的准确度曲线，从中可以看出，SLKCF 跟踪算法在 9 种具有挑战性环境中均获得了较好的准确度。综上所述可以看出，SLKCF 跟踪算法对复杂环境的适应能力明显较强。

表 4-11 不同跟踪算法在 9 种具有挑战性环境中的平均准确度（单位：%）

不同的因素	跟踪算法									
	SLKCF	KCF	DSST	SAMF	CSK	MUSTER	CT	TLD	Struck	DFT
FM	0.954	0.673	0.797	0.832	0.345	0.721	0.381	0.386	0.633	0.609
BC	0.962	0.366	0.830	0.544	0.499	0.748	0.355	0.441	0.399	0.632
MB	0.944	0.607	0.816	0.864	0.192	0.701	0.212	0.153	0.626	0.588
DEF	0.977	0.585	0.585	0.956	0.239	0.947	0.218	0.582	0.621	0.583
IV	0.961	0.548	0.907	0.692	0.326	0.846	0.188	0.396	0.609	0.567
IPR	0.957	0.529	0.788	0.578	0.492	0.829	0.407	0.578	0.574	0.584
OCC	0.970	0.635	0.788	0.787	0.409	0.852	0.409	0.586	0.656	0.485
OPR	0.961	0.541	0.743	0.662	0.436	0.855	0.365	0.579	0.584	0.584
SV	0.962	0.603	0.851	0.661	0.413	0.882	0.330	0.526	0.693	0.540
平均	0.961	0.565	0.789	0.731	0.372	0.820	0.318	0.47	0.599	0.575

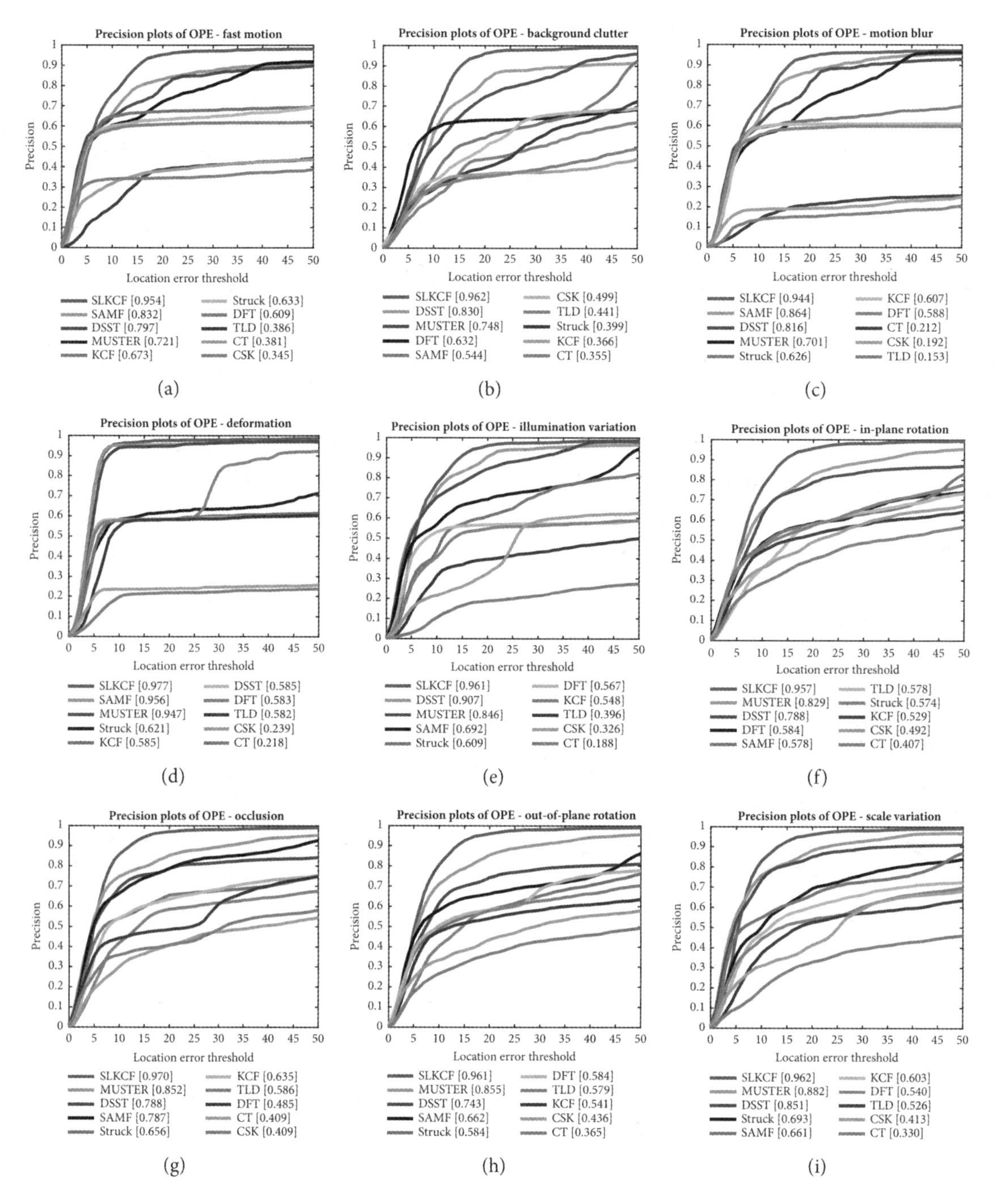

图 4.13 各种跟踪算法在 9 种具有挑战性环境下的准确度曲线

4.4 本章小结

机器人视觉技术是机器人获取外界信息的重要手段。视觉传感器具有价格低、信息获取方便、实施方便等特点，因此机器人视觉技术近年来的发展很快。本章在简要介绍移动机器人视觉系统的组成、发展概况的基础上，重点介绍了基于改进 ViBe 和改进 KCF 的运动目标跟踪这两种经典的移动机器人视觉技术的研究情况。

参考文献

[1] 朱明，蔡娟花，徐亚峰. 移动机器人视觉传感技术及应用探究[J]. 移动信息，2020(6): 157-158.

[2] 倪建军，史朋飞，罗成名. 人工智能与机器人[M]. 北京：科学出版社，2019.

[3] 刘伯豪. 动态环境下移动机器人地图构建研究[D]. 天津：天津工业大学，2021.

[4] Saclolo R, Reyes J, Formeloza N, et al. Machine vision system, robot hardware design and fuzzy controller design for autonomous multi-agent mobile robot platform[C]// International Conference on Humanoid, Nanotechnology, Information Technology, Communication and Control, Environment and Management (HNICEM), Cebu, Philippines, 09-12 December, 2015.

[5] Talab AMA, Huang Z, Xi F, et al. Moving crack detection based on improved VIBE and multiple filtering in image processing techniques[J]. International Journal of Signal Processing, Image Processing and Pattern Recognition, 2015, 8:275-286.

[6] Dou J, Li J. Moving object detection based on improved VIBE and graph cut optimization[J]. Optik-International Journal for Light and Electron Optics, 2013, 124(23): 6081-6088.

[7] Mo S, Deng X, Wang S, et al. Moving object detection algorithm based on improved visual background extractor[J]. Acta Optica Sinica, 2016, 36(6): 0615001.

[8] Zhang X, Liu K, Wang X, et al. Moving shadow removal algorithm based on hsv color space[J]. Telkomnika Indonesian Journal of Electrical Engineering, 2014, 12(4): 2769-2775.

[9] Hassanpour H, Sedighi M, Manashty A R. Video frames background modeling: reviewing the techniques[J]. Journal of Signal & Information Processing, 2011, 2(02): 72-78.

[10] Tian Y, Wang D, Jia P, et al. Moving object detection with ViBe and texture feature[C]// 17th Pacific-Rim Conference on Multimedia, PCM 2016, Xi'an, China, 15-16 September, 2016.

[11] Liu Z, Yin H, Mi Y, et al. Shadow removal by a lightness-guided network with training on unpaired data[J]. IEEE Transactions on Image Processing, 2021, 30: 1853-1865.

[12] Hu X, Fu C, Zhu L, et al. Direction-aware spatial context features for shadow detection and removal[J]. IEEE transactions on pattern analysis and machine intelligence, 2019, 42(11): 2795-2808.

[13] Huang W, Kim K, Yang Y, et al. Automatic shadow removal by illuminance in HSV color space[J]. Computer Science and Information Technology, 2015, 3(3): 70-75.

[14] Long Z, Zhou X, Zhang X, et al. Recognition and classification of wire bonding joint via image feature and SVM model[J]. IEEE Transactions on Components, Packaging and Manufacturing Technology, 2019, 9(5): 998-1006.

[15] Goyette N, Jodoin P M, Porikli F, et al. Changedetection.net: a new change detection benchmark dataset[C]// 2012 IEEE Computer Society Conference on Computer Vision and Pattern Recognition Workshops, Providence, RI, USA, 16-21 June, 2012.

[16] Zhang H, Qian Y, Wang Y, et al. A ViBe based moving targets edge detection algorithm and its parallel implementation[J]. International Journal of Parallel Programming, 2020, 48(5): 890-908.

[17] Zhang E, Li Y, Duan J H. Moving object detection based on confidence factor and CSLBP features[J]. The Imaging Science Journal, 2016, 64(5): 253-261.

[18] Ma J, Luo H, Hui B, et al. Robust scale adaptive tracking by combining correlation filters with sequential Monte Carlo[J]. Sensors, 2017, 17(3): 512.

[19] Liu C, Liu P, Zhao W, et al. Robust tracking and redetection: collaboratively modeling the target and its context[J]. IEEE Transactions on Multimedia, 2017, 20(4): 889-902.

[20] Henriques J F, Caseiro R, Martins P, et al. High-speed tracking with kernelized correlation filters[J]. IEEE transactions on pattern analysis and machine intelligence, 2014, 37(3): 583-596.

[21] Jeong S, Kim G, Lee S. Effective visual tracking using multi-block and scale space based on kernelized correlation filters[J]. Sensors, 2017, 17(3): s17030433.

[22] Yu Q, Lyu J, Jiang L, et al. Traffic anomaly detection algorithm for wireless sensor networks based on improved exploitation of the GM (1, 1) model[J]. International Journal of Distributed Sensor Networks, 2016, 12(7): 2181256.

[23] Han L, Tang W, Liu Y, et al. Evaluation of measurement uncertainty based on grey system theory for small samples from an unknown distribution[J]. Science China Technological Sciences, 2013, 56(6): 1517-1524.

[24] Ruichek Y, Ghaffarian S, Samir Z, et al. Maximal similarity based region classification method through local image region descriptors and Bhattacharyya coefficient-based distance: application to horizon line detection using wide-angle camera[J]. Neurocomputing, 2017, 265: 28-41.

[25] Chen S, Yang X, You Z, et al. Innovation of aggregate angularity characterization using gradient approach based upon the traditional and modified Sobel operation[J]. Construction and Building Materials, 2016, 120: 442-449.

[26] Wu Y, Lim J, Yang M. Online object tracking: a benchmark[C]// 26th IEEE Conference on Computer Vision and Pattern Recognition, CVPR, Portland, OR, United states, 23-28 June, 2013.

[27] Ma C, Huang J B, Yang X, et al. Adaptive correlation filters with long-term and short-term memory for object tracking[J]. International Journal of Computer Vision, 2018, 126(8): 771-796.

[28] Danelljan M, Häger G, Khan F, et al. Accurate scale estimation for robust visual tracking[C]// 25th British Machine Vision Conference, BMVC, Nottingham, United kingdom, 1-5 September, 2014.

[29] Li Y, Zhu J. A scale adaptive kernel correlation filter tracker with feature integration[C]// 13th European Conference on Computer Vision, ECCV, Zurich, Switzerland, 6-12 September, 2014.

[30] Henriques J, Caseiro R, Martins P, et al. Exploiting the circulant structure of tracking-by-detection with kernels[C]// 12th European Conference on Computer Vision, ECCV, Florence, Italy, 7-13 October, 2012.

[31] Hare S, Golodetz S, Saffari A, et al. Struck: structured output tracking with kernels[J]. IEEE transactions on pattern analysis and machine intelligence, 2015, 38(10): 2096-2109.

[32] Kalal Z, Mikolajczyk K, Matas J. Tracking-learning-detection[J]. IEEE transactions on pattern analysis and machine intelligence, 2011, 34(7): 1409-1422.

[33] Wang B, Tang L, Yang J, et al. Visual tracking based on extreme learning machine and sparse representation[J]. Sensors, 2015, 15(10): 26877-26905.

[34] Zhang T, Si L, Ahuja N, et al. Robust Visual Tracking Via Consistent Low-Rank Sparse Learning[J]. International Journal of Computer Vision, 2014, 111(2): 171-190.

第 5 章
移动机器人环境感知

机器人环境感知是移动机器人自主控制的核心技术之一，主要研究如何模拟、延伸和扩展人的感知或认知能力，包括机器视觉、机器听觉、机器触觉等，从而将听觉、视觉、嗅觉、感觉等感知技术加入机器人中，强化其在非结构、动态变化等复杂环境下的适应能力。如何使传感器获取的数据形成完整的系统，是移动机器人领域研究的重点和难点。

本章在概述移动机器人环境感知领域的发展情况，以及移动机器人常用的环境感知传感器的基础上，详细介绍基于视觉传感器的移动机器人环境感知的相关研究内容和方法，主要包括移动机器人场景特征提取与匹配方法、场景半稠密地图重建和场景分类方法。

5.1 移动机器人环境感知概述

5.1.1 环境感知的主要任务

移动机器人环境感知是指移动机器人利用自身配置的一系列传感器，如激光雷达、摄像头等，对所处的周围环境进行环境信息的获取，并将环境中有效的信息特征提取出来进行处理和理解，以此建立周围环境的数学模型表达，方便后续任务获取数据并进行分析[1]。移动机器人环境感知是实现移动机器人定位、导航等功能的前提，在对周围环境进行有效感知后，移动机器人可以更好地执行自主定位、环境探索、路径规划等基本任务。

移动机器人环境感知技术的发展大致可以分为三个阶段[2]。在第一个阶段中，环境感知主要依赖人为设置的标识引导，如磁钉、磁条、二维码、激光反射板等。在第二个阶段中，研究人员面向自然导航目标开展环境感知研究，采用点云、栅格、几何特征等方式表示环境，其中几何特征主要是描述障碍物的点、线、面。在第三个阶段中，环境语义研究得到了越来越多的关注，因为语义信息更贴近环境的本质属性，且不会由于外观和视角的变化而变化。

在移动机器人的环境感知任务中，若只用单一传感器进行环境感知，对于复杂环境，则会存在一些难以克服的弱点，因此利用多传感器融合的方法是当前研究的热点，通过对不同传感器的信息冗余、互补，能够使移动机器人覆盖几乎所有的检测空间，全面提升其感知能力。例如，2014 年，来自国防科技大学的科研团队将 3D-LiDAR 数据与相机数据融合，实现了路缘检测[3]。该科研团队首先将稀疏的激光雷达点云和高分辨率的相机图像融合在一起，恢复了场景的密集深度图像，并在此基础上提出了一种基于滤波器的方法来估计图像内的法线方向；接着在正常图像中逐行检测拟合图像的路缘点特征；最后通过构建马尔可夫链来模拟路缘点的一致性，以此形成最优的路缘路径。同年，来自布尔诺理工大学（Brno

University of Technology）的 ROBOFIT 实验室科研团队通过融合 Velodyne LiDAR 和 RGB 相机信息，建立了 3D 环境里程计并完成了场景的深度估计与平台定位[4]。2015 年，来自奥克兰大学（Oakland University）的科研团队将三维激光点云信息与 2D 相机图像进行融合，从而构建了高精度的环境三维地图。该科研团队对所采集到的激光三维点云数据与 2D 图像的纹理和 RGB 信息进行插值，通过对齐相邻位置的点云数据，完成了整个环境的三维地图构建[5]。2016 年，重庆邮电大学的张毅教授基于 Bayes 方法融合了激光传感器和 RGBD 传感器，实现了融合激光和视觉的地图构建[6]。2017 年，中国科学技术大学自动化系的张强教授针对单一传感器在动态场景感知问题上的局限性，设计了一种融合激光与视觉的机器视觉系统，完成了激光视觉融合下的运动检测与失配矫正[7]。来自台湾交通大学（NCTU）的电力电子工程实验室的科研团队通过激光数据与视觉信息融合来完成行人检测。2018 年，来自加利福尼亚大学伯克利分校机械工程系的科研团队通过深度卷积神经网络（CNN）融合了激光点云和视觉数据，实现了环境的深度目标检测[8]。2018 年，深圳速腾聚创公司（Robosense）提出了 MEMS 激光雷达和摄像头的底层融合（LiDAR Camera Deep Fusion，LCDF）技术，将 MEMS 激光雷达 RS-LiDAR-M1 Pre 与相机在硬件上实现了底层的数据融合，可以获取彩色的环境深度信息[9]。

5.1.2　移动机器人常用环境感知传感器

移动机器人在进行环境感知时需要借助各种传感器，这里主要是指移动机器人的外部传感器。移动机器人常用的外部传感器有激光雷达、毫米波雷达、视觉传感器、声呐、超声波传感器和红外传感器等[10-11]。

1．激光雷达

激光雷达是集激光、全球定位系统（GPS）和 IMU（惯性测量装置）三种技术于一体的系统，图 5.1 所示为一个四线激光雷达。当下主流的激光雷达从技术路线上可以分为三角测距激光雷达和 TOF 激光雷达。三角测距激光雷达的原理如图 5.2 所示，当激光器发射的激光照射到物体时，反射光由线性 CCD（一种半导体成像器件）接收，由于激光器和探测器之间会间隔一段距离，而依照光学路径，不同距离的物体将会在线性 CCD 的不同位置上成像，按照三角公式进行计算，就可以推断出被测物体的距离。TOF 激光雷达的测距原理则是激光器发射一个激光脉冲，返回的光束经接收器接收，计时器记录下发射时间和返回时间，时间相减即可得出光束飞行时间。由于光的传播速度是固定的，所以可以很容易地计算出距离。在环境感知任务中，利用多普勒成像技术可以生成目标清晰的 3D 图像，利用收集到的目标对象表面大量密集点的三维坐标、反射率和纹理等信息，可以快速得到被测目标的三维模型以及线、面、体等各种相关数据，从而建立三维点云图，绘制出环境地图，达到环境感知的目的。

激光雷达在环境感知中得到了广泛的应用，其优势在于定位精度高、探测距离远，具有优秀的三维建模能力，颠覆了传统的二维投影成像模式，可采集目标表面深度信息，得到目标相对完整的空间信息，对数据处理后可以重构目标的三维表面，获得更能反映目标几何外形的三维图形，以及目标表面反射特性、运动速度等丰富的特征信息，为目标探测、识别、跟踪等提供充分的信息支持、降低算法难度。但是，激光雷达在使用时很容易受到环境的影响，空气中的水珠及其他悬浮物会对其精度造成影响，而且在使用过程中会产生海量的点云数据，对后期处理的硬件要求高，系统造价比较高。

图 5.1　四线激光雷达

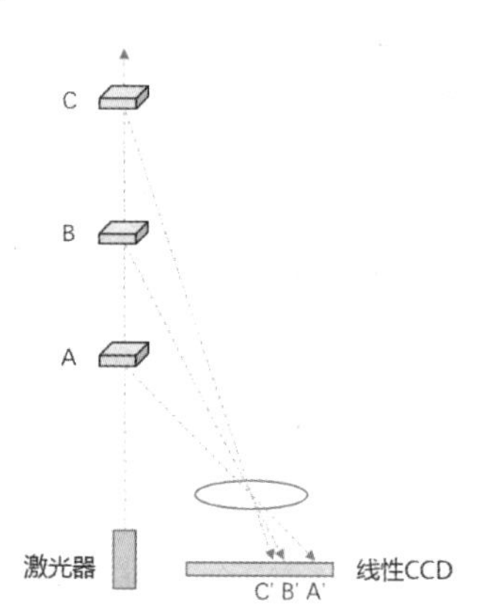

图 5.2　三角测距激光雷达的原理

2．毫米波雷达

毫米波是无线电波中的一段，波长在 1～10 mm 的电磁波称为毫米波，位于微波和远红外波相交叠的波长范围，兼具二者的特点。图 5.3 所示为一个毫米波雷达。毫米波雷达测速测距的原理是多普勒效应，采集的原始数据基于极坐标系（距离、角度）。毫米波雷达在工作时，振荡器会产生一个频率随时间逐渐增加的信号，该信号遇到障碍物后会反射回来，时间是 2 倍的距离除以光速。返回的信号与发出的信号有频率差，这个频率差成线性关系：物体越远，接收到返回信号就越晚，和发出的信号的频率差就越大。将两个频率做减法，可以得到两个频率的差拍频率，通过判断差拍频率的高低就可以判断障碍物的距离。在环境感知中，毫米波雷达可以快速准确地获取物体周围的环境信息，如相对距离、相对速度、角度、运动方向等。

毫米波雷达的探测距离较远，一般的毫米波雷达可以探测 30～100 m 处的物体，高性能毫米波雷达可以探测更远的距离。在工作时，毫米波雷达可以不受天气的影响，即使在最恶劣的天气和光照条件下也能正常工作，穿透烟雾能力也很强。但是，毫米波雷达也存在一些缺点，如频率相近的电磁波信号会相互叠加使信号劣化，而且毫米波雷达也无法成像、分辨率相对不高。

3．视觉传感器

视觉传感器可以将物体的光信号转换成电信号，其工作原理是先采集图像，将图像转换为二维数据，然后对采集的图形进行模式识别。目前常用的视觉传感器有单目相机和深度相机［如双目相机（微软 KINECT 双目相机如图 5.4 所示）、结构光相机和 TOF 相机］。单目相机的工作原理包含了透镜成像原理和感光显像原理。透镜成像是指通过各种凹、凸透镜组成镜头达到小孔成像，本质上还是小孔成像。感光显像是指通过胶片、CCD 和 CMOS 等感光元件将小孔成像保存下来。双目相机的成像原理和单目相机成像原理相同。在光心到物体距离已知的情况下，可通过三角化计算出像素的深度。结构光相机可以通过投射光斑的形变推测出深度，TOF 相机则可以通过光发出去和传回来的时间来计算深度。

图 5.3　毫米波雷达

图 5.4　微软 KINECT 双目相机

视觉传感器具有采集环境信息丰富、成本低廉的优点，而且其可以获得最接近人眼效果的周围环境信息。但也存在以下不足：单目相机对环境信息的感知能力较弱，获取的只是摄像头正前方小范围内的二维环境信息；双目相机对环境信息的感知能力强于单目相机，可以在一定程度上感知三维环境信息，但对距离信息的感知不够准确；结构光相机容易受光照影响，在室外几乎不可用；相比于结构光相机，TOF 相机探测距离远，但精度不高。

4．声呐传感器

声呐传感器的基本工作原理是产生一束锥形波探测物体，并接收反射波，依据反射时间及波形来计算被测物体的距离及位置，如图 5.5 所示，图中，R 为声呐传感器读数（发射点到检测对象之间的距离）；ρ 为声呐传感器发射点到栅格 (x, y) 的距离；ω 为声呐传感器的发射锥形角；θ 为 ρ 与中轴线的夹角，范围为$-12.5^\circ \sim 12.5^\circ$；$\varepsilon$ 为声呐传感器的测量误差[12]。

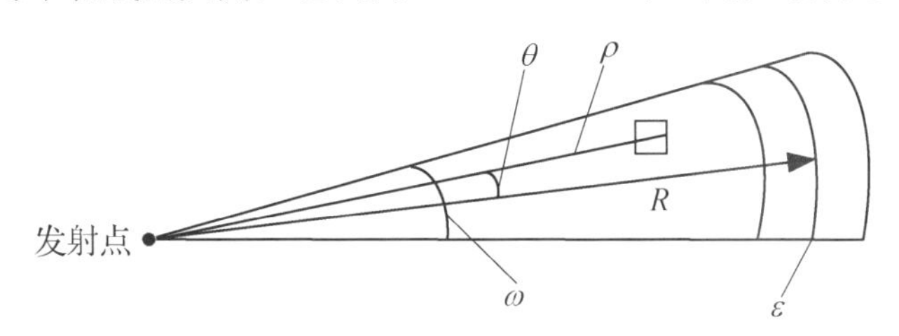

图 5.5　声呐传感器的基本工作原理

声呐传感器的优点在于其价格亲民、原理简单，只需单个设备即可完成信号检测，是一种相对可靠和快速的测量设备，但也存在着分辨率低、不能真实反映物体内容、对污物敏感、只能用于近距离测量等缺点。

5．超声波传感器

超声波是指频率高于 20 kHz 的声波，其具有良好的方向性和穿透能力，特别是在水中，传播距离更远。超声波传感器（见图 5.6）主要由发送部分、接收部分、控制部分和电源部分构成。发送部分由发送器和换能器构成，换能器可以将压电晶片受到电压激励而振动时产生的能量转化为超声波，发送器将产生的超声波发射出去。接收部分由换能器和放大电路组成，换能器可以接收到反射回来的超声波，由于接收超声波时会产生机械振动，换能器可以将机械能转换成电能，

图 5.6　超声波传感器

再由放大电路对产生的电信号进行放大。控制部分就是对整个工作系统的控制，首先控制发送器发射超声波，然后对接收器进行控制，判断接收到的是否是由自己发射出去的超声波，最后识别出接收到的超声波的大小。电源部分就是整个系统的供电装置。超声波测距的基本原理为：由超声波的发送器发射一束超声波，在发射的同时，计时开始，发射出去的超声波在介质中传播，声波具有反射特性，当遇到障碍物时就会反射回来，当接收器接收到反射回来的超声波时，计时停止。超声波在空气中的传播速度约为 340 m/s，根据记录的时间 t，就可以计算出超声波传感器与障碍物之间的距离。

超声波传感器具有体积小、响应快、价格低、性能不易受干扰等优点，被广泛应用于各种移动机器人。但超声波传感器的角度分辨率低、不精确，容易产生虚假和多重反射回波信号，增加了后续特征匹配的难度。

6. 红外传感器

红外线（Infrared，IR）是频率介于微波与可见光之间的电磁波，是电磁波谱中频率为 0.3～400 THz、对应真空中波长为 760 nm～1000 μm 的辐射总称。红外传感器应用于环境感知时，利用的是红外信号根据障碍物的距离不同其反射信号的强度也不同的原理，从而检测障碍物的远近。红外传感器具有一对红外信号发射管与接收管，发射管发射特定频率的红外信号，接收管接收该频率的红外信号。当红外信号在传播方向遇到障碍物时，它会被反射回来并被接收管接收，经过处理之后，通过数字传感器接口返回到移动机器人主机，移动机器人即可利用返回的红外信号来识别周围环境的变化。当红外信号从发射管发出、碰到障碍物反射回来被接收管接收到后，根据红外信号从发出到被接收到的时间，以及红外信号的传播速度就可以算出距离。

红外传感器的优点是不受可见光的影响、白天黑夜均可测量、角度灵敏度高、结构简单、价格较便宜、可以快速感知障碍物的存在；其缺点是在测量时受环境影响很大，障碍物的颜色、方向、周围的光线都能导致测量误差，测量不够精确。

7. 触觉传感器和压觉传感器

触觉传感器是一种检测夹持器与对象物之间有无接触，以及接触的部位和形状的器件，触觉传感器信号多为开关信号。压觉传感器是一种检测夹持器与对象物之间的力感觉的器件，即接触力的大小和分布。压觉传感器信号多为模拟信号。

触觉传感器和压觉传感器具有相同的组成形式，主要由三部分组成：触觉表面、转换介质、控制和接口电路。触觉表面与对象物直接接触，转换介质将触觉表面传递来的力或位移转换为可检测的电信号，控制和接口电路按照一定方式收集电信号并将其传送到处理装置。

5.2 基于改进 ORB 的场景特征提取与匹配

5.2.1 图像特征提取与匹配算法简介

在机器人视觉系统中，图像特征提取算法主要有 SIFT（Scale-Invariant Feature Transform）、SURF（Speeded-Up Robust Features）和 ORB（Oriented Fast and Rotated BRIEF）等。SIFT 算法是由 David Lowe 于 1999 年提出的[13]，该算法的匹配能力很强，所提取的特

征点十分稳定，对图像尺度、旋转的变换和亮度的变化仍能保持不变，同时在噪声的污染、视角的变换和仿射变换等情况下也表现出较强的稳定性，但 SIFT 算法的缺点是运行速度较慢。SURF 算法是由 Herbert Bay 等人于 2008 年在 SIFT 算法的基础上提出的，该算法提取的特征点的识别率很高，在光照、尺度以及视角变化等情况下仍表现出很好的鲁棒性，最重要的是该算法有效解决了 SIFT 算法计算复杂度高和耗时长等缺点[14]。ORB 算法是由 Ehtan Rublee 等人于 2011 年提出的，该算法是一种新的特征提取和二进制描述算法，其本质上是改进的 FAST 算法（一种用于角点检测的算法）与 BRIEF 算法（一种特征描述的算法）的结合[15]。大量研究表明，ORB 算法在执行速度上比 SURF 快一个数量级，比 SIFT 快两个数量级，同时 ORB 还具有良好的特征不变性。下面对上述三种特征提取算法进行简要的介绍。

1．SIFT 算法简介

SIFT 算法实际上是在图像不同的尺度空间上查找特征点，并计算出特征点的主方向。具体步骤如下：

步骤 1：尺度空间上的极值检测。

尺度空间 $L(x,y,\sigma)$ 这一概念首先是由 Witkin 提出的[16]。尺度空间的获取可通过高斯模糊来实现，Lindeberg 等人论证了高斯卷积核是实现尺度变换的唯一线性变换核这一重要理论。根据 SIFT 算法，在进行尺度变换之前，需要先对原图像和高斯核函数进行卷积运算。高斯核函数表达式为：

$$G(x,y,\sigma)=\frac{1}{2\pi\sigma^2}\mathrm{e}^{-(x^2+y^2)/2\sigma^2} \tag{5-1}$$

式中，σ 是尺度变化因子，决定了图像的平滑程度，σ 值越大，图像越模糊，σ 值越小则图像越清晰。对于原图像 $I(x,y)$，通过卷积运算后，可获得其尺度空间，即：

$$L(x,y,\sigma)=G(x,y,\sigma)*I(x,y) \tag{5-2}$$

在此基础上，为了更好地检测到图像中更稳定的特征点，需要使用高斯差分（Difference of Gaussian，DOG）函数来建立高斯差分尺度空间。高斯差分函数的定义为：

$$D(x,y,\sigma)=\left[G(x,y,k\sigma)-G(x,y,\sigma)\right]*I(x,y)=L(x,y,k\sigma)-L(x,y,\sigma) \tag{5-3}$$

式中，k 为尺度因子，是一个常数。

在实际运算中，通过将高斯金字塔的上下相邻两层相减，得到高斯差分函数。高斯差分尺度空间（DOG Sacle-Space）中的极值点就是图像中的特征点。在寻找极值点的过程中，需要对每一个采样点进行判定。将每个采样点与其邻域的 26 个点（同尺度空间周围有 8 个点，上下相邻尺度空间各有 9 个点）进行比较，若该点的灰度值大于或小于周围所有的像素，则认为该点是尺度空间上的特征点。

步骤 2：特征点定位，剔除不稳定的特征点。

因为步骤 1 所检测出的是极值点，其实是候选特征点，还需要对它们进行拟合处理，舍弃一些对比度较低的特征点以及定位在边缘上的特征点。

步骤 3：计算特征点的主方向。

为了使特征点能够对图像旋转变化保持稳定，需要特征点具有方向信息。SIFT 算法通过对特征点邻域像素的梯度进行高斯加权计算，并利用直方图统计邻域内像素对应的梯度和幅值。梯度大小和方向计算公式如下：

$$m(x,y)=\sqrt{\left[L(x+1,y)-L(x-1,y)\right]^2+\left[L(x,y+1)-L(x,y-1)\right]^2} \tag{5-4}$$

$$\theta(x,y)=\arctan\frac{L(x,y+1)-L(x,y-1)}{L(x+1,y)-L(x-1,y)} \tag{5-5}$$

通过建立统计直方图来对各邻域的特征梯度大小及方向进行分析，该统计直方图的横轴刻度为像素梯度方向角，将0°～360°的方向值分为8个刻度，每个刻度为45°；纵轴为对应梯度的幅值累加值，幅值最高值则代表特征点的主方向。

步骤4：计算特征描述子。

经过上述三个步骤之后，特征点的尺度、位置和方向信息就基本确定了，最后还需要计算每个特征点的特征描述子。首先将特征点所在区域的坐标轴旋转到特征点的主方向上，以保证其旋转不变性；然后选取特征点邻域内16×16的正方形区域，计算每个像素的梯度幅值与方向，并对它们进行高斯加权；最后在正方形区域上每4×4的区域计算8个方向的梯度直方图，即可得到128维的特征描述子。

2. SURF算法简介

SURF算法是对SIFT算法的改进，其目的是提高特征提取算法的计算速度，同时又保证特征的旋转不变性和尺度不变性。具体实现步骤如下：

步骤1：建立图像尺度空间。

SURF算法建立尺度空间的方法与SIFT算法相同，首先利用高斯卷积核对图像进行平滑处理得到图像的尺度空间，然后计算Hessian矩阵，对于图像中某像素(x,y)，它的Hessian矩阵定义如下：

$$\boldsymbol{H}(x,y,\sigma)=\begin{bmatrix} L_{xx}(x,y,\sigma) & L_{xy}(x,y,\sigma) \\ L_{xy}(x,y,\sigma) & L_{yy}(x,y,\sigma) \end{bmatrix} \tag{5-6}$$

在实际计算中，SURF算法使用二阶差分模版作为滤波器来近似高斯图像的二阶偏导数，以加快计算速度，即用D_{xy}、D_{xx}和D_{yy}来分别近似L_{xy}、L_{xx}、L_{yy}，所以该像素的Hessian矩阵行列式的值为：

$$\det\left[\boldsymbol{H}(x,y,\sigma)\right]=D_{xx}D_{yy}-(0.9D_{xy})^2 \tag{5-7}$$

对每个像素的Hessian矩阵行列式的值和其邻域的26个点的值进行比较，如果该像素的值都大于或小于相邻的26个像素，则认为该像素为特征点。

步骤2：计算特征点的主方向。

SURF算法通过统计每个特征点周围x和y方向上的Haar特征值，并对这些特征值进行高斯加权，然后在圆形区域内每隔60°统计一次该扇形区域的x和y方向所有Haar特征值之和，最后选取和值最大的扇形区域方向作为特征点的主方向。

步骤3：计算特征描述子。

在计算SURF特征描述子时，首先将坐标轴旋转到特征点的主方向上，以确保特征点具有旋转不变性；然后选取特征点所在的空间尺度上周围20×20的正方形区域，并划分成16个子区域块，统计出每个子区域块内25个像素的水平和垂直方向的Haar小波特征。这里小波特征分别为水平方向值之和、水平方向绝对值之和、垂直方向值之和以及垂直方向绝对值之和。因此，每个特征点的特征描述子都是16×4=64维的向量。

3. ORB算法简介

ORB算法实质上是FAST[17]算法与BRIEF[18]算法的结合，并在此基础上加以改进，具有良好的特征不变性，执行速度非常快。

步骤 1：FAST 角点检测。

FAST 算法在提取图像特征点时，通过对比候选像素与其周围像素的灰度值来判定该候选像素是不是图像的特征点。具体选取过程为：首先选取候选像素 P，在以 P 为中心、半径为 3 个像素的圆上共有 16 个像素，将这 16 个像素按顺时针方向分别编号为 1～16；然后定义一个阈值 t，若圆上的这 16 个像素中存在 N 个连续的像素和候选像素的灰度值之差的绝对值大于或等于阈值 t，那么可以认为该候选像素是特征点。为了加快 ORB 算法的判定过程，提高计算效率，可以先比较编号为 1、5、9 和 13 这四个点，至少要有 3 个点满足判定条件，再进一步判断其他像素，若不满足则直接丢弃候选像素 P，进行下一个候选像素判定。判定公式如下：

$$f_{\det} = \begin{cases} 1, & |I_x - I_P| \geqslant t \\ 0, & |I_x - I_P| < t \end{cases} \tag{5-8}$$

$$N = \sum_{x \in \text{circle}(P)} f_{\det}(I_x, I_P) \tag{5-9}$$

式中，I_P 为候选像素 P 的灰度值；I_x 表示圆上编号为 1～16 像素的灰度值；N 一般取 9 或 12。

为了解决传统 FAST 角点检测算法的方向敏感性问题，ORB 算法通过改进提出了 oFAST 算法，即在传统 FAST 角点上添加方向信息。首先需要找出特征点邻域内的质心，然后通过特征点到质心的向量方向来确定特征点方向，邻域矩的计算公式为：

$$m_{pq} = \sum_{x,y \in S} x^p y^q I(x,y) \tag{5-10}$$

式中，S 为特征点的邻域；$I(x,y)$ 是像素在图像坐标 (x,y) 处的灰度值。于是，邻域的质心坐标为：

$$C = \left(\frac{m_{10}}{m_{00}}, \frac{m_{01}}{m_{00}} \right) \tag{5-11}$$

式中，m_{00}、m_{01} 和 m_{10} 是式（5-10）中当 p 和 q 分别取值为 0 或 1 时的值。此时得到的特征点方向为：

$$\theta = \arctan(m_{01}, m_{10}) \tag{5-12}$$

ORB 算法通过 rBRIEF（rotated BRIEF）算法来实现特征点的描述，该算法是针对 BRIEF 算法不具备旋转不变性的缺陷而提出的改进方案。在对特征点进行描述的过程中，为了降低噪声的影响，算法在以特征点为中心的 31×31 像素的区域内，分别选取两个 5×5 子窗口 x 和 y，并求出各子窗口中的像素灰度值之和，然后进行比较。灰度差异二值化公式可表示为：

$$\tau(p;x,y) = \begin{cases} 1, & p(x) < p(y) \\ 0, & p(x) \geqslant p(y) \end{cases} \tag{5-13}$$

式中，$p(x)$ 和 $p(y)$ 分别是两个子窗口的像素灰度值之和。通过采用某一特定原则，重复在特征点的邻域内选取子窗口对，并利用式（5-13）来获取响应值来组成二进制的编码，最终得到特征点的 ORB 描述子。计算公式如下：

$$f_n(p) = \sum_{1 \leqslant i \leqslant n} 2^{i-1} \tau(p; x_i, y_i) \tag{5-14}$$

考虑到描述子不具有旋转不变性，算法将特征点的主方向定为 BRIEF 的主方向。于是，对于任意 n 对的位置坐标 (x_i, y_i)，可以构造 $2 \times n$ 矩阵：

$$\boldsymbol{A}=\begin{bmatrix} x_1, & x_2, & \dots & x_n \\ y_1, & y_2, & \dots & y_n \end{bmatrix} \tag{5-15}$$

矩阵 $\boldsymbol{A}$ 通过旋转变换得到 $\boldsymbol{A}_\theta$，变换矩阵采用的是特征点主方向 θ 所对应的旋转矩阵 $\boldsymbol{R}_\theta$。因此可以得到 $\boldsymbol{A}_\theta=\boldsymbol{R}_\theta\boldsymbol{A}$，其中 $\boldsymbol{R}_\theta=\begin{bmatrix} \cos\theta & \sin\theta \\ -\sin\theta & \cos\theta \end{bmatrix}$。最终描述子可以表示为：

$$g_n(p,\theta)=f_n(p)\,|\,(x_i,y_i)\in \boldsymbol{A}_\theta \tag{5-16}$$

5.2.2 改进 ORB 特征提取与匹配算法

在角点检测过程中，FAST 算法对候选像素与其周围 16 个点的灰度值之间的大小进行比较，若满足式（5-9）的像素个数多于 9 或 12 个，则可以判定该候选像素为角点。式（5-9）中的阈值 t 在很大程度上决定了算法能够获取的特征点数量，若 t 值较大，那么在对比度相对较低的图像中能够提取到的特征点会很少。因此，需要根据不同对比度的图像来选取不同的阈值 t。然而，传统算法中的阈值 t 都是依赖于经验设定的，对于不同对比度的图像不具备自适应性，导致算法的抗干扰性较差。

针对算法存在的上述问题，本节采用自适应阈值来代替传统算法中的固定经验值。通过对图像的对比度进行分析，提出角点检测过程中的阈值自适应选取方法，具体公式如下：

$$t=\alpha\cdot\left\{\frac{1}{n}\sum_{i=1}^{n}[I(x_i)-I(\bar{x})]^2\right\} \tag{5-17}$$

式中，α 为比例因子，决定了所检测角点的个数；$I(x_i)$ 为图像各个像素的灰度值；$I(\bar{x})$ 为图像的灰度均值。

传统的 ORB 特征点匹配方法是通过计算汉明距离来进行暴力匹配的，汉明距离是两个等长的字符串在对应位置上存在不同字符的个数。传统算法中由于采用二进制描述子进行计算，因此使得算法的执行速度非常快，但存在匹配质量较差的问题。为了提高算法的图像匹配质量，本节在粗匹配结果的基础上又添加了双约束加，具体方法如下：

1. 利用图像几何特性[19]进行初步筛选

在得到两幅图像的粗匹配结果之后，可以利用图像的几何特性来进行初步筛选。首先，定义两图像粗匹配点的集合为 P 和 Q，根据图像的几何特性，在相关的两幅图像中，若 $<P_1,Q_1>$ 和 $<P_2,Q_2>$ 分别为两组正确的匹配点，则 P_1 与 P_2 之间的距离 $\mathrm{dis}(P_1,P_2)$ 与距离 $\mathrm{dis}(Q_1,Q_2)$ 也应当满足一定的相似性。因此，可以设置奖赏函数：

$$W(i)=\sum_{j=1}^{N}\frac{r(i,j)}{1+D(i,j)} \tag{5-18}$$

$$D(i,j)=\frac{d(P_i,P_j)+d(Q_i,Q_j)}{2} \tag{5-19}$$

$$r(i,j)=\exp\left[\frac{-|d(P_i,P_j)-d(Q_i,Q_j)|}{D(i,j)}\right] \tag{5-20}$$

式中，$d(P_i,P_j)$ 表示同一个特征点集合中的两特征点坐标 P_i 和 P_j 的欧氏距离；$r(i,j)$ 表示特征点之间的相似性差异。算法的具体步骤如下：

步骤 1：计算 $W(i)$ 所有的值。

步骤 2：计算所有 $W(i)$ 值的标准差 $\mathrm{std}(w)$。

步骤 3：对 $W(i)$ 进行判断，若 $W(i)>\mathrm{std}(w)$，则视该点为正确匹配点，反之当成误匹配点将其剔除。

2．利用仿射不变约束[20]进一步筛选

经过上述初步筛选后，剔除了一部分误匹配点，在此基础上将剩下的正确匹配点集合重新定义为 P' 和 Q'，再通过仿射不变性约束进行进一步的筛选。

对于任意一对匹配点 $<P_i',Q_i'>$，利用欧氏距离分别在两个集合中找出距离这两个点最近的 k 个特征点，并且依次分别放在子集合 p 和 q 中。根据图像的仿射不变性定理，对于相关的两幅图像，若 $<P_i',Q_i'>$ 为一对正确匹配点，则其子集合 p、q 中的特征点也是两两对应匹配的。这里设置一个阈值 s，将子集合 p、q 中对应匹配点个数作为仿射不变约束项。具体算法步骤如下：

步骤 1：分别在集合 P' 和 Q' 中计算出当前特征点 P_i'、Q_i' 和集合中其他特征点的欧氏距离 $\mathrm{dis}(P_i',P_j')$、$\mathrm{dis}(Q_i',Q_j')$，其中，$i,j\in N$ 且 $i\neq j$，N 是集合中特征点的个数。

步骤 2：找出 k 个距离当前特征点最近的点，并分别放在子集合 p、q 中，可表示为：

$$\begin{aligned} p&=\{p_{\min},p_{\max},p_1,\cdots,p_{k-2}\}\\ q&=\{q_{\min},q_{\max},q_1,\cdots,p_{k-2}\} \end{aligned} \tag{5-21}$$

式中，$p_{\min}$ 和 $p_{\max}$ 分别为集合 p 中距离当前特征点最近和最远的两个特征点。

步骤 3：为了降低噪声的干扰，删掉集合中距离最近和最远的两个特征点，取中间 k−2 个特征点，即 $p=\{p_1,p_2,\cdots,p_{k-2}\}$、$q=\{q_1,q_2,\cdots,p_{k-2}\}$。

步骤 4：设置特征点判定准则，若满足条件 $s>(k-2)/2$，则判定特征点 $<P_i',Q_i'>$ 为一对正确匹配点，反之则当成误匹配点将其剔除。其中 s 为集合 p 和 q 中对应特征点匹配的个数。

5.2.3　实验结果与分析

本节通过实验来验证改进 ORB 特征提取和匹配算法的可行性。考虑到 SURF 算法是 SIFT 算法的改进，实验只对比了 SURF 算法、传统 ORB 算法和改进 ORB 算法，另外还选取了不同模糊度和曝光度下的多组图片来进一步测试改进 ORB 算法的鲁棒性。实验是在安装了 Winows 7 操作系统的笔记本电脑上进行的，CPU 的频率为 3.5 GHz，内存为 8 GB，采用 Microsoft Visual Studio 2012 进行编程。实验的参数如 5-1 所示。

表 5-1　实验的参数

参　数	数　值	注　释
N	9	见式（5-9）
n	256	见式（5-14）
α	0.01	见式（5-17）
k	10	见式（5-21）

1. 自适应角点检测实验

为了验证改进自适应角点检测算法的性能，选取了图像对比度相对较低且纹理特征不明显的一组图像进行实验。改进自适应角点检测算法的检测结果如图 5.7 所示，图 5.7（a）所示是改进前的检测结果，图 5.7（b）到（d）是改进后的检测结果。从图中可以看出，改进后检测出的角点数量明显多于改进前。此外，对改进自适应角点检测算法中的比例因子 α 值的选取进行了大量对比实验，经过后期的筛选，图 5.7（b）到（d）分别展示了 α 取值为 0.01、0.02 和 0.03 时的检测结果。通过对比分析可知，选取 α=0.01 时的检测结果较为理想，有效保证了角点数量，为图像的成功匹配奠定了基础。

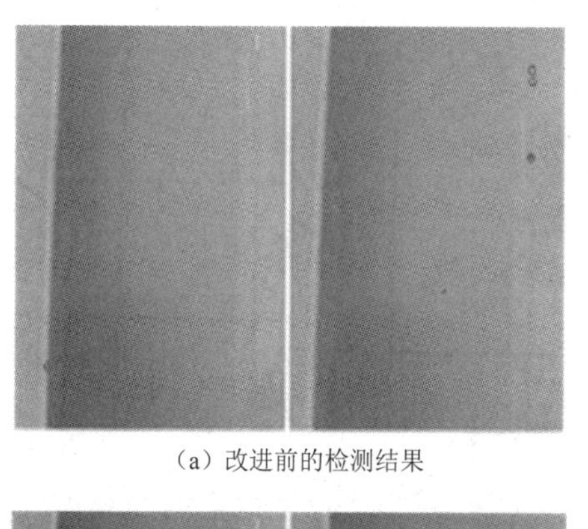

（a）改进前的检测结果

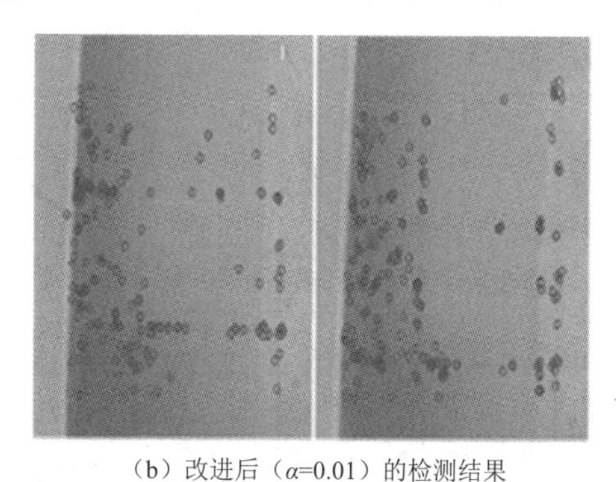

（b）改进后（α=0.01）的检测结果

（c）改进后（α=0.02）的检测结果

（d）改进后（α=0.03）的检测结果

图 5.7 改进自适应角点检测算法的检测结果

2. 图像匹配实验结果对比分析

为了从多个角度证明改进 ORB 算法的有效性，在公共数据集中选取 3 组图像来进行匹配实验，针对图像的旋转、对比度差异以及拍摄角度变化这三种不同情况进行了对比分析。图像匹配实验结果如图 5.8 所示，并用红色圆圈将实验结果中存在的误匹配点进行了标记。对比图 5.8（a）到（c）三组实验结果可以发现，SURF 算法的匹配质量比传统 ORB 算法好，产生的误匹配点相对较少，但提取的特征点数量也比传统 ORB 算法少；改进 ORB 算法在保证特征点数量的同时，还有效地剔除了图像之间的误匹配点，实验效果明显比 SURF 和传统 ORB 算法好，大大提高了图像的匹配质量。

以上实验对改进 ORB 算法的图像匹配效果进行了分析，下面将从多个角度对该算法进行量化分析。首先在实验中随机选择 10 组不同环境下的图像进行匹配，统计出 SURF 算法和改进 ORB 算法的正确匹配点数量和误匹配点数量，实验统计结果如表 5-2 所示。从表中的数据可以看出，SURF 算法的实验结果在多组图像中都存在误匹配点，并且正确匹配点的个数也很少。改进 ORB 算法在不同场景下都很少出现误匹配点，并且正确匹配点数量比 SURF 算法多很多，可以保证少量误匹配点的存在并不影响改进 ORB 算法的图像匹配效果。

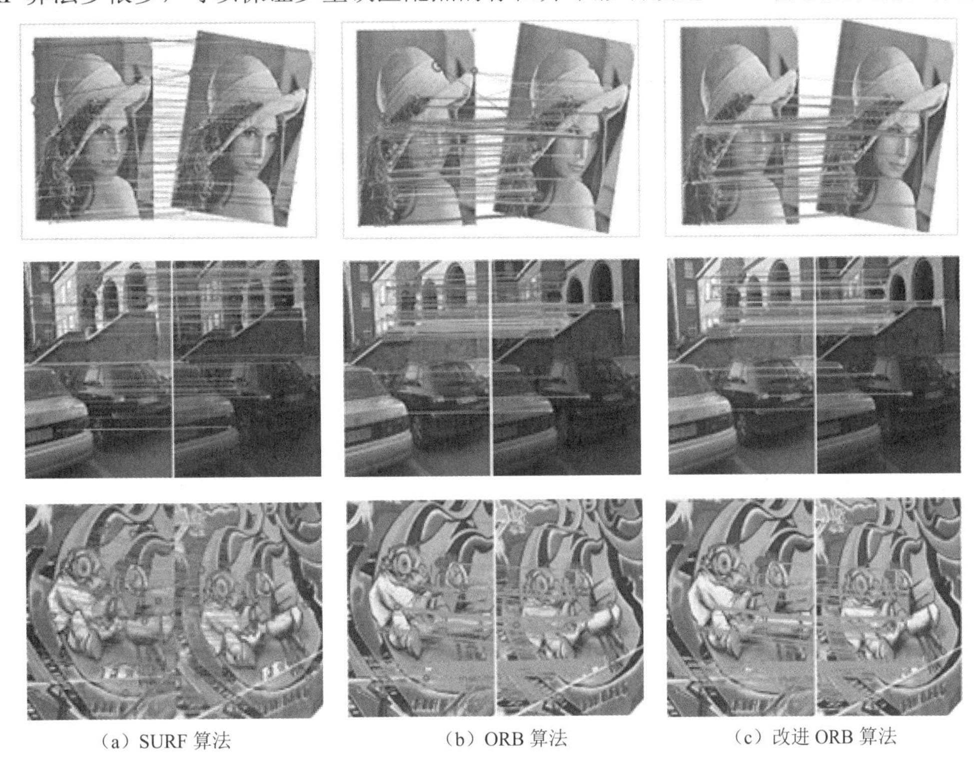

(a) SURF 算法　(b) ORB 算法　(c) 改进 ORB 算法

图 5.8　图像匹配实验结果对比图

表 5-2　SURF 算法和改进 ORB 算法的图像匹配实验统计结果

组　别	正确匹配点/误匹配点的个数	
	SURF 算法	改进 ORB 算法
1	21/0	178/1
2	22/16	103/4
3	25/4	57/0
4	38/0	371/0
5	73/3	217/0
6	101/3	223/0
7	129/0	182/0
8	138/0	344/0
9	141/9	277/0
10	161/0	422/0

衡量一个图像匹配算法的好坏，不仅要求该算法有较高的匹配质量，同时也需要较快的执行速度。本节随机选取了 10 组不同尺度的图像，对 SURF 算法、传统 ORB 算法和改进 ORB 算法的执行速度进行了比较，统计结果如表 5-3 所示。从表中数据可以看出，传统 ORB 算法

在执行速度上是最快的，改进 ORB 算法在传统 ORB 算法的基础上增加了匹配筛选约束，保证了匹配质量，因此在执行速度上比传统 ORB 算法慢，但仍然比 SURF 算法快了近 30%。

表 5-3 SURF 算法、ORB 算法和改进 ORN 算法的执行速度

组　别	算法执行时间/ms		
	SURF 算法	传统 ORB 算法	改进 ORB 算法
1	325	297	329
2	593	321	639
3	673	284	548
4	753	311	652
5	863	384	818
6	937	357	524
7	1138	343	795
8	1265	333	886
9	1266	388	642
10	1347	378	633
平均时间	916	339.6	646.6

3. 改进 ORB 算法的鲁棒性分析

鲁棒性是用来衡量算法性能好坏的一个重要指标，本节在不同模糊程度和曝光度的图像上对改进 ORB 算法进行了匹配实验，以测试该算法的抗干扰性能。

首先针对图像模糊度变化，选取了模糊度递增的一组图像，并将它们与原图像依次进行匹配实验。实验结果如图 5.9 和表 5-4 所示，图 5.9（a）到（f）分别为模糊度递增的一组图像的匹配结果。从实验结果中可以看出，随着图像模糊度的逐渐增加，导致改进 ORB 算法的整体匹配特征点数量呈现下降趋势，但总数量仍能满足图像匹配的需求，并且图像匹配的准确率依然保持不变。

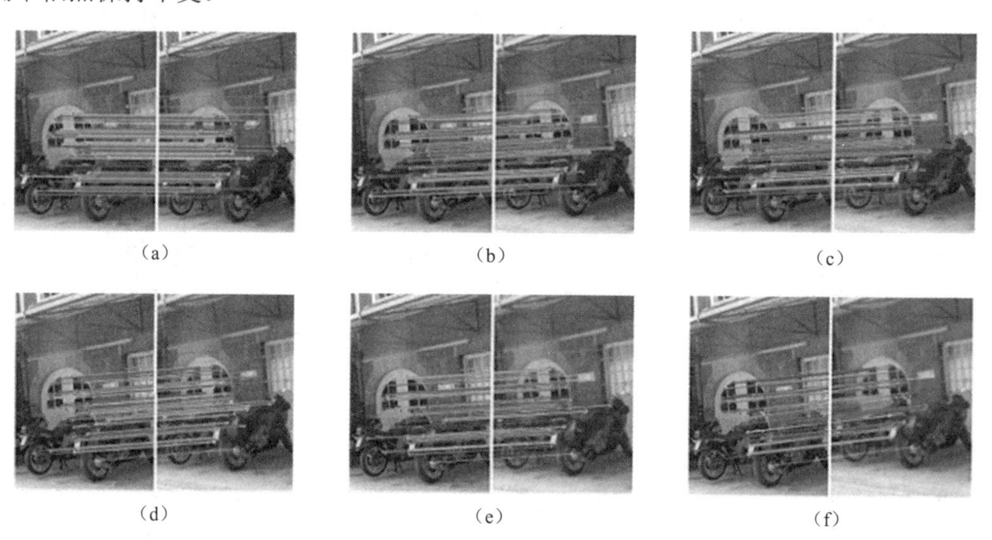

图 5.9 模糊度递增的图像匹配结果

表 5-4　不同模糊度下图像匹配数量统计

组　别	正确匹配数	总 匹 配 数	准确率/%
（a）	500	500	100
（b）	350	350	100
（c）	328	328	100
（d）	290	290	100
（e）	238	238	100
（f）	158	158	100

其次，为了测试不同的图像曝光度对改进 ORB 算法的影响，选取了曝光度递增的一组图像，并将它们与原图像依次进行匹配实验，实验结果如图 5.10（a）到（f）所示，其中误匹配点用黄色圆圈进行了标记。此外，每组图像的正确匹配点个数统计在表 5-5 中，从表中的数据可以看出，曝光度对算法的性能会产生一定的影响，随着曝光度的递增，图像特征点的匹配数量逐渐减少，虽然改进 ORB 算法的匹配准确率有所波动，但整体的匹配质量依然很高。

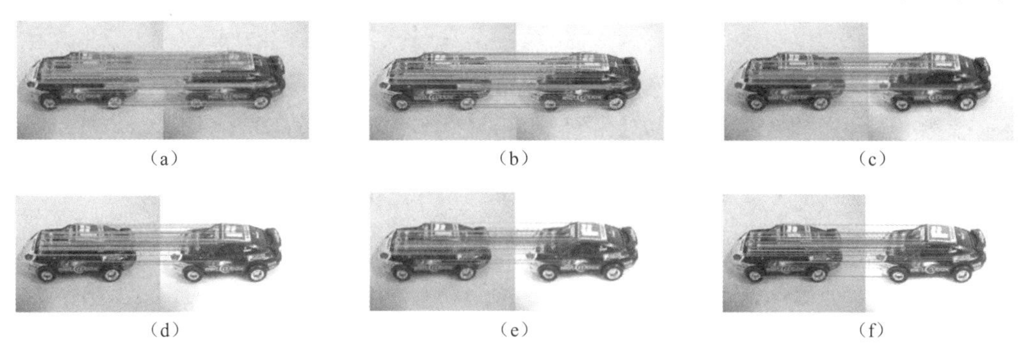

（a）　（b）　（c）

（d）　（e）　（f）

图 5.10　曝光度递增的图像匹配结果

表 5-5　不同曝光度下图像匹配点个数

组　别	正确匹配点个数	总匹配点个数	准确率/%
（a）	464	464	100
（b）	418	419	99.7
（c）	395	395	100
（d）	367	367	100
（e）	327	327	100
（f）	274	275	99.6

综上所述可知，本节提出的改进 ORB 算法具有较好的鲁棒性。

5.3 半稠密地图的构建

基于稀疏实时点云重建[21]的移动机器人同步定位与建图（SLAM）技术并不能很好地实现人机交互。例如，移动机器人通过自身配备的摄像机等传感器获得的运动情况去估计自身的位姿信息[22]，但用户并不能很好地理解这些位姿信息；同样，对于室内的一些物体等信息，移动机器人也无法理解。上述问题推动了更深层次环境感知技术的发展，半稠密地图构建技术是其中的重要组成部分。半稠密地图构建技术在人与移动机器人有效交互方面，较传统SLAM有着较大的优势，本节在相关研究的基础上[23-26]，提出一种改进的半稠密地图构建算法，下面详细介绍其主要过程。

5.3.1　像素筛选策略

图像匹配方法主要分为基于特征匹配（如ORB特征、SIFT特征等），以及基于灰度值匹配等。本节介绍的半稠密地图构建算法是一种基于灰度值匹配方法，主要是为了在匹配过程中体现足够的区分度，筛选出梯度明显的像素。所谓梯度，是指函数的变化率（导数）。图像可以看成一个二维函数 $f(x,y)$，其偏微分可以表示为：

$$\frac{\partial f(x,y)}{\partial x}=\lim_{\varepsilon\to 0}\frac{f(x+\sigma,y)-f(x,y)}{\sigma} \tag{5-22}$$

$$\frac{\partial f(x,y)}{\partial y}=\lim_{\varepsilon\to 0}\frac{f(x,y+\sigma)-f(x,y)}{\sigma} \tag{5-23}$$

因为图像是一个离散的二维函数，其在 x 和 y 方向上的像素梯度如图5.11所示，其中 σ 的最小值是1个像素。

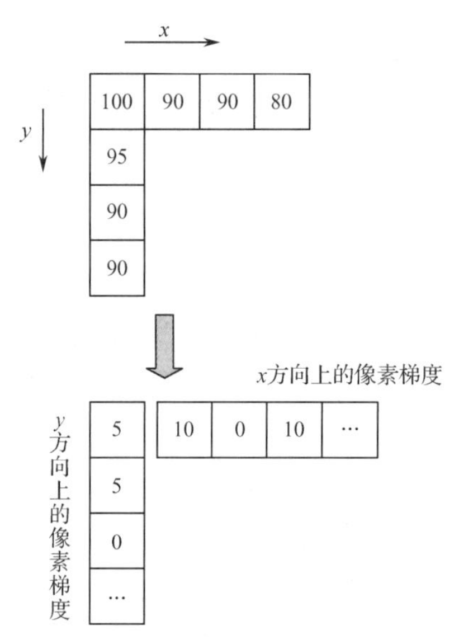

图5.11　图像在 x 方向和 y 方向上的像素梯度

式（5-22）与式（5-23）的图像梯度公式可进一步精简为：

$$g_x=\frac{\partial f(x,y)}{\partial x}=f(x+1,y)-f(x,y) \tag{5-24}$$

$$g_y=\frac{\partial f(x,y)}{\partial y}=f(x,y+1)-f(x,y) \tag{5-25}$$

式中，g_x、g_y 分别是图像在点 (x,y) 处关于 x 方向上的像素梯度和关于 y 方向上的像素梯度。两个方向的像素梯度可以综合表示为：

$$M(x,y)=|g_x|+|g_y| \tag{5-26}$$

5.3.2　逆深度估计

深度的倒数即逆深度，具有更好的数值稳定性，因此逆深度成为一种使用较为广泛的参数。逆深度估计主要分为三个步骤：像素块匹配、极线搜索、三角化恢复逆深度。

1．改进的归一化互相关立体匹配算法

在立体视觉测量中，立体匹配是一项关键技术。在立体视觉系统中，从两个不同的角度拍摄物理空间中的一实体点，会在拍摄得到的两幅图像上分别有两个成像点。立体匹配就是已知其中的一个成像点，在另一幅图像上找出该成像点的对应点。

归一化互相关（NCC）算法用于归一化待匹配目标之间的相关度，这里是对目标图像的像素灰度值进行归一化处理。直接对单个像素进行匹配，不仅浪费大量计算资源还会造成较大的误差。为了进一步增强在光照变化下图像匹配算法的鲁棒性，通过在待匹配像素位置构建一个邻域匹配窗口，采用与目标图像像素位置构建同样大小的邻域匹配窗口的方式建立目标函数，用于对匹配窗口进行相关性衡量。

首先，构建相关窗口。本节在构建相关窗口时与 5.2 节类似，都添加了仿射校正。本节的仿射不变约束的主要思想是假设参考帧图像某点附近是一个平面，且深度是一样的，其主要公式如下：

$$P_{\text{ref}}=f_{\text{ref}}\times \text{depth} \tag{5-27}$$

$$p_{\text{curr}}=F(\boldsymbol{T}\times P_{\text{ref}}) \tag{5-28}$$

式中，P_{ref} 为根据仿射变换计算到参考帧图像上的坐标；f_{ref} 为图像空间坐标；depth 为深度；$\boldsymbol{T}$ 为坐标转换矩阵；F 为相机坐标系到像素的映射；p_{curr} 为当前帧按深度投影的像素。

接着，计算零均值 NCC 评分，公式如下所示，在极线上进行搜索，同时只相信 NCC 评分很高的匹配。

$$S_{\text{core}}(p,p')=\frac{\sum\limits_{i,j}p(i,j)p'(i,j)}{\sqrt{\left[\sum\limits_{i,j}p(i,j)^2p'(i,j)^2\right]+\varepsilon}} \tag{5-29}$$

式中，$p(i,j)$、$p'(i,j)$ 分别表示参考帧图像上 p 像素块与当前帧图像上 p' 像素块之间的差异性；ε 是防止分母出现 0 这一情况而定义的极小值。如果相关性评分为 0，则表示两幅图像不相似；如果评分为 1，则表示两幅图像相似。评分越接近 1，表示相似度越高。

2．极线搜索

在搜索最相似的匹配块时，需要尽可能地减少无效搜索。极线几何约束是一种常用的匹配约束技术。极线几何约束是一种点对直线的约束，而不是点与点的约束。尽管如此，极线几何约束给出了对应点重要的约束条件，它可以将对应点匹配从整幅图像寻找对应点压缩到在一条直线上寻找对应点，从而有效减少搜索时间。

极线几何约束的原理是：首先将参考帧图像的像素从像素坐标转换为相机坐标系下的三维坐标；然后以旋转矩阵为变换矩阵将对应的三维坐标转换到当前帧图像的相机坐标系下；最后再投影到当前帧图像上，获得当前帧图像的像素坐标。考虑到深度的方差，在两个极端

情况下，即最大深度和最小深度，将参考帧图像的像素从像素坐标转换到三维坐标后投影两次，可得到两个投影坐标，这两个投影坐标对应的点的连线即要搜索的极线，在极线上搜索最相似的像素块。

3. 三角化恢复逆深度

在两帧图像进行立体视觉匹配后，寻找到两帧图像中 NCC 评分最高的像素块，默认为其为相同像素。对相同像素进行三角化恢复深度信息。三角化的思想最早由高斯提出，并应用于测量学领域中，简单来说就是：在不同的空间位置观测同一个三维点 $q(x,y,z)$ ，已知在不同位置处观察到的三维点的二维投影点坐标 $q_1(x_1,y_1)$， $q_2(x_2,y_2)$ ，利用这三个点的三角关系可恢复出二维点坐标的深度信息。三角化恢复深度示意图如图 5.12 所示。

设 q_1 和 q_2 为归一化平面坐标，q_2 由 q_1 经过一定角度的旋转和平移得到，则它们一定满足以下的旋转平移变换公式：

$$s_1 q_1 = s_2 R q_2 + t \tag{5-30}$$

传统的算法通过式（5-30）的变换，可联立出一个线性方程组，利用克莱姆法则进行求解。鉴于克莱姆法则的局限性（行列式不能等于 0)，因此本节利用叉乘消元进行求解，可以求得 s_2，将 s_2 代入式（5-30）可求得 s_1。

$$s_1 q_1 \wedge q_1 = s_2 q_1 \wedge R q_2 + q_1 \wedge t = 0 \tag{5-31}$$

式中，符号“ ^ ”表示叉乘运算，即外积计算。

三角化对三维信息中的深度误差的分析，如图 5.13 所示，q 为空间中一个观测到的三维点，q_1 和 q_2 分别为在两个位置摄像机观察到的 q 点投影在不同帧图像上的二维点坐标。

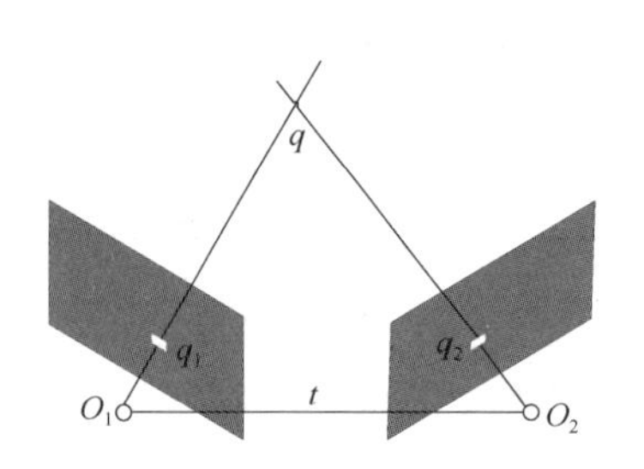

图 5.12 三角化恢复深度示意图

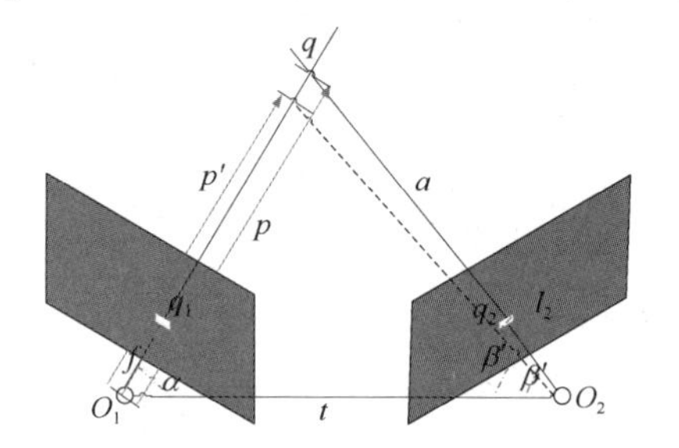

图 5.13 三角化误差分析

若 q_1 所在平面作为参考帧，q_2 所在平面则被称为当前帧，l_2 为 q_1 在当前帧中所对应的极线，摄像机到成像面的距离都默认为焦距 f。假设在 l_2 进行极线搜索时，寻找到的 q_2' 点与真实的 q_2 点之间具有一个像素的误差，那么三维点 q 的深度误差由以下公式确定：

$$p' = \|t\| \frac{\sin(\beta - \delta_\beta)}{\sin(\pi - \alpha - \beta + \delta_\beta)} \tag{5-32}$$

$$\delta_p = \|p\| - \|p'\| \tag{5-33}$$

式中， p 、t 已知； α 、 β 、 δ_β 可以通过三角定理得到； δ_p 是深度的均方差，深度滤波器的目的就是要不断减小这个均方差，使得均方差最后能够收敛到一个可接受的值。

对于像素逆深度值 d，满足 $P(d)=N(\mu,\sigma^2)$ 。每当新的数据传递过来时，就需要利用新的观测数据更新原有的数据信息。若获取到新的逆深度数据分布为 $P(d_{\text{new}})=N(\mu_{\text{new}},\sigma_{\text{new}}^2)$，则将新获取的逆深度数据与原来的逆深度数据进行融合，得到融合后的逆深度数据分布为

$P(d_{\text{fuse}})=N(\mu_{\text{fuse}},\sigma_{\text{fuse}}^2)$，其中：

$$\mu_{\text{fuse}}=\frac{\sigma_{\text{new}}^2\mu+\sigma^2\mu_{\text{new}}}{\sigma^2+\sigma_{\text{new}}^2}, \qquad \sigma_{\text{fuse}}^2=\frac{\sigma_{\text{new}}^2+\sigma^2}{\sigma^2+\sigma_{\text{new}}^2} \tag{5-34}$$

式中，μ_{new} 就是每次新三角化出来的深度值，而对于 σ_{new}^2 就是上面提到的 δ_p，即不确定度。

5.3.3　基于图像金字塔的逆深度传递

为了加快像素逆深度的收敛、降低计算量、提高精确度，本节采用图像金字塔这一多尺度化的图像处理方式。图像金字塔通常分为高斯金字塔和拉普拉斯金字塔，本节采用向下采样的高斯金字塔，原图像先经过高斯滤波，再删除所有的偶数行和列，得到的图像的长和宽分别为原图像的一半。

原图像使用降采样后，上层图像中的每个像素都对应着下层图像中彼此相邻的 4 个像素。若当前层为第 n 层，$I_{i,j}^n$ 表示当前层图像第 i 行第 j 列的像素灰度值，则下一层图像所对应的像素灰度值为：

$$I_{i,j}^{n+1}=\frac{1}{4}(I_{2i,2j}^n+I_{2i,2j+1}^n+I_{2i+1,2j}^n+I_{2i+1,2j+1}^n) \tag{5-35}$$

在基于图像金字塔的逆深度传递算法中，并行处理图像金字塔每一层图像的匹配与逆深度估计，并在图像金字塔中采用一种改进的逆深度传递算法。本节提出的改进逆深度传递算法流程如图 5.14 所示。

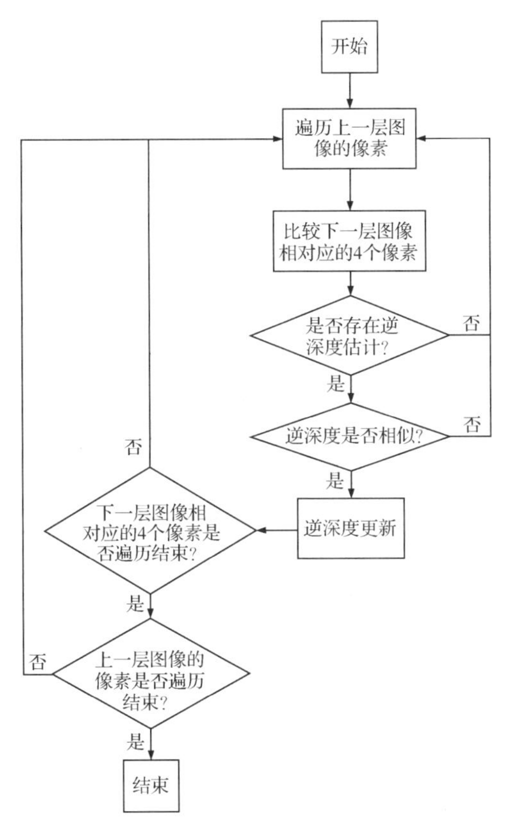

图 5.14　改进逆深度传递算法流程

改进逆深度传递算法的主要步骤包括：

步骤 1：并行处理图像金字塔每一层图像，包括像素筛选、立体视觉匹配和三角化估计逆深度与逆深度数据融合。

步骤 2：遍历图像金字塔上一层图像的像素。

步骤 3：与图像金字塔下一层图像相对应的 4 个像素进行比较。

步骤 4：判断下一层图像的像素是否存在逆深度估计，若存在则继续进行步骤 4；若不存在则判断下一层图像相对应的 4 个像素是否遍历结束，若未结束，则回到步骤 3；判断上一层图像是否遍历结束，若结束，则进行步骤 5；若未结束，则回到步骤 2。

步骤 5：判断上一层图像的像素逆深度估计与下一层图像的像素逆深度估计是否相似（相似的定义为两个像素逆深度的差值绝对值小于两个像素逆深度数据分布中的标准差的均值）。若相似，则通过高斯融合进行逆深度更新；若不相似，则判断下一层相对应的 4 个像素是否遍历结束。

本节提出的半稠密地图构建算法的完整伪代码如下：

```
for k=1 to K do
    image←Read_pyramid() ;                %从数据集读取数据，并以图像金字塔的方式进行处理
    Ref_frame←first_image ;               %第一幅图像作为参考帧
    left_image←Read_pyramid() ;           %循环读取剩余数据
    Parallel_every_layer()                %并行处理图像金字塔的每一层图像
    {
        update()
        {
            Pixel_gra();                  %像素梯度筛选
            epipolarSearch()
            {
                Score_NCC();              %NCC 评分
            }
            Depth_update()
            {
                Depth_Tri_Cross();        %三角化，叉乘求解
                un_Depth();
                Gaussian_fusion()
            }
        }
    }
    Tra_layer(curr);                      %遍历当前层图像的像素
    compare_four(curr-1);                 %与下一层相对应的 4 个像素进行比较
    if (similiar)
    Gaussian_fusion()
    curr_layer_over();
    curr-1;
    until curr =1;
end for
```

5.3.4　实验与结果分析

为了验证本节提出的基于图像金字塔的改进逆深度传递算法的有效性，本节设计了两个实验。第一个实验选取河海大学常州校区实验楼的部分实际场景，通过移动机器人采集实际场景，进行半稠密地图的构建，并与主流的 LSD 算法进行比较[27]。第一个实验的硬件包括 Amigo 先锋机器人和一个单目相机，机器人作为载体，单目相机用于采集实际场景的图像。半稠密地图的构建算法是在笔记本电脑上运行的，主要配置为 8 GB 的内存和 2.5 GHz 的 CPU。半稠密地图构建算法的参数如表 5-6 所示。

表 5-6　半稠密地图构建算法的参数

参　数	数　值	注　释
s	25	窗口面积
l	3	层数
v_{min}	0.001	最小方差
v_{max}	0.5	最大方差

第一个实验的场景为学生工位，主要包括显示器、书架等静态物体。为了准确、充分地更新图像逆深度，在定位到学生工位后，接下来的场景图片需要保持一定的相似性，即满足平移和旋转在一定范围内。基于本节提出的改进逆深度传递算法（下面简称本节算法）进行半稠密地图的构建结果如图 5.15（a），基于 LSD 算法半稠密地图的构建结果如图 5.15（b）所示。从图 5.15 中可以看出，显示器和书架的半稠密地图相对于基于 LSD 算法构建的半稠密地图有较好的收敛性，可以较好地还原物体信息，没有发生明显的裂变等状况，表明本节算法有效且可行。

（a）本章算法

（b）LSD 算法

图 5.15　基于本节算法和 LSD 算法的半稠密地图的构建结果对比

为了进一步分析本节算法的有效性，本节选取公共数据集 TUM[28]中的 teddy 数据集和 desk 数据集进行了半稠密地图的构建实验，即第二个实验。在公共数据集上的半稠密地图的构建结果如图 5.16 所示。

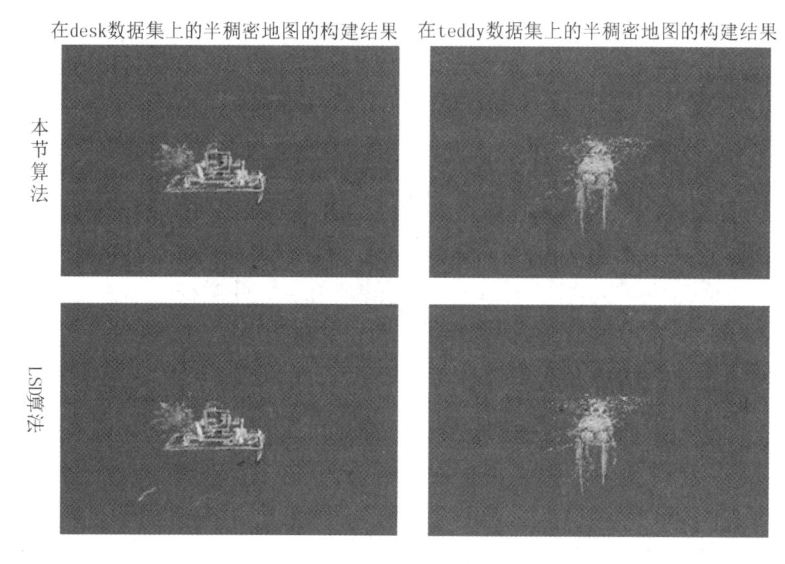

图 5.16 在公共数据集上的半稠密地图的构建结果

由图 5.16 可以看出，本节算法在收敛方面的效果较优，并且没有出现明显的分裂情况。表 5-7 是第二个实验结果的量化比较，这里选取有效稠密度、绝对相对误差和算法所需时间这三个量化指标作为评价标准。其中，有效稠密度表示在像素估计深度值与真实深度值之间误差小于 10%时，本节算法在参考帧中有效估计数目占总像素的比例，以及 LSD 算法中第一个关键帧中的有效稠密度；绝对相对误差表示像素深度估计值与真实深度值的差值绝对值除以真实深度值与被估计像素的数量乘积。

表 5-7 第二个实验结果的量化比较

数据集	有效稠密度/%		绝对相对误差/%		算法所需时间/s	
	LSD 算法	本节方法	LSD 算法	本节方法	LSD 算法	本节方法
teddy（841 帧）	9.99	12.57	34.21	28.91	843.23	674.31
desk（319 帧）	16.28	19.44	23.46	21.50	320.49	254.81

从有效稠密度、绝对相对误差来看，基于本节算法的半稠密地图的构建性能优于 LSD 算法；从算法所需时间来看，本节算法所需的时间更少。

5.4 基于深度神经网络的移动机器人道路场景分类

场景分类是移动机器人自主控制的关键技术之一，可以为移动机器人的决策提供依据。近年来，基于深度学习的算法在场景分类问题上取得了较好的效果[29-31]，但在这些场景分类方法中，如何处理不同类别之间的相似性，以及相同类别之间的差异性等问题还有待进一步研究。针对这些问题，本节提出了一种改进的基于特征融合的场景分类方法，该方法利用改进 Faster RCNN 提取并融合到场景中的代表性对象特征，获得局部特征。本节首先在改进 Faster RCNN 添加了额外的残差注意模块，突出了与移动机器人道路场景相关的局部语义；其次，对 Inception_V1 模块进行了改进，用于全局特征的提取，将 Leaky ReLU 和 ELU 函数混合在一起使用，以减少卷积核可能的冗余，增强鲁棒性；最后，在公共数据集的基础上构建了一个私有道路场景数据集，专门用于移动机器人道路场景分类问题的训练。实验结果表明，本节提出的改进 Faster RCNN 的准确率高于目前一些主流的深度神经网络。

5.4.1　改进的场景分类深度神经网络

虽然场景分类的方法有许多，但这些方法在移动机器人道路场景识别中还有两个主要的难点需要进一步研究。第一个难点是同一类别的道路场景差别很大，第二个难点是不同类别的道路场景之间存在视觉上的相似性。造成这两个难点的主要原因是道路场景中可能会存在各种各样的物体，会影响道路场景的识别。例如，在同一个道路场景中，如果道路场景中的物体有明显的旋转或阴影，可能会有不同的表现形式。一些具有识别难度的道路场景示例如图 5.17 所示。图 5.17（a）所示为街道，图 5.17（b）所示为人行横道，但都包含房屋、汽车、路面等，道路场景的相似性较高，给识别带来一定的难度。图 5.17（c）和图 5.17（d）都属于停车场这一类别，但图 5.17（c）中含有的信息丰富，如汽车、建筑物等，而图 5.17（d）仅含有停车线这一代表性对象，同一类别的道路场景之间具有很大的差异性。

（a）街道

（b）人行横道

（c）停车场 1

（d）停车场 2

图 5.17　一些具有识别难度的场景示例

基于以上问题，本节提出了一种改进的基于特征融合的场景分类方法来处理移动机器人道路场景分类问题。改进的基于特征融合的场景分类方法如图 5.18 所示，其中的深度神经网络主要包括三个部分，即改进的 Faster RCNN 模块[32]、改进的 Inception_V1 模块[33]、特征融合模块和分类网络。

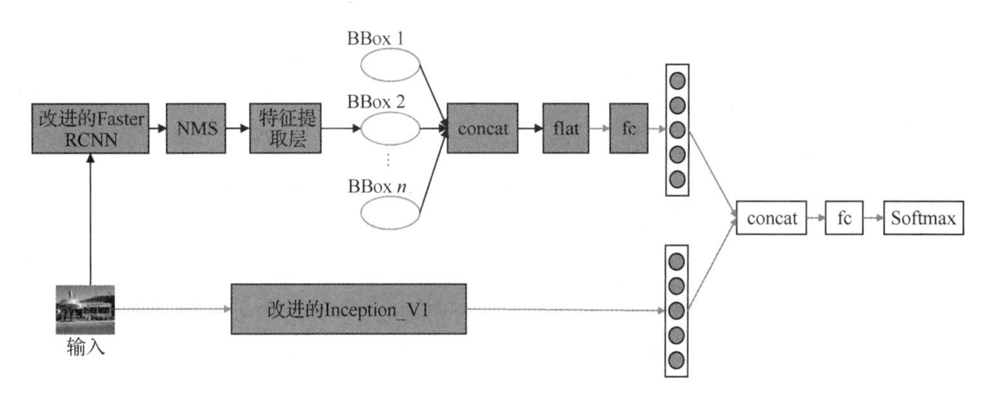

图 5.18 改进的基于特征融合的场景分类方法

图 5.18 中，改进的 Faster RCNN 模块、改进的 Inception_V1 模块分别用于提取局部特征和全局特征。改进的 Faster RCNN 模块是预先训练过的深度神经网络，其输出结果对图像中包含的代表性对象进行了特征融合，这些代表性对象是根据常识预先定义的，作为深度神经网络的训练标签。本节预先定义了道路场景中 7 个常见的代表性对象，人行横道中的代表性对象是斑马线和行人，加油站中的代表性对象是油箱，停车场中的代表性对象是停靠的汽车和停车线，高速公路中的代表性对象是隔离带，街道场景中的代表性对象是房屋。部分代表性对象如图 5.19 所示。改进的 Inception_V1 模块的输出是整个图像的全局特征。特征融合模块和分类网络融合了局部特征和全局特征。

图 5.19 部分代表性对象

1. 局部特征提取

局部特征提取是在改进的 Faster RCNN 模块中进行的。预训练的 Faster RCNN 结构如图 5.20 所示。其中 VGG16 Net 作为底层框架，可得到整个图像的卷积特征图；残差注意模块将自顶向下的注意图与自底向上的卷积特征图相结合，该模块输出的特征图会传递到下一层进行处理。关于残差注意模块的细节以及 Faster RCNN 的基本训练过程可参考文献[34-35]，这里主要介绍基于改进的 Faster RCNN 模块的局部特征提取的详细过程。

首先，基于预先训练好的局部候选网络（RPN）获得 300 个目标区域，并进行非极大值抑制（NMS），阈值设置为 0.3。然后，局部特征提取层检测出置信度大于 0.5 的目标边界框，将其转换为原特征图（经过残差注意模块后的特征图）中的位置坐标$[x_1,x_2,y_1,y_2]$。目标边界框中的部分信息是从原始特征图中提取出来的，并由接下来的池化层统一调整大小，获得多个具有相同大小的局部特征图（这里是 7×7×512）。接着，对这些局部特征图进行融合：

$$\boldsymbol{Z}_{\text{add}}=\sum_{i=1}^{n}\boldsymbol{X}_i \tag{5-36}$$

式中，$\boldsymbol{Z}_{\text{add}}$ 表示单个通道融合后的特征向量；n 表示获取局部特征图的数量；$\boldsymbol{X}_i$ 表示第 i 个目标区域的单通道特征向量。这里的总通道数为 512。

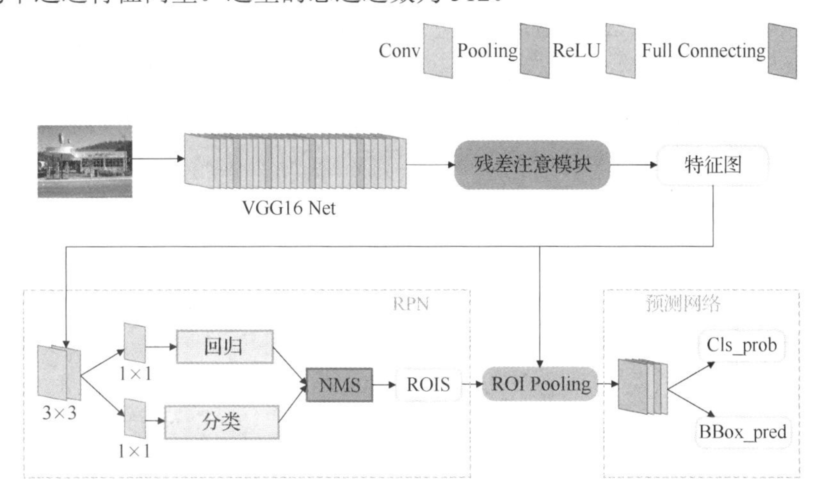

图 5.20　预训练的 Faster RCNN 结构

最后，局部融合特征张量 $\boldsymbol{Z}$ 由拉平（Flatten）层和全连接（Full Connecting）层操作，即

$$X_p = \phi_p(X), \qquad X_f = \phi_f(X_p) \tag{5-37}$$

式中，ϕ_p 表示拉平操作，即将一个大小为$\left[\text{batch_size}, m, n, k\right]$的张量变为$\left[\text{batch_size}, m \times n \times k\right]$的平坦张量。在本节中，$m = n = 7, k = 512$，即在未经批处理前，$X_p$ 大小为 1×25088。ϕ_f 表示两层全连接操作。X_f 为最终得到的局部特征图，在本节中其大小为 1×5。局部特征提取过程的伪代码如下：

```
//局部特征提取过程的伪代码
Initialization;
%initialize the batch size, the number of labels, the shape of input data, NMS thresh, ROIPooling size
for each batch in training image
{
    Pre-trained optimized Faster RCNN ()
    %利用改进的 Faster RCNN 模块检测到 300 个目标区域
    NMS ()
    %使用 NMS 算法去除冗余的目标边界框
    Detection ()
    %保留得分（这里是置信度）大于 0.5 的目标边界框
    Bounding boxes ([y1, x1, y2, x2])
    %获得这些目标边界框的坐标
    crop_and_resize ()
    %提取目标边界框的对应特征图，并还原至 VGG16 Net 的最后一层
    Max_pool2d ()
    %将这些局部特征图的大小统一为 7×7×512
    Add ()
    %对这些局部特征图进行特征融合
    Flat ()
```

```
        %融合后的特征图被拉平为 1×25088
        Fully-connected ()
        Fully-connected ()
        %最终的局部特征图大小为 1×5
        Output
    }
    end for
```

2. 全局特征提取

全局特征提取是在改进的 Inception_V1 模块上进行的。使用 Inception_V1 模块的主要原因是它可以从不同尺度的输入图像中获得更多的信息，采用全局平均池化层取代全连接层，在增加网络深度的同时极大地降低了参数的数量，在分类问题上具有良好的表现[36]。全局网络结构如图 5.21 所示。

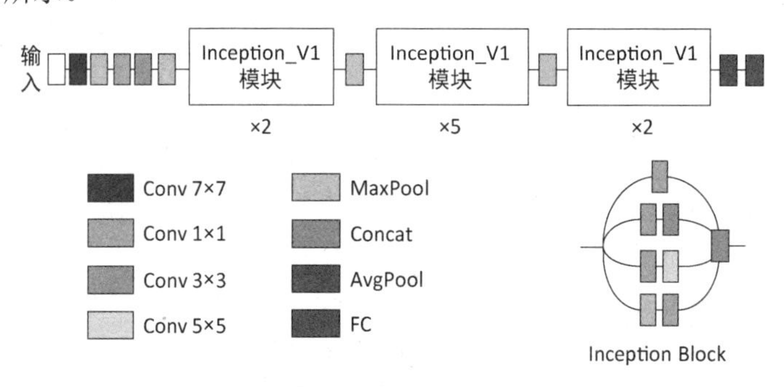

图 5.21　全局网络结构

由图 5.21 可见，该网络总共有 9 个 Inception_V1 模块，每个 Inception_V1 模块都有 4 个分支。第 1 个分支对输入只使用 1×1 的卷积，进行跨通道的特征变换，提高网络的表达能力；第 2 个分支先使用 1×1 卷积，其作用是对输出通道进行降维，减小运算量，然后使用 3×3 卷积进行第二次特征变换；与第 2 个分支的区别是第 3 个分支在使用 1×1 卷积后使用 5×5 卷积；第 4 个分支则是先使用 3×3 卷积来进行最大池化，然后使用 1×1 卷积。Inception_V1 模块的 4 个分支最后通过一个聚合操作按通道数合并，这样的结构可以在多个尺度上提取特征信息。

激活函数是深度神经网络的一个关键部分，用来实现提取特征的非线性映射。在传统的 Inception_V1 模块中，所用的激活函数为 ReLU 函数。尽管 ReLU 函数在卷积神经网络中得到了广泛的应用，但它也存在一些缺陷，如丢失信息、导致神经元“死亡”等。因为具有负输入的 ReLU 函数的神经元在训练过程中无法更新，会直接“死亡”。为了解决特征信息丢失的问题、提高收敛速度，本节使用了一种混合激活函数的方法。

混合激活函数的方法是指在 Inception_V1 模块中，Leaky ReLU 和 ELU 函数交替作为卷积层的激活函数。使用 Leaky ReLU 函数和 ELU 函数的原因在于：Leaky ReLU 函数用一个小斜率代替负轴，能够明显减少特征信息的丢失，缓解零梯度问题；而 ELU 函数在缓解梯度消失的同时能够使得网络应对输入变化时更加稳定。ELU 函数的输出均值接近于零，所以收敛速度更快。

Leaky ReLU 函数的表达式为：

$$y_i = \begin{cases} x_i, & x_i \geqslant 0 \\ \alpha x_i, & \alpha x_i < 0 \end{cases} \tag{5-38}$$

式中，α 是个固定的参数，在本节的实验中将其固定为 0.2。ELU 函数的表达式为：

$$y_i = \begin{cases} x_i, & x_i \geqslant 0 \\ e^{x_i} - 1, & x_i < 0 \end{cases} \tag{5-39}$$

输入图像在经过 9 个 Inception_V1 模块后，继续进行平均池化和全连接操作，在本节的实验中，最终输出的全局特征向量大小为 1×5。

3．特征融合和分类

本节提出的改进 Faster RCNN 的最后一部分是特征融合和分类网络，采用的融合方法如下：

假设当批大小（Batch Size）为 1 时，两个输入的全局特征向量和局部特征向量分别是 $\boldsymbol{X}=[\alpha_1,\alpha_2,\cdots,\alpha_n]$ 和 $\boldsymbol{Y}=[\beta_1,\beta_2,\cdots,\beta_n]$，那么融合后的特征向量为：

$$\boldsymbol{Z}_{\text{cat}} = [\alpha_1,\alpha_2,\cdots,\alpha_n,\cdots,\beta_1,\beta_2,\cdots,\beta_n] \tag{5-40}$$

式中，$\boldsymbol{Z}_{\text{cat}}$ 的大小是 $1\times 2n$，本节实验中 $\boldsymbol{Z}_{\text{cat}}$ 的大小为 1×10。

经过全连接层后，特征向量的大小变为 $1\times N$，其中 N 为实验中场景分类的数量（本节实验中的分类数量为 5）。分类训练通过 Softmax 函数进行，损失函数如下[37]：

$$\text{Loss}_{\text{cls}} = \frac{1}{N}\sum_i L_i = \frac{1}{N}\sum_i\left[-\sum_{c=1}^{M} y_{ic}\log(p_{ic})\right] \tag{5-41}$$

式中，M 为类别数；p_{ic} 表示观测样本 i 属于类别 c 的概率；y_{ic} 表示观测样本 i 和类别 c 的指示变量（Indicator Variables），可表示为以下函数：

$$y_{ic} = \begin{cases} 1, & \text{第}i\text{个样本属于类别}c \\ 0, & \text{其他} \end{cases} \tag{5-42}$$

5.4.2　实验与结果分析

1．道路场景数据集

目前，很多公共数据集都可以用于图像分类训练和测试，如 KITTI[38]、UMC[39]等。但这些公共数据集并不是专门为移动机器人道路场景分类而设置的，因此将这些公共数据集直接用于道路场景分类时，精度和效率将较低。为了解决这个问题，本节建立了一个专门的数据集，用来训练和验证改进 Faster RCNN 在移动机器人道路场景分类中的性能。在专门建立的数据集中，道路场景分为五类，分别是人行横道、加油站、停车场、高速公路和街道，每个类别的道路场景均有 15000 幅图像，这些图像都是从公共数据集 KITTI 和 Place365[40]中挑选出来的。

本节建立的数据集包含不同地点、不同时间段的道路场景，以及不同光照和天气条件（如白天和晚上、阴天和晴天）。部分道路场景图像如图 5.22 所示。

2．实验结果

本节的实验是在装有 Windows 10 系统的计算机上进行的，采用 Tensorflow 深度学习框架和 Python 3.6 实现了改进 Faster RCNN。改进 Faster RCNN 的参数如表 5-8 所示。

图 5.22 部分道路场景图像

表 5-8 改进 Faster RCNN 的参数

参 数	参 数 值
学习率	0.01
动量	0.9
Dropout 保留比率	0.8
批大小	16
最大迭代次数	20000
验证间隔次数	500

训练验证集与测试集在整个数据集中的比例为 6 : 4，训练集与验证集在训练验证集中的比例为 1 : 1。输入到深层网络的图像的大小为 224×224。本节提出的改进 Faster RCNN 在训练集上经过 20000 次迭代后的训练损失和训练准确率曲线如图 5.23 所示，验证集上经过

20000 次迭代后的验证损失和验证准确率曲线如图 5.24 所示（图中横坐标表示迭代次数，纵坐标表示准确率）。

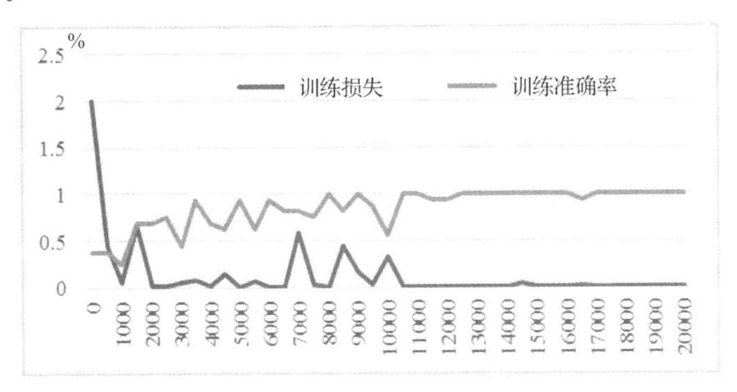

图 5.23　改进 Faster RCNN 在训练集上经过 20000 次迭代后的训练损失和训练准确率曲线

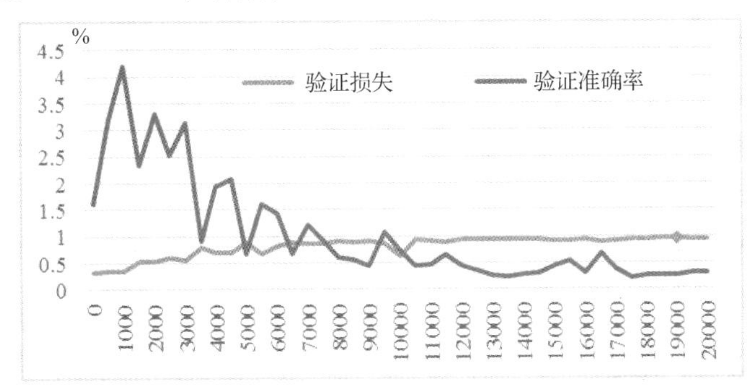

图 5.24　改进 Faster RCNN 在验证集上经过 20000 次迭代后的验证损失与验证准确率曲线

从图 5.23 和图 5.24 可以看出，当在训练集上经过 19000 次迭代时，训练准确率达到 100%，此时的验证准确率最高，达到 95.04%，测试准确率是 94.76%。图 5.25 所示为改进 Faster RCNN 在测试集上的混淆矩阵，该图显示了在使用改进 Faster RCNN 进行道路场景分类时每一类别的识别准确率。

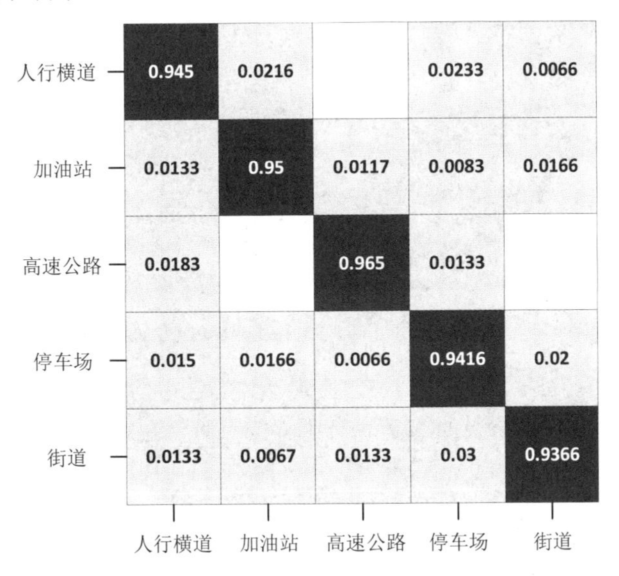

图 5.25　改进 Faster RCNN 在测试集上的混淆矩阵

3．比较实验

为了证明所提方法的有效性，本节在相同的数据集上对比了常用深度学习方法（如MobileNet[41]、ResNet[42]、AlexNet[43]、Inception_V1[44]）和改进 Faster RCNN，为了在不同的情况下测试这些方法，本节将数据集分为三个部分，分别是晴天、阴天和夜晚。比较结果如表 5-9 所示。

表 5-9 常用深度学习方法和改进 Faster RCNN 在相同数据集上的对比

网　络	总准确率	标准差	晴天准确率	阴天准确率	夜间准确率
MobileNet	71.57%	9.11%	82.00%	67.50%	65.20%
ResNet	72.67%	9.26%	83.30%	68.30%	66.40%
AlexNet	84.20%	5.22%	90.20%	81.70%	80.70%
Inception_V1	90.53%	2.51%	93.40%	88.70%	89.50%
改进 Faster RCNN	**94.76%**	**1.62%**	**96.50%**	**93.30%**	**94.50%**

常用深度学习方法和改进 Faster RCNN 的道路场景分类结果部分示例如图 5.26 所示，图中的本网络指改进 Faster RCNN。

图 5.26 常用深度学习方法和改进 Faster RCNN 的道路场景分类结果部分示例

表 5-9 的结果表明，常用深度学习方法在晴天时，道路场景分类结果具有较高的准确率，在阴天和夜间道路场景分类结果的准确率有明显的下降，这是因为在阴天和夜间时，图像的特征提取比较困难。无论在晴天、阴天还是在夜晚，改进 Faster RCNN 的道路场景分类结果都有更高的准确率。相比 Inception_V1，改进 Faster RCNN 的道路场景分类结果的准确率提升了 4.23%，这是因为改进 Faster RCNN 同时使用了局部特征和全局特征来进行道路场景分类。另外，改进 Faster RCNN 在不同情况（晴天、阴天和夜间）下准确率的标准差都是最小

的，这说明它不同情况下都有良好的性能。

5.4.3　关于局部特征提取和全局特征提取的讨论

5.4.2 节在专门建立的数据集上验证了改进 Faster RCNN 的总体性能，本节将进行一些额外的对比实验来讨论改进 Faster RCNN 中关键部分的表现情况，包括基于 Faster RCNN 的局部特征提取和基于 Inception_V1 的全局特征提取。

1．关于局部特征提取的讨论

本节通过对比一般 Faster RCNN 和改进 Faster RCNN，来进一步讨论改进 Faster RCNN 在局部特征提取方面的性能。Faster RCNN 的任务是检测道路场景中的代表性对象，包括人行横道中的斑马线（crosswalk）和行人（person）、加油站中的油箱（gas tank）等。在进行对比实验之前，首先对专门建立的数据集中的每幅图像都进行了手工标记，然后通过改进 Faster RCNN 和一般 Faster RCNN 来检测这些图像中的代表性对象。一般 Faster RCNN 和改进 Faster RCNN 的局部特征提取准确率如表 5-10 所示，局部特征提取的部分结果如图 5.27 所示。

表 5-10　一般 Faster RCNN 和改进 Faster RCNN 的局部特征提取准确率

算　法	总 mAP	标　准　差	晴天 mAP	阴天 mAP	夜间 mAP
一般 Faster RCNN	90.32%	2.64%	93.59%	88.35%	90.40%
改进 Faster RCNN	91.58%	1.92%	94.17%	90.63%	91.10%

注：mAP（mean Average Precision）表示所有类别的平均准确率均值。

改进Faster RCNN　　　　一般Faster RCNN

图 5.27　一般 Faster RCNN 和改进 Faster RCNN 的局部特征提取的部分结果

从表 5-10 和图 5.27 可以看出，一般 Faster RCNN 在检测代表性对象时具有良好的性能，这也是本节采用 Faster RCNN 进行局部特征提取的主要原因。改进 Faster RCNN 可以检测到小尺度范围内的行人（见图 5.27 的第一行图像），在夜间可以检测到更多的油箱（见图 5.27 的第二行图像）。在图 5.27 的第三行图像中，改进 Faster RCNN 能同时检测到停着的车辆（parking cars）和停车线（parking lines），并且检测的准确率高于一般 Faster RCNN。这些结果表明，在所有的情况下，改进 Faster RCNN 比一般 Faster RCNN 的检测准确率高；同时，改进 Faster RCNN 的标准差较低，表明其具有更好的稳定性。

2. 关于全局特征网络的讨论

本节提出的改进 Faster RCNN 的一个重要部分是基于改进 Inception_V1 进行的全局特征提取。为了验证改进的 Inception_V1 在全局特征提取中的性能，这里通过实验对比了不同全局特征提取方法。在对比实验中，不同的全局特征提取方法和改进 Faster RCNN 进行组合，在专门建立的数据集上进行了测试，不同组合的全局特征提取准确率如表 5-11 所示。

表 5-11 不同组合的全局特征提取准确率

网络结构	总准确率
改进 Faster RCNN+Inception_V3	55.24%
改进 Faster RCNN+ResNet	73.49%
改进 Faster RCNN+AlexNet	74.82%
改进 Faster RCNN+Inception_V1	92.46%
改进 Faster RCNN+改进 Inception_V1（本节方法）	94.76%

从表 5-11 可以看出，除了本节方法，改进 Faster RCNN+Inception_V1 在全局特征提取中的准确率是最高的，这也是本节采用改进 Inception_V1 进行全局特征提取的主要原因。通过对比实验可以看出，改进 Faster RCNN+改进 Inception_V1 比其他组合的准确率要高。

为了进一步证明混合激活函数在 Inception_V1 的作用，这里在 Inception_V1 中使用了不同的激活函数，除激活函数外，其他的设置和结构都一样。基于 Inception_V1 的不同激活函数的全局特征提取准确率如图 5.28 所示，图 5.28 的结果表明本节提出的混合激活函数能够在迭代次数差不多的情况下获得最高的全局特征提取准确率。

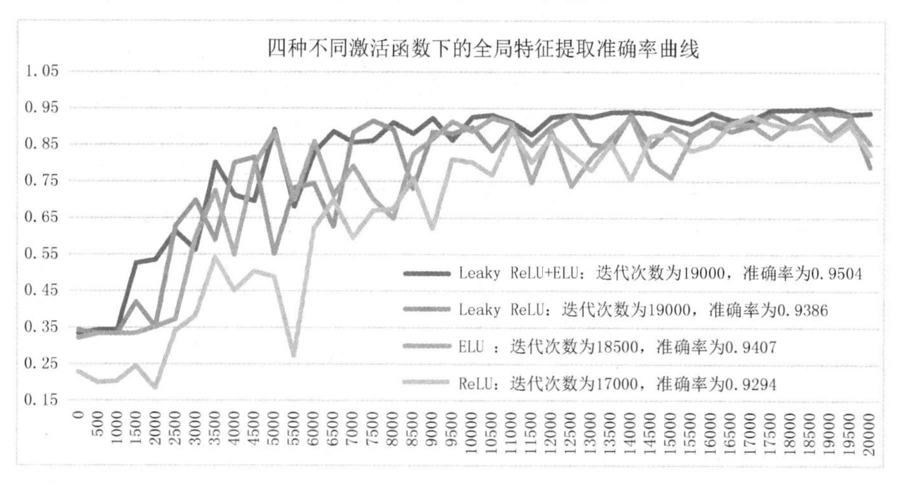

图 5.28 基于 Inception_V1 不同激活函数的实验的准确率

5.5 本章小结

移动机器人环境感知是指移动机器人独立自主地利用传感器对自身位姿以及周围环境进行的感知，利用各种算法提取环境特征，对环境进行分析，可以为之后的决策规划和控制执行提供基础信息。准确地获取环境信息，是移动机器人开展工作的前提和基础，本章在概述移动机器人环境的基础上，重点介绍了场景特征提取与匹配、半稠密地图的构建以及道路场景识别等内容。

参考文献

[1] 蔡自兴，邹小兵．移动机器人环境认知理论与技术的研究[J]．机器人，2004,(01):87-91.

[2] 马会芳．移动机器人环境识别与语义理解[D]．杭州：浙江大学，2020.

[3] Tan J, Li J, An X, et al. Robust curb detection with fusion of 3d-lidar and camera data[J]. Sensors, 2014, 14(5): 9046-9073.

[4] Velas M, Spanel M, Materna Z, et al. Calibration of RGB camera with velodyne LiDAR [C]// 22nd International Conference in Central Europe on Computer Graphics, Visualization and Computer Vision, WSCG 2014, Plzen, Czech republic, June 2- 5, 2014.

[5] Li J. Fusion of LiDAR 3D points cloud with 2D digital camera image[D]. Rochester, MI: Oakland University, 2015.

[6] 张毅，杜凡宇，罗元，等. 一种融合激光和深度视觉传感器的 SLAM 地图创建方法[J]. 计算机应用研究，2016, 33(10):2970-3006.

[7] 张强，赵江海，袁雅薇，等．激光视觉融合下的运动检测与失配矫正[J]．光电工程，2017, 44(11): 1107-1118.

[8] Wang Z, Zhan W, Tomizuka M. Fusing Bird's Eye View LIDAR Point Cloud and Front View Camera Image for 3D Object Detection[C]//2018 IEEE Intelligent Vehicles Symposium (IV), Changshu, China, 26-30 June, 2018 .

[9] Wei P, Cagle L, Reza T, et al. LiDAR and camera detection fusion in a real-time industrial multi-sensor collision avoidance system[J]. Electronics, 2018, 7(6): 84.

[10] 倪建军，史朋飞，罗成名．人工智能与机器人[M]．北京：科学出版社，2019.

[11] 王东署，王佳．未知环境中移动机器人环境感知技术研究综述[J]．机床与液压，2013, 41(15):187-191.

[12] 李新德，黄心汉，戴先中，等. 模糊扩展 DSmT 在移动机器人环境感知中的应用[J]. 华中科技大学学报（自然科学版），2008, (S1):113-115.

[13] Lowe D G. Distinctive image feature from scale invariant key points[J]. International Journal of Computer Vision, 2004, 60(2): 91-110.

[14] Bay H, Ess A, Tuytelaars T, et al. Speeded-Up Robust Features (SURF) [J]. Computer Vision and Image Understanding, 2008, 110(3): 346-359.

[15] Mur-Artal R, Tardós J D. ORB-SLAM: tracking and mapping recognizable features[C]// Workshop on Multi View Geometry in Robotics (MVIGRO)-RSS, California, United states, 12-16 July 2014.

[16] Witkin A P. Scale-space filtering[M]. Readings in Computer Vision. Morgan Kaufmann, 1987: 329-332.

[17] Rosten E, Drummond T. Machine learning for high-speed corner detection[C]// 9th European Conference on Computer Vision, Graz, Austria, May 7-13, 2006.

[18] Calonder M, Lepetit V, Strecha C, et al. Brief: Binary robust independent elementary features[C]// European conference on computer vision. Springer, Berlin, Heidelberg, Sep 5-11,2010: 778-792.

[19] 解则晓，陆文娟．基于图像相似几何特征的双目匹配算法[J]．中国激光，2014, 41(05):177-183.

[20] 邓宝松，高宇，魏迎梅，等．图像匹配中具有仿射不变性特征的定量分析[J]．信号处理，2008, (02):227-232.

[21] 郑剑华．单目实时深度估计与三维重建[D]．杭州：浙江大学，2019.

[22] 裴茂锋．视觉 SLAM 的半稠密认知地图创建方法研究及实现[D]．广州：华南理工大学，2018.

[23] Zhang G, Liu H, Don Z, et al. ENFT: Efficient Non-Consecutive Feature Tracking for Robust Structure-from-Motion[J]. IEEE Trans Image Process, 2015, 25(12):5957-5970.

[24] Tanskanen P, Kolev K, Meier L, et al. Live metric 3D reconstruction on mobile phones[C]// Proceedings of the IEEE International Conference on Computer Vision, Sydney, Australia, 1-8 Dec, 2013.

[25] Vogiatzis G, Hernández C. Video-based, real-time multi-view stereo[J]. Image and Vision Computing, 2011, 29(7): 434-441.

[26] Mur-Artal, Raul, Montiel, Juan D, et al. ORB-SLAM: a Versatile and Monocular SLAM System[J]. IEEE Transactions on Robotics, 2015, 31(5):1147-1163.

[27] Engel J, Schöps T, Cremers D. LSD-SLAM: Large-scale direct monocular SLAM[C]// 13th European conference on computer vision, Zurich, Switzerland, 6-12 Sep, 2014.

[28] Yang S, Scherer S. Monocular object and plane slam in structured environments[J]. IEEE Robotics and Automation Letters, 2019, 4(4): 3145-3152.

[29] Chen L, Zhan W, Tian W, et al. Deep integration: A multi-label architecture for road scene recognition [J]. IEEE Transactions on Image Processing, 2019, 28(10): 4883-4898.

[30] Ren S, Sun K, Tan C, et al. A two-stage deep learning method for robust shape reconstruction with electrical impedance tomography [J]. IEEE Transactions on Instrumentation and Measurement, 2020, 69(7): 4887-4897.

[31] Zheng K, Naji H. Road scene segmentation based on deep learning [J]. IEEE Access, 2020, 8: 140964-140971.

[32] Dai C, Liu X, Yang L T, et al. Video scene segmentation using tensor-train faster-RCNN for multimedia IoT systems[J]. IEEE Internet of Things Journal, 2020, 8(12): 9697-9705.

[33] Mohapatra R K, Shaswat K, Kedia S. Offline handwritten signature verification using CNN inspired by inception V1 architecture[C]// 2019 Fifth International Conference on Image Information Processing (ICIIP), Shimla, India, 15-17 Nov, 2019.

[34] Guo M, Xue D, Li P, et al. Vehicle pedestrian detection method based on spatial pyramid pooling and attention mechanism[J]. Information, 2020, 11(12): 583.

[35] Ni J, Shen K, Chen Y, et al. An improved deep network-based scene classification method for self-driving cars[J]. IEEE Transactions on Instrumentation and Measurement, 2022, 71: 1-14, 5001614.

[36] Delibasoglu I, Cetin M. Improved U-Nets with inception blocks for building detection[J]. Journal of Applied Remote Sensing, 2020, 14(4): 044512.

[37] Li X, Yu L, Chang D, et al. Dual cross-entropy loss for small-sample fine-grained vehicle classification[J]. IEEE Transactions on Vehicular Technology, 2019, 68(5): 4204-4212.

[38] McCall R, McGee F, Mirnig A, et al. A taxonomy of autonomous vehicle handover situations[J]. Transportation research part A: policy and practice, 2019, 124: 507-522.

[39] Zhang L, Li L, Pan X, et al. Multi-level ensemble network for scene recognition[J]. Multimedia Tools and Applications, 2019, 78(19): 28209-28230.

[40] Wang L, Guo S, Huang W, et al. Knowledge guided disambiguation for large-scale scene classification with multi-resolution CNNs[J]. IEEE Transactions on Image Processing, 2017, 26(4): 2055-2068.

[41] Wang W, Hu Y, Zou T, et al. A New Image Classification Approach via Improved MobileNet Models with Local Receptive Field Expansion in Shallow Layers[J]. Computational Intelligence and Neuroscience, 2020(2):1-10.

[42] Liu S, Tian G, Xu Y. A novel scene classification model combining ResNet based transfer learning and data augmentation with a filter[J]. Neurocomputing, 2019, 338:191-206.

[43] Hosny K M, Kassem M A, Foaud M M. Classification of Skin Lesions into Seven Classes Using Transfer Learning with AlexNet[J]. Journal of Digital Imaging, 2020, 33(5):1325-1334.

[44] Mohapatra R. K, Shaswat K, Kedia S. Offline handwritten signature verification using CNN inspired by inception V1 architecture [C]// In Fifth International Conference on Image Information Processing (ICIIP), Solan, India, November 15-17, 2019.

第6章 移动机器人同步定位与建图

移动机器人工作的环境在很多时候是未知、动态的，因此移动机器人面临着对未知环境的描述问题，以及如何利用地图对其在未知环境中进行定位的问题。如果移动机器人的位置是已知的，那么就可以利用传感器对环境中的障碍物、标志物等进行观测，并在地图上描述出来，完成地图绘制，即建图（Mapping）任务[1-2]。如果移动机器人已知环境地图，那么就可以利用环境地图来确定自身的位置，这就是移动机器人定位（Localization）[3-4]。移动机器人构建环境地图需要进行自身定位，而自身定位又必须依赖于环境地图，所以定位和建图问题是一个“鸡和蛋”的问题。因此，开展移动机器人同步定位与建图（Simultaneous Localization And Mapping，SLAM）算法的研究具有重要的理论和实际意义，在家庭服务、环境探索、城市搜救等方面都具有很好的应用前景[5-7]。

本章首先概述移动机器人定位与建图的基本概念和常用方法，然后对移动机器人的SLAM进行简要介绍，最后重点介绍三种SLAM算法，包括基于改进扩展卡尔曼滤波SLAM算法、基于改进生物启发方法的SLAM算法，以及基于深度学习的机器人语义SLAM算法等。

6.1 移动机器人同步定位与建图概述

6.1.1 移动机器人定位概述

当前，移动机器人的应用领域和范围不断扩展，其中定位技术提供了重要支持。近年来，移动机器人定位技术在技术手段、定位精度、可用性等方面均取得质的飞跃[8-10]。

1. 经典定位技术

移动机器人的经典定位技术包括室外卫星定位、无线局域网定位、无线射频定位、超声波定位和超宽带定位等。采用经典定位技术的定位系统基本结构包括移动机器人、基站和标签，如图6.1所示。

1）室外卫星定位

卫星定位是移动机器人在室外常用的定位方法。卫星定位系统主要由卫星星座、接收站、监控中心组成，其中卫星星座由分布在同步轨道上的多颗卫星构成，主要负责提供导航电文信息；接收站的作用是接收卫星星座的导航电文信息并进行定位解算；监控中心的主要任务是向卫星注入导航数据和控制指令。在移动机器人上安装接收器后，通过测量接收站与卫星星座之间的卫星信号，可以得到接收器与卫星星座之间的伪距（Pseudorange），进而可利用定位解算算法来获得移动机器人的位置参数。

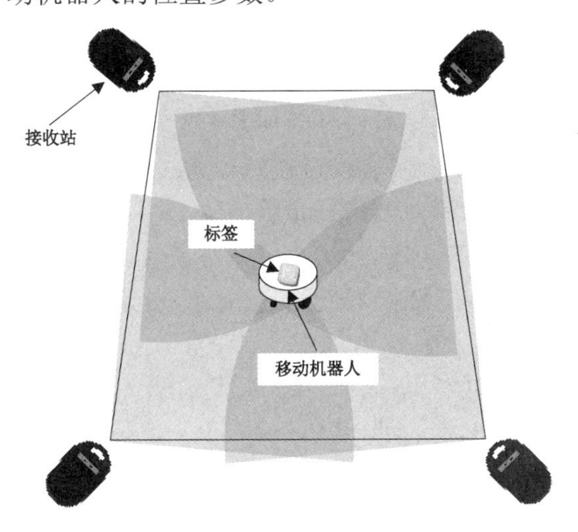

图 6.1　采用经典定位技术的定位系统基本结构

2）无线局域网定位

无线局域网是一种不需要有线电缆就可以提供以太网或令牌网络服务的无线通信方式。在无线局域网中，应用最为广泛的是 Wi-Fi 技术。Wi-Fi 技术能够屏蔽终端的差异性，进行无线互联，提供机器人导航、位置以及管理等相关服务。利用 Wi-Fi 技术进行移动机器人定位的基本原理为：利用无线网卡和无线接入点的射频信号强度测量功能，通过接收机对 Wi-Fi 信号进行检测，几何距离相近的移动机器人可以接收到强度相似的信号。为了提高 Wi-Fi 定位精度，可以将定位过程分为两个阶段：离线训练阶段和在线定位阶段。在离线训练阶段，测量移动机器人接收机在不同距离下 Wi-Fi 信号强度，在定位空间建立基于几何距离和 Wi-Fi 信号强度的映射库。在在线定位阶段，当移动机器人运动到某一位置时首先获得该位置的 Wi-Fi 信号强度，然后根据在离线训练阶段建立的映射库即可获得该 Wi-Fi 信号强度对应的几何距离，最后基于由多组几何距离建立的方程求解即可获得移动机器人的位置信息。

3）无线射频定位

无线射频技术主要是利用射频信号和空间耦合传输特性来识别和定位物体的。利用无线射频技术的无线射频定位系统主要由标签、读写器和时间同步器等硬件组成。无线射频定位系统主要采用读写器和安装在目标对象上的标签，利用无线射频信号将标签信息传输到读写器中，通过无线射频信号自动识别目标对象并交换数据，这属于一种非接触测量。移动机器人无线射频定位的具体实施方法为：在室内环境安装读写器，并在移动机器人上安装无源标签，在移动机器人运动过程中读卡器可以发现几米范围内的无源标签，移动机器人可以利用该信息执行导航定位任务。但对于移动机器人无线射频定位，在近距离或者视距环境下定位效果较好，在远距离或者非视距环境下定位效果很差，而且当标签被覆盖或者遮挡时，无线射频定位将无法工作。因此，标签和读写器的部署策略将严重影响移动机器人无线射频定位的精度，通过在室内密集部署标签和读写器可以提高移动机器人无线射频定位的性能。

4）超声波定位

移动机器人超声波定位利用的是反射式测距原理，通过发射超声波并接收由移动机器人反射产生的回波，根据发射超声波与回波的时间差，结合超声波的传播速度来计算超声波发生装置与移动机器人之间的距离。当获得三组或以上不在同一方向的距离时，可以获得移动机器人的位置。超声波定位系统的结构简单，但多径效应明显，并且在空气中的衰减严重，因此超声波定位的精度不高，通常需要和其他定位技术一起使用：一种方法是结合超声波定位与无线射频定位，利用无线射频信号先激活标签，再使用标签接收超声波，利用时间差的方法进行测距；另一种方法是利用多超声波传感器，在定位空间部署 4 个超声波传感器，利用多组超声波测距参数来提高移动机器人的定位精度。

5）超宽带定位技术

超宽带定位技术是近年来兴起的一种定位技术。作为一种无载波通信技术，超宽带的工作频带为 3.1～10.6 GHz，利用纳秒级或纳秒级以下非正弦波窄脉冲传输数据。超宽带定位技术的原理为：在定位空间安装多组超宽带基站，与安装在移动机器人上的定位标签进行脉冲信号通信，根据信号到达时间差原理即可实现定位。在进行超宽带定位时，首先需要网络有线连接对多组超宽带基站进行时间同步，然后基于 TDOA 对移动机器人的位置进行解算。超宽带定位技术具有传输速率高、抗干扰性好及多径分辨能力强等优点，在室内移动机器人定位中可以达到厘米级的定位精度。超宽带定位技术对时间同步要求极高，覆盖距离小、硬件成本很高，适合小范围、高精度的移动机器人定位。

2. 移动机器人无线定位算法

根据是否利用节点间距离或者角度信息，移动机器人无线定位算法可以分为非测距定位算法和基于测距的定位算法。移动机器人无线定位算法的基本流程如图 6.2 所示。

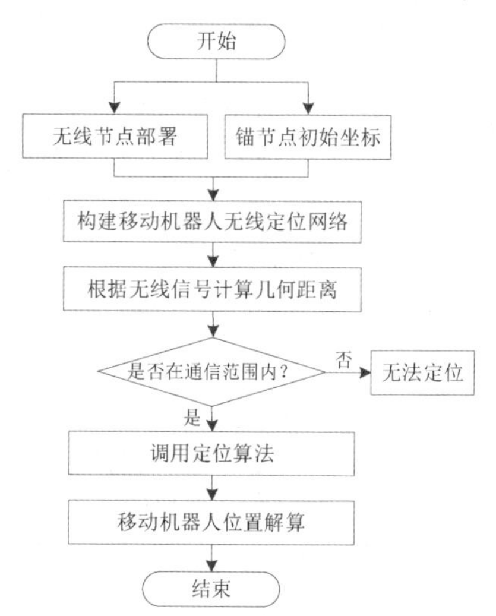

图 6.2 移动机器人无线定位算法的基本流程

由于非测距定位算法的无线测距信息计算量低且定位精度低，适合低精度的定位场合。基于测距的定位算法主要通过测量锚节点和移动节点之间的无线信号，包括信号接收强度指示（Received Signal Strength Indicator，RSSI）、信号到达时间（Arrival of Time，TOA）、信号到达时间差（Time Difference of Arrival，TDOA）以及信号到达角度（Arrival of Angle，AOA），来对移动机器人位置进行精确求解。非测距定位算法主要包括质心定位算法、DV-HOP 定位算法等，基于测距的无线定位算法主要包括最小二乘法、卡尔曼滤波法等。

1）质心定位算法

质心定位算法的原理是：未知节点被包围在 k 个锚节点所组成的多边形中，通过计算多边形的质心来近似确定未知节点的位置。具体计算过程如下：

假设锚节点 A、B、C 对应的坐标分别为 (x_1, y_1)、(x_2, y_2)、(x_3, y_3)，未知节点 D 的坐标为 (x, y)，基于质心定位算法计算未知节点 D 的坐标的公式为：

$$\begin{cases} x = \dfrac{x_1 + x_2 + x_3}{3} \\ y = \dfrac{y_1 + y_2 + y_3}{3} \end{cases} \tag{6-1}$$

质心定位算法只有在未知节点位于多边形的质心位置时才能获得较好的定位精度，在靠近锚节点的位置以及多边形边界的位置时会产生很大的误差。

质心定位算法作为一种非测量定位算法，主要通过将锚节点的坐标信息发送给未知节点，未知节点通过锚节点组成多边形，根据求得的多边形质心来估算自己的位置。因此，相同通信范围内的锚节点数量越多，估算出的未知节点位置就越准确，但锚节点数量越多也会增加与未知节点的通信次数，增加无线定位系统的负担。

为了提高质心定位算法的定位精度，可以采用加权质心定位算法，其基本思想是：通过锚节点与未知节点之间的几何关系来确定一个加权值，利用加权值来体现不同锚节点对未知节点坐标的影响，从而提高定位精度。加权质心定位算法的计算公式如下：

$$\begin{cases} x = \dfrac{\dfrac{x_1}{d_1 + d_2} + \dfrac{x_2}{d_2 + d_3} + \dfrac{x_3}{d_3 + d_1}}{\dfrac{1}{d_1 + d_2} + \dfrac{1}{d_2 + d_3} + \dfrac{1}{d_3 + d_1}} \\ y = \dfrac{\dfrac{y_1}{d_1 + d_2} + \dfrac{y_2}{d_2 + d_3} + \dfrac{y_3}{d_3 + d_1}}{\dfrac{1}{d_1 + d_2} + \dfrac{1}{d_2 + d_3} + \dfrac{1}{d_3 + d_1}} \end{cases} \tag{6-2}$$

式中，d_1、d_2 和 d_3 分别代表锚节点到未知节点的几何距离，其几何距离可以通过无线测距手段获得。

2）DV-HOP 定位算法

DV-HOP 定位算法不需要节点间的测距参数，通过其多跳信息即可定位未知节点。首先在获得未知节点与锚节点最小跳数基础上，估算出无线传感网中每跳路由距离；然后利用最小跳数与平均每跳路由距离乘积得到未知节点与锚节点之间几何距离；最后通过定位算法解算得到未知节点的坐标。

DV-HOP 定位算法可分为三个步骤：

（1）锚节点以洪泛方式广播包含位置和跳数初始值的信标，邻居锚节点接收并保存同一锚节点所有信标中最小跳数，并且将跳数加 1 后转发信标。

（2）基于锚节点的平均每跳距离，建立未知节点与锚节点之间的跳数与距离转换模型，通过网络拓扑结构计算未知节点与对应锚节点之间几何距离。

（3）基于锚节点确定的坐标参数，结合未知节点与锚节点间距离，进行未知节点的坐标估算。

移动机器人 DV-HOP 定位算法示例如图 6.3 所示。

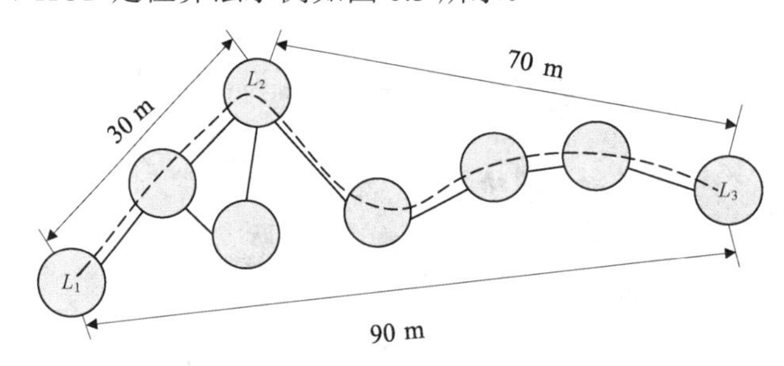

图 6.3 移动机器人 DV-HOP 定位算法示例

DV-HOP 定位算法是利用平均每跳距离来进行距离估算的，对硬件要求低，但利用跳段距离来代替直线距离存在一定误差。

3）最小二乘法

最小二乘法是移动机器人无线定位中常用的算法，主要采用基于 RSSI、TOA、TDOA 或者 AOA 测距中的一种进行锚节点到未知节点几何距离测量，并通过联立方程组进行未知节点坐标的求解，能够使无线定位解算误差平方和最小。具体计算过程如下：

令锚节点坐标为(x_1,y_1)、(x_2,y_2)、…、(x_n,y_n)，未知节点坐标为(x,y)，基于 TOA 测距得到未知节点与锚节点之间几何距离为$d_1,d_2,\cdots,d_n$，则联立方程组为：

$$\begin{cases}(x-x_1)^2+(y-y_1)^2=d_1{}^2\\(x-x_2)^2+(y-y_2)^2=d_2{}^2\\\qquad\cdots\\(x-x_n)^2+(y-y_n)^2=d_n{}^2\end{cases}\tag{6-3}$$

方程组前面的 $n-1$ 个方程依次减去第 n 个方程，可得：

$$\begin{cases}x_1{}^2-x_n{}^2-2(x_1-x_n)x+y_1{}^2-y_n{}^2-2(y_1-y_n)y=d_1{}^2-d_n{}^2\\x_2{}^2-x_n{}^2-2(x_2-x_n)x+y_2{}^2-y_n{}^2-2(y_2-y_n)y=d_2{}^2-d_n{}^2\\\qquad\cdots\\x_{n-1}{}^2-x_n{}^2-2(x_{n-1}-x_n)x+y_{n-1}{}^2-y_n{}^2-2(y_{n-1}-y_n)y=d_{n-1}{}^2-d_n{}^2\end{cases}\tag{6-4}$$

上式可以写成矩阵的形式：

$$\boldsymbol{AX}=\boldsymbol{b}\tag{6-5}$$

式中：

$$\boldsymbol{A}=\begin{bmatrix}2(x_1-x_n)&2(y_1-y_n)\\2(x_2-x_n)&2(y_2-y_n)\\\cdots&\cdots\\2(x_{n-1}-x_n)&2(y_{n-1}-y_n)\end{bmatrix},\quad\boldsymbol{X}=\begin{bmatrix}x\\y\end{bmatrix},\quad\boldsymbol{b}=\begin{bmatrix}x_1^2-x_n^2+y_1^2-y_n^2+d_n^2-d_1^2\\x_2^2-x_n^2+y_2^2-y_n^2+d_n^2-d_2^2\\\cdots\\x_{n-1}^2-x_n^2+y_{n-1}^2-y_n^2+d_n^2-d_{n-1}^2\end{bmatrix}$$

利用最小二乘法求解可得：

$$\boldsymbol{X}=(\boldsymbol{A}^{\mathrm{T}}\boldsymbol{A})^{-1}\boldsymbol{A}^{\mathrm{T}}\boldsymbol{b}\tag{6-6}$$

4）卡尔曼滤波法

移动机器人定位的首要问题是对检测的信号进行估计，卡尔曼滤波可利用线性系统状态方程和观测方程得到一个全局最优的状态估计。线性离散时间系统可以用如下状态方程和观测方程表示：

$$X_k = F_k X_{k-1} + \omega_k \tag{6-7}$$

$$Z_k = H_k X_{k-1} + v_k \tag{6-8}$$

式中，X_k 是定位系统状态向量；Z_k 是定位系统观测序列；ω_k 是过程噪声序列，满足高斯白噪声 $N(0, Q_k)$；v_k 是观测噪声序列，满足高斯白噪声 $N(0, R_k)$；F_k 是定位系统状态转移矩阵；H_k 是定位系统观测矩阵。

只要给定初始状态 $\hat{X}_0$、协方差矩阵 P_0 以及 k 时刻的观测值 Z_k，卡尔曼滤波就可以利用递归方程计算出 k 时刻的系统状态估计 $\hat{X}_k$。运用 $k-1$ 时刻状态估计 $\hat{X}_{k-1}$ 和协方差矩阵 P_{k-1} 来预测 k 时刻的状态估计值 $\hat{X}_k^-$ 和协方差矩阵 P_k^-，可以表示为：

$$\hat{X}_k^- = F_k \hat{X}_{k-1} \tag{6-9}$$

$$P_k^- = F_k P_{k-1} F_k^{\mathrm{T}} + Q_k \tag{6-10}$$

根据预测的协方差矩阵 P_k^- 和观测噪声协方差矩阵 R_k 计算卡尔曼增益：

$$K_k = P_k^- H_k^{\mathrm{T}} (H_k P_k^- H_k^{\mathrm{T}} + R_k)^{-1} \tag{6-11}$$

根据预测的状态估计 $\hat{X}_k^-$ 和实际观测值 Z_k 修正系统的状态估计 $\hat{X}_k$，计算相应的协方差矩阵 P_k：

$$\hat{X}_k = X_k^- + K_k (Z_k - H_k \hat{X}_k^-) \tag{6-12}$$

$$P_k = (I - K_k H_k) P_k^- \tag{6-13}$$

卡尔曼滤波法不需要处理庞大的数据和计算，但需要严格的移动机器人运动学模型。由于移动机器人的运动是非线性系统，其滤波无法用解析式表示，随着时间的推移，最优解是无法实现的，因此对于移动机器人定位系统，可以采用扩展卡尔曼滤波法和无迹卡尔曼滤波法。

6.1.2　移动机器人地图建模概述

为了使移动机器人能够在未知环境中有效运动，移动机器人必须学会绘制或表述该环境的地图[11-12]。本节简要介绍常用的移动机器人地图模型和基于测距的地图构建方法。

1. 移动机器人地图模型

为了帮助移动机器人建立一张地图，首先需要确定地图模型，常见的地图模型有尺度地图、拓扑地图和语义地图。

1）尺度地图（Metric Map）

尺度地图如图 6.4 所示，其中的位置用一个坐标值表示。尺度地图是地图的最基本形式。

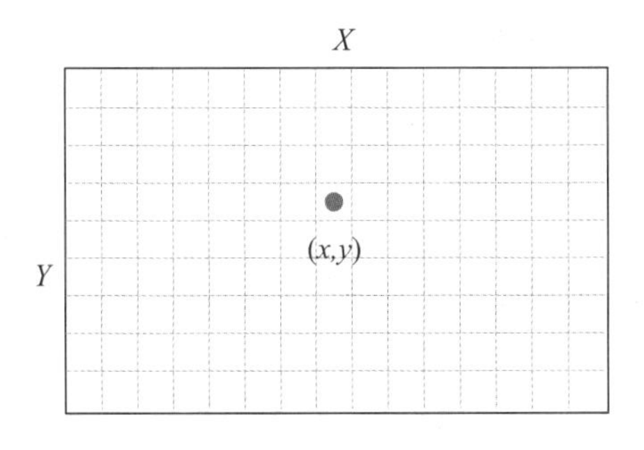

图 6.4　尺度地图

2）拓扑地图（Topological Map）

拓扑地图如图 6.5 所示，其中的位置用节点表示，节点之间的连接用弧表示。精确的坐标在拓扑地图上并不重要，重要的是节点之间的连接。在图 6.5 中，左边的拓扑图和右边的拓扑图是等价的，弧被用来表述节点之间的连接代价或限制条件。

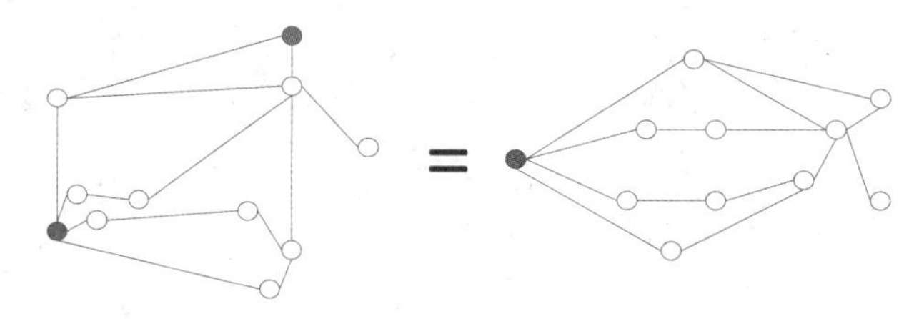

图 6.5 拓扑地图

3）语义地图（Semantic Map）

可以预见，在不远的未来机器人可以适应更加复杂的未知环境，实现更高级的人机交互，从而在日常生活中帮助或替代人们完成不同的任务，如房屋清洁、安保、护理等。传统的地图（如栅格地图和拓扑地图）可以满足机器人的基础功能（如导航、定位、路径规划等），但这些地图不包含环境的高层次语义信息，而这些语义信息对于机器人更充分地理解环境、执行更高级的人机交互任务都是至关重要的。

为了解决这个问题，近年来国内外的许多研究机构、学者都投入机器人语义地图创建的研究中，由于不同方法所使用的技术与要解决的问题不同，所以不同研究者对语义地图的定义与理解也不尽相同。通常，语义地图是指在传统的地图构建技术基础上增添语义信息形成的地图。例如，有的学者提出基于 QR Code（Quick Response Code）标签的三维室内环境地图，即通过在物品上粘贴基于 QR Code 技术的自相似二维人工物标，从而准确快捷地获得物品的功能信息，同时构建语义地图；有的学者利用深度学习技术，对移动机器人三维点云进行语义划分，从而建立语义地图，如图 6.6 所示。

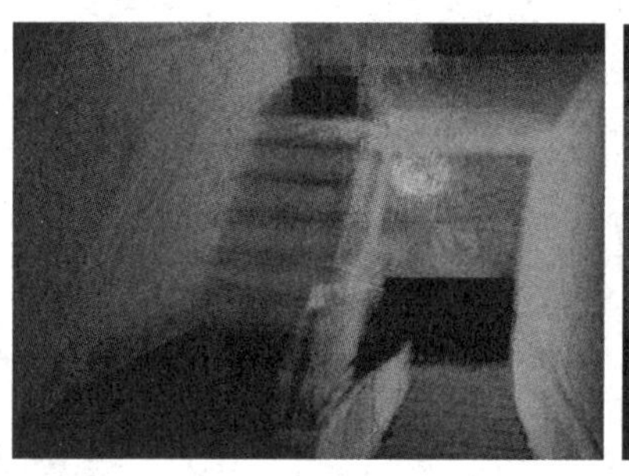

图 6.6 基于深度学习和移动机器人三维点云的语义地图

2. 基于距离测量的地图构建算法

下面以基于距离测量的地图构建为例，简要介绍移动机器人建图的基本过程。这里以栅格地图为模型，栅格的每个元素都可以用一个相应的占据变量描述，这里的“占据”被定义在有两个可能状态的概率空间内，即“空闲”及“被占据”。栅格地图就是由占据变量组成的数组（详见本书第 3 章）。

利用一个距离传感器构建地图，由传感器提供距离信息，在地图上，每个栅格只有两种可能的测量结果。当栅格可以被传感器测距信号通过时，意味着它是一个自由的空间。如果栅格被传感器测距信号击中，则意味着它被某些东西占据了。我们用变量 z 表示栅格被占据状态，用“0”代表空闲，“1”代表被占据，即 $z\sim\{0,1\}$。由于移动机器人无法对周围的环境有确定的认知，因此使用占据的概率标记而非二值占据变量进行标记，这样就可以利用贝叶斯概率方法建立栅格地图。

考虑测量概率模型 $p(z|m_{x,y})$，给定每个栅格的占据状态，测量只有四种可能的条件概率：在 $m_{x,y}$ 为 1 的条件下 z 也为 1 的概率为 $p(z=1|m_{x,y}=1)$，即对一个被占据的栅格获得测量结果为被占据的概率；在 $m_{x,y}$ 为 1 的条件下 z 为 0 的概率，即对一个被占据的栅格获得的测量结果为空闲的概率。同样，在 $m_{x,y}$ 为 0 的条件下也可以用相同的方法定义概率，即：

$$\begin{aligned}&p(z=1|m_{x,y}=1)\\&p(z=0|m_{x,y}=1)=1-p(z=1|m_{x,y}=1)\\&p(z=1|m_{x,y}=0)\\&p(z=0|m_{x,y}=0)=1-p(z=1|m_{x,y}=0)\end{aligned}\tag{6-14}$$

这样就可以在贝叶斯框架下根据传感器测距信号更新每个栅格的占据概率。如果对栅格有一些先验地图（即先验信息），则可以根据贝叶斯法则将这些先验地图考虑进来，即：

$$p(m_{x,y}|z)=\frac{p(z|m_{x,y})p(m_{x,y})}{p(z)}\tag{6-15}$$

式中，$p(m_{x,y})$ 表示先验地图；$p(m_{x,y}|z)$ 表示后验地图；$p(z)$ 表示获得的证据。

6.1.3　移动机器人 SLAM 概述

1．SLAM 的定义

在未知的场景中开展工作，移动机器人既需要知道所处环境的地图信息，还需要对自身进行定位。为了获取准确的定位，首先应该创建相应的环境地图。但是，想要构建相应的环境地图，就要先知道移动机器人的确切位置，它们两者是相辅相成的，缺一不可。之前，有很多学者将上述的两个问题分开单独进行研究：环境地图的构建是在移动机器人位置信息已知的情况下进行的，同时移动机器人的定位也是在标志物位置信息已知的条件下进行的。随着移动机器人工作环境越来越复杂，这种分开单独处理的方法难以满足要求，20 世纪 80 年代机器人同步定位与建图（SLAM）被提出，并逐渐成为移动机器人领域的研究热点之一[13-15]。

相比于分开单独进行移动机器人的定位和环境地图的构建，SLAM 的复杂度要大得多，其基本框架如图 6.7 所示。SLAM 可以理解为：移动机器人从任意的位置开始进行持续的运动，利用自身位姿的估计信息以及对环境的观测信息，以递进的方式进行地图的构建，并利用获取的环境地图信息不断地更新自身的定位信息。这里的移动机器人定位与递进式的地图构建是相辅相成的，而并非是两个单独的过程。

2．移动机器人 SLAM 的研究现状

早在 20 世纪 80 年代，人们就开始了机器人 SLAM 的研究，解决 SLAM 问题的方法以基于概率统计的数学方法为主，包括基于扩展卡尔曼滤波的 SLAM、基于空间扩展信息滤波的 SLAM[16]、基于集合理论的 FastSLAM[17]等。根据地图表示方法的不同，可以将 SLAM 细

分为基于栅格的 SLAM、基于特征的 SLAM 以及基于拓扑结构的 SLAM[18-19]。最近几年，随着机器视觉技术的发展以及人们要求的提高，视觉 SLAM 逐渐成为研究热点[20-21]。

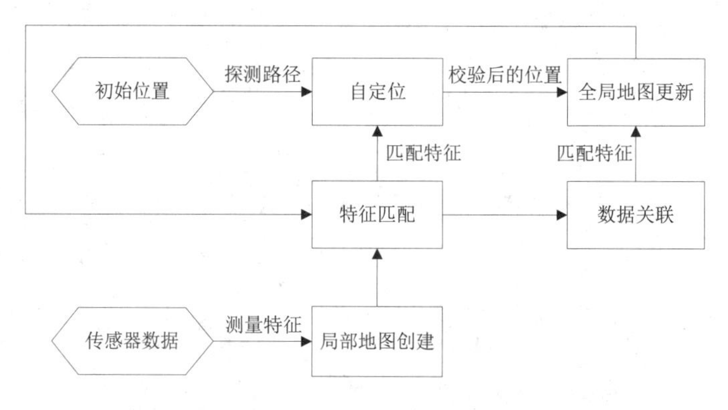

图 6.7　SLAM 的基本框架

1）基于概率模型的 SLAM

在现有的理论方法中，扩展卡尔曼滤波（EKF）是进行移动机器人 SLAM 的最主要的参照理论，最开始的解决方法是由 Smith 等人提出的任意环境地图的构建方案[22]。该方案的主要思路是在任意的环境地图中，将环境特征向量和移动机器人的位置向量堆砌成一个高维状态向量，并采用扩展卡尔曼滤波算法对该高维状态向量进行最小均方估计，为后续研究移动机器人探索过程中的不确定性做了铺垫。扩展卡尔曼滤波算法在解决不确定数据方面有特有的优点，因此广受机器人自主探索研究的普遍重视。自扩展卡尔曼滤波算法出现以后，对不同类型的 EKF 算法研究非常多，基于扩展卡尔曼滤波的 SLAM 成为使用最普遍的 SLAM 之一。

粒子滤波（PF）是一种使用粒子集来表征可能性分布的蒙特卡洛算法，可以用在所有的复杂空间环境中，而且当样本个数趋向于无穷大时可以接近一切形式的可能性分布。因此，在观测量和估计量的基础上，PF 可以更精确地对后验概率分布进行表示，所以能够有效地解决 SLAM 问题。Murphy 等人首先将粒子滤波用来解决 SLAM 问题，成功进行了 10×10 栅格地图下的 SLAM。之后，美国卡耐基-梅隆大学的研究者改进了该算法，提出了 FastSLAM 算法，并第一次完美地用在实际的移动机器人[23]。FastSLAM 算法利用粒子滤波来估计移动机器人的运动轨迹，结合扩展卡尔曼滤波算法估计标志物的位置信息，且一个扩展卡尔曼滤波器对应着一个标志物。FastSLAM 算法使用扩展卡尔曼滤波算法以及概率算法的优势在于：不仅降低了算法的复杂度，而且相比于原来的算法具有了更理想的鲁棒性，同时在已知数据关联（Data Association）和未知数据关联情况下均能够取得较好的效果。

2）基于非概率模型的 SLAM

基于非概率模型的 SLAM 主要有基于图优化的 SLAM（Graph-SLAM）、基于扫描匹配的 SLAM（Scan-SLAM）等。其中 Graph-SLAM 的相关模型是由 Lu F 和 Milios E 等人于 1997 年提出的[24]。但是，由于其中牵涉到大量的信息矩阵运算，完成移动机器人 SLAM 的过程比较耗时，无法满足实时性的要求，因此学者们对其进行了改进优化。例如，Rainer 等人开发的改进 Graph-SLAM 算法；Google 开发的用于解决大型复杂优化问题的 C++库开源 Ceres Solver[25-26]。Scan-SLAM 算法的基本思想是计算相邻两帧扫描数据的二维姿态转换矩阵并更新地图[27-28]。Scan-SLAM 算法不需要人为设定的参照性物体（如路标、灯塔等），而且适用于非多边形及动态环境，和基于扩展卡尔曼滤波的 SLAM 算法相比，Scan-SLAM 算法更简单、与标志物个数、环境大小无关。

3）视觉 SLAM 研究现状

根据移动机器 SLAM 技术所用传感器的不同，SLAM 算法又可分为视觉 SLAM 和非视觉 SLAM[29]。由于视觉传感器具有价格相对较低的特点，最近几年视觉 SLAM 技术得到了迅速发展，下面对其发展现状进行简要介绍。

作为视觉 SLAM 研究领域的先驱，Davison 等人[30]于 2007 年提出了 MonoSLAM 系统，该系统将扩展卡尔曼滤波算法应用在系统的后端，将相机的当前状态以及所有的路标点作为状态量，更新它们的均值和协方差，追踪前端稀疏的特征点，实现了基于视觉传感器的实时定位并完成地图构建。同年，Klein 等人[31]提出了 PTAM（Parallel Tracking And Mapping）系统，PTAM 系统使用了两个线程，实现了跟踪与建图的同步进行，并且该系统首次在后端优化中使用非线性优化方法来取代传统的滤波器。由于计算的代价较小，PTAM 系统已经成功应用在微型飞行器和手机上。

近年来涌现出了很多优秀的视觉 SLAM 系统，如 ORB-SLAM、LSD-SLAM、SVO 和 RGBD-SLAM 等，构建的环境地图主要分为稀疏地图、半稠密地图以及稠密地图三种。ORB-SLAM 是由 Mur-Artal 等人于 2015 年提出的[32]，代表着基于特征点的 SLAM 的一个巅峰，是近年来最完善易用的系统之一。该系统使用跟踪、局部地图构建和回环检测三个线程来完成 SLAM，支持单目、双目、RGB-D 三种视觉输入模式，在实际操作中取得了很好的定位和建图效果。但是，由于 ORB-SLAM 系统整体都是基于 ORB 特征点的，对环境特征比较敏感，在光线不好或者在没有明显纹理的环境下，极易跟丢目标；此外，三线程结构对 CPU 的要求较高，很难移植到嵌入式设备上。LSD-SLAM（Large Scale Direct Monocular SLAM）是直接法在单目视觉 SLAM 成功应用的标志[33]，不仅不需要计算场景特征点，还能构建出半稠密的环境地图。但是，该系统对相机的内部参数要求更高，对曝光也十分敏感，在相机快速移动时容易跟丢目标。此外，LSD-SLAM 系统的回环检测线程仍旧通过特征点的计算来进行回环检测[34-35]。SVO（Semi-direct Visual Odoemtry）是由 Forster 等人提出的一种基于半直接法的视觉里程计[36]，将特征点的使用与直接法相结合，通过对关键特征点的跟踪，并利用直接法来对相机的运动及位置进行估计。SVO 系统的另一大创新点是提出了深度滤波器的概念，使系统能够更好地对特征点的位置进行计算。但是，SVO 系统为了追求速度及轻量化，放弃了系统后端优化及闭环检测，造成相机位姿估计存在一定累计误差，且一旦跟丢目标就很难重新定位，所以它实际上并不是一个完全的 SLAM 系统。随着以 Kinect 为代表的深度摄像头的推出，新的基于 RGB-D 相机的 SLAM 算法被提出，实现了环境稠密地图的构建[37]。

在移动机器人 SLAM 方面，国内在这几年也有了长足的发展。例如，陈伟等人提出了基于粒子滤波的单目视觉 SLAM 算法[38]，利用粒子滤波将环境中标注点的观测数据和码盘数据相融合，有效提高了移动机器人的定位精度，增强了系统的可靠性。徐伟杰等人针对 1-point 随机采样一致性算法（RANSAC）在相机多轴角速度快速变化时会失效的问题，提出了 2-point RANSAC 算法[39]，在微型无人直升机单目视觉 SLAM 实验中取得了良好的效果。张毅等人提出了一种融合激光与深度视觉传感器的移动机器人 SLAM 算法[40]，将基于贝叶斯方法的激光传感器与深度摄像机所提取的信息进行融合，有效提高了视觉 SLAM 算法的精准性和可靠性。王开宇等人针对传统视觉机器人视野狭窄、跟踪和定位能力较差的问题，提出了一种基于改进扩展卡尔曼滤波（EKF）算法的全景机器人视觉 SLAM 算法[41]，通过全景视觉系统来提取移动机器人周围的环境特征，完成路标定位，并利用改进 EKF 算法对移动机器人的位姿及构建的地图进行更新，有效提高了系统的定位精度。董蕊芳等人提出了基于图优化的单目线特征机器人视觉 SLAM 算法[42]，针对特征点难以准确描述环境结构信息的不足，使用图像中的直线为特征来构建地图，并利用图优化的方法来解决定位精度和地图准确性问题，较之于传统的点特征以及滤波方法具有很大进步。

6.2 基于改进扩展卡尔曼滤波的移动机器人 SLAM 算法

SLAM 问题可以等效为同时预测机器人位姿信息及标志物位置信息的问题。基于传统扩展卡尔曼滤波的 SLAM 算法或者基于粒子滤波的 SLAM 算法都存在不足。例如，传统的 EKF 在 SLAM 过程中会出现发散现象，这是由于 EKF 是一种以最小方差估计为基础的算法，最终会导致移动机器人的定位误差越来越大；粒子滤波存在粒子退化问题，会由于粒子多样性的减小导致定位误差的增大。许多专家提出了改进 SLAM 算法，例如，文献[43]提出了用模糊自适应模型控制噪声权值的方法，使得传统 ELK 的发散现象有所改进，但该算法必须设置很多参数，适应性比较差；文献[44]提出了一种改进 EKF 算法，该算法是非线性的，将噪声估计和 EKF、Unscented-EKF、差分滤波方法结合起来，减少了移动机器人的定位误差，但由于结合的算法比较多，所以复杂度偏高。

针对上述这些问题，本节提出了一种基于改进扩展卡尔曼滤波的 SLAM 算法，该算法通过监测新息期望和方差的变动，用生物刺激神经网络模型自适应控制噪声的大小，从而有效地改善传统 ELK 的发散现象，使得算法的鲁棒性和机器人定位的准确性得到很大的提高。

6.2.1 算法描述

1. 扩展卡尔曼滤波算法

卡尔曼滤波算法是一种以均方误差的最小值为预测的最小标准，寻找一个递推估计的算法，是一种最优化自回归数据处理算法。卡尔曼滤波算法的中心思想是：根据传感器与系统控制量的情况，使用前一时刻的预测值和当前时刻的观测值来修正对状态变量的预测。由于在现实生活中很难找到符合卡尔曼滤波的线性数学模型，所以卡尔曼滤波算法不能直接应用在实际问题中。为了解决这一问题，人们提出了近似方法。扩展卡尔曼滤波算法是一种比较有效的方法，并受到广泛的应用。扩展卡尔曼滤波（EKF）算法将卡尔曼滤波算法的均值和协方差线性化了。

根据移动机器人自身携带的传感器及扩展卡尔曼滤波算法，我们可以计算得到移动机器人的位姿，以及估计标志物的位置，从而建立环境地图。扩展卡尔曼滤波算法主要由位置预测、观测方程预测、特征匹配和位置估计四个阶段组成。

1）位置估计

在 k 时刻，移动机器人根据它在 $k-1$ 时刻的估计位姿信息以及 k 时刻的控制状态向量来预测移动机器人在当前时刻的状态。在这里，我们设移动机器人在 $k-1$ 时刻的位姿信息向量由 $\boldsymbol{X}=[x_{k-1,k-1},y_{k-1,k-1},\theta_{k-1,k-1}]^{\mathrm{T}}$ 表示，其中 $x_{k-1,k-1}$、$y_{k-1,k-1}$、$\theta_{k-1,k-1}$ 分别为移动机器人在 x、y 和

θ 方向的位置坐标；$\boldsymbol{R}_{k-1,k-1}$ 表示协方差矩阵，根据 $k-1$ 时刻的里程数据 $\Delta\boldsymbol{X}=[\Delta x,\Delta y,\Delta\theta]^{\mathrm{T}}$，移动机器人在 k 时刻的位姿预测为：

$$\begin{aligned}\boldsymbol{X}_{k,k-1}&=\boldsymbol{X}_{k-1,k-1}+\Delta\boldsymbol{X}\\ \boldsymbol{R}_{k,k-1}&=\boldsymbol{R}_{k-1,k-1}+\boldsymbol{Q}_k\\ \boldsymbol{Q}_k&=\Delta\boldsymbol{X}\begin{pmatrix}\omega_x&0&0\\0&\omega_y&0\\0&0&\omega_\theta\end{pmatrix}\end{aligned}\tag{6-16}$$

式中，ω_x、ω_y、ω_θ 分别为 x、y、θ 方向上的协方差。

2）观测方程预测

提取原始传感器数据的特征向量，移动机器人每观测一次都会获得一个特征向量。在这里，我们用 $\boldsymbol{M}_k$ 表示 k 时刻所有特征向量。依据移动机器人的位置状态向量，估计出新的观测预测为：

$$\boldsymbol{M}_{k,k-1}=L\boldsymbol{X}_{k,k-1}\tag{6-17}$$

式中，L 为环境地图与激光测距仪等传感器观测值之间坐标的映射关系。

3）特征匹配

使用观测到的 $\boldsymbol{M}_{k,k-1}$ 的实际值，对预测值进行修正 $\boldsymbol{N}_{k,k-1}=\bar{\boldsymbol{M}}_{k,k-1}-\boldsymbol{M}_{k,k-1}$ 的过程称为特征匹配。根据实际情况确定一个门限值，即可使用数据关联方法进行标志物的关联。

4）位置更新

利用上面的移动机器人位姿预测及观测方程来修正移动机器人的状态向量，在这个过程中移动机器人位姿更新方程为：

$$\boldsymbol{X}_{k,k}=\boldsymbol{X}_{k,k-1}+K_{k,k-1}\boldsymbol{N}_{k,k-1}=\boldsymbol{X}_{k,k-1}+K_{k,k-1}(\bar{\boldsymbol{M}}_{k,k-1}-\boldsymbol{M}_{k,k-1})\tag{6-18}$$

式中，$K_{k,k-1}$ 为卡尔曼增益。另外，本节定义 $c(k)=Z(k)-Z(k\,|\,k-1)$ 为新息，并定义新息方差为 $\boldsymbol{s}(k)=\boldsymbol{H}(k)P(k\,|\,k-1)\boldsymbol{H}^{\mathrm{T}}(k)+R(k)$。

2. 生物刺激神经网络自适应模型的建立

文献[43]提出了一种改进算法，利用自适应模糊控制模型对扩展卡尔曼滤波算法进行改进。该文献利用三个不同的模糊隶属度函数来对扩展卡尔曼滤波算法进行调控，但模糊隶属度函数的参数不能自适应变化，这样使得改进算法的复杂度较高，但适应性不好。本节在上述问题的基础上，提出了一种基于生物刺激神经网络调节 EKF 的 SLAM 算法，下面对该算法进行详细介绍。

在 SLAM 算法中，为了实时控制噪声，将 k 时刻的噪声模型定义为：

$$\begin{cases}Q(k)=a(k)Q\\ R(k)=b(k)R\end{cases}\tag{6-19}$$

式中，Q 和 R 表示控制噪声和观测噪声的协方差，$a(k)$ 和 $b(k)$ 分别是其权重，用于实现对噪声的控制。在有限的时间 M 内，新息的均值和方差的均值如下所示：

$$\begin{aligned}\overline{c}(k)&=\frac{1}{M}\sum_{i-k+M+1}^{k}c(i)\\ \overline{\boldsymbol{s}}(k)&=\frac{1}{M}\sum_{i-k+M+1}^{k}\boldsymbol{s}(i)\boldsymbol{s}^{\mathrm{T}}(i)\end{aligned}\tag{6-20}$$

在本节中，新息期望和方差的置信度的计算方法如下：

$$q_1(k)=\frac{\overline{c}(k)}{Z(k)},\qquad q_2(k)=\frac{\mathrm{tr}\overline{s}(k)}{\mathrm{tr}s(k)} \tag{6-21}$$

在基于 EKF 的 SLAM 算法中，当噪声的值在一定范围内时，q_1 的值接近 0 点、q_2 的值接近 1 点。$\overline{c}(k)$ 和 $\overline{s}(k)$ 的值随着观测噪声的增大而增加，在这种情况下 $q_1(k)$ 的值离 0 点越来越远，并且 $q_2(k)$ 的值离 1 点也越来越远，这样会导致系统的稳定性变差。此时，可以将观测噪声减小，同时增大控制噪声来提高 SLAM 算法的定位精度。这时，需要减小 $b(k)$ 的值，增大 $a(k)$ 的值。如果情况相反，则增大 $b(k)$ 的值，减小 $a(k)$ 的值，从而保证算法的准确性。

本节提出了一种基于生物刺激神经网络自适应控制的扩展卡尔曼滤波器模型，该模型结构如图 6.8 所示。当 $q_1(k)$ 的值偏离 0 点、$q_2(k)$ 的值偏离 1 点时，改进算法首先自适应调节 $a(k)$ 和 $b(k)$ 的值，即改变噪声的权重，从而使滤波器的性能得到了提高。

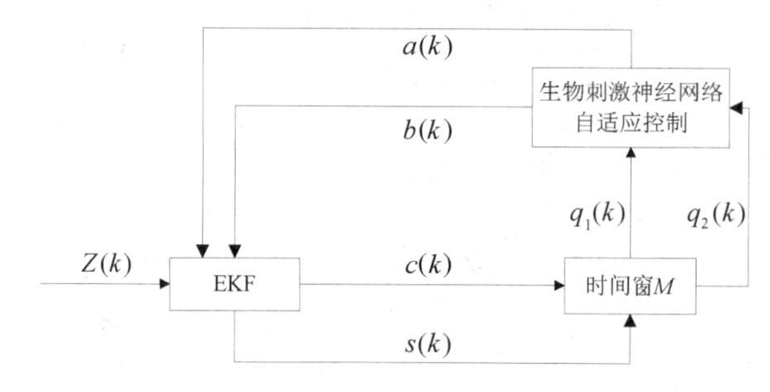

图 6.8　基于生物刺激神经网络自适应控制的扩展卡尔曼滤波器模型结构

3. 基于生物刺激神经网络 EKF 的 SLAM 算法

在生物刺激神经网络模型中，分流方程是核心，该模型的基本思想是建立一个神经网络拓扑状态结构，其动态神经元活性值表示动态变化的环境[45]。关于生物刺激神经网络模型的详细介绍，可参见本书第 8 章相关内容。

在移动机器人 SLAM 的过程中，预测和更新是不断进行的，因此新息均值和方差的置信度是不断变化的。当 $q_1(k)$ 接近 0 点、$q_2(k)$ 接近 1 点时，系统趋于稳定；当 $q_1(k)$ 偏离 0 点、$q_2(k)$ 偏离 1 点时，就需要对 $a(k)$ 和 $b(k)$ 进行实时调控。本节利用生物刺激神经网络模型分别控制 a 和 b 的值，如下式所示。

$$\begin{cases}\dfrac{\mathrm{d}a(k)}{\mathrm{d}t}=-A_1a(k-1)+[B_1-a(k-1)]f(e_1)-[D_1+a(k-1)]f(e_2)\\ \dfrac{\mathrm{d}b(k)}{\mathrm{d}t}=-A_2b(k-1)+[B_2-b(k-1)]f(e_1)-[D_2+b(k-1)]f(e_2)\end{cases} \tag{6-22}$$

式中，A_1、B_1、D_1、A_2、B_2 和 D_2 可根据具体环境确定。

$$\begin{cases}f(e_1)=q_1(k-1)\\ f(e_2)=1-q_2(k-1)\end{cases} \tag{6-23}$$

式中，$q_1(k)$ 和 $q_2(k)$ 的值由式（6-21）求得。

由上述可知，通过生物刺激神经网络自适应控制所得的 $a(k)$ 和 $b(k)$ 是有界的，可以为 $a(k)$ 和 $b(k)$ 设定一个边界值，使它们在这个范围内波动，在改善扩展卡尔曼滤波算法的发散问题的同时，保证系统的稳定性。

6.2.2　仿真实验和结果分析

本节通过 MATLAB 编程，利用仿真实验来证明所提算法的有效性，实验环境如图 6.9 所示，其中共有 20 个标志物，用“*”表示。在 SLAM 过程中，移动机器人的起始点坐标为（0，20），绕着理想路径闭环运动 15 周，速度为 1 m/s。移动机器人的探测范围为前方 180°，最大的探测距离为 6 m。在实验中，噪声模型是未知的，噪声在实验中人为给出。

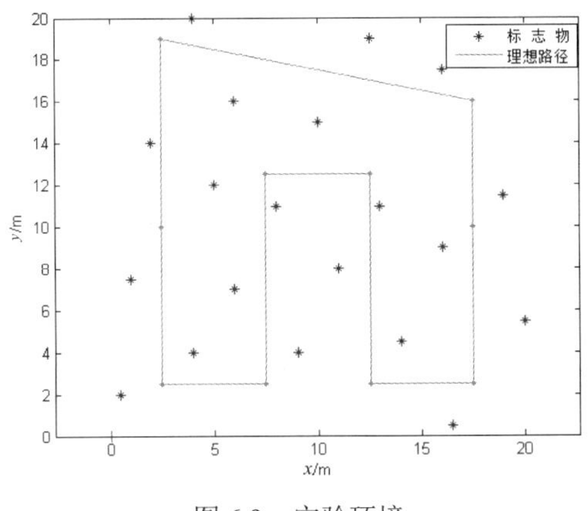

图 6.9　实验环境

为了验证基于生物刺激神经网络 ELK（B-EKF）的 SLAM 算法优点，对其与标准卡尔曼滤波（S-EKF）的 SLAM 算法和基于模糊自适应卡尔曼滤波（F-EKF）的 SLAM 算法进行了一系列对比实验。在所有的对比实验中，不同算法的参数都相同。对比实验的参数如表 6-1 所示。

表 6-1　对比实验的参数

参　　数	大　　小	备　　注
A_1 和 A_2	1	EKF 输入的衰减率
B_1 和 B_2	1.5	EKF 输入的上界
D_1 和 D_2	−1.5	EKF 输入的下界

1．正常噪声下的对比实验

在对比实验中，系统噪声和观测噪声是正常情况，即噪声在移动机器人运动的过程中波动很小，正常噪声模型如图 6.10 所示，其中横坐标表示机器人运动的步数（这里为 5000 步）。

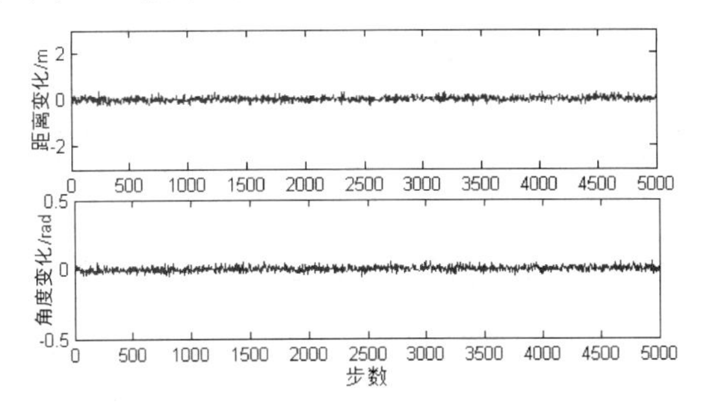

图 6.10　正常噪声模型

正常噪声下，基于 B-EKF 的 SLAM 算法的仿真结果如图 6.11 所示。

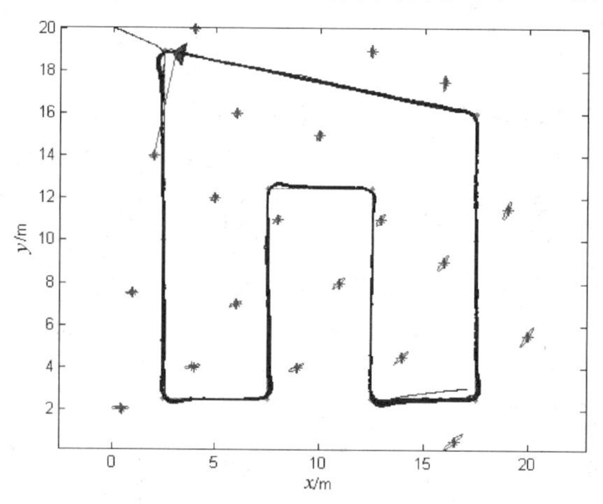

图 6.11　基于 B-EKF 的 SLAM 算法的仿真结果（正常噪声下）

图 6.12 至图 6.14 所示分别为基于 S-EKF 的 SLAM 算法、基于 F-EKF 的 SLAM 算法和基于 B-EKF 的 SLAM 算法的移动机器人定位误差和标志物估计误差。

定义均方误差 RMSE 为：

$$\mathrm{RMSE}=\sqrt{\frac{1}{n}\sum_{i=1}^{n}(e_i-\hat{e}_i)^2} \tag{6-24}$$

式中，e_i 和 $\hat{e}_i$ 分别表示移动机器人在第 i 步的实际位置和估计位置。

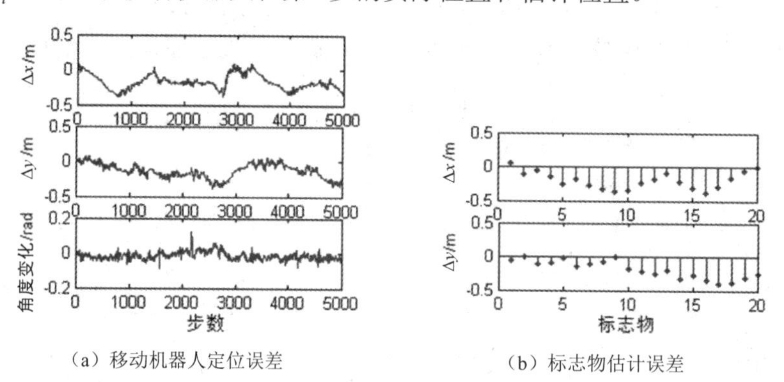

图 6.12　基于 S-EKF 的 SLAM 算法的移动机器人定位误差和标志物估计误差（正常噪声下）

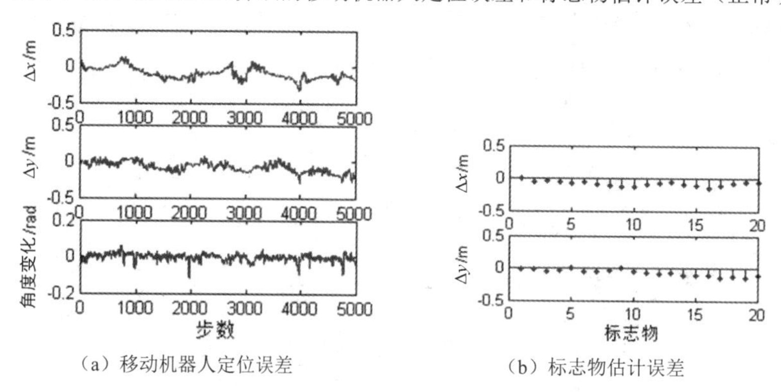

图 6.13　基于 F-EKF 的 SLAM 算法的移动机器人定位误差和标志物估计误差（正常噪声下）

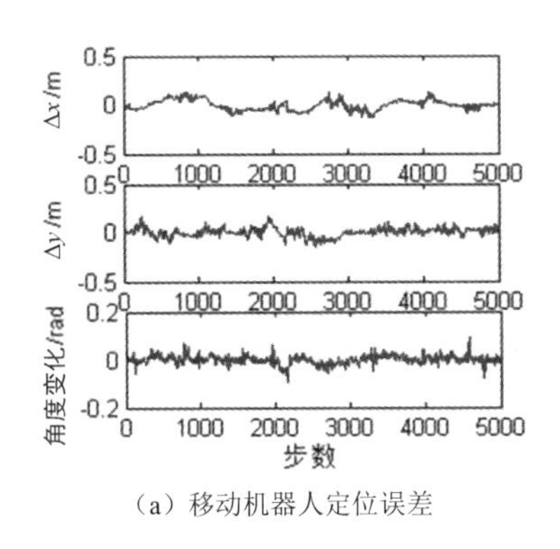

（a）移动机器人定位误差

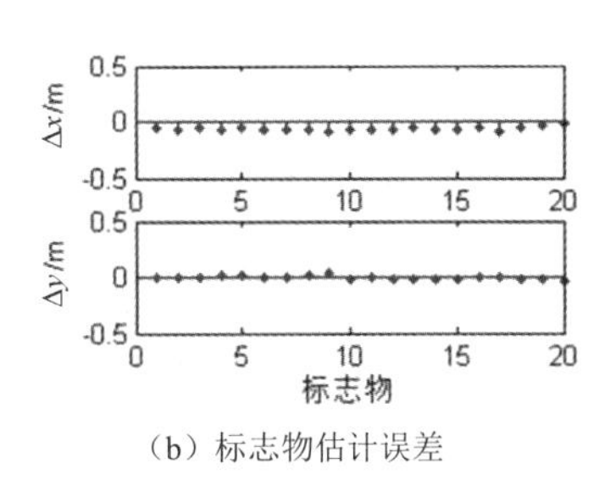

（b）标志物估计误差

图 6.14　基于 B-EKF 的 SLAM 算法的移动机器人定位误差和标志物估计误差（正常噪声下）

正常噪声下，基于 S-EKF、F-EKF 和 B-EKF 的 SLAM 算法的均方误差如表 6-2 所示。

表 6-2　基于 S-EKF、F-EKF 和 B-EKF 的 SLAM 算法的均方误差（正常噪声下）

三种 SLAM 算法	均方误差		
	x/m	y/m	角度变化/rad
基于 S-EKF 的 SLAM 算法	0.2707	0.2366	0.0829
基于 F-EKF 的 SLAM 算法	0.1205	0.1473	0.0472
基于 B-EKF 的 SLAM 算法	0.0976	0.0816	0.0105

图 6.14 表明，基于 B-EKF 的 SLAM 算法的仿真轨迹接近移动机器人的实际轨迹，对标志物的估计接近标志物的实际位置。从图 6.12、图 6.13 和图 6.14 可以看出，基于 S-EKF 的 SLAM 算法的移动机器人定位误差及标志物估计误差较大，且存在发散现象；基于 F-EKF 的 SLAM 算法的发散现象有所改进，移动机器人定位误差及标志物估计误差也有所减小；基于 B-EKF 的 SLAM 算法的移动机器人定位误差及标志物估计误差小于基于 F-EKF 和 S-EKF 的 SLAM 算法（见表 6-2），且在很小的范围内波动，证明其在正常噪声的情况下有效地改善了的发散现象，更好地实现了 SLAM。

2．异常噪声下的对比实验

为了进一步验证基于 B-EKF 的 SLAM 算法的有效性，使对比实验中的噪声随着时间的变化产生较大的波动，这将会导致传感器的误差增大。异常噪声模型如图 6.15 所示。

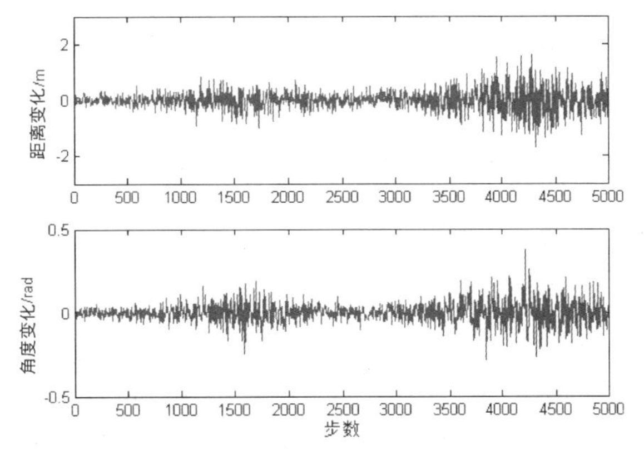

图 6.15　异常噪声模型

异常噪声下，基于 B-EKF 的 SLAM 算法仿真结果如图 6.16 所示。

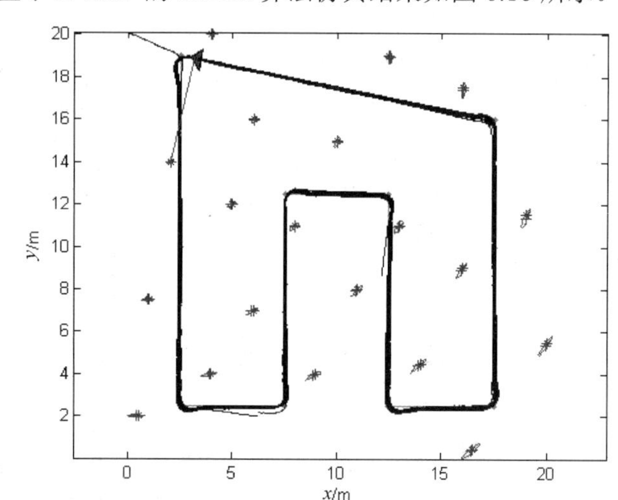

图 6.16 基于 B-EKF 的 SLAM 算法的仿真结果（异常噪声下）

异常噪声下，基于 S-EKF、F-EKF 和 B-EKF 的 SLAM 算法的均方误差如表 6-3 所示。

表 6-3 基于 S-EKF、F-EKF 和 B-EKF 的 SLAM 算法的均方误差（异常噪声下）

三种 SLAM 算法	均 方 误 差		
	x/m	y/m	角度变化/rad
基于 S-EKF 的 SLAM 算法	0.4064	0.3922	0.0921
基于 F-EKF 的 SLAM 算法	0.3083	0.3316	0.0496
基于 B-EKF 的 SLAM 算法	0.1132	0.0918	0.0204

在异常噪声下，基于 S-EKF 的 SLAM 算法、基于 F-EKF 的 SLAM 算法和基于 B-EKF 的 SLAM 算法的移动机器人定位误差和标志物估计误差分别如图 6.17 至图 6.19 所示。

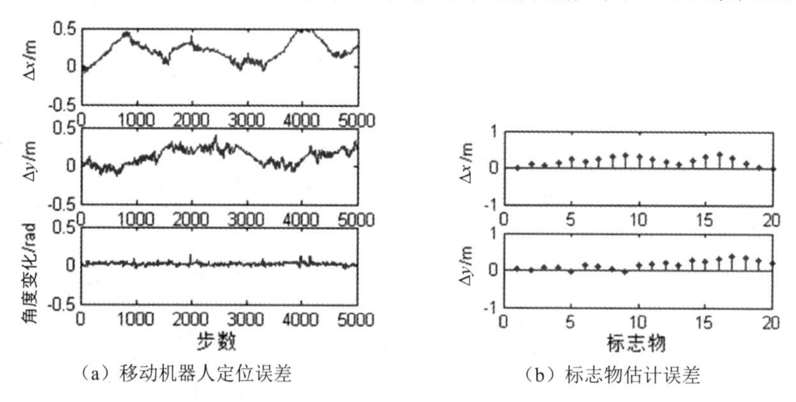

（a）移动机器人定位误差　（b）标志物估计误差

图 6.17 基于 S-EKF 的 SLAM 算法的移动机器人定位误差和标志物估计误差（异常噪声下）

在异常噪声下的对比实验中，随着噪声的增加，基于 S-EKF 的 SLAM 算法的观测值可靠性降低，滤波器变得不稳定，所以移动机器人的定位误差和标志物估计误差将增加并且剧烈抖动（见图 6.17）；基于 F-EKF 的 SLAM 算法的移动机器人定位误差和标志物估计误差也在明显增大（见图 6.18），但误差小于基于 S-EKF 的 SLAM 算法的误差，主要原因是基于

F-EKF 的 SLAM 算法的模糊规则是固定的，不能很好地适应异常噪声情况；基于 B-EKF 的 SLAM 算法的自适应控制器可以调节系统噪声和实时观测噪声的权重，使得移动机器人的定位精度得到显著改善，在移动机器人的运动过程中，定位误差和标志物估计误差总是在一个很小的范围内波动（见图 6.19）。异常噪声下的对比实验表明，基于 B-EKF 的 SLAM 算法可以在噪声不稳定的情况下有效地进行 SLAM。

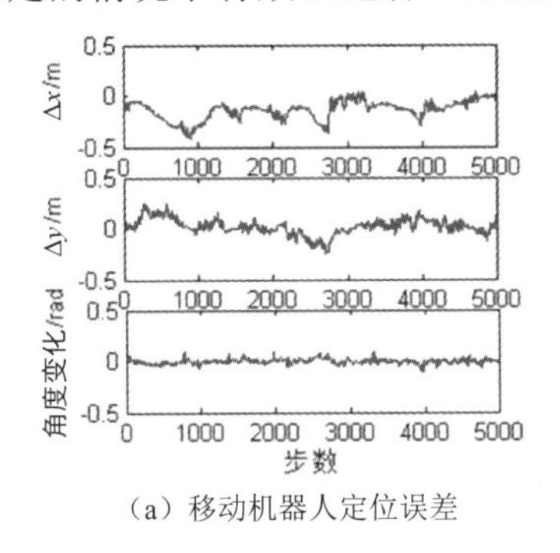

（a）移动机器人定位误差

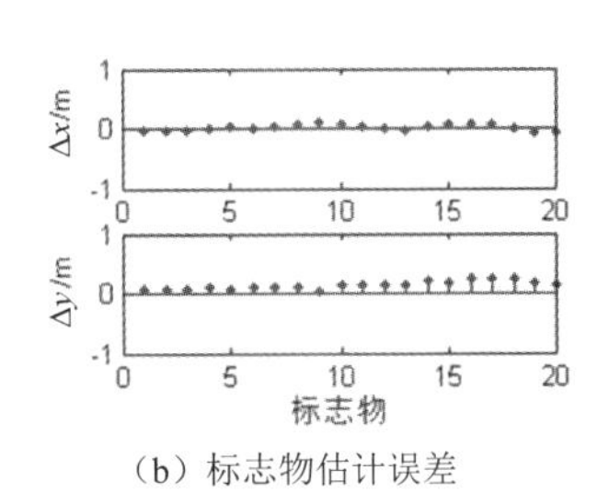

（b）标志物估计误差

图 6.18　基于 F-EKF 的 SLAM 算法的移动机器人定位误差和标志物估计误差（异常噪声下）

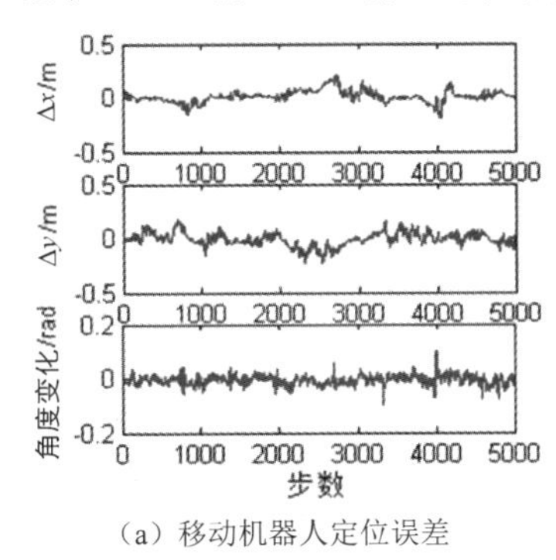

（a）移动机器人定位误差

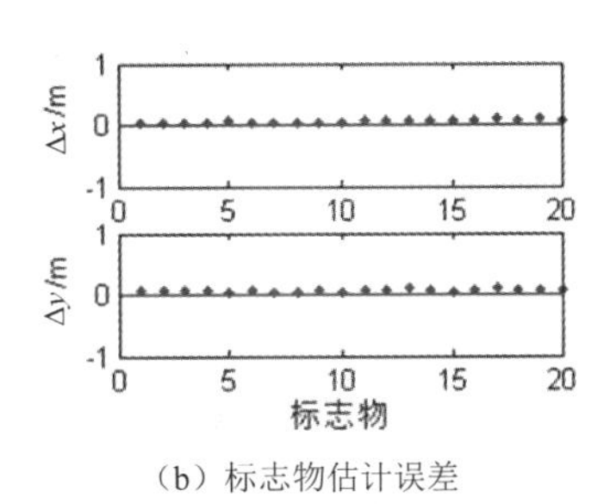

（b）标志物估计误差

图 6.19　基于 B-EKF 的 SLAM 算法的移动机器人定位误差和标志物估计误差（异常噪声下）

6.3 基于改进生物启发方法的移动机器人 SLAM 算法

6.3.1　算法描述

为了有效地实现 SLAM，本节在基于动物空间认知的 RatSLAM 算法基础上（具体参见本书第 8 章相关内容）[46]，提出基于改进生物启发方法的 SLAM（I-RatSLAM）算法。I-RatSLAM 算法应用到的一些生物学的基本概念包括位置细胞（Pose Cells）、局部视觉细胞（Local View Cells）和经验地图（Experience Map），其结构如图 6.20 所示。

1．信息感知和融合

本节提出的 I-RatSLAM 算法使用价格便宜的单目相机（摄像头）和两个光栅编码器作为传感器，单目相机负责拍摄移动机器人的工作环境，拍摄得到的图像用于制作视觉模板。在大多数基于视觉的 SLAM 算法中，视觉模板具有非常重要的作用，尤其是在场景匹配中。在 I-RatSLAM 算法中，建立视觉模板的步骤如下：

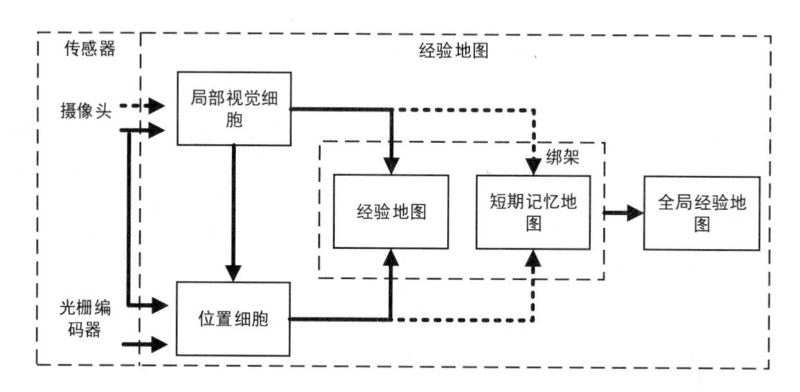

图 6.20　I-RatSLAM 算法的结构

（1）图像预处理：为减少存储图像的空间以及降低图像特征的计算量，在获取拍摄的图像后通常会对其进行降维处理。在本节提出的 I-RatSLAM 算法，单目相机拍摄的图像大小为 320×240，经过降维后的图像大小为 120×80。降维后的图像大小是通过多次试验获得的经验值，该值不应过大，否则会占用过多的存储空间，但过小又会造成图像特征数少，最终导致场景匹配失败。

（2）特征提取：为了简化计算，本节选取一维向量作为图像特征 $\boldsymbol{F}$，该特征的计算方法为：

$$\boldsymbol{F}=\{f_1,f_2,\cdots,f_i,\cdots,f_N\} \tag{6-25}$$

式中，$f_i=\sum_{j}^{M}p_{ji}$ 表示图像列像素的总和；N 是图像的列数；M 是图像的行数；p_{ji} 是图像上的像素值。

视觉模板的建立过程如图 6.21 所示。

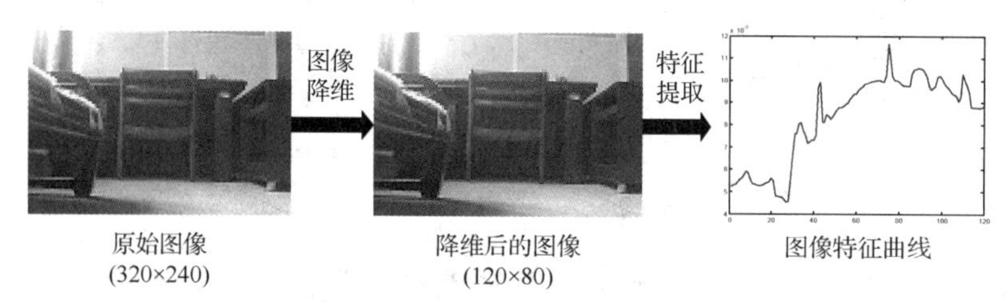

图 6.21　视觉模板的建立过程

光栅编码器用来采集移动机器人的运动速度。为了降低累计误差和环境噪声对移动机器人定位的影响，本节融合了光栅编码器采集的移动机器人运动速度以及移动机器人的图像运动速度（由图像计算出的运动速度）。图像线速度 v_{img} 和图像角速度 ω_{img} 的方法为[47]：

$$\begin{cases}v_{\text{img}}=\xi_v h(s_m,F_j,F_{j-1})\\ \omega_{\text{img}}=\eta s_m/T\end{cases} \tag{6-26}$$

式中，ξ_v 是由图像计算出的线速度映射到移动机器人实际线速度的参数；$\boldsymbol{F}_j$ 和 $\boldsymbol{F}_{j-1}$ 是相邻两帧图像的特征向量；$h()$表示根据连续两帧图像的特征向量变化计算出的图像线速度；s_m 是两帧相邻图像特征曲线的偏移量；η 是图像向左或向右偏移一个单位时移动机器人的实际转角；T 是采样时间。

光栅编码器测量的运动速度和图像运动速度的融合方法为：

$$\begin{bmatrix} v_{\text{fus}} \\ \omega_{\text{fus}} \end{bmatrix} = w_{\text{i}} \begin{bmatrix} v_{\text{img}} \\ \omega_{\text{img}} \end{bmatrix} + w_{\text{e}} \begin{bmatrix} v_{\text{en}} \\ \omega_{\text{en}} \end{bmatrix} \tag{6-27}$$

式中，v_{fus} 和 ω_{fus} 是融合后的线速度和角速度；v_{en} 和 ω_{en} 是光栅编码器测量得到的线速度和角速度；w_{i} 的 w_{e} 分别是图像速度和光栅编码器速度的权值，两个权值的和总为 1。

2．局部视觉细胞

传统的基于概率的视觉 SLAM 算法通常只使用了图像本身的信息。例如，从图像特征点偏移量计算移动机器人前进距离或者旋转角度，但与图像一起保存的位置信息被忽略了。为了充分利用位置信息，传统的 RatSLAM 算法引入了局部视觉细胞模型，在存储场景模板的同时，也会记录图像所代表的场景的位置信息。但传统的 RatSLAM 算法使用的是一维的细胞模型，与实际生物的细胞模型并不相符，而且在场景匹配时需要遍历视觉细胞，因此拖慢了模板匹配的速度。为了解决这个问题，本节使用了三维链状的局部视觉细胞结构 (x, y, θ)，(x, y) 对应物理空间坐标，θ 表示物理空间方向角。三维链状的局部视觉细胞结构中的各个细胞相互独立，细胞不仅包含环境的场景信息 F_i，同时也含有相关场景的位置信息 (x_i, y_i, θ_i)。局部视觉细胞的定义为：

$$V_i = \{F_i, (x_i, y_i, \theta_i), A_i\} \tag{6-28}$$

式中，A_i 是第 i 个局部视觉细胞的活性值。当移动机器人在运动过程中拍摄到相似的场景时，与之关联的局部视觉细胞就会被激活，视觉细胞的活性值大小由当前场景和场景模板之间的相似度决定。如果场景模板库中没有任何一个场景与当前场景匹配，那么该场景就会被保存到一个新的局部视觉细胞中，场景位置也会同时被记录下来。

模板匹配最常用的算法就是全局搜索。但是，随着移动机器人运动范围的增大，局部视觉细胞的个数就会逐渐增加，全局搜索所花费时间也会逐渐增加，因此难以满足算法的实时性要求。另外，全局搜索的结果也容易受到其他场景模板的影响，导致最终的结果出现多个匹配峰值的现象，难以判断当前场景与哪个场景模板匹配。为了解决这个问题，本节提出了一种局部搜索策略（见图 6.22）。局部搜索策略首先会基于移动机器人的运动线速度确定物理搜索范围，然后将物理搜索范围映射到局部视觉细胞搜索范围。移动机器人在物理世界中的搜索半径为 r 为：

$$r = \mu v_{\text{fus}} + \gamma \tag{6-29}$$

式中，μ 是物理搜索范围到局部视觉细胞搜索范围的映射系数；γ 是一个大于 0 的常数，避免在 $v_{\text{fus}} = 0$ 时算法搜索失败。

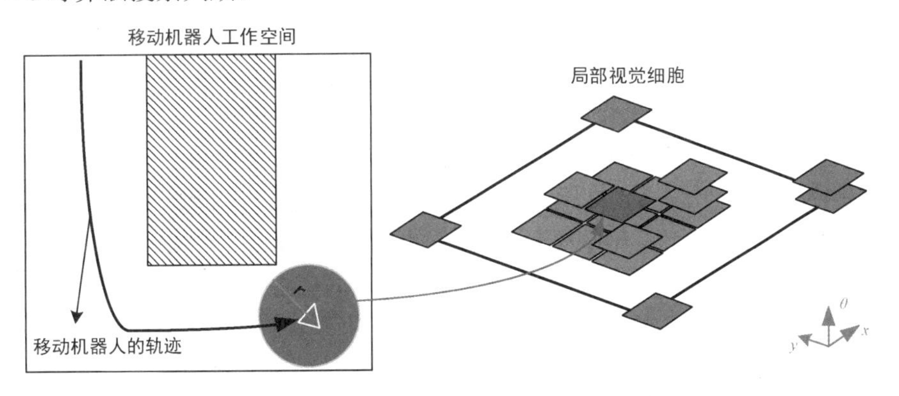

图 6.22　局部搜索策略示意图

为了减少噪声对模板匹配的影响，本节在模板搜索过程中添加了场景预测策略（见图 6.23）。场景预测策略的基本工作流程是：当移动机器人遇到相似的场景时，场景预测策略会根据移动机器人当前的运动线速度和角速度预测下一个可能的场景，并且与下一场景关联的局部视觉细胞的权值 A_j 就会得到更新，即：

$$A_j = A_j + \sigma A_c \tag{6-30}$$

式中，A_c 是当前细胞的活性值；σ 是一个调节参数，经过多次实验，本节将 σ 设置为 0.3。

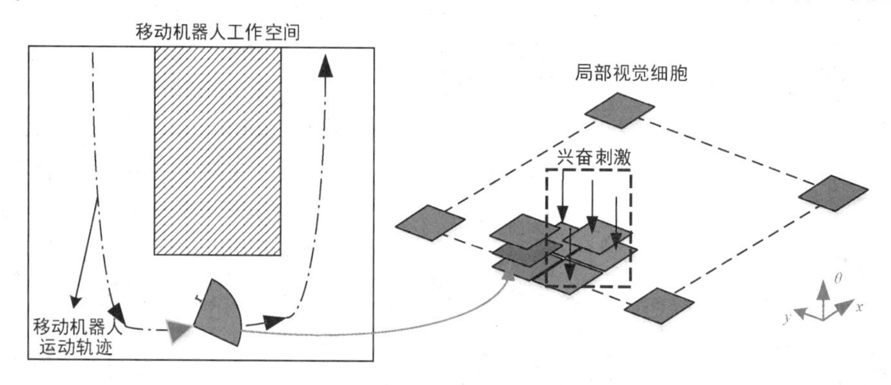

图 6.23 场景预测策略示意图

3. 位置细胞

本节提出的 I-RatSLAM 算法的核心是位置细胞网络，即一个三维的竞争网络。该网络由多个神经元细胞（位置细胞）构成，各细胞之间相互连接。每个位置细胞都存储了该细胞在网络中的坐标 (x, y, θ)，与移动机器人工作空间的三维坐标系相对应。另外，位置细胞还拥有自己的细胞活性值 P，细胞活性值由位置细胞网络的竞争机制（细胞间的兴奋刺激与抑制作用）、路径整合以及局部视觉细胞刺激同时决定[46]。活性值最大的位置细胞代表移动机器人的当前位置。

位置细胞网络的竞争机制能够消除同一场景两个匹配模板对移动机器人建图的影响。当位置细胞网络中出现多个细胞活动簇时，只有一个细胞活动簇能够真实代表移动机器人的当前位置，这里称为主细胞活动簇，其他细胞活动簇均是由误匹配产生的，称为辅细胞活动簇。主细胞活动簇会因为连续接收视觉细胞的刺激而变得逐渐壮大，而没有接收视觉细胞刺激的辅细胞活动簇则会日渐削弱，最终消失。与多数网络不同，位置细胞网络中的连接权值是一个定值，其操作对象是视觉细胞个体，位置细胞网络中的每个细胞都会同时接收到其他视觉细胞的刺激与抑制作用。特别地，位置细胞网络中各细胞活性值的范围总是[0, 1]。

路径整合就是根据光栅编码器和单目相机采集的速度信息来移动位置细胞中的细胞活动簇，保证 I-RatSLAM 算法能够在缺失视觉细胞刺激的情况下正常建图。为了简单计算，I-RatSLAM 算法没有模拟真实生物模型中通过改变细胞连接权值实现细胞活动簇移动的方式，而是简单地通过复制来实现细胞活动簇的移动。复制、转移细胞活动簇降低了移动机器人运动过程中的速度传感器误差以及迭代速率的不稳定对移动机器人建图的影响。

视觉细胞的刺激是算法消除噪声影响的关键，但由于建立局部视觉细胞时会受到噪声，尤其是累计误差的影响，因此局部视觉细胞中保存的场景位置会有较大误差，最终影响建图精度。为了减小此误差，本节使用了双位置细胞网络结构。

双位置细胞网络结构中的一个位置细胞网络用以保存移动机器人的实时位置，另一个用以动态保存局部视觉细胞中的场景位置。两个位置细胞网络结构完全一致，保存场景位置的位置细胞网络称为另一个位置细胞网络的镜像网络。为了简化计算，每个局部视觉细胞都独立含有该镜像网络。

如图 6.24 所示，当移动机器人拍摄到一个类似的场景时，局部视觉细胞会被激活，并在镜像网络中寻找上一次保存该场景的位置，之后镜像网络向位置细胞网络中对应位置的细胞输送兴奋刺激，即：

$$\Delta P_{x',y',\theta'} = A_i \times MP_i \tag{6-31}$$

式中，A_i 和 MP_i 分别为局部视觉细胞和镜像网络中对应细胞的活性值。

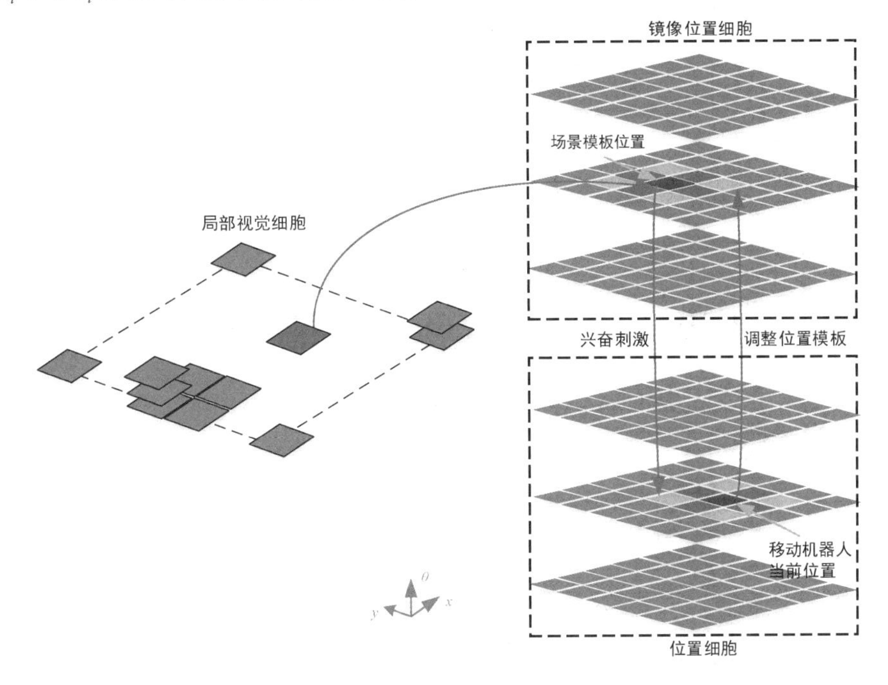

图 6.24　视觉校准结构图

在位置细胞网络的竞争结束后，表示移动机器人当前位置的位置细胞会再次向镜像网络对应位置的位置细胞输入兴奋刺激，即：

$$\Delta MP_{x',y',\theta'} = \rho \times P_i \tag{6-32}$$

式中，ρ 为常量系数。相同地，镜像网络中的位置细胞也会相互竞争，其活性值最大的位置细胞表该场景模板的位置。

位置细胞网络工作过程的伪代码如下：

```
//位置细胞网络工作过程的伪代码
ImageData = Capture_Picture();
% 拍摄当前场环境图片;
Fc = Image_Processing();
% 通过图像处理获得当前的场景模板
for each Fi of Vi do
{
    Simi = Cal_Similarity(Fc, Fi);
    % 计算当前场景和场景模板库中的场景的相似度
```

```
}
end for;
S = Max( Simi );
if S < S_T
    Create_View(F_c, x, y, theta);
    % 如果小于设定阈值，则再新建一个局部视觉细胞，并将该当前场景模板保存在该细胞中
else
    (x_pos, y_pos, theta_pos) = Max(MirrorPoseCells);
    % 获取匹配模板的镜像网络中的活性值最大的细胞的位置
    Inspiration(Pose_Cells, x_pos, y_pos, theta_pos);
    % 向位置细胞网络中对应位置的细胞添加兴奋性刺激
    Inspiration(MirrorPoseCells, Max(PoseCells));
    % 向镜像位置细胞中添加兴奋性刺激
end if
```

4．临时记忆地图

传统 RatSLAM 算法不能很好地处理移动机器人“绑架”问题。针对此问题，受启发于人类短期记忆，本节提出了临时记忆地图模型（见图 6.25）。

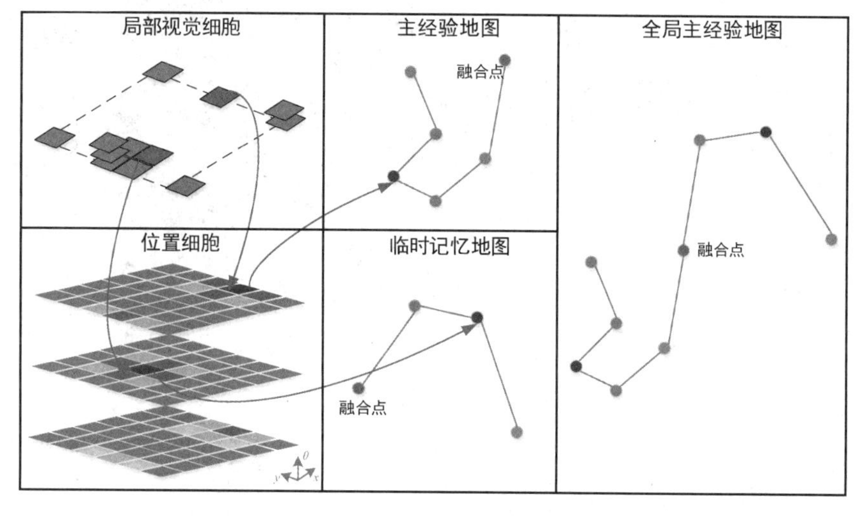

图 6.25 临时记忆地图模型

当移动机器人进入一个新的工作环境后，短期记忆地图模型开始工作，并构建新环境的地图，其构建方式与基于经验地图构建地图的方式一致。当移动机器人遇到主经验地图中相似的场景时，临时记忆地图就会与主经验地图融合，最终获得环境的全局经验地图。在构建临时记忆地图时，当前场景 F_c 不仅要匹配短期记忆地图中的场景模板，还要与主经验地图中的场景模板 F_i 匹配，即：

$$S_i = \sum_{j}^{n} \left| F_{i,j} - F_{c,j} \right| \tag{6-33}$$

式中，S_i 表示两个场景的相似度，当 S_i 小于阈值 S_T 时，临时记忆地图将会停止工作，主经验地图和临时记忆地图开始融合。地图融合的规则如下：

（1）临时记忆地图中包含当前场景的经验节点被主经验地图中包含此场景的经验节点取代。

（2）临时记忆地图中其他经验节点，以该节点为基础依次更新节点内部的位置信息。位置信息的更新公式为：

$$\begin{cases}\begin{bmatrix}tx_i^{t+1}\\ ty_i^{t+1}\end{bmatrix}=\begin{bmatrix}\cos\Delta\theta & -\sin\Delta\theta\\ \sin\Delta\theta & \cos\Delta\theta\end{bmatrix}\begin{bmatrix}tx_i^t+\Delta x\\ ty_i^t+\Delta y\end{bmatrix}\\ t\theta_i=t\theta_i+\Delta\theta\end{cases} \tag{6-34}$$

式中，$(tx_i,ty_i,t\theta_i)$ 为临时记忆地图中经验节点的物理位置信息。其中

$$\begin{cases}\Delta x=x_k-tx_k\\ \Delta y=y_k-ty_k\\ \Delta\theta=\theta_k-t\theta_k\end{cases} \tag{6-35}$$

改进后的经验地图工作流程的伪代码如下：

```
//改进的经验地图工作流程的伪代码
Initialization();                    % 初始化算法参数
Do
{
    Build_Main_ExpMap();
    % 构建环境的主经验地图
    if robot is kidnapped
        Do
        {
            Build_Temp_ExpMap();          % 开始构建临时记忆经验地图
        }
        % 发现主经验地图和临时记忆地图的融合点后，结束构建临时记忆地图
        while Max(Cal_Similarity(Fc, Fi)) > Threshold;
        % 使用主经验地图中匹配到的融合点替换临时记忆地图中的融合点
        TempExpk = MatchedExpk;
        for i=k-1:-1:1
            % 根据经验节点的之间的关系依次修改临时记忆地图中经验节点的物理坐标
            TempExpi = Correct_ExpPos(TempExpi+1, ti);
            % 修改临时记忆地图中经验节点的网络坐标
            Correct_ExpNetPos(TempExpi);
            % 修改局部视觉细胞中对应的位置信息
            Correct_PoseCellsPos();
        end for
    end if
}
```

6.3.2　室内移动机器人 SLAM 实验

为了验证 I-RatSLAM 算法的可行性，本节设计了两个室内移动机器人 SLAM 实验（简单环境和复杂环境），与传统 RatSLAM（G-RatSLAM）算法进行了对比。在本节的两个实验中，I-RatSLAM 算法和 G-RatSLAM 算法的参数完全一致，如表 6-4 所示。

表 6-4 I-RatSLAM 算法和 G-RatSLAM 算法的参数

	参　数	数　值	注　释
传感器	η	0.0749	见式（6-26）
	ξ_v	979	见式（6-26）
	ω_i	0.5	见式（6-27）
	ω_e	0.5	见式（6-27）
局部视觉细胞	μ	5	见式（6-29）
	γ	1	见式（6-29）
	σ	0.3	见式（6-30）
	ρ	1	见式（6-32）
位置细胞和经验地图	n_x	30	位置细胞 x 轴维度
	n_y	30	位置细胞 y 轴维度
	n_θ	36	位置细胞 θ 轴维度
	φ	0.002	全局抑制性刺激
	S_T	0.04	见位置细胞工作过程的伪代码

本节实验使用的平台是 Amigo 机器人。Amigo 机器人配备了 1 个低分辨率单目相机（用于拍摄环境中的场景图片）和 2 个光栅编码器（用于提供位置和速度信息）。本节实验使用内存为 4 GB、CPU 频率为 2.3 GHz 的笔记本电脑来运行 I-RatSLAM 算法和 G-RatSLAM 算法。Amigo 机器人和笔记本电脑通过 Wi-Fi 进行通信。

1. 简单环境中的室内移动机器人 SLAM 实验

为了验证 I-RatSLAM 算法的有效性，首先在简单环境中进行室内移动机器人 SLAM 实验，采用空间相对较小、环境相对简单的大学实验室（实验室房间号为 715）为实验场地。简单环境地图如图 6.26 所示，实验室的长为 11.2 m、宽为 7.8 m。实验室被分为 4 部分，即教师休息区、教师办公区、学生工作区、实验区。

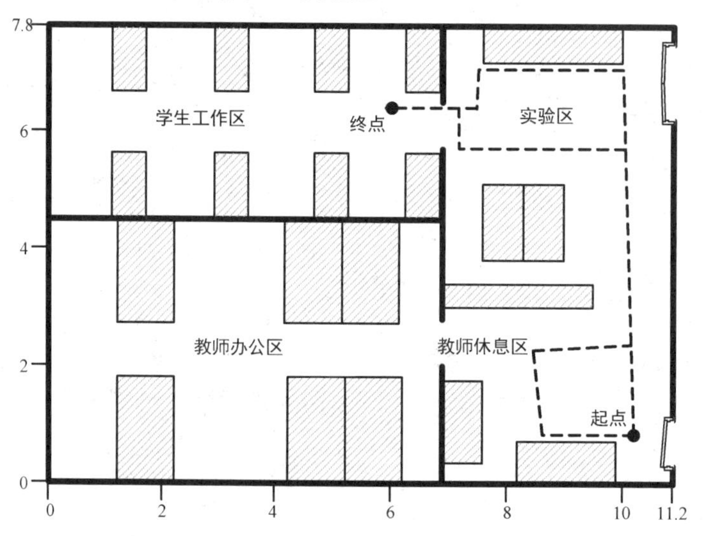

图 6.26 简单环境地图（单位：m）

在本次实验中，Amigo 机器人从教师休息区开始运动，经过过道后进入实验区，环行一圈后返回起点，并开始第二次运动。第二次运动的轨迹和第一次相同（图 6.26 画出了 Amigo 机器人的真实运动轨迹）。此过程中，Amigo 机器人运动的总时间是 20 min，单目相机拍摄的图像共 4834 幅，其中 547 幅存储在场景模板库中。图 6.27 展示了部分存储在场景模板中的图像。

图 6.27　部分存储在场景模板中的图像

简单环境中，I-RatSLAM 算法和 G-RatSLAM 算法的经验地图如图 6.28 所示，I-RatSLAM 算法和 G-RatSLAM 算法的模板匹配曲线如图 6.29 所示，I-RatSLAM 算法和 G-RatSLAM 算法的模板匹配时间曲线如图 6.30 所示，I-RatSLAM 算法和 G-RatSLAM 算法的实验数据如表 6-5 所示。

（a）G-RatSLAM 算法的经验地图　　（b）I-RatSLAM 算法的经验地图

图 6.28　简单环境下 I-RatSLAM 算法和 G-RatSLAM 算法的经验地图

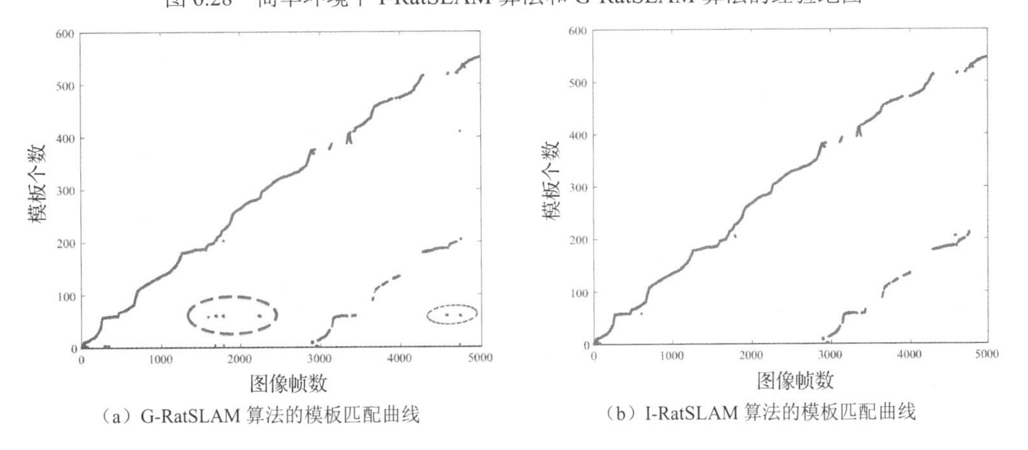

（a）G-RatSLAM 算法的模板匹配曲线　　（b）I-RatSLAM 算法的模板匹配曲线

图 6.29　简单环境下 I-RatSLAM 算法和 G-RatSLAM 算法的模板匹配曲线

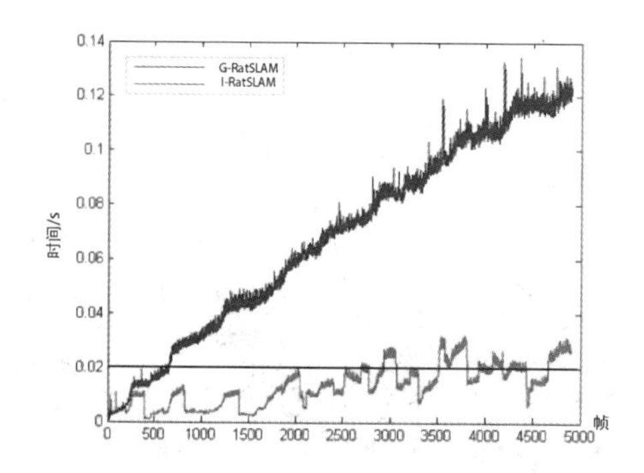

图 6.30 简单环境实验中 I-RatSLAM 算法和 G-RatSLAM 算法的匹配时间曲线

表 6-5 简单环境下 I-RatSLAM 算法和 G-RatSLAM 算法的实验数据

	G-RatSLAM 算法	I-RatSLAM 算法
场景模板个数	559	547
场景匹配的平均时间/s	0.0582	0.0139
场景模板的经验个数	1053	1040
x 轴的平均误差/cm	8.499	2.519
y 轴的平均误差/cm	6.705	4.522

从图 6.28 中可以看出，采用 G-RatSLAM 算法时，Amigo 机器人在第二圈的运动中，采用 G-RatSLAM 算法构建的地图出现了严重的偏差，但采用采用 I-RatSLAM 算法仍然可以正确地构建地图。

从图 6.29 中可以看出，G-RatSLAM 算法在模板匹配过程中出现一些错误匹配的情况，如图 6.29（a）中的椭圆形圈所示，这是由于 G-RatSLAM 算法使用全局搜索策略，模板匹配受到了其他模板的影响严重。但该问题在采用局部搜索策略和场景预测策略的 I-RatSLAM 算法中得到了很好的解决，如图 6.29（b）所示，I-RatSLAM 算法减少了模板匹配时其他模板的影响，提高了模板匹配的准确度。

从图 6.30 中可以看出，G-RatSLAM 算法的模板搜索时间会随着模板数量的增加而增加，这是因为该算法在模板匹配过程中需要搜索所有的模板；但 I-RatSLAM 算法的模板搜索时间在整个实验期间大致稳定在 0.03 s，这是因为 I-RatSLAM 算法使用的是局部搜索策略，其搜索范围是固定的。

2. 复杂环境中的室内移动机器人 SLAM 实验

为了验证 I-RatSLAM 算法的可行性，本节接着在复杂环境中进行室内移动机器人 SLAM 实验，采用范围更加宽广、结构更为复杂并且有人员活动的综合实验楼一角作为实验场地。复杂环境地图如图 6.31 所示，实验场地的长为 22.7 m、宽为 16.8 m，包括三个实验室。部分存储在场景模板中的图像如图 6.32 所示。

复杂环境中，I-RatSLAM 算法和 G-RatSLAM 算法的经验地图如图 6.33 所示，I-RatSLAM 算法和 G-RatSLAM 算法的模板匹配曲线如图 6.34 所示，I-RatSLAM 算法和 G-RatSLAM 算法的模板匹配时间曲线如图 6.35 所示，I-RatSLAM 算法和 G-RatSLAM 算法的实验数据如表 6-6 所示。

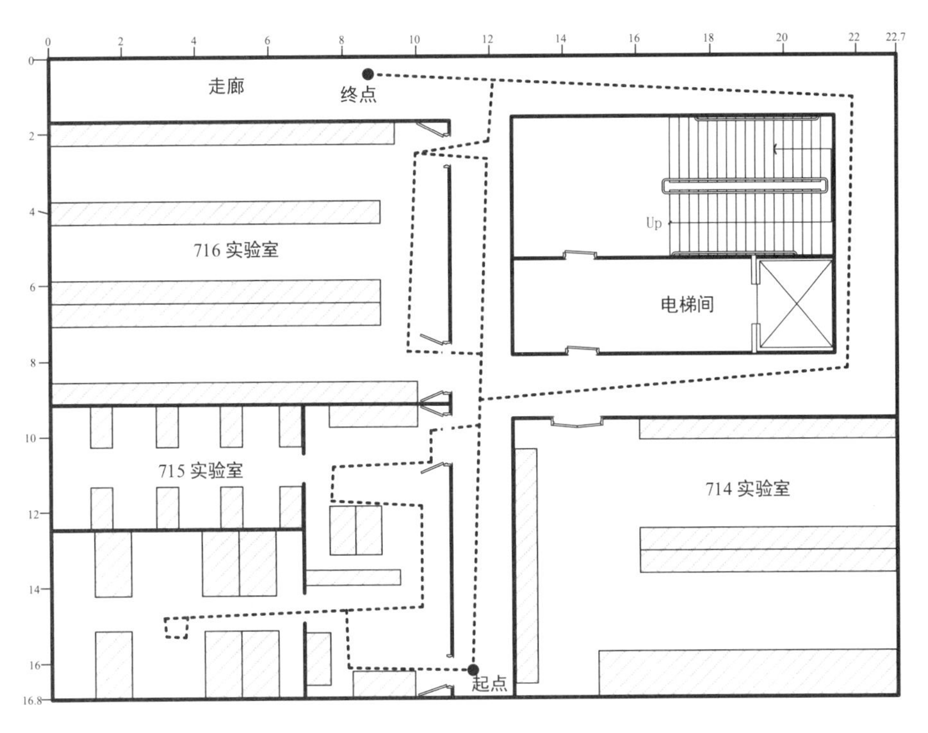

图 6.31　复杂环境地图（单位：m）

图 6.32　复杂环境中部分存储在场景模板中的图像

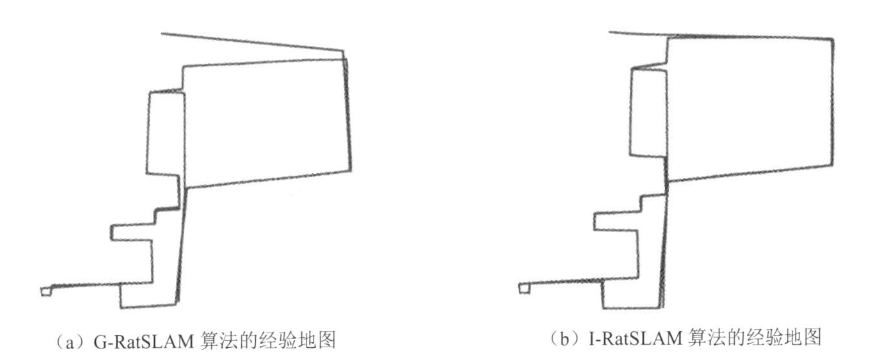

（a）G-RatSLAM 算法的经验地图　（b）I-RatSLAM 算法的经验地图

图 6.33　复杂环境下 I-RatSLAM 算法和 G-RatSLAM 算法的经验地图

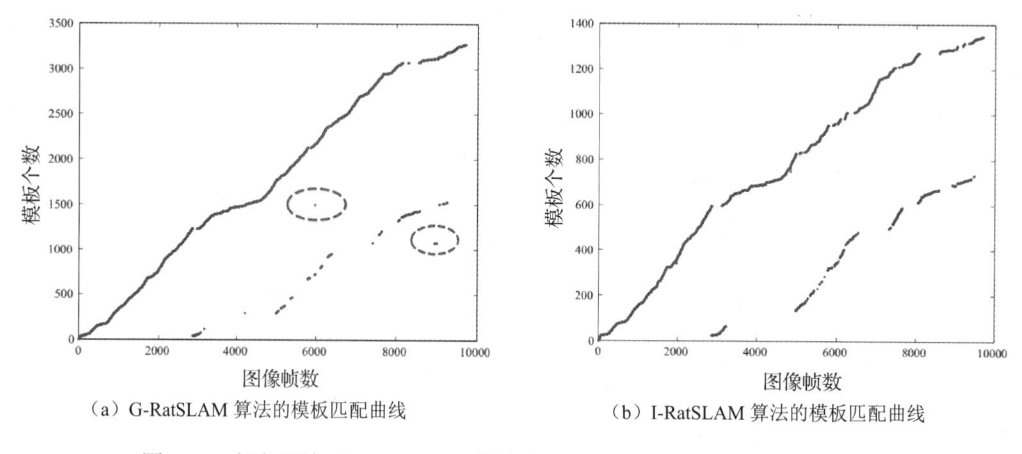

（a）G-RatSLAM 算法的模板匹配曲线　（b）I-RatSLAM 算法的模板匹配曲线

图 6.34　复杂环境下 I-RatSLAM 算法和 G-RatSLAM 算法的模板匹配曲线

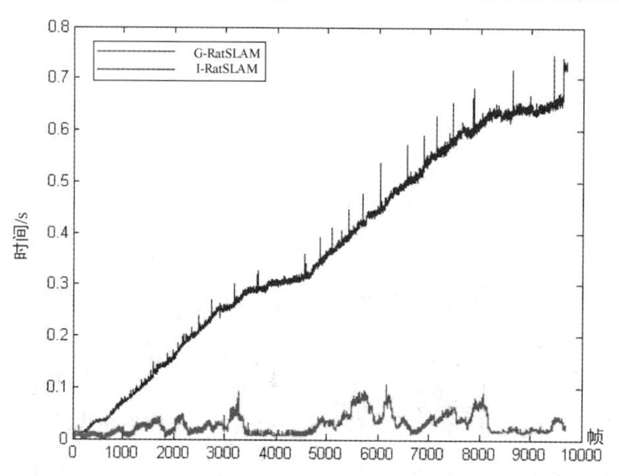

图 6.35　复杂环境实验中 I-RatSLAM 算法和 G-RatSLAM 算法的匹配时间曲线

表 6-6　复杂环境下 I-RatSLAM 算法和 G-RatSLAM 算法的实验数据

	G-RatSLAM	I-RatSLAM
场景模板个数	3275	1346
场景匹配的平均时间/s	0.3641	0.0266
场景模板的经验个数	2497	1053
x 轴的平均误差/cm	40.176	31.519
y 轴的平均误差/cm	46.834	27.944

从图 6.33 到图 6.35，以及表 6-6 可以看出，本节提出的 I-RatSLAM 算法在复杂环境中的表现还是非常好的，如图 6.33（b）所示；但 G-RatSLAM 算法的表现变得很糟糕，尤其是在 Amigo 机器人在第二圈的运动中，构建的地图出现了较大的偏差，如图 6.33（a）所示，主要原因是 G-RatSLAM 算法的构建地图误差会随着 Amigo 机器人运动里程数的增加而增大。但采用场景预测策略和双位置细胞网络的 I-RatSLAM 算法可以减少构建地图误差，场景预测策略可以提高场景匹配的成功率，这对于用视觉修正光栅编码器的累计误差是至关重要的；双位置细胞网络可以动态调整场景位置信息，从而提高视觉修正累计误差的精度。

在复杂环境的实验中，I-RatSLAM 算法存储的场景模板有 1346 个，场景模板的经验个数为 1053，而 G-RatSLAM 算法却有 3275 个场景模板，场景模板的经验个数为 2497，可见 I-RatSLAM 算法大大减少了模板匹配以及算法迭代的时间。I-RatSLAM 算法的模板匹配时间几乎与简单环境下的模板匹配时间相同，但 G-RatSLAM 算法在复杂环境下的模板匹配时间相比简单环境下有显著的增加。

6.4 基于深度学习的移动机器人语义 SLAM 算法

在未知环境下，移动机器人通过视觉实现定位与建图是其自主完成任务的关键，但使用传统的地图（如拓扑地图、度量地图或混合地图等），难以完成人机交互等相对复杂的任务。因此，为地图添加语义信息能有效帮助移动机器人感知环境，并更好地理解环境，提高移动机器人的自主能力，同时改善人机交互体验，帮助移动机器人高效地完成任务[48-49]。

本节将在 ORB-SLAM 算法的基础上，使用训练好的卷积神经网络模型，对地图中的所有关键帧进行分类识别，进一步为环境映射地图添加语义标识，实现移动机器人语义 SLAM 算法。

6.4.1　移动机器人语义 SLAM 算法概述

1. ORB-SLAM 算法

基于视觉的 SLAM 系统发展到现在为止已经有了成熟的框架结构。本节主要对基于单目视觉的 ORB-SLAM 系统进行研究，该系统是以图像特征点为基础的 SLAM 系统，具有良好的实时性，无论在大、小规模，还是室内外的环境下都能够运行。ORB-SLAM 系统框架如图 6.36 所示，该系统采用统一的 ORB 特征来处理图像，可以有效避免特征点重新提取所带来的时间与空间成本消耗。与此同时，鉴于 ORB 特征具有一定的光照与旋转不变性，使得 ORB-SLAM 系统具有很好的鲁棒性。

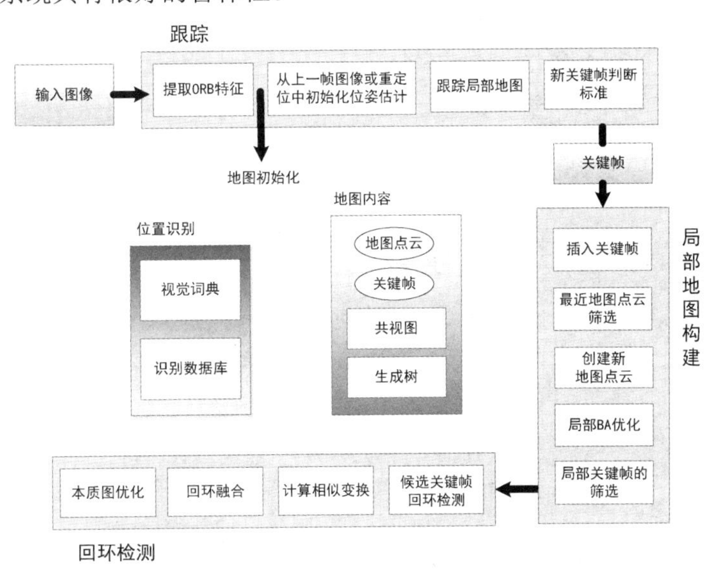

图 6.36　ORB-SLAM 系统框架

从图 6.36 所示的系统框架可以看出，ORB-SLAM 系统主要有三个相互关联的线程，分别是跟踪（Tracking）、局部地图构建（Local Mapping）和回环检测（Loop Closing），位置识别模块主要用于全局重定位以及场景的回环检测。

2. 跟踪

跟踪线程的作用是实现视觉里程计的功能，其框架如图 6.37 所示。首先，从当前图像中提取 ORB 特征并计算特征描述。然后根据从上一帧图像或重定位中初始化位姿估计，并采取暴力匹配方法，使用 BA（Bundle Adjustment）算法对相机在当前时刻的位姿进行优化。若由于外界强干扰或噪声而出现跟踪丢失时，则调用位置识别模块来进行全局重定位，重定位成功后会获得一个局部可视地图，继续跟踪已重建好的局部地图、优化位姿。最后根据设置好的关键帧选取判定条件，决定当前帧能否作为新关键帧插入到局部地图构建线程。

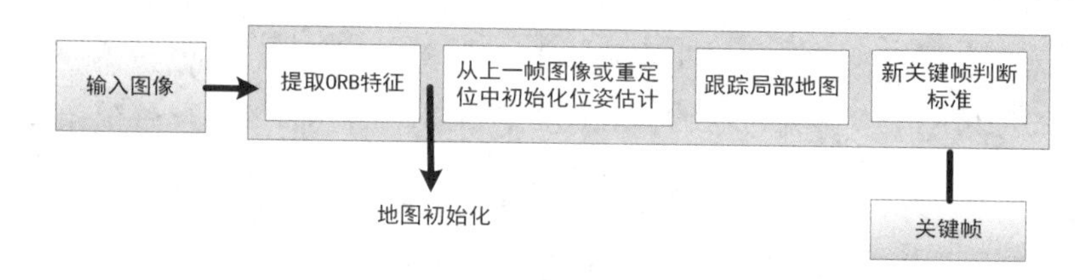

图 6.37 跟踪线程的框架

跟踪线程的具体过程如下：

1）提取 ORB 特征

这里使用本书 5.2 节提出的改进算法来提取图像 ORB 特征，该算法可以根据场景的不同，通过设置自适应阈值来有效地提取特征点。这里取尺度因子为 1.2，尺度空间的层数为 8，每帧所提取的 FAST 角点的数量为 1000～2000，以网格的形式来划分图像，从而获得特征点，以达到特征点均匀分布的效果。

2）初始化地图

单目视觉传感器不能从单个图像获取场景深度信息，需要使用图像序列来实现地图初始化。地图初始化是 ORB-SLAM 系统的关键环节，其目的是通过计算两幅图像的相对位置，根据成功匹配的特征点来三角化一组初始地图点云。ORB-SLAM 系统使用自动初始化的方法，具体步骤如下：

步骤 1：找到初始对应点。在当前图像 f_c 中提取 ORB 特征，并将其同参考图像 f_r 进行特征匹配。如果匹配点数量不足，则重新选取参考图像，然后重新进行特征匹配，直到获得足够多的匹配点为止。这里，使用本书 5.2 节提出的改进图像特征匹配算法来完成当前图像与参考图像之间的特征匹配。

步骤 2：并行计算两个几何模型[50]。为了选出最合适的场景模型，ORB-SLAM 系统同时开启两个线程，分别针对平面及非平面两个场景计算出单应性矩阵 $\boldsymbol{H}_{cr}$ 和基础矩阵 $\boldsymbol{F}_{cr}$：

$$\boldsymbol{x}_c = \boldsymbol{H}_{cr}\boldsymbol{x}_r, \qquad \boldsymbol{x}_c^{T}\boldsymbol{F}_{cr}\boldsymbol{x}_r = 0 \tag{6-36}$$

在计算单应性矩阵 $\boldsymbol{H}_{cr}$ 和基础矩阵 $\boldsymbol{F}_{cr}$ 时，分别采用归一化的直接线性变换方法以及归一化八点法[51]。最终，通过计算和比较两个模型的 S_M 值来评估哪个模型更加合适，S_M 的定义如下：

$$S_M = \sum_i \{\rho_M[d_{cr}^2(x_c^i, x_r^i, M)] + \rho_M[d_{rc}^2(x_c^i, x_r^i, M)]\} \tag{6-37}$$

$$\rho_M(d^2)=\begin{cases}\Gamma-d^2, & d^2<T_M\\ 0, & d^2\geqslant T_M\end{cases}\tag{6-38}$$

式中，d_{cr}^2 和 d_{rc}^2 分别表示当前图像与参考图像之间的转换误差；T_M 是排除无效数据的阈值。

步骤3：选择模型。如果当前场景是平面场景、近似平面场景或者其视差较小时，则选择使用单应性矩阵 $\boldsymbol{H}_{cr}$ 来求解两幅图像的相对位置，这样可以保证地图能够正确地进行初始化，或者当出现低视差的情况时选择不进行初始化。此时，也可以找到一个基础矩阵 $\boldsymbol{F}_{cr}$，但它并不能很好地进行约束，使用该基础矩阵来对运动场景进行重构很有可能会造成错误的结果。对于非平面的三维场景，当存在足够的视差时可以选择基础矩阵 $\boldsymbol{F}_{cr}$ 来计算，可以用如下公式进行计算：

$$R_H=\frac{S_H}{S_H+S_F}\tag{6-39}$$

式中，R_H 为模型选择条件，当 $R_H>0.45$ 时，表示二维平面及视差低的情况，选取单应性矩阵 $\boldsymbol{H}_{cr}$ 来恢复相机的位姿；反之则选取基础矩阵 $\boldsymbol{F}_{cr}$ 来回复相机的位姿。

步骤4：运动恢复。在确定模型后，就可以得到运动状态，利用确定的模型来恢复运动。对于单应性矩阵 $\boldsymbol{H}_{cr}$，可以根据Faugeras[52]等人所提出的相关方法，提取8种运动假设，并按这8种解来直接三角化二维点，之后再检查是不是有一种解可以让所有场景点都能够在相机前方，而且有较小的重投影误差。若最终没有这个最优解，则不进行初始化；反之重新选取第二帧图像来进行匹配并尝试进行初始化。

对于基础矩阵 $\boldsymbol{F}_{cr}$，在相机内参矩阵 $\boldsymbol{K}$ 已知的前提下，可以通过内参矩阵和基础矩阵计算得到本质矩阵，采用Hartley[53]等人提出的单值分解方法来恢复4种运动假设。本质矩阵的计算公式如下：

$$\boldsymbol{E}_{rc}=\boldsymbol{K}^{\mathrm{T}}\boldsymbol{F}_{cr}\boldsymbol{K}\tag{6-40}$$

步骤5：捆集调整（Bundle Adjustment，BA）。上述步骤结束之后，再对所有的变量执行一个全局BA优化，以获得初始化后的重构地图。

3）初始化位姿估计

当上一帧图像被成功追踪时，可以利用同样的运动模型来算出相机的当前位姿，并找出上一帧图像的地图点云。如果上一帧图像没有被成功跟踪，则需要将当前的图像变换为图像词袋，在构建的词袋模型数据库中利用索引技术对当前图像进行匹配。成功完成匹配后，通过随机采样一致性（RANSAC）算法[54]来消除错误的匹配点，再利用PnP算法[55]来计算相机当前时刻的相对位姿，最后采用BA优化[56]来完成相机的初始化位姿估计。

4）局部地图跟踪

利用位姿估计的结果来建立关键帧和地图之间的对应关系，并搜索更多的地图点云之间的对应关系。鉴于地图点云的数量庞大，为了降低大地图的复杂性，只考虑映射局部地图。局部地图包含一个关键帧组 K_1，它与当前关键帧之间有同样的点云，并且与相邻关键帧组 K_2 之间的图像内容是关联的。局部地图关键帧组 K_1 中还包含一个参考关键帧 K_{ref}，该参考关键帧与当前关键帧之间拥有最多共同的地图点云。对于两个关键帧组 K_1、K_2 中的所有可观测的点云 x，在当前图像中进行搜索，具体步骤如下：

步骤1：将点云 x 映射到当前帧，去除位于图像边缘外的点。

步骤2：计算当前视图射线 v 和特征点平均视角 n，若 $v\cdot n<\cos 60^\circ$，则丢弃该点。

步骤 3：计算地图点云到相机光心的距离 d，如果该距离不在点云的尺度不变区间内，即 $d \notin [d_{\min}, d_{\max}]$，则丢掉该点云。

步骤 4：计算当前图像中特征点的尺度，可通过求 $d/d_{\min}$ 得到。

步骤 5：计算当前图像中还未匹配的特征点的描述子 D，在预测的尺度内且靠近地图投影点 x 附近，将这些剩下的未匹配的特征点关联到具有最优匹配的地图点云。

步骤 6：利用当前图像中所有的地图点云对相机的位姿进行 BA 优化。

5）新关键帧判定

对于当前图像，通过设定好的判定规则进行筛选，并且尽可能地快速插入关键帧，这一过程使得 ORB-SLAM 系统的跟踪线程更具鲁棒性，可有效避免处理更多的冗余关键帧。具体的判定规则如下：

- 在上次进行全局重定位之后，又经过了 20 帧以上的图像。
- 当用于建立场景局部地图的功能处于停滞状态时，或者自上次关键帧插入以来，已经过了 20 帧以上的图像。
- 至少有 50 个特征点在当前图像中被追踪到。
- 在当前图像中追踪到的特征点数量要少于参考关键帧 K_{ref} 点云的 90%。

3．局部地图构建

局部地图构建线程的框架如图 6.38 所示，首先将满足判定规则的图像插入关键帧序列中，并对关键帧中的点云进行预处理来建立匹配关系；然后剔除不满足条件的部分地图点云；接着以一定的判定标准来建立新的地图点云；之后再对前面所有的变量进行局部 BA 优化并删除部分无效观测点；最后将冗余的关键帧删除，避免产生过多的关键帧。

图 6.38　局部地图构建线程框架

局部地图构建线程具体流程如下：

1）插入关键帧

插入关键帧是指将满足判定规则的图像插入关键帧序列，插入之后还需要更新与内容相关的图像，添加 K_i 节点并更新关键帧之间由相同地图点云所产生的共同边，更新生成树上节点 K_i 与其他关键帧之间的连接，计算节点 K_i 的词袋向量，用以匹配地图点云、三角化新的特征点。

2）最近地图点云筛选

地图中的点云是特征明显的点，若地图上的某个点云要保留在地图中，则该点云需要被 3 个以上的关键帧观测到，以确保该点云是可追踪的，而不是由错误干扰产生的，地图点云的具体判定条件如下：

- 要求地图点云在被追踪的过程中被 25%以上的关键帧观测到。
- 至少要有 3 个以上的关键帧观测到地图点云。

3）创建新地图点云

对位于与内容相关的关键帧 K_c 之间的特征向量进行三角化，创建新地图点云。对关键帧 K_i 中还未匹配的 ORB 特征点，以及其他关键帧中未匹配的特征点进行匹配，剔除不满足极线约束的匹配点。在对 ORB 特征点对进行三角测量之后，创建新地图点云。若新地图点云可以被 3 个以上的关键帧观测到，则可以将它插入到关键帧序列中。

4）局部 BA 优化

对涉及到的所有变量进行局部 BA 优化，丢弃被标记为无效的数据。

5）局部关键帧的筛选

在构建局部地图时，要尽可能地检测出冗余的关键帧并将其删除，从而使构建的局部地区保持简洁。局部关键帧的筛选规则是将与内容相关的关键帧 K_c 中的部分关键帧删除，该部分关键帧中 90%的地图点云能够被 3 个以上的关键帧共同观测到。

3. 回环检测

回路检测线程的框架如图 6.39 所示，主要是对局部地图中优化后的关键帧 K_i 与之前的关键帧进行相似判断，判断相机的当前运动是否存在回环。

图 6.39　回环检测线程框架

回环检测线程的具体过程如下：

1）候选关键帧回环检测

当地图中存在的关键帧数量不足 10 帧或从上次回环检测之后经过少于 10 帧图像，则不进行回环检测。否则根据词袋向量的值来计算关键帧 K_i 与它在交互可视化视图中所有相连的图像之间的相似性得分，比较并保留最低得分 S_{min}，删除相似性得分低于 S_{min} 的关键帧。

2）计算相似变换

单目视觉 SLAM 系统中有 7 个自由度可能会发生漂移，包括 3 个平移、3 个旋转以及 1 个尺度因子。为了实现一个回环，需要对关键帧 K_i 到回环帧 K_l 的相似变换矩阵进行计算，以获得回环累计误差，同时也可以当成相机回环运动的几何验证。

首先，在当前关键帧与候选关键帧之间建立 ORB 特征点的对应匹配，得到当前关键帧与每个候选关键帧之间的一个三维空间上的对应关系。然后，采用随机采样一致性算法对匹配点对进行迭代，求出相似变换矩阵 $\boldsymbol{S}_{il}$。对该相似变换矩阵进行优化，搜索更多的匹配关系，利用更多的有效数据进行进一步的优化，直至相似变换矩阵 $\boldsymbol{S}_{il}$ 能够满足足够多的匹配点，此时候选回环关键帧 Kl 被认定为闭环帧。

3）回环融合

对回环进行纠正的第一步是将重复的地图点云进行融合，并在共视图中插入与回环相关联的新边缘。首先使用相似变换矩阵 $\boldsymbol{S}_{il}$ 来矫正当前关键帧 K_i 的位姿 T_{iw}，并将该方法用于修正所有与当前关键帧 K_i 相邻的关键帧的位姿，使得回环两端能够保持一致。回环关键帧与其相邻的关键帧中所有的观测点都映射到关键帧 K_i 上，在投影范围内的较小区域里对它们的邻近点和匹配点进行搜索，将所有成功匹配的地图点云以及满足相似变换的内点进行融合，对融合过程中涉及到的所有关键帧的边缘在共视图中进行更新，产生的边缘用于回环控制。

4）本质图优化

为了能够有效地实现回环，需要进行本质图优化，使得回环中的累积误差分散到位姿图中。通过相似变换矩阵进行优化，可纠正尺度的偏差，地图点云可通过相应的关键帧来更新其三维信息。

6.4.2 基于卷积神经网络的移动机器人语义 SLAM 算法

本节提出了一种基于卷积神经网络的移动机器人语义 SLAM 算法，其结构如图 6.40 所示，可分为图像的采集与处理、卷积神经网络模型训练和语义地图构建。

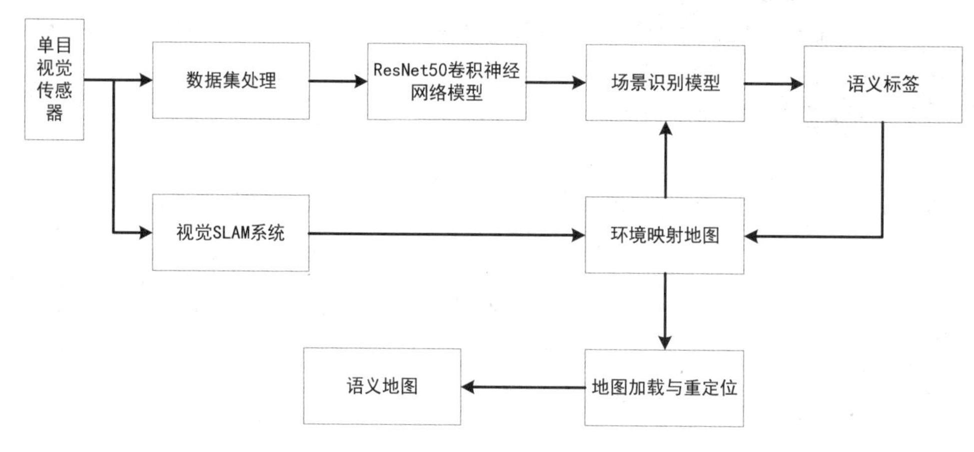

图 6.40 基于卷积神经网络的移动机器人语义 SLAM 算法的结构

1. 图像采集与处理

本节在 ORB-SLAM 算法的基础上，提出了一种语义地图的构建算法。首先需要对场景图像进行采集，使用价格相对较低的单目相机作为传感器，通过拍摄到的场景图像制作本节算法的训练数据集。

移动机器人在未知环境下采集数据时，难免会受到颠簸、抖动等外界因素的干扰。为了减少此类噪声的干扰，降低非有效区域对卷积神经网络模型训练的影响，在移动机器人采集到数据后，需要进行图像预处理。图像预处理过程如图 6.41 所示，移动机器人采集到原始图像的大小为 640×480，将可能存在的非有效区域裁剪掉，裁剪后的图像大小为 600×450。经过多次实验验证，裁剪后的图像既有效降低了图像拍摄过程中因颠簸、抖动产生的非有效区域的干扰，又一定程度上保证了各个场景下图像的可区分性。在一般情况下，卷积神经网络的训练集是由成千上万张的图像组成的，为了减少内存消耗，同时也为了满足网络输入维度要求，本节对裁剪后的图像做了进一步的降维处理，降维之后的图像大小为 224×224。

图 6.41 图像预处理过程

2. 卷积神经网络模型训练

对于卷积神经网络，在没有过拟合的前提下，随着网络深度的增加，其拟合能力应随着增强。因此，近年来在卷积神经网络的研究中，准确率的提升通常都伴随着网络层数的增加。但事实上，由于网络的反向传播存在累乘操作，在网络层数增加的同时会导致梯度消失或者爆炸，使得网络最终难以收敛。与此同时，当网络深度达到一定程度时，准确率会处于饱和状态，继续加深网络深度反而会增加训练和测试的误差，最终导致网络整体性能的迅速下滑。

本节采用的卷积神经网络是深度残差网络（ResNet），是由何凯明等人[57]于 2015 年提出的，其优点主要是能够在加深神经网络深度的同时，很好地解决训练误差增加的问题，有效提高模型的准确率。深度 ResNet 在传统卷积神经网络的基础上进行了调整，将跨层连接作为深度 ResNet 的基本结构，关键部分是在基本网络单元中增加一个恒等映射的连接。深度 ResNet 的基本结构如图 6.42 所示，图中 $H(x)$ 是期望输出，$F(x)$ 为残差映射，将输入 x 直接传到输出位置，此时输出结果变为 $H(x)=F(x)+x$。当 $F(x)=0$ 时，$H(x)=x$，即为恒等映射。因此，深度 ResNet 改变了学习目标，目标值为 $H(x)$ 和 x 的差值，即所谓的残差 $F(x)=H(x)-x$。此时网络的训练目标变为将残差值逼近为 0。伴随着网络深度的增加，准确率不会下降，打破了传统卷积神经网络的层数约束，为更深的语义特征提取与分类提供了可行性。

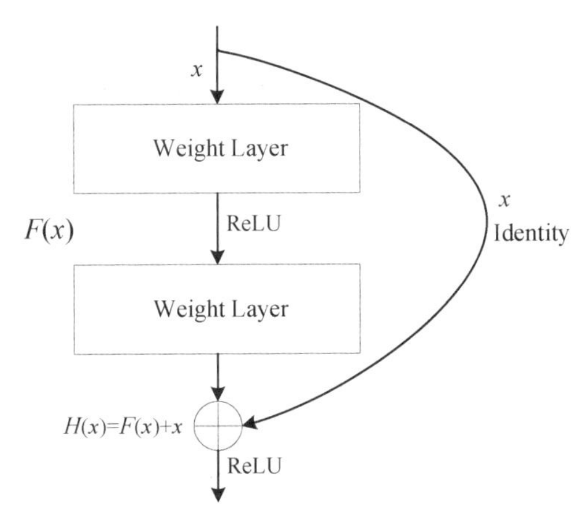

图 6.42 深度 ResNet 的基本结构

基于深度 ResNet 的优越性，本节构建了 50 层的深度 ResNet，对采集到的场景图像进行分类，从而为环境映射地图添加语义信息。深度 ResNet 的残差模块分为两类：一类串接两个 3×3 的卷积核，另一类则将 1×1、3×3 和 1×1 三个卷积核串接起来。考虑到计算成本，对于 50 层的深度 ResNet，本节采用第二类残差模块，在保证算法精度的同时，可以大大减少计算时间和参数数量。

本节构建的 50 层的深度 ResNet 的整体结构如图 6.43 所示，当输入为 224×224×3 的图像时：

（1）第一层卷积：卷积核为 7×7×64，步幅为 2，输出为 112×112×64。

（2）最大池化层：池化核为 3×3，步幅为 2，输出为 56×56×64。

（3）第二大层卷积：包含 3 个模块，每个模块都由 1×1×64、3×3×64 和 1×1×256 三个卷积核串接而成，最后输出为 56×56×256。

（4）第三大层卷积：包含 4 个模块，每个模块都由 1×1×128、3×3×128 和 1×1×512 三个卷积核串接组成，最后输出为 28×28×512。

（5）第四大层卷积：包含 6 个模块，每个模块都由 1×1×256、3×3×256 和 1×1×1024 三个卷积核串接而成，最后输出为 14×14×1024。

（6）第五大层卷积：包含 3 个模块，每个模块都由 1×1×512、3×3×512 和 1×1×2048 三个卷积核串接而成，最后输出为 7×7×2048。

（7）平均池化层：池化核为 7×7，步幅为 1，输出为 1×1×2048。

（8）全连接层：连接所有的特征，将输出结果送给下层的分类器，根据分类的个数来选择全连接层的输出。

（9）损失函数层：利用 Softmax 函数输出图像的分类概率。

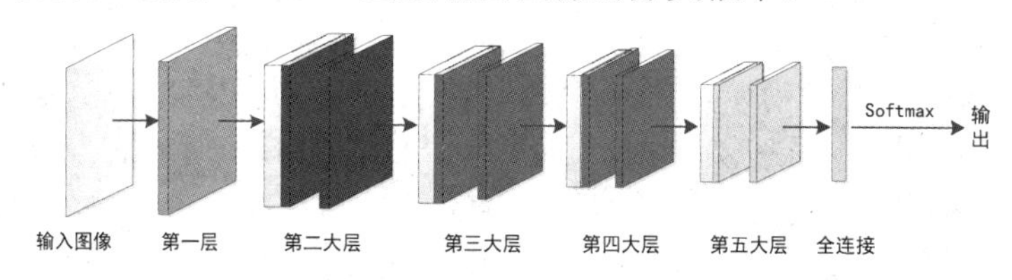

图 6.43 50 层的深度 ResNet 的整体结构

在室内外环境中，过往行人以及车辆移动都会使得移动机器人拍摄的某个场景图像发生变化，若移动机器人直接将发生变化的场景图像保存到数据训练集中，则结果将直接影响深度 ResNet 的分类准确率。针对图像拍摄过程中物体移动问题，本节增加了图像在线筛选策略来帮助深度 ResNet 选出优质训练集。数据采集及网络训练流程的伪代码如下：

```
//数据采集及网络训练流程的伪代码
for i=1:1:n
    Images = Capture_Images();
    Process_Images();
    SavetoDatebase(Images);
end for
%初始化阶段，拍摄前 n 幅参考图像并保存到数据训练集中
Do
{
    Newimages = Capture_Images();
    for each images in Datebase do
    {
        Sj=Sim_Calculate(Newimages,Images);          %计算图像之间的相似度
    }
    end for;
    Smax = Max(Sj);                                  %取最大相似度
```

```
        if S_max > Threshold                                %大于设定阈值则放入数据训练集中
            Process_Images();
            SavetoDatebase(Newimages);
        end if
    } while the database is not enough.
    ResNetTraining();                                       %训练深度 ResNet
```

1）图像在线筛选策略

移动机器人在室内外场景中采集数据时，物体的移动将直接影响图像分类的结果，最终导致语义地图构建失败。为了应对拍摄过程中因物体移动而导致的场景图像变化，移动机器人需要对拍摄到的图像进行实时分析，根据当前拍摄图像与数据训练集中的图像匹配结果，决定是否将当前拍摄图像添加至数据训练集中，来作为深度 ResNet 的训练集。

在同一类场景下，移动机器人以固定的时间间隔拍摄图像，在初始化时选取 n 张静态场景图像作为参考图像放入数据训练集中，之后移动机器人开始运动并拍摄图像。对于当前的拍摄图像 $\mathrm{img_c}$，依次计算 $\mathrm{img_c}$ 与场景数据集中的图像 img_i 之间的相似性，取相似性指数最高值与阈值进行比较，若大于阈值则将 $\mathrm{img_c}$ 存放至数据训练集中，以此方法直至场景图像采集完毕。图像相似性的计算公式如下：

$$S(\mathrm{img_c},\mathrm{img}_i)=\max[\mathrm{SSIM}(\mathrm{img_c},\mathrm{img}_i)],\qquad i=1,2,\cdots,N \tag{6-41}$$

$$\mathrm{SSIM}(x,y)=\frac{(2\mu_x\mu_y+c_1)(2\sigma_{xy}+c_2)}{(\mu_x^2+\mu_y^2+c_1)(\sigma_x^2+\sigma_y^2+c_2)} \tag{6-42}$$

式中，N 为场景数据集中已有图片的数量；μ_x 和 σ_x 分别为图像 x 的像素平均值与方差；μ_y 和 σ_y 为图像 y 的像素均值和方差；σ_{xy} 为两图像的协方差；c_1 和 c_2 为常系数。

2）神经网络模型训练

在完成图像采集之后，就开始数据离线训练。在将图像输入深度 ResNet 前，需要对图像进行预处理，即根据实际的 n 个场景分类需求，先准备好 n 个子目录，在每个子目录中分别存放同一类场景的图像，子目录可以根据场景名称命名。本节在每个场景各选择 500～600 幅图像作为数据训练集，同时为了检验训练好的网络模型性能，抽取数据训练集中大约 10% 的图像用于测试。

3. 语义地图构建

传统 SLAM 算法所构建的环境映射地图是由很多关键帧连接组成的，每个关键帧只保存了相机的位姿、相机内部参数以及关键帧中所有 ORB 特征这些信息，缺少对环境空间位置的语义标注。因此，该环境映射地图只能用于移动机器人的定位与导航，而人们却无法理解地图的含义，如图 6.44 所示。为了成功构建环境语义地图，以便于人机交互，本节在关键帧中添加了语义分类信息 k（k 是取值为 1～n 的整数，其中 n 为场景分类数量），同时在每个关键帧中加入类别活性值 A。因此，环境映射地图中的每个关键帧除了包含相机位姿 T_{iw}、相机内部参数 M 和关键帧中所有 ORB 特征 V，还另外包含了分类信息 k 以及类别活性值 A，则语义关键帧可表示为：

$$\mathrm{kFrame}=\{T_{\mathrm{iw}},M,V,k,A\} \tag{6-43}$$

本节使用训练好的深度 ResNet 模型，对组成环境映射地图的关键帧进行分类，网络的输出是每个关键帧属于各个场景类别的概率，若第 k 个场景的概率值最大为 A，则表示该关键帧图像属于这个场景，语义关键帧的局部连接示意图如图 6.45 所示。此时，向关键帧添加语义编号信息 k 和活性值 A。

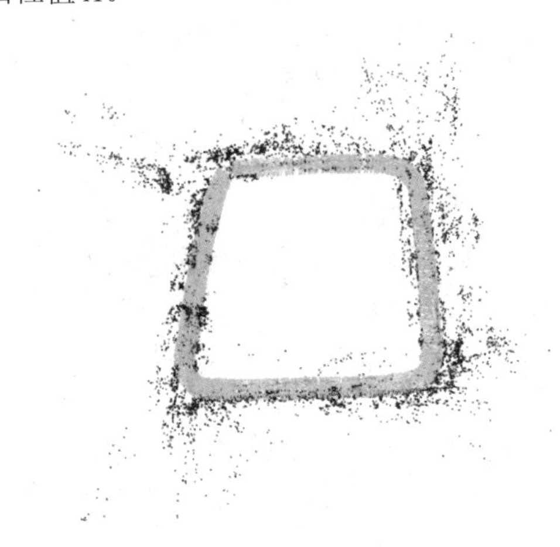

图 6.44 无语义标注的环境映射地图

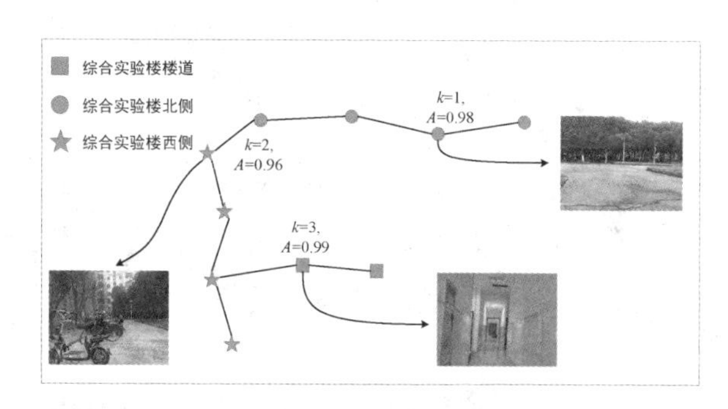

图 6.45 语义关键帧的局部连接示意图

6.4.3 实验及结果分析

为了验证基于深度 ResNet 的移动机器人语义 SLAM 算法的有效性和可行性，本节设计了两个实验来构建环境语义地图。实验的硬件和 6.3.2 节的实验相同，本节采用内存为 8 GB、CPU 频率为 3.5 GHz 的笔记本电脑来运行基于深度 ResNet 的移动机器人语义 SLAM 算法。本节采用河海大学常州校区综合实验楼的部分室内外场景作为语义地图创建的实验环境。部分实验环境图像如图 6.46 所示。

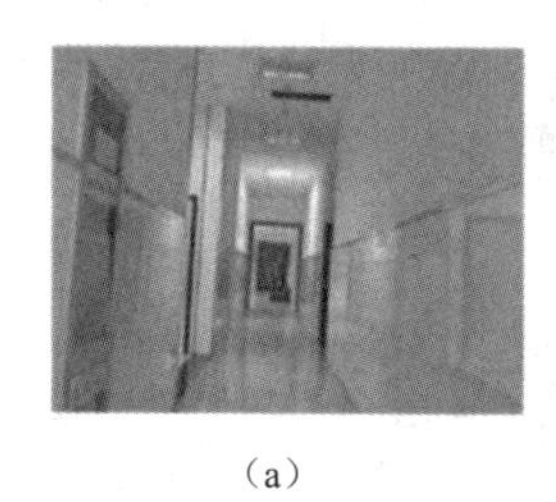
(a)

(b)

(c)

(d)

图 6.46 部分实验环境图像

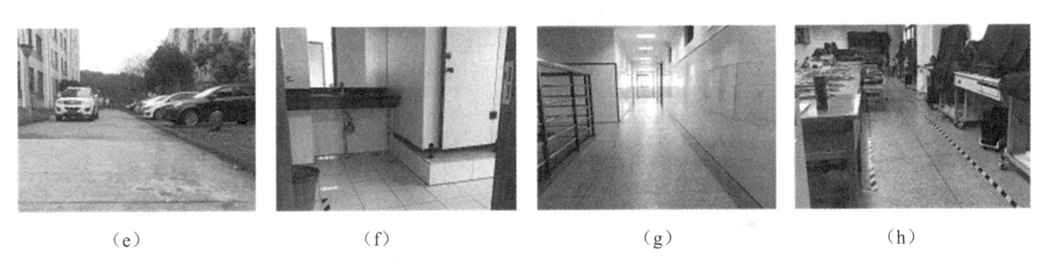

（e）　（f）　（g）　（h）

图 6.46　部分实验环境图像（续）

1. 室内外大型场景下的移动机器人语义 SLAM

为了验证基于深度 ResNet 的移动机器人语义 SLAM 算法的有效性，第一个实验场景选取的是综合实验楼四周一圈及综合实验楼的部分内部场景，主要场景图像如图 6.46（a）到（e）所示，包含走廊、车棚、居民楼、自行车及汽车等语义信息，根据这些语义信息将场景空间结构分成五个部分：综合实验楼东、南、西、北和综合实验楼内部通道，室内外大型场景分类结果如表 6-7 所示。根据分类结果可知，对于具有明显特征的场景，基于深度 ResNet 的移动机器人语义 SLAM 算法的分类准确率更高，如综合实验楼内部通道；而对于综合实验楼的四周场景，虽然各个场景都有自身较为明显的特征，但每个方向都有两处转弯点，在转弯场景下有着两个方向共有的部分特征，导致场景分类的准确率降低。此外，由于自行车和汽车是可移动的，如综合实验楼南侧的汽车临时停靠在了西侧，这将造成西侧场景分类的准确率降低。

表 6-7　室内外大型场景分类结果

标　签	总　数	误识别个数	误识别场景	准确率/%
西	80	10	南、北	87.5
南	80	6	西、东	92.5
东	80	5	北	93.75
北	80	8	西、东	90
内部通道	80	0	—	100

室内外大型场景实验环境地图与机器人运动轨迹如图 6.27 所示。

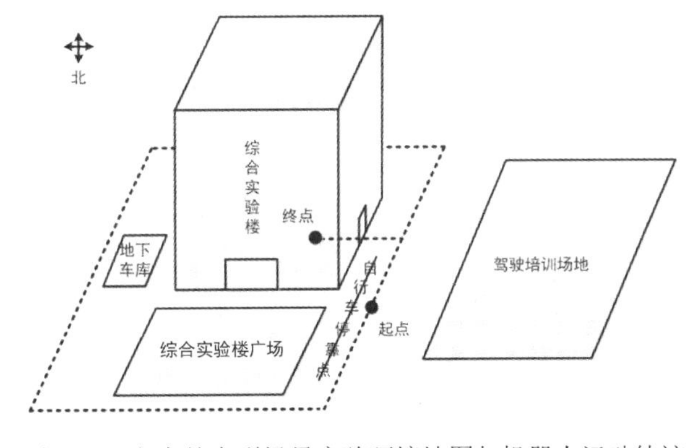

图 6.47　室内外大型场景实验环境地图与机器人运动轨迹

基于深度 ResNet 的移动机器人语义 SLAM 算法的实验最终结果，即构建的环境语义地图如图 6.48 所示。针对转弯部分场景分类准确率低的问题，在实验中引入了关键帧类别活性值连续性判定规则。对于非转弯点部分的关键帧，其分类后得到的场景类别活性值相对较高，而转弯点附近关键帧的场景类别活性值相对较低，根据这一特点加入判定条件：对于类别活性值低于 t 的当前关键帧，找出当前关键帧之前连续 30 帧中个数最多的类别，并将该类别赋予当前关键帧。经过大量的实验对比分析，当 t=0.85 时，效果最优。这一判定条件使得连续的关键帧在完成转弯之前都属于当前类别，有效降低了环境语义地图的错误率。

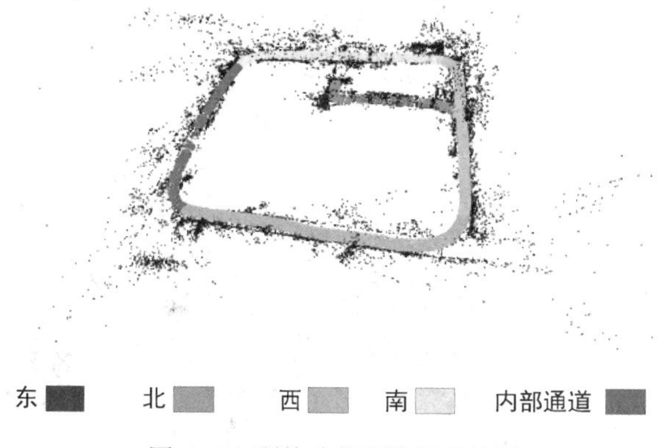

图 6.48　所构建的环境语义地图

2. 室内复杂场景下的移动机器人语义 SLAM

为了进一步验证基于深度 ResNet 的移动机器人语义 SLAM 算法的可行性，本节选取室内复杂场景进行了第二个实验。实验环境选取河海大学常州校区综合实验楼五楼，空间结构图 6.49 所示，主要场景图像如图 6.46（f）到（h）所示，包括实验室、洗手间和走廊。室内复杂场景分类结果如表 6-8 所示。

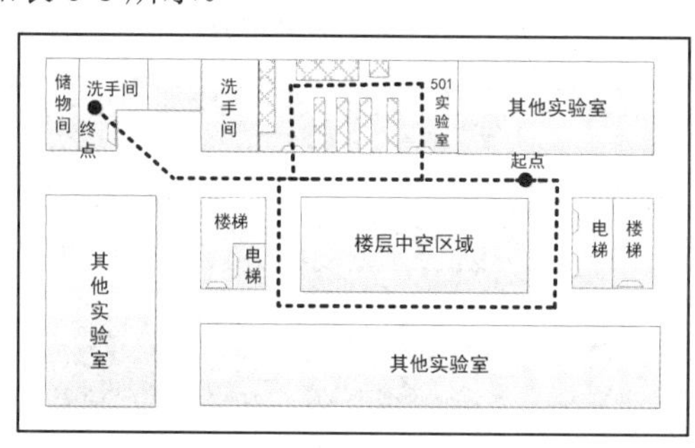

图 6.49　室内复杂场景实验环境的空间结构

表 6-8　室内复杂场景分类结果

标　签	总　数	误识别个数	准确率/%
501 实验室、走廊、洗手间	300	23	92.33

从室内复杂场景分类结果可以发现，场景的分类成功率可以达到 90%以上。考虑到场景分类错误的主要发生在从一个场景进入到另一个场景的过程中，为了获取效果更好的环境语义地图，第二个实验对第一个实验中的关键帧类别活性值连续性判定规则进行修正。室内复杂场景下的环境语义地图如图 6.50 所示。实验结果表明基于深度 ResNet 的移动机器人语义 SLAM 算法在室内复杂场景下依然是有效且可行的。

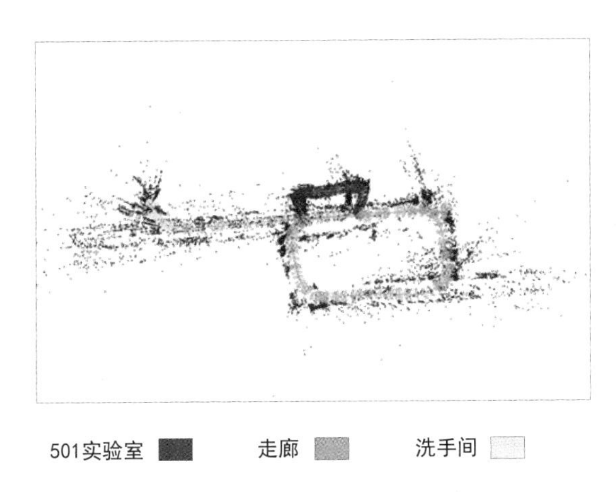

图 6.50　室内复杂场景下的环境语义地图

6.5 本章小结

SLAM 是移动机器人应用的关键和难点问题之一，也是移动机器人在未知室内环境中开展工作的基础，被称为移动机器人领域的“圣杯”。本章首先对移动机器人 SLAM 进行了概述，然后在此基础上对基于改进扩展卡尔曼滤波的移动机器人 SLAM 算法、基于改进生物启发方法的移动机器人 SLAM 算法以及基于深度学习的移动机器人语义 SLAM 算法进行了重点介绍，并提出了相应的解决方法。

参考文献

[1] Hochdorfer S, Schlegel C. Landmark rating and selection according to localization coverage: Addressing the challenge of lifelong operation of SLAM in service robots [C]// 2009 IEEE/RSJ International Conference on Intelligent Robots and Systems, IROS 2009, St. Louis, MO, United states, 11-15 October, 2009.

[2] Cao M L, Yu L, Cui P Y. Simultaneous localization and map building using constrained state estimate algorithm[C]// 27th Chinese Control Conference, CCC, Kunming, Yunnan, China, 16-18 July, 2008.

[3] 仲朝亮，刘士荣．基于虚拟子目标的移动机器人主动寻径导航[J]．机器人学报，2009(06): 123-134.

[4] 王培勋．基于子地图连接的机器人同时定位与地图构建研究[D]．青岛：中国海洋大学，2010.

[5] Dissanayake M W, Newman P, Clark S. A solution to the simultaneous localization and map building (SLAM) problem [J]. IEEE Transactions on Robotics and Automation, 2001, 17(3): 229-241.

[6] Williams S B, Newman P, Dissanayake G, et al. Autonomous underwater simultaneous localisation and map building [J]. ICRA 2000: IEEE International Conference on Robotics and Automation, San Francisco, USA, April 24-28, 2000.

[7] Knight J, Davision A, Reid I. Towards constant time SLAM using postponement [C]// 2001 IEEE/RSJ International Conference on Intelligent Robots and Systems, Maui, HI, United states, October 29 - November 3, 2001.

[8] 倪建军，史朋飞，罗成名．人工智能与机器人[M]．北京：科学出版社，2019.

[9] 杨铮，吴陈沭，刘云浩．位置计算：无线网络定位与可定位性[M]．北京：清华大学出版社，2014.

[10] 徐德，邹伟．室内移动式服务机器人的感知．定位与控制[M]．北京：科学出版社，2008.

[11] 朱本华，钟杰．未知环境下的移动机器人环境建模研究[J]．微计算机信息，2010(14): 223-231.

[12] 王立，熊蓉，褚健，等．基于模糊评价的未知环境地图构建探测规划[J]．浙江大学学报（工学版），2010(02): 456-462.

[13] 石章松．移动机器人同步定位与地图构建[M]．北京：国防工业出版社，2017.

[14] 刘洞波，李永坚，刘国荣，等．移动机器人粒子滤波定位与地图创建[M]．湘潭：湘潭大学出版社，2016.

[15] 罗荣华，洪炳镕．移动机器人同时定位与地图创建研究进展[J]．机器人，2004, 26(2):182-186.

[16] 余洪山，王耀南．基于粒子滤波器的移动机器人定位和地图创建研究进展[J]．机器人，2007, 29(3):281-289.

[17] 周武，赵春霞．一种基于遗传算法的 FastSLAM 2.0 算法[J]．机器人，2009, 31(1):25-32.

[18] Choi Y H, Oh S Y. Grid-Based Visual SLAM in Complex Environments[J]. Journal of Intelligent & Robotic Systems, 2007, 50(3):241-255.

[19] 陈凤东，洪炳镕．基于特征地图的移动机器人全局定位与自主泊位方法[J]．电子学报，2010, 38(6):1256-1261.

[20] [20] Kim A, Eustice R M. Active visual SLAM for robotic area coverage: Theory and experiment[J]. International Journal of Robotics Research, 2015, 34(4-5):457-475.

[21] 周彦，李雅芳，王冬丽，等．视觉同时定位与地图创建综述[J]．智能系统学报，2018, 13(01):97-106.

[22] Smith R, Cheeseman P. On the representation and estimation of spatial uncertainty [J]. The International Journal of Robotics Research, 1986, 5(4): 56-68.

[23] Montemarlo M, Thrun S, Koller D, et al. FastSLAM: A Factored Solution to the Simultaneous Localization and Mapping Problem[C]// 18th National Conference on Artificial Intelligence (AAAI-02), 14th Innovative Applications of Artificial Intelligence Conference (IAAI-02), Edmonton, Alta., Canada, July 28- August 1, 2002.

[24] Lu F, Milios E. Globally consistent range scan alignment for environment mapping[J]. Autonomous robots, 1997, 4(4): 333-349.

[25] 梁明杰，闵华清，罗荣华．基于图优化的同时定位与地图创建综述[J]．机器人，2013(04): 118-130．

[26] 王忠立，赵杰，蔡鹤皋．大规模环境下基于图优化 SLAM 的后端优化方法[J]．哈尔滨工业大学学报，2015, (07): 26-31．

[27] Tsardoulias E, Petrou L. Critical Rays Scan Match SLAM[J]. Journal of Intelligent and Robotic Systems: Theory and Applications, 2013, 72(3-4): 441-462.

[28] 葛艳茹，张国伟，沈宏双，等．基于激光测距仪全局匹配扫描的 SLAM 算法研究[J]．计算机测量与控制，2016, 24(12): 198-199, 202.

[29] 常飞翔，刘元盛，李中道．基于不同传感器的同步定位与地图构建技术的研究进展[J]．计算机科学，2019,46（10A）:14-18.

[30] Davison A J , Reid I D , Molton N D , et al. MonoSLAM: Real-Time Single Camera SLAM[J]. IEEE Transactions on Pattern Analysis and Machine Intelligence, 2007, 29(6):1052-1067.

[31] Klein G, Murray D. Parallel Tracking and Mapping for Small AR Workspaces[C]// 2007 6th IEEE and ACM International Symposium on Mixed and Augmented Reality, ISMAR, Nara, Japan, November 13-16, 2007.

[32] Klein G, Murray D. Parallel Tracking and Mapping on a camera phone[C]// 8th IEEE 2009 International Symposium on Mixed and Augmented Reality, Orlando, FL, United states, October 19-22, 2009.

[33] Engel J, Schps T, Cremers D. LSD-SLAM: Large-scale direct monocular SLAM[C]// 13th European Conference on Computer Vision, ECCV 2014, Zurich, Switzerland, September 6-12, 2014.

[34] Gao X, Wang R, Demmel N, et al. LDSO: Direct Sparse Odometry with Loop Closure[C]// 2018 IEEE/RSJ International Conference on Intelligent Robots and Systems, IROS 2018, Madrid, Spain, October 1- 5, 2018.

[35] Williams B , Cummins M , Jose Neira, et al. A comparison of loop closing techniques in monocular SLAM[J]. Robotics and Autonomous Systems, 2009, 57(12):1188-1197.

[36] Forster C, Pizzoli M, Scaramuzza D. SVO: Fast semi-direct monocular visual odometry[C]// 2014 IEEE International Conference on Robotics and Automation, ICRA 2014, Hong Kong, China, May 31-June 7, 2014.

[37] Newcombe RA, Izadi S, Hilliges O, et al. Kinect fusion: real-time dense surface mapping and tracking[C]// 2011 10th IEEE International Symposium on Mixed and Augmented Reality, ISMAR 2011, Basel, Switzerland, October 26-29, 2011.

[38] 陈伟，吴涛，李政，等．基于粒子滤波的单目视觉 SLAM 算法[J]．机器人，2008, 30(2):242.

[39] 徐伟杰，李平，韩波．基于 2 点 RANSAC 的无人直升机单目视觉 SLAM[J]．机器人，2012, 34(1):65-71.

[40] 张毅，杜凡宇，罗元，等．一种融合激光和深度视觉传感器的 SLAM 地图创建方法[J]．计算机应用研究，2016, 33(10): 2970-2972, 3006.

[41] 王开宇，夏桂华，朱齐丹，等. 基于 EKF 的全景视觉机器人 SLAM 算法[J]. 计算机应用研究，2013, 30(11):3320-3323.

[42] 董蕊芳，柳长安，杨国田，等. 基于图优化的单目线特征 SLAM 算法[J]. 东南大学学报，2017, 47(6):1094-1100.

[43] 杜航原，郝燕玲，赵玉新. 基于模糊自适应卡尔曼滤波的 SLAM 算法[J]. 华中科技大学学报，2012, 40(01)：58-62.

[44] 王秋平，陈娟，王显利. 一种新的自适应非线性卡尔曼滤波算法[J]. 光电工程，2008, 35(07)：17-21.

[45] Yang S X, Meng M. Neural network approaches to dynamic collision-free trajectory generation [J]. IEEE Transactions on Cybernetics, 2001, 31(3): 302-318.

[46] Milford M, Wyeth G. Persistent navigation and mapping using a biologically inspired SLAM system[J]. International Journal of Robotics Research, 2010, 29(9):1131-1153.

[47] Milford M J, Wyeth G F. Mapping a suburb with a single camera using a biologically inspired slam system[J]. IEEE Transactions on Robotics, 2008, 24(5): 1038-1053.

[48] Kostavelis I, Gasteratos A. Semantic mapping for mobile robotics tasks: A survey[J]. Robotics and Autonomous Systems, 2015, 66:86-103.

[49] 吴凡，闵华松. 一种实时的三维语义地图生成方法[J]. 计算机工程与应用，2017, 53(6):67-72.

[50] Longuet-Higgins H C. The Reconstruction of a Plane Surface from Two Perspective Projections[J]. Proceedings of the Royal Society of London. Series B, 1986, 227(1249):399-410.

[51] Opower H, Book Review. Multiple view geometry in computer vision[J]. Optics & Lasers in Engineering, 2002, 37(1):85-86.

[52] Faugeras O. Motion and structure from motion in a piecewise planar environment[J]. International Journal of Pattern Recognition and Artificial Intelligence, 1988, 2(3): 485-508.

[53] Fischler M A, Bolles R C. Random sample consensus: a paradigm for model fitting with applications to image analysis and automated cartography[J]. Communications of the ACM, 1981, 24(6):381-395.

[54] Lepetit V, Moreno-Noguer F, Fua P. EPnP: An Accurate O(n) Solution to the PnP Problem[J]. International Journal of Computer Vision, 2009, 81(2):155-166.

[55] Triggs B, McLauchlan P F, Hartley, et al. Bundle Adjustment -A Modern Synthesis[C]// International Workshop on Vision Algorithms: Theory and Practice, Corfu, Greece, September 21-22, 1999.

[56] 向登宁，邓文怡，燕必希，等. 利用极线约束方法实现图像特征点的匹配[J]. 北京机械工业学院学报，2002, 17(04):21-25.

[57] He K, Zhang X, Ren S, et al. Deep Residual Learning for Image Recognition[C]// 29th IEEE Conference on Computer Vision and Pattern Recognition, CVPR 2016, Las Vegas, NV, United states, June 26 - July 1, 2016.

第 7 章 多机器人协作

随着对人工智能方法、机器人技术以及多智能体系统等研究的逐步深入，多机器人系统在理论和应用上都取得了显著的进展。如果将单机器人系统看成社会中的个体，那么多机器人系统就可以看成一个社会群体，但这并不意味着多机器人协作是单机器人系统在数量和功能上的单纯线性相加，而是需要将多机器人系统视为一个整体，组成一个机器人社会，相互协调、避免冲突、协同工作。与单机器人系统相比，多机器人系统不仅能够通过分解任务来降低任务的复杂度，提高整个系统的工作效率，降低完成任务的成本，还能使整个系统具有更好的稳定性、鲁棒性和智能性。

在多机器人协作过程中，可能存在任务或功能的交叉，通过信息交换可以使多机器人系统具有更好的包容性和精确性。同时，多机器人协作这种方式突破了单机器人系统的瓶颈，具有更强的作业能力和负载能力、更大的工作空间，提供了更灵活的系统结构和组织方式，能够快速有效地完成单机器人系统无法或者难以完成的任务。因此，多机器人协作在现实生活中的应用领域很广，如服务、搜救、生产、军事活动等[1-4]。

根据系统的组成，可以将多机器人系统分为两类，一类是同构多机器人系统，另一类是异构多机器人系统。同构多机器人系统是指由硬件设备相同或者能力相同的机器人组成的系统，异构多机器人系统指由硬件设备迥异或者能力不同的机器人组成的系统。对于如何在多机器人协作过程中，使每个机器人发挥自己的优势，出色地完成复杂任务，是多机器人系统需要重点解决的问题之一。对于复杂任务，采用异构多机器人系统是一个重要的发展方向，这部分内容将在第 8 章中重点介绍[5-8]。

本章首先对多机器人协作进行概述，介绍多机器人协作的研究进展和主要研究内容，然后对多机器人任务分配、编队控制、多无人机协同覆盖问题进行详细介绍，并给出相应的解决方案。

7.1 多机器人协作概述

7.1.1 多机器人协作的研究进展

国外的多机器人系统研究起步很早，早在 20 世纪 80 年代末就提出了首个动态可重构机器人系统（Dynamically Reconfigurable Robotic System，DRRS），其中机器人模块的每个单元可以根据任务自动分离并组合。此后，为了更好地研究多机器人系统，各种形式的多机器人系统在美国、日本、加拿大以及部分欧洲国家都得到了投入研究和使用[9-11]。

日本名古屋（Nagoya）大学 Fukuda 教授领导的研究小组开发了一种分散、分层的自重构机器人系统——细胞机器人（CEBOT）系统[12]（见图 7.1），该系统将功能简单的机器人看成细胞元，采用的是生物学中细胞-器官-系统的自组织构成原理。CEBOT 系统具有分布式的体系结构，以及学习和适应的组织功能。基于 CEBOT 系统，人们在系统组织结构、细胞机器人建模、行为选择机制等方面又进行了许多深入的研究。

加拿大阿尔伯塔（Alberta）大学开发了集体机器人（Collective Robotics）系统[13]（见图 7.2），该机器人系统可以模拟昆虫群体，将许多简单的机器人组织成一个团队来完成某些工作，采用的是分布式无通信控制方式，易于添加或者去除机器人。协作推箱（Box-Pushing）实验表明，这种系统对于复杂任务是可以得到可行解的。

图 7.1 细胞机器人（CEBOT）系统

图 7.2 集体机器人（Collective Robotics）系统

美国南加利福尼亚大学（University of Southern California）的 Mataric 创建了 The Nerd Herd 系统（见图 7.3）[14]，该系统由 20 个机器人组成，采用基于行为的协作方式，每个机器人都装配有红外、接触等多种传感器和定位通信系统，可以实现游弋（Safe Wandering）、跟随（Following）、聚集（Aggregation）、分散（Dispersion）和回家（Homing）等行为。研究人员主要将该系统用于多机器人学习、群体行为、协调与协作等方面的实验研究与探讨。The Nerd Herd 系统是第一个用于大规模机器人群体行为实验的系统。

图 7.3 The Nerd Herd 系统

美国橡树岭国家实验室（Oak Ridge National Laboratory，ORNL）的 Parker 提出了一种称为 ALLIANCE 的软件架构（见图 7.4），该架构作用在协作团队中的每个机器人上，先根据机器人的动机和能力生成行为集，每个行为集对应于一些高级别的任务实现功能，再根据行为集将任务分配给多机器人执行。

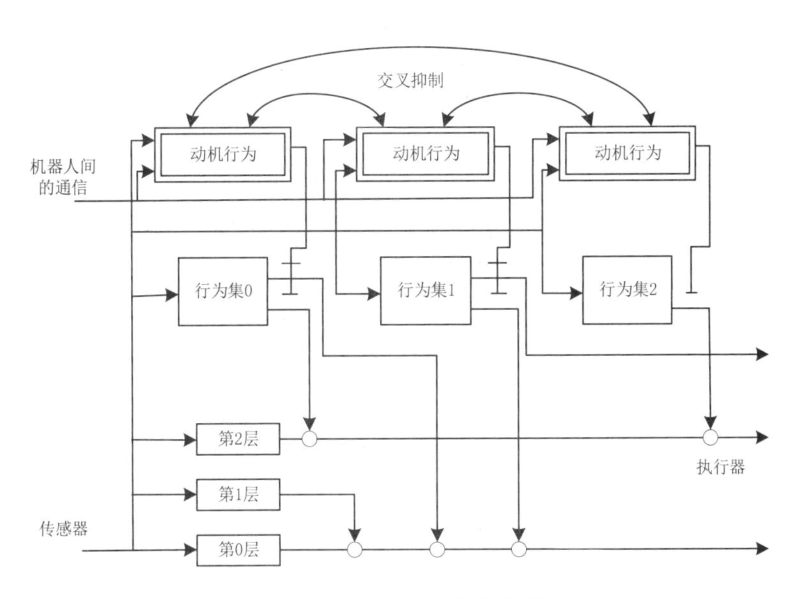

图 7.4 ALLIANCE 软件架构

美国麻省理工学院（Massachusetts Institute of Technology，MIT）的计算科学和人工智能实验室（Computer Science & Artificial Intelligence Laboratory，CSAIL）研制开发的多机器人系统如图 7.5 所示。该实验室在多机器人系统上开展了协调多个机器人行为的算法设计、多机器人协调算法性能预测等问题的研究。

图 7.5 CSAIL 开发的多机器人系统

2003 年，瑞士联邦理工学院（Swiss Federal Institute of Technology）的 Francesco 提出了集群机器人（Swarm-Bot）的新概念[15]，即基于一群具有自组装和自重构能力的自主移动机器人。Swarm-Bot 利用集中式和分布式方法，保证了其在崎岖地形的导航、搜索和运输等任务中对故障和恶劣环境条件的鲁棒性。在 Swarm-Bot 中，机器人之间的交互超越了控制层并扩展到了物理层，这意味着可以在单机器人上增添了新的机械功能以及管理它的电子设备与软件，如图 7.6 是两个 Swarm-Bot 利用刚性连接协作通过间隙。

图 7.6 两个 Swarm-bot 利用刚性连接协作通过间隙

2015 年，美国北卡罗莱纳大学（University of North Carolina）的 Das 团队研发了一种新型的多机器人系统（见图 7.7），该系统可以根据任务的优先级进行任务分配，协作完成任务。

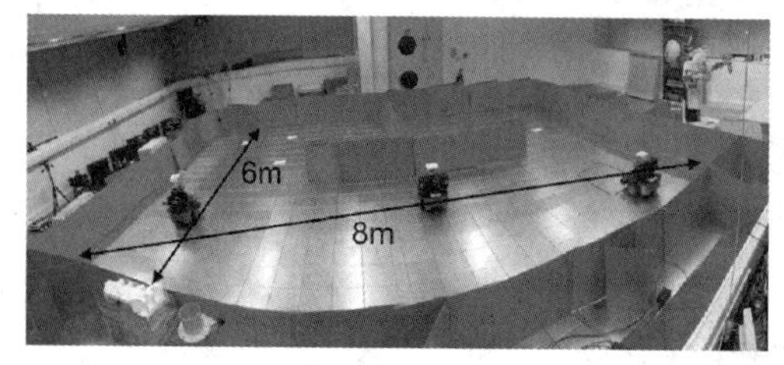

（a）任务分配的实验实景

（b）系统中的机器人

图 7.7 北卡罗莱纳大学的多机器人系统

国内对多机器人系统方面研究的发展势头也非常迅猛，如中国科学院沈阳自动化研究所以制造环境中多机器人的装配为研究背景，建立了多机器人协作装配系统（Multi-Robot Cooperative Assembly System，MRCAS）[16]，该系统采用集中与分散相结合的分层体系结构，如图 7.8 所示，分为合作组织级和协调作业级。合作组织级的协作控制智能体 HOST 是一台 PC；协调作业级由 PUMA562、PUMA760、Adept I 等机器人和全方位移动车（ODV）组成。MRCAS 不仅可以完成自主编队行进、队形变换、自主避障等功能，还可以进一步通过多机器人协作来完成装配工件任务。

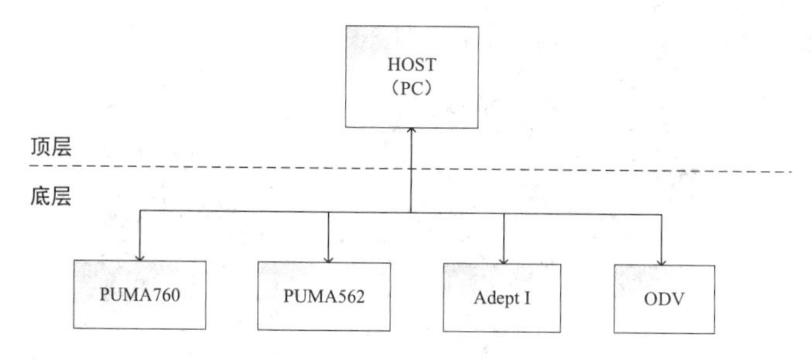

图 7.8 MRCAS 的体系结构

南京理工大学在早期开展的地面微小型机器人研究基础上，进行了移动机器人协作编队、自主定位、智能导航等关键技术研究，并取得一定成果。

目前，由清华大学、国防科技大学、浙江大学和南京理工大学等著名高校联合研制的第四代无人驾驶车辆实现了多车无人干预下的编队行驶、超车行驶等核心技术，亦属于多机器人协作的相关领域。

总体而言，国内的多机器人系统研究虽然起步较晚，但发展很快，中国科学院自动化研究所、上海交通大学、哈尔滨工业大学、中南大学、东北大学等科研院所都开展了各具特色的研究工作，并在国际机器人足球赛上屡创佳绩，这也证明我国在多机器人系统研究方面取得了巨大的进展。

在多机器人协作领域，异构机器人协作一直都备受关注，尤其是空地机器人[17-18]。其中一部分研究侧重于将无人机降落在目标机器人上。2013 年，Hui 等人提出了一种基于单目视觉的微型无人机与地面机器人合作的方法，通过对地面机器人上的目标标记进行跟踪，无人机可以自动跟踪和降落在移动的地面机器人上。另一部分将重点放在机器人之间的定位算法和编队上。2014 年，GarZon 等人重点研究了一种利用异构机器人进行协作导航和避障的策略，开发了一种由微型无人机视觉反馈支持的地面飞行器导航系统，他们提出了一种基于视觉的小型无人机地面导航方案，给出了不同坐标系下的转换方法，描述了软件和通信方案，可以结合无人机的视觉信息和无人车的地理参考位置来创建地理参考地图。Li 等人[19]研究了无人机/地面无人车（UAV/UGV）所组成的异构机器人系统的路径规划问题，系统中利用无人机的空中优势，从空中获取地面图像，然后通过图像处理和障碍物识别等方法自动构建地面地图，提高了机器人路径规划的效率。张文安等人[20]设计了一种基于激光与视觉融合的异构多机器人协作定位方法，使用两台机器人，一台装备里程计、RGB-D 相机与激光雷达，另一台只装配里程计，运用协方差交叉融合方法，既克服了视觉传感器受环境影响大、测量误差大的缺点，也克服了激光传感器无法识别待测目标的缺点。近年来，随着异构多机器人系统研究的不断深入，面向复杂环境下的异构多机器人协作将成为多机器人协作领域的重点研究方向[21-22]。

7.1.2　多机器人协作的主要研究内容

根据协作机制不同，多机器人协作可分为两类[3]：无意识协作和有意识协作。无意识协作多出现在简单同构的多机器人系统中，主要利用突现原理获得高层的协作行为；有意识协作主要用于异构机器人协作技术的研究，并更多依赖规划来提高协作效率。

基于仿生原理的无意识协作多机器人系统适用于大空间范围内无时间要求的重复性工作，如清扫任务；同时也适用于危险或有害区域内的监测、探索和搜寻任务，如可用许多小型轻便的、可丢弃的、相对廉价的机器人来完成核辐射区域的监测任务。对于更加复杂的任务，一般需要利用多机器人系统之间的有意识协作来完成，下面重点介绍有意识协作多机器人系统的主要研究内容。

1. 系统体系结构

多机器人系统的体系结构是指系统中各机器人之间的信息关系和控制关系，以及问题求解能力的分布模式[3,23-25]。选择合适的体系结构，是多机器人系统正常、高效运转的关键，也是构建多机器人系统的首要问题，如 Asama 等人提出 ACTRESS 系统结构，Beni 等人研究的 SWARM 系统结构，LePape 等人提出了 GOFER 结构，Parker 等人提出了 ALLIANCE 结构，Vidal 等人提出了一种混合层次体系结构，王醒策等人针对多机器人编队提出了分层的体系结构，陈卫东等人采用递阶混合式结构进行多机器人编队和收集垃圾，崔益安等人则尝试建立一个通用与开放的、适用于非结构环境的自组织分层式结构 SCLA。

2. 任务分配

任务分配决定系统内各个机器人在何时执行何种任务，体现了系统高层组织形式与运行机制，直接决定了系统中各个机器人能否最大限度地发挥自身的能力，并提高整个系统的运行效率。

根据分配方式的不同，任务分配可分为涌现式任务分配和约定式任务分配[26]。涌现式任务分配是由研究者们观察自然界中群居生物的社会组织方式得来的。这种分配方式对机器人的智能要求不高，一般适合于任务和多机器人系统规模较大且任务要求并不精细的情况，采用这种任务分配方式不能对系统中各个机器人的行为进行准确预测，难以保证系统的效率。采用约定式任务分配的系统中，机器人之间需要进行通信，协商任务的进展情况。该任务分配方式适合于人为安排给多机器人系统的实际任务，更容易实现人机交互，能更好地利用机器人团队的能力，提高系统的效率，因此目前对这种任务分配方式的研究较多。

按系统组织结构的不同，可以把约定式任务分配分为集中式和分布式两种方式[27]，其中集中式任务分配可分为强制任务分配和协议任务分配两种情况，分布式任务分配可分为熟人网任务分配和合同网任务分配两种。

3. 环境感知

环境感知是指机器人独立自主地利用传感器对自身位姿以及周围环境进行感知，利用各种算法，提取环境特征，对场景进行分析，为之后的决策规划和控制执行提供基础信息[28-29]。随着各种先进传感设备和配套应用软件的不断开发，单机器人系统已经大大拓展了自己的感知空间和感知能力，但如何充分利用多个机器人的传感资源，提高协同感知精度和能力，具有很高的研究价值。近年来，随着异构多机器人系统研究的不断深入，异构多机器人环境感知成为研究热点。各个机器人通过装载不同种类的传感设备，可以获取丰富的传感信息，通过设计高效的信息融合算法，可以将局部不完整、不确定的多源信息处理成相对完整的环境感知信息，从而提高多机器人系统的信息获取能力和感知效率。

4. 协作控制

协作控制是多机器人系统研究的一个重要问题，同时也是多机器人控制中普遍存在的问题，主要解决以下两个方面的问题：

- 在执行合作型任务过程中，如何保持机器人相互之间动作的协调一致。
- 在系统运行过程中，如何预防和消除冲突或死锁、当冲突或死锁发生后如何采取有效的措施解除冲突或死锁。

合理的协作控制机制可以充分发挥多机器人系统的优势，提高任务完成效率。

在多机器人协作控制中，传统的方法主要是采用集中式（Centralized）控制方式来控制机器人之间的协调运动，这种控制方式的特点是集中规则和集中式数据共享，适用于机器人数量较少时的协作控制。当机器人的数量增多时，由于计算负担过重将使系统效率降低而很难应用。现在采用的主要方法是基于多智能体概念的多智能体技术，这种控制方式具有灵活性、适应性、鲁棒性、可靠性以及较高的问题求解效率等特点，能够更好地满足多机器人协作控制的要求。

5. 通信技术

高性能的多机器人系统应当具备良好的通信能力，能够实现实时通信，使系统具有良好的实时性，因此如何提高系统的通信能力或者如何降低系统对通信的依赖也是一个非常重要的方面。总体来说，机器人之间的通信方式可以分为隐式通信和显式通信两类[30]。隐式通信利用机器人的行为对环境造成的变化来影响其他机器人的行为。显式通信可利用现有通信技术实现机器人之间的信息交互，如 Wi-Fi、蓝牙通信等。

7.2 基于自组织神经网络的任务分配算法

目前已有很多关于多机器人系统任务分配的研究，其中大多数都是研究在静态环境下的任务分配算法，如图形匹配法、单层网络法、分布式拍卖法、遗传算法、动态搜寻法等[31-34]，这些算法都只是考虑了任务的分配问题，没有考虑机器人的动作规划，导致任务分配的结果不是最优的。例如 Starke 等人[35]利用编队模式的形成原理，来获得机器人移动系统的自组织行为，从而完成自主式移动机器人的任务分配。Beard 等人[36]针对协作控制问题，提出了将问题分解为多个子问题的方法，其中包括目标任务、路径规划、无人机拦截协调、轨迹生成及追随。Miyata 等人[37]解决了一群机器人的未知静态环境运输问题，主要是将运输任务根据优先级分成多个子任务，并将这些子任务分配给不同的机器人，该方法只适合群体机器人在静态环境下的任务分配问题。Uchibe 等人[38]为任务提供概要设计模型，然后将模型动态地分配给不同的机器人，该算法主要是通过不同模型的竞争进行选择，适用于小群体机器人的任务分配。Brandt 等人[39]定义了多机器人系统的任务分配问题，承包者创建不同的任务，不同的招标人将执行自己感兴趣的任务，承包者和招标人之间进行协商，以便获得最大的利益，招标人之间更多的是竞争关系，而不是协作关系。很多学者做了关于动态环境下和机器人坏掉的任务分配的研究[40]，但所采用算法在动态环境下稳定性差、计算量较大。

针对以上这些问题，本节提出一种基于自组织神经网络的任务分配算法，可应用于多个机器人、多个目标处于静态或动态环境的情形。由于神经网络的自组织性，该算法在动态不确定环境下具有稳定性高、鲁棒性强等优点。本节结合多机器人系统编队任务（具体见 7.3 节）进行了仿真实验，实验结果表明基于自组织神经网络的任务分配算法能够自主分配任务，当环境变化时，各个机器人能够动态调整自己的运动状态。

7.2.1　任务分配问题描述

本节主要介绍动态环境下的多机器人系统任务分配问题，问题定义如下：

（1）多个机器人和多个目标随机分布在环境区域里；

（2）每个目标需要由特定数量的机器人来完成任务，由于本节以多机器人系统编队问题为研究对象，故目标数量与所需的机器人数量比为 1 : 1，数量均设为 M。

（3）各个机器人标记为 R_j，$j=1, 2, \cdots, M$；各个目标标记为 T_i，$i=1, 2, \cdots, M$。

（4）多机器人系统任务分配描述如下：每个机器人任务分配的成本是由该机器人的初始位置到最终位置之间走过的距离决定的；而任务分配的总成本是各个机器人任务分配的成本之和；最优的任务分配就是使多机器人系统到达目标位置的成本最小。

本节将介绍如何动态地为多个机器人分配任务，并且使执行任务的成本最小。

7.2.2　任务分配算法

1980 年 Kohonen 提出了自组织算法[41]，随后研究了输入信号对哺乳动物大脑神经元的刺激感应，对自组织算法进行了扩展[42]。由于自组织算法易于掌握及其广泛的适应性，该算法很快被应用到各种现实问题。自组织神经网络结合了竞争学习规则和神经元的局部构造（如相邻神经元有相似的权重向量），神经元相互之间相似的输入会导致输出地图节点更接近。

本节介绍的任务分配以多机器人系统编队问题为具体的应用场景。在多机器人系统编队任务中，初始队形问题变得尤为重要。初始队形的第一步就是根据机器人的初始位置为其分配合适的目标位置，是一个典型的任务分配问题。为了设计一个行之有效的方法，根据多机器人系统和自组织算法之间的相似性，结合自组织算法具有竞争、协作、自组织等适合多机器人系统任务分配的特点[43]，本节提出了一种基于自组织神经网络的任务分配算法。多机器人系统任务分配问题的焦点集中于在多机器人协作时合理地计算时间，减少各个机器人运动的路程，以及每个机器人的工作量。

假设多机器人系统中共有 M 个机器人，环境中也有 M 个目标，基于自组织神经网络的任务分配算法的任务就是将 M 个目标分配给 M 个机器人。机器人 R_j 执行任务 T_i 所需的成本函数为：

$$C(T_i,R_j),\qquad i=1,2,\cdots M;\ j=1,2,\cdots,M \tag{7-1}$$

式中，任务 T_i 为机器人期望的目标，其坐标（x_i, y_i）由 7.3 节中的基于领航者的编队模型计算得到；R_j 为第 j 个机器人，其坐标为（x_j, y_j）。基于自组织神经网络的思想，机器人之间通过竞争赢得一个给定的目标，其矩阵公式表达式为：

$$[T_i,R_j]\Leftarrow \min\begin{bmatrix} C_{11} & C_{12} & \cdots & C_{1M} \\ C_{21} & C_{22} & \cdots & C_{2M} \\ \vdots & \vdots & \vdots & \vdots \\ C_{M1} & C_{M2} & \cdots & C_{MM} \end{bmatrix},\qquad i=1,\cdots,M;\ j=1,\cdots,M;\{i,j\}\in \varGamma \tag{7-2}$$

式中，$[T_i,R_j]$ 表示第 j 个机器人赢得了第 i 个目标；C_{ij} 为成本函数；$\varGamma$ 为未被分配的机器人-目标对的集合；当 C_{ij} 最小时得到 $[T_i,R_j]$ 的值；C_{ij} 的计算公式为：

$$C_{ij}=\left|T_i-R_j\right|-\sum_{t=1}^{M}\frac{\left|T_t-R_j\right|}{M} \tag{7-3}$$

$$\left|T_i-R_j\right|=\sqrt{(x_i-x_j)^2+(y_i-y_j)^2} \tag{7-4}$$

式中，$\left|T_i-R_j\right|$ 表示第 j 个机器人与第 i 个目标之间的欧氏距离；$\sum_{t=1}^{M}\frac{\left|T_t-R_j\right|}{M}$ 表示第 j 个机器人与所有目标之间的平均距离；如果第 i 个目标被分配给了第 j 个机器人，那么机器人-目标对 $[T_i,R_j]$ 将从集合 $\varGamma$ 中去除。

式（7-2）计算出的机器人获得的目标对多机器人系统是最有利的，而不仅仅是对于其自身是最有利的；因此，机器人赢得的任务对于其自身来说，成本较小；对于其他机器人来说，成本则相对较高。在这种情况下，通过自组织神经网络得到的机器人-目标对是全局最优的，而不是局部最优的。

基于自组织神经网络的任务分配算法的基本步骤为：

步骤 1：初始化自组织神经网络。

步骤 2：将目标 T_i 的位置作为自组织神经网络的输入。

步骤 3：通过计算 C_{ij}，得出胜利的机器人-目标对 $[T_i,R_j]$，作为自组织神经网络的输出，并将机器人-目标对 $[T_i,R_j]$ 从集合 $\varGamma$ 中去除，返回步骤 1。

步骤 4：当所有的目标都被分配完时，就完成了多机器人系统的任务分配。

基于自组织神经网络的任务分配算法的流程如图 7.9 所示。

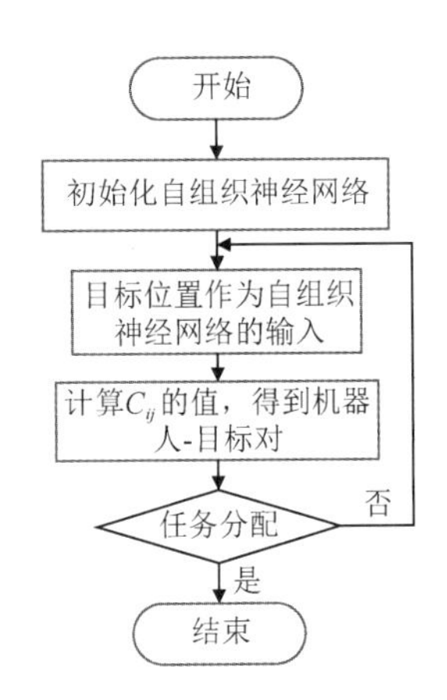

图 7.9 基于自组织神经网络的任务分配算法的流程

7.2.3 实验及结果分析

为了验证基于自组织神经网络的任务分配算法的有效性，本节以多机器人系统编队问题为例，进行多组仿真实验。在这些仿真实验中，任务的个数和机器人的个数相等，均为 M 个；执行任务的多机器人表示为集合 $\Omega=\{R_i,i=1,2,\cdots,M\}$；被执行的任务表示为集合 $T=\{T_1,T_2,\cdots,T_M\}$。为了更好地进行实验，做如下假设：

- 机器人能够感知自身的位置信息，而且能够通过无线通信设备获得其他机器人的位置信息。
- 每个机器人都携带着能在一定范围内探测到障碍物和其他机器人的传感器。
- 所有的机器人、任务都假设为无形状的点，目标用实方块表示，机器人用实心圆表示。

1. 随机位置的任务分配实验

为了测试基于自组织神经网络的任务分配算法在机器人、目标随机分布的环境下的性能，本节进行了随机位置的任务分配实验。该实验中机器人和目标的个数均为 5，并且它们都随机分布在实验环境中；实验环境的尺寸为 20 m×20 m，机器人的初始坐标为（7,18）、（2,12）、（7,6）、（14,2）、（18,12），目标的初始坐标为（2,6）、（9,12）、（14,18）、（14,9）、（9,2）。随机位置的任务分配实验的过程及结果如图 7.10 所示。

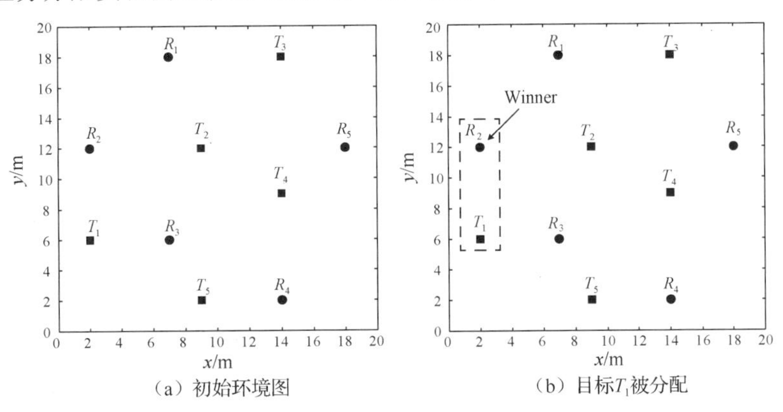

（a）初始环境图 （b）目标T_1被分配

图 7.10 随机位置的任务分配实验的过程及结果

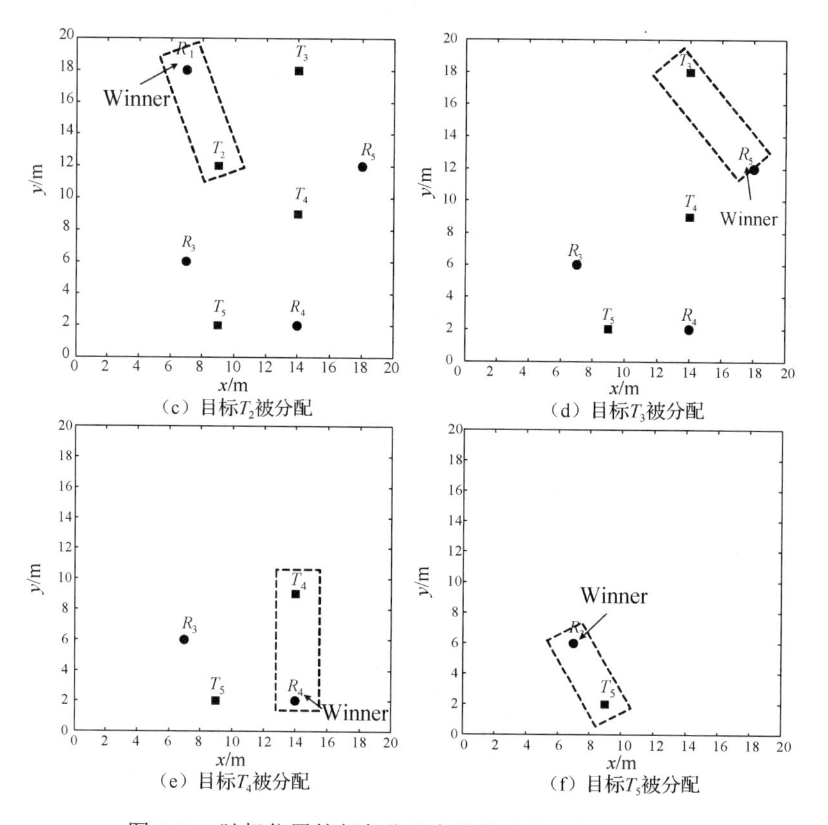

图 7.10 随机位置的任务分配实验的过程及结果（续）

图 7.10 所示的实验结果表明，多机器人系统利用基于自组织神经网络的任务分配算法能够有效完成任务分配。图 7.10 中显示了任务分配的全过程，当目标 T_1 作为自组织神经网络的输入时，采用基于自组织神经网络的任务分配算法综合考虑有利于多机器人系统的成本，最终 R_2 获胜（Winner）输出；接下来目标 T_2 作为自组织神经网络的输入，R_1 胜出；按照图 7.10 所示的步骤，直至所有目标被分配完。

2. 编队形成及队形保持任务分配实验

为了测试基于自组织神经网络的任务分配算法在编队形成以及运动过程中的队形保持中的任务分配性能，进行了编队形成及队形保持任务分配实验。在编队形成和队形保持中，多机器人系统的任务是不变的，故任务分配是相同的。

本实验以楔形编队形成过程中任务分配为例进行测试，实验环境的尺寸为 20 m×20 m，设有 5 个机器人，它们的初始位置坐标分别为（3,3）、（4,16）、（13,2）、（17,10）、（17,16），有 5 个目标，它们的初始位置坐标分别为（6,10）、（10,7）、（10,12）、（14,5）、（14,15）。编队形成及队形保持任务分配实验过程及结果如图 7.11 所示。

图 7.11 所示的实验结果表明，多机器人系统利用基于自组织神经网络的任务分配算法能够有效完成编队形成及队形保持中的任务分配。图 7.11 显示了任务分配的全过程，该实验要形成及保持的队形为楔形队形，当目标 T_1 作为自组织神经网络的输入时，采用基于自组织神经网络的任务分配算法综合考虑有利于多机器人系统的成本，最终 R_2 获胜输出；接下来目标 T_2 作为神经网络的输入，R_1 胜出；按照图 7.11 所示的步骤，直至所有目标被分配完。

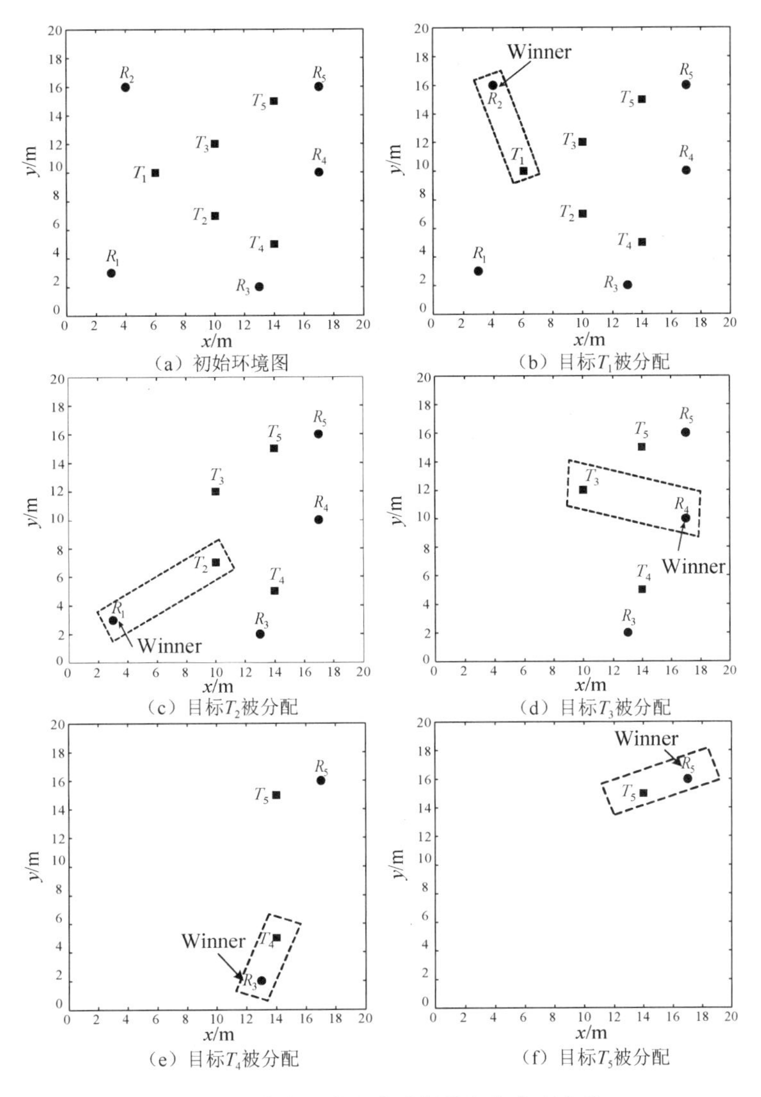

图 7.11　编队形成及队形保持任务分配实验

3. 编队队形变换任务分配实验

为了测试基于自组织神经网络的任务分配算法在队形变换中任务分配的性能，本节进行了编队队形变换任务分配实验。本实验主要验证在多机器人系统由一种队形变换成另一种队形时，基于自组织神经网络的任务分配算法的有效性，该实验以纵队队形变换成菱形队形时的任务分配为例。实验环境尺寸为 20 m×20 m，设有 4 个机器人，它们的初始位置坐标分别为(3,3)、(4,16)、(13,2)、(17,10)，有 4 个目标，它们的初始位置坐标分别为(6,10)、(10,7)、(10,12)、(14,5)。编队队形变换任务分配实验过程及结果如图 7.12 所示。

图 7.12 所示的实验结果表明，多机器人系统利用基于自组织神经网络的任务分配算法能够有效完成编队队形变换中的任务分配。图 7.12 显示了编队队形变换中的任务分配，该实验要将编队队形由纵队队形变换为菱形队形，当目标 T_1 作为自组织神经网络的输入时，采用基于自组织神经网络的任务分配算法综合考虑有利于多机器人系统的成本，最终 R_3 获胜输出；接下来目标 T_2 作为神经网络的输入，R_4 胜出；按照图 7.12 所示的步骤，直至所有目标被分配完。

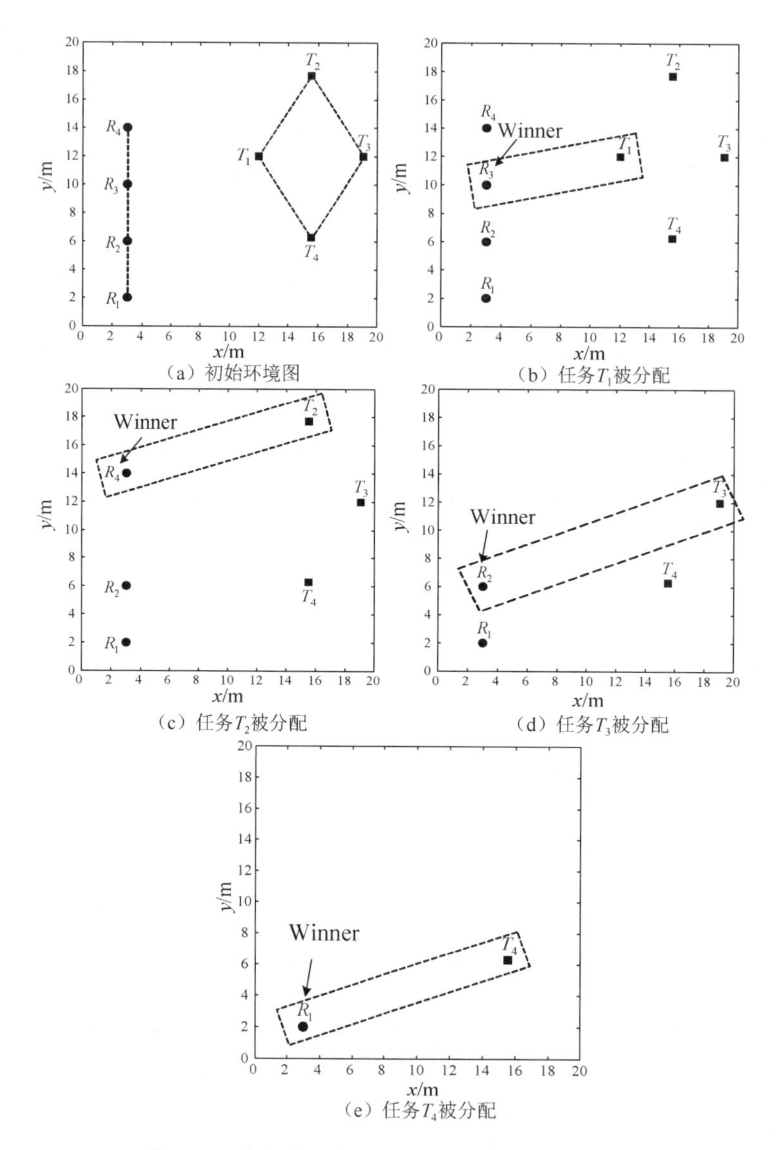

图 7.12 编队队形变换任务分配实验过程及结果

上述三个实验结果表明，基于自组织神经网络的任务分配算法能够快速有效地完成动态环境下的多机器人系统的任务分配，能使多机器人系统到达目标位置的成本最小。

7.3 基于动态生物刺激神经网络的多机器人系统编队

多机器人系统的动态编队是指多个机器人在运动过程中不仅能保持某一特定队形并到达目的地，而且能实现不同队形的变换，同时还能够自主避障。多机器人系统编队控制研究属于多机器人协作研究的重要内容之一，在军事活动、搜救、探测等领域都具有广阔的应用前景，具有重要的研究意义。

目前，多机器人系统编队的方法主要包括基于行为的方法、基于虚拟结构的方法、基于领航者的方法等[44-46]。但以上这些方法都具有各自的局限性。例如，基于领航者的方法具有难以保持队形不变的缺点；基于行为的方法的自身稳定性比较差；基于虚拟结构的方法则仅仅适用于无障碍的环境。针对这些缺点，有很多学者提出了多种改进的方法，例如，文献[47]通过构建虚拟机器人使得领航机器人与跟随机器人实现系统的对接，进而完成了编队任务；文献[48]将任务分配的算法和基于行为的方法结合起来，从而实现了多机器人系统的编队；文献[49]提出了将基于领航者的方法和基于行为的方法相结合的混合编队的方法，采用粒子群算法来优化行为参数，使多机器人系统编队的效果更好。这些方法的改进都是从编队策略上进行的，并没有根本解决多机器人系统编队的稳定性和灵活性这两方面的难题。

针对上述的这些问题，本节提出了一种基于动态生物刺激神经网络的多机器人系统编队算法，通过构建机器人的虚拟目标位置，利用动态生物刺激神经网络对机器人进行导航[50-51]，从而完成多机器人系统编队任务，并通过仿真实验论证了该算法的有效性。

7.3.1　编队问题的描述

本节主要介绍未知环境下的多机器人系统的编队控制问题。问题定义如下：

（1）各个移动机器人对环境是未知的，仅仅知道目标的全局坐标位置。

（2）各个移动机器人拥有一个全局定位系统，能实现自身定位。

（3）各个移动机器人标记为 R_i（i=1,2,$\cdots$,n），属于机器人集合 Ω；每个移动机器人都有一个 ID，它们通过 ID 来识别彼此。

（4）每个移动机器人都具有全方位 360°的视觉能力，能够和其他移动机器人通信。

（5）编队任务描述如下：首先将编队任务 $\Pi(C_d,F_T)$ 赋给多机器人系统，其中 $C_d=(x_d,y_d)$ 表示目标的全局坐标位置，$F_T=\{F_{T_1},F_{T_2},\cdots,F_{T_m}\}$ 表示不同时间段的队形。编队任务的目标是控制多机器人系统移动到达目标位置，领航机器人必须沿着期望的轨迹行走，多机器人系统要完成多种编队要求，如编队队形形成、队形保持和队形变换等。

多机器人系统的编队任务需要解决两个关键问题，一是怎样快速形成稳定的编队队形并保持队形；二是如何实现快速的队形变换，同时多机器人系统能够实现自主避障。解决这些问题的有效方法之一就是采用易于理解和实施的基于领航者的方法，但该方法具有通信负担重、抗干扰能力低的缺陷。

为了有效完成编队任务，本节提出了一种基于动态生物刺激神经网络和领航-跟随者模型的移动机器人编队算法。首先，从多机器人系统中随机选取一个移动机器人作为领航者（领航机器人）；然后，根据领航-跟随者模型计算出每个移动机器人的虚拟目标位置 $G_i(t)$，其坐标为 $L_{G_i}=(x_{G_i},y_{G_i})$，并将这些虚拟目标分配给跟随机器人；接着，令跟随机器人朝着虚拟目标位置行进，这样跟随机器人能够与领航机器人保持着相对的位置和方向角；最后，当多机器人系统到达目标位置时，编队任务完成。注意，在多机器人系统到达目标位置的过程中，编队的队形会由于某些原因（通过狭窄的通道或者实际需要）发生变换。

本节研究的多机器人系统编队任务不同于传统环境已知、小范围的编队任务，其研究目的是探讨如何在对环境的认知不完整、任务需求动态变化的情况下，找到一种有效的编队控制方法。

编队任务下达给多机器人系统时，会首先随机确定一个移动机器人作为领航机器人，多机器人系统的目标位置即领航机器人的目标位置。领航机器人当前位置到目标位置的期望路径可以通过路径规划技术（如基于神经网络或者模糊逻辑的方法）估计出来。根据已知的期望路径和编队任务，本节提出了一种综合的方法，在其中引入了模板的概念。本节在介绍模板之前，先介绍多机器人系统的几种基本队形，它们分别是一字队形、纵队队形、菱形队形和楔形队形，编队的其他队形可由这些基本队形变换而来。本节编队队形表示为 F_T，即：

$$F_{\mathrm{T}}=\begin{cases}1, & \text{一字队形}\\ 2, & \text{纵队队形}\\ 3, & \text{菱形队形}\\ 4, & \text{楔形队形}\end{cases} \tag{7-5}$$

为了更好地研究编队任务，本节采用基于领航-跟随者模型来构建所需的编队队形，这里以楔形队形为例，如图 7.13 所示。

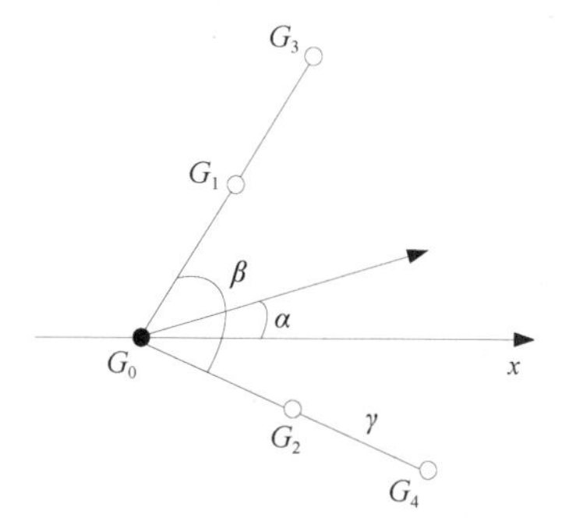

图 7.13 基于领航-跟随者模型的楔形队形

图 7.13 中的实心圆表示领航机器人，空心圆代表跟随机器人，领航机器人当前位置坐标为 $C_{G_0}=(x_{G_0},y_{G_0})$，则第 i 个跟随机器人的位置坐标为 (x_{G_i},y_{G_i})，其计算公式为：

$$\begin{cases}x_{G_i}=x_{G_0}+\dfrac{k}{2}\times\gamma\times\cos[\beta+(-1)^{k-1}\times\alpha]\\ y_{G_i}=y_{G_0}+(-1)^{i-1}\times\dfrac{k}{2}\times\gamma\times\sin[\beta+(-1)^{k-1}\times\alpha]\end{cases} \tag{7-6}$$

式中，当 i 为偶数时 $k=i$，否则 $k=i+1$；α 表示为队形的方向角；β 表示为队形的夹角；γ 表示相邻移动机器人之间的距离。

为了解决动态大范围环境下的编队问题，本节引入了模板的概念，其基本思想就是首先将多机器人系统经过的区域划分为一系列的模板，然后令多机器人系统在这些模板中导航至各自目标位置，这样可以明显减少计算时间。其中，模板的大小和方向角由移动机器人的速度和编队队形的范围大小决定，图 7.14 为模板的一个典型例子。

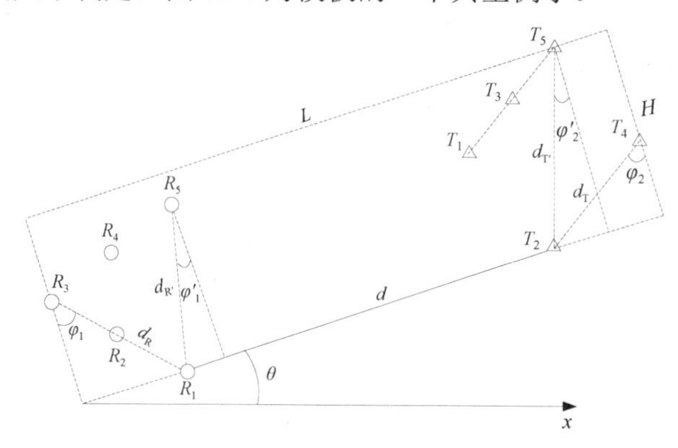

图 7.14 模板示例

图中的圆形表示移动机器人，三角形表示移动机器人的虚拟目标位置，处于最下面位置的移动机器人和虚拟目标分别表示为 R_{Under}、T_{Under}，处于最上面的移动机器人和虚拟目标分别表示为 R_{Over}、T_{Over}，处于最左边的移动机器人和虚拟目标分别表示为 R_{Left}、T_{Left}，处于最右边的虚拟目标和虚拟目标分别表示为 T_{Right}、T_{Right}。模板的方向角用 θ 表示，计算公式为：

$$\theta = \arctan\frac{y_{T_{\text{U}}} - y_{R_{\text{U}}}}{x_{T_{\text{U}}} - x_{R_{\text{U}}}} \tag{7-7}$$

式中，$(x_{R_{\text{U}}}, y_{R_{\text{U}}})$ 为 R_{Under} 的位置坐标；$(x_{R_{\text{T}}}, y_{R_{\text{T}}})$ 为 T_{Under} 的位置坐标，这些即时目标位置坐标均可以由领航-跟随者模型计算出来；并且领航机器人的即时位置一直在领航机器人的期望轨迹上，其具体位置由领航机器人的速度决定；最后一个模板中领航机器人的目标位置，即多机器人系统编队的目标位置。

模板的长度表示为 L，其计算公式为：

$$L = f \times (d + d_{\text{R}}\cos\varphi_1 + d_{\text{T}}\cos\varphi_2) \tag{7-8}$$

式中，d 为机器人 R_{Under} 和虚拟目标 T_{Under} 之间线段 $\overline{R_{\text{Under}}T_{\text{Under}}}$ 的长度；d_{R} 为机器人 R_{Under} 和 R_{Left} 之间线段 $\overline{R_{\text{Under}}R_{\text{Left}}}$ 的长度；d_{T} 为虚拟目标 T_{Right} 和 T_{Under} 之间线段 $\overline{T_{\text{Right}}T_{\text{Under}}}$ 的长度；φ_1 为线段 $\overline{R_{\text{Under}}R_{\text{Left}}}$ 和 $\overline{R_{\text{Under}}T_{\text{Under}}}$ 之间夹角的余角；φ_2 为线段 $\overline{T_{\text{Right}}T_{\text{Under}}}$ 和 $\overline{R_{\text{Under}}T_{\text{Under}}}$ 之间夹角的余角；f 为机器人移动的扰动参数，计算公式为：

$$f = \begin{cases} 1, & d \geqslant 2v\Delta t \\ \text{round}\left(\dfrac{2v_{\text{R}}\Delta t}{d}\right), & \text{其他} \end{cases} \tag{7-9}$$

式中，Δt 为仿真的时间步长；v_{R} 为移动机器人的速度；round()为取整函数。

H 为模板的宽度，其计算公式为：

$$H = \max(d_{\text{R}'}\cos\varphi_1', d_{\text{T}'}\sin\varphi_2') \tag{7-10}$$

式中，$d_{\text{R}'}$ 为机器人 R_{Under} 和 R_{Over} 之间线段 $\overline{R_{\text{Under}}R_{\text{Over}}}$ 的长度；$d_{\text{T}'}$ 为虚拟目标 T_{Over} 和 T_{Under} 之间线段 $\overline{T_{\text{Over}}T_{\text{Under}}}$ 的长度；φ_1' 为线段 $\overline{R_{\text{Under}}R_{\text{Over}}}$ 和 $\overline{R_{\text{Under}}T_{\text{Under}}}$ 之间夹角的余角；φ_2' 为线段 $\overline{T_{\text{Over}}T_{\text{Under}}}$ 和 $\overline{R_{\text{Under}}T_{\text{Under}}}$ 之间夹角的余角。

7.3.2　基于动态生物刺激神经网络的多机器人系统导航

当目标分配给多机器人系统时，所有的移动机器人都朝着各自的目标前进，其实质是多机器人系统导航问题。本节采用基于动态生物刺激神经网络的多机器人系统导航算法，其有效性已被很多研究者证实[52-53]，关于生物刺激神经网络的详细介绍可参考文献[50，52]。本节引入模板的概念，提出一种动态生物刺激神经网络的方法。在模板中，每个移动机器人的坐标均为二维笛卡尔坐标，模板跟随着移动机器人运动而移动，故整个神经网络是动态的。图 7.15 为基于模板的动态生物刺激神经网络的示例，其中 R_5 为领航机器人；F_{T_i} 为多机器人系统的子任务；TP_i 表示包含生物刺激神经网络神经元环境中的模板。

下面详细介绍基于动态生物刺激神经网络的多机器人系统导航算法。神经网络的状态空间是三维的，其中二维表示移动机器人的坐标位置，第三维表示每个神经元的活性值，其动态方程公式为：

$$\frac{\mathrm{d}x_i}{\mathrm{d}t} = -Ax_i + (B - x_i)S_i^+ - (D + x_i)S_i^- \tag{7-11}$$

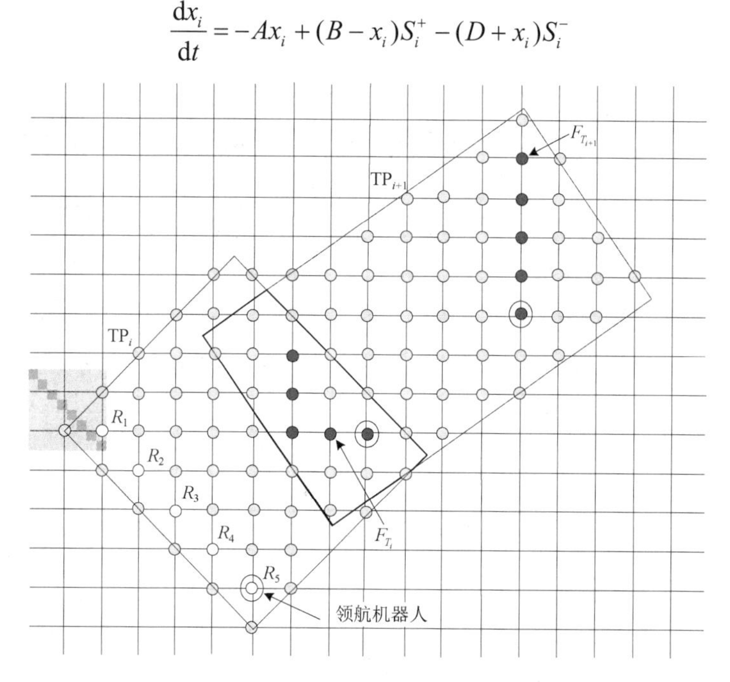

图 7.15　基于模板的动态生物刺激神经网络的示例

式中，x_i 表示第 i 个神经元的活性值；A、B、D 分别表示衰减率、神经元活性值的上界、神经元活性值的下界；S_i^+ 和 S_i^- 分别表示神经元的激励输入和抑制输入。该神经网络模型中，虚拟目标和相邻的神经元影响着神经元的激励输入 S_i^+，而神经元的抑制输入 S_i^- 仅仅由障碍物决定，由此可见，第 i 个神经元的动态神经网络方程为：

$$\frac{\mathrm{d}x_i}{\mathrm{d}t} = -Ax_i + (B - x_i)\left([I_i^{\mathrm{e}}]^+ + \sum_{j=1}^{q} w_{ij}[x_j]^+\right) - (D + x_i)[I_i^{\mathrm{o}}]^- \tag{7-12}$$

式中，q 表示与第 i 个神经元相邻的神经元的个数；w_{ij} 表示第 i 个神经元与第 j 个神经元之间的连接权值；$[I_i^{\mathrm{e}}]^+ + \sum_{j=1}^{q} w_{ij}[x_j]^+$ 和 $[I_i^{\mathrm{o}}]^-$ 分别表示神经元的激励输入和抑制输入，相当于式（7-11）中的 S_i^+ 和 S_i^-；函数 $[a]^+$ 为线性上阈值函数，可表示为 $[a]^+ = \max\{a, 0\}$；线性下阈值函数 $[a]^-$ 可表示为 $[a]^- = \max\{-a, 0\}$；变量 I_i^{e} 和 I_i^{o} 分别表示模板中的虚拟目标和障碍物对第 i 个神经元的外部输入。式（7-12）中的参数计算可参见文献[54]。在基于动态生物刺激神经网络的多机器人系统导航算法中，多机器人系统由神经网络的动态活性值导航。若某个移动机器人的当前位置为 p_{R_i}，则该移动机器人下一时刻的运动方向角 $(\theta_{R_i})_{t+1}$ 为：

$$(\theta_{R_i})_{t+1} = \mathrm{angle}(p_{R_i}, p_n) \tag{7-13}$$

$$p_n \Leftarrow s_{p_n} = \max\{s_j, j = 1, 2, \cdots, k\} \tag{7-14}$$

式中，$s_j (j = 1, 2, \cdots, k)$ 为模板中所有神经元的活性值；p_n 为这些神经元中活性值最大的神经元的位置；函数 angle()用于计算二维环境中两个位置之间的夹角。移动机器人 R_i 的下一位置计算公式为：

$$
\begin{aligned}
(x_{R_i})_{t+1} &= (x_{R_i})_t + (v_{R_i})_{t+1}\Delta t\cos(\theta_{R_i})_{t+1} \\
(y_{R_i})_{t+1} &= (y_{R_i})_t + (v_{R_i})_{t+1}\Delta t\sin(\theta_{R_i})_{t+1}
\end{aligned}
\tag{7-15}
$$

式中，(x_{R_i}, y_{R_i})、v_{R_i}、θ_{R_i} 分别表示移动机器人 R_i 的位置坐标、运动速度和运动方向角。

基于动态生物刺激神经网络的多机器人系统导航算法的工作流程如图 7.16 所示，具体如下：

（1）多机器人系统获得任务，从多机器人系统中随机选取一个移动机器人作为领航机器人，获得领航机器人的一条期望轨迹，并将该轨迹分成一系列的线段。

（2）根据编队任务和分割的线段端点，每个跟随机器人的虚拟目标位置可由基于领航-跟随者模型计算出来。

（3）采用基于自组织神经网络的算法将虚拟目标分配给跟随机器人，具体见 7.2 节。

（4）每个模板中的各个跟随机器人均采用动态生物刺激神经网络的方法进行导航，从而到达虚拟目标位置。

（5）当模板中的各个跟随机器人都到达各自的虚拟目标位置，下一个模板将会开始，并返回到第（3）步；

（6）当所有的移动机器人都到达最后一个模板中的虚拟目标位置，则多机器人系统完成了导航任务。

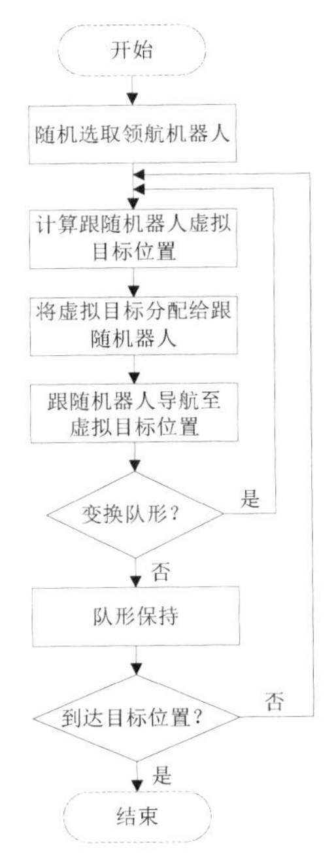

图 7.16　多机器人系统编队控制算法流程图

7.3.3　编队仿真实验及结果分析

为了验证基于动态生物刺激神经网络的多机器人系统导航算法的有效性，本节进行了多组仿真实验。在这些实验中，多机器人系统表示为 $\Omega = \{R_i, i = 1, 2, \cdots, N\}$；编队任务有一个总的目的地，编队的子任务表示为 $F_T = \{F_{T_1}, F_{T_2}, \cdots, F_{T_m}\}$；领航机器人将沿着预期的无障碍物的轨迹运动。本节的实验主要包括队形保持和队形变换等情形。生物刺激神经网络的相关参数如表 7-1 所示，编队队形的相关参数如表 7-2 所示。

表 7-1 生物刺激神经网络算法相关参数

参　数	取　值	备　注
A	25	神经元活性值的衰减率
B	1	神经元活性值的上限
D	−1	神经元活性值的下限
E	100	远大于 B 的正常数
μ	1	常数
r	$\sqrt{2}$ m	机器人传感器探测范围
v	1 m/s	机器人运动的初始速度

表 7-2 编队队形相关参数

编队类型	参　数	取　值	备　注
楔形	α	0°	编队的方向角
	β	30°	编队队形的角度
	γ	3 m	相邻移动机器人的距离
菱形	α	90°	编队的方向角
	β	60°	编队队形的角度
	γ	4 m	相邻移动机器人的距离
纵队	α	90°	编队的方向角
	γ	3 m	相邻移动机器人的距离
一字队形	α	0°	编队的方向角
	γ	3 m	相邻移动机器人的距离

本节在实验过程中假设：

- 移动机器人能够感知自身的位置信息，而且能够通过无线通信获得其他移动机器人的位置信息。
- 每个移动机器人都携带了能够在一定范围内探测到障碍物和其他机器人的传感器。
- 所有的移动机器人、目标、障碍物都假设为无形状的点，目标用实三角形表示，移动机器人用实心圆表示，障碍物用实方块表示。
- 为了减少编程的复杂性，实验中模板数量与子任务的数量一致。本文实验中的参数和假设都相同。

1. 队形保持实验

为了测试基于动态生物刺激神经网络的多机器人系统导航算法在编队形成，以及运动过程中的队形保持方面的性能，本节进行了队形保持实验。在队形保持实验中，多机器人系统的所有编队子任务都是相同的，并且在运动的过程中也不会改变。本实验以菱形队形为例进行测试，即 $F_{T_1}=F_{T_2}=\cdots=F_{T_m}=3$；实验环境尺寸为 120 m×70 m，有 4 个移动机器人，它们的初始坐标位置坐标分别为（4,1）、（9,8）、（0,9）、（4,16），初始方向角分别为 15°、105°、45° 和 45°。由于多机器人系统的编队子任务是相同的，因此可以自由地将整个编队任务分为一系列的子任务。本实验中编队任务被分为 4 个子任务，并选取 R_3 作为领航机器人。队形保持实验结果如图 7.17 所示，实验结果的相关数据如表 7-3 所示。

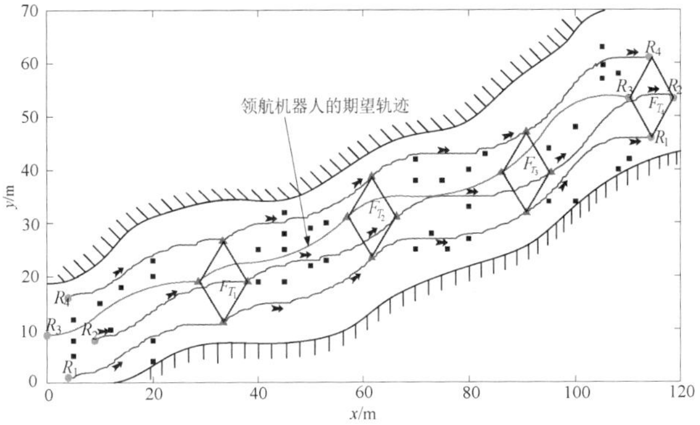

图 7.17　队形保持实验结果

表 7-3　队形保持实验结果的相关数据

跟随机器人	编队队形的偏差		
	最大值/m	平均值/m	标准差/m
R_1	1.143	0.754	0.136
R_2	1.374	0.733	0.221
R_3	1.341	0.771	0.185

从图 7.17 和表 7-3 所示的结果和相关数据可以看出，多机器人系统能够利用基于动态生物刺激神经网络的多机器人系统导航算法进行导航，在有效保持所要求队形的情况下实现避障。当环境中存在障碍物时，多机器人系统不仅会偏离期望轨迹来躲避障碍物，而且能快速回到其期望的轨迹，多机器人系统的队形与所要求队形的偏差很小（见表 7-3），偏离的标准差也很小。队形保持实验表明，基于动态生物刺激神经网络的多机器人系统导航算法不仅可以在复杂环境下保持多机器人系统队形，稳定性高，还可以完成各模板中的编队控制，并能够在队形保持的情况下确保最终轨迹的平滑（见图 7.17），其独特性不同于其他编队控制任务[55-56]。

2．队形变换实验

为了测试基于动态生物刺激神经网络的多机器人系统导航算法在动态编队任务中的性能，本节进行了队形变换实验。在队形变换实验中，多机器人系统在运动到达目的地的过程中将实现队形变换的编队任务，具体的编队任务可表示为$F_T=\{F_{T_1}=4, F_{T_2}=1, F_{T_3}=2, F_{T_4}=3\}$，即多机器人系统分别有楔形队形、一字队形、纵队队形、菱形队形 4 个子任务，R_2为领航机器人。队形变换实验的结果如图 7.18 所示，相关数据如表 7-4 所示。

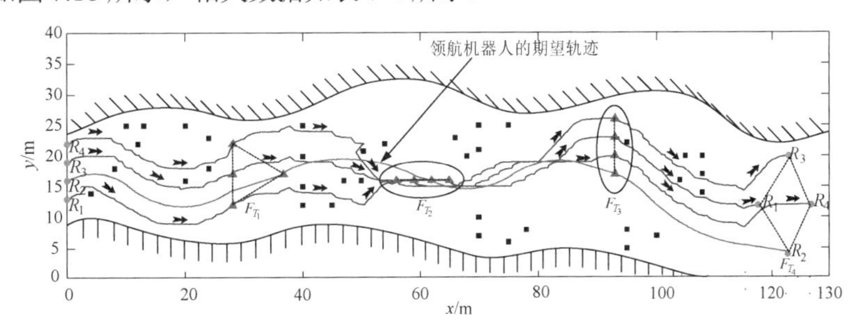

图 7.18　队形变换实验的结果

表 7-4 队形变换实验的相关数据

跟随机器人	编队队形的偏差		
	最大值/m	平均值/m	标准差/m
R_1	10.248	1.479	1.766
R_3	14.714	1.617	2.729
R_4	16.573	2.239	3.773

从图 7.18 和表 7-4 所示的结果和相关数据可以看出，多机器人系统能够利用基于动态生物刺激神经网络的多机器人系统导航算法完成队形变换，并有效实现避障。在本实验中，多机器人系统在第 61 步时接到将编队队形变换成楔形队形的任务，用了 19 步完成队形变换；接下来的 3 个队形变换任务分别在第 130 步、第 223 步和第 308 步时下达给多机器人系统，完成这 3 个队形变换任务分别用了 38 步、31 步和 27 步。在本实验中，跟随机器人相对于标准队形的偏差大于队形保持实验，原因是在队形变换过程中每个跟随机器人的理想目标会发生变化；标准差也比较小，表明基于动态生物刺激神经网络的多机器人系统导航算法能够快速引导多机器人系统完成队形变换任务，主要原因是该算法能够在没有先验知识和学习过程的情况下，快速引导多机器人系统到达目标位置。基于动态生物刺激神经网络的多机器人系统导航算法在队形变换中体现出的性能优于其他算法，如一般的神经网络算法[57]和模糊控制算法[58]。

3. 跟随机器人异常情况编队实验

为了进一步测试基于动态生物刺激神经网络的多机器人系统导航算法的突发事件处理能力，本节进行了跟随机器人异常情况编队实验，在实验中，某些跟随机器人会坏掉，如通信中断、无法移动等。本实验中共有 6 个移动机器人，其中 2 个会在运动过程中坏掉，具体的编队任务和队形保持实验一样。考虑到实验的对比性，本实验的环境和目标位置与队形保持实验一致。本实验中移动机器人的初始位置坐标分别为（4,1）、（9,8）、（0,9）、（2,5）、（2,12）和（4,16），它们的初始方向角为 15°、105°、45°、60°、30°和 45°。跟随机器人异常情况编队实验的结果如图 7.19 所示、

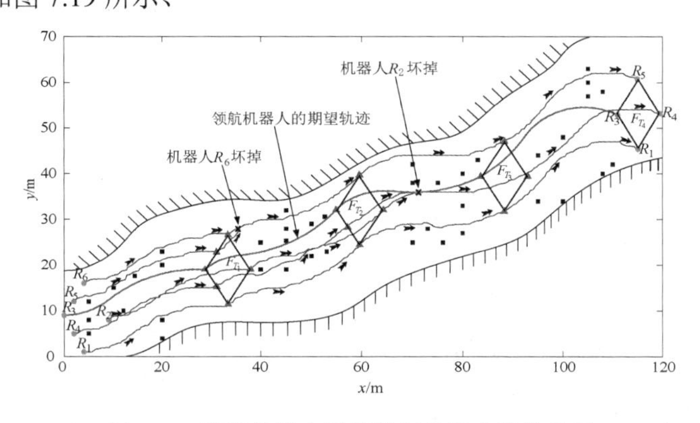

图 7.19 跟随机器人异常情况编队实验的结果

从图 7.19 所示的实验结果可以看出，采用基于动态生物刺激神经网络的多机器人系统导航算法的多机器人系统，在出现突发事件时也能很好地完成编队任务，比其他任务分配算法更有效。例如，在本实验中，R_6 在第 70 步时坏掉了，此时多机器人系统能够根据领航-

跟随者模型计算出新的虚拟目标，新的虚拟目标将分配给仍在工作的多机器人系统，R_5会运动 9 步到达 R_6的位置上，以保持队形的稳定性。

4．其他情况讨论

上述三个仿真实验结果表明基于动态生物刺激神经网络的多机器人系统导航算法能有效完成编队任务。为了进一步讨论该算法在现实世界中应用的性能，本节还进行了补充实验。在补充实验中，领航机器人的期望轨迹上出现了多个障碍物，

为了进一步论证该方法在现实世界中应用的性能，进行了这个实验，该实验中领航机器人的期望轨迹中将会出现多个障碍物。补充实验的环境和编队任务与保持队形实验相同，障碍物的位置和保持队形实验不一样。补充实验的结果如图 7.20 所示，表明采用基于动态生物刺激神经网络的多机器人系统导航算法的多机器人系统，在领航机器人改变运行轨迹时也能够有效地完成编队任务。

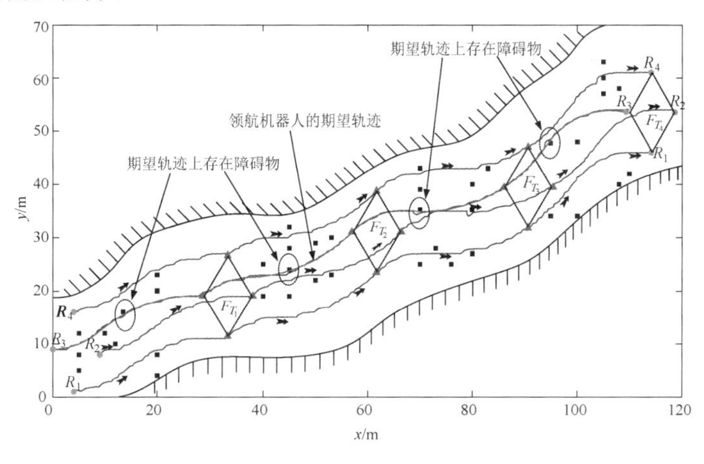

图 7.20　补充实验的结果

7.4 基于精确势博弈的多无人机协同覆盖搜索

三维复杂环境中的多无人机（Unmanned Aerial Vehicle，UAV）协同覆盖搜索是多机器人协作中一个重要的研究课题，在城市监控以及灾难处理中具有重要的理论和实际研究价值[59-60]。寻找一种快速有效的，特别是可以处理三维复杂环境的协同覆盖搜索算法，是一个值得深入研究的课题，本节重点研究基于精确势博弈的多无人机协同覆盖搜索问题。

7.4.1 多无人机协同覆盖搜索概述

使用多无人机进行协同覆盖搜索如图 7.21 所示。假设未知任务区域为$\boldsymbol{\Omega} \in \mathbb{R}^2$，参与任务的无人机集合为$G=\{g_1,g_2,\cdots,g_N\}$，$N$ 为无人机总数。本节将任务区域的地面（xOy 平面）进行了栅格化处理，即将其平均地分为$M=W\times L$ 个格子，$c=(x,y)$表示每一个格子的中心。每一架无人机的探测范围和通信范围分别为$r_{i\mathrm{S}}$ 和$r_{i\mathrm{C}}$，所有无人机的飞行高度都是固定的。在 t 时刻，无人机的位置可以描述为该无人机任务区域 Ω 上的投影，即 $\mu_{i,t}=(x_{i,t},y_{i,t})$，

$i=1,2,\cdots,N$。无人机集合内的每一架无人机单独地对感应范围内的区域 $C_i=\{c\,|\,\|c-\mu_i\|\leqslant r_{i\mathrm{S}}\}$ 进行探测。在探测过程中，所有的无人机集合构成动态无向图 $\mathrm{Net}(t)=[E(t),G]$，其中 $G=\{g_1,g_2,\cdots,g_N\}$ 为无向图的顶点集，$E(t)=\{\{g_i,g_j\}\,|\,g_i,g_j\in G;\ \|\mu_{i,t}-\mu_{j,t}\|\leqslant r_{i\mathrm{C}}\}$ 为无向图的边集合，$\mu_{i,t}$ 和 $\mu_{j,t}$ 是无人机 g_i 和 g_j 在 t 时刻的位置。如果无人机 g_i 和 g_j 距离在通信范围内，则在无向图中，无人机 g_i 和 g_j 之间存在边，此时称无人机 g_i 和 g_j 互为邻居集，表示为 $N_i(t)=\{g_j\in G\,|\,\{g_i,g_j\}\in E(t)\}\cup\{g_i\}$。为了简化后续的计算，本节假设无人机本身在自身的邻居集中。

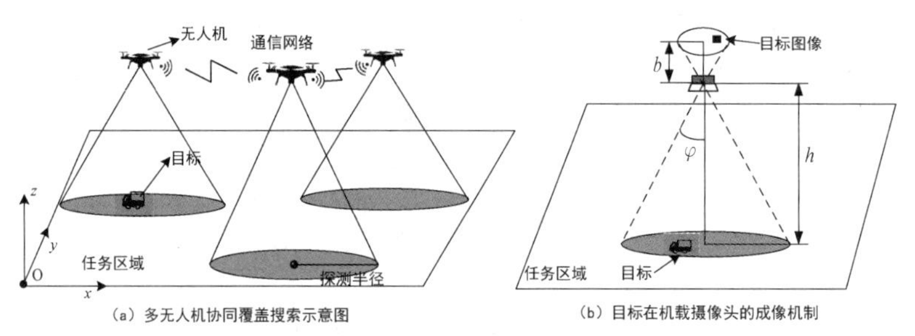

（a）多无人机协同覆盖搜索示意图　　（b）目标在机载摄像头的成像机制

图 7.21　多无人机协同覆盖搜索示意图

7.4.2　势博弈方法概述

按照不同依据，博弈论有不同分类。博弈论的分类如图 7.22 所示。

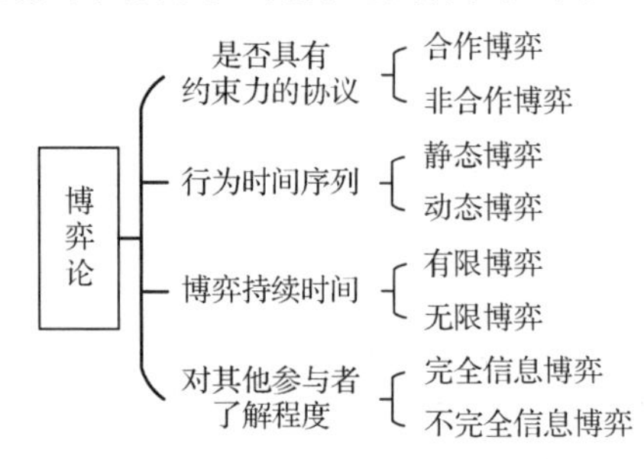

图 7.22　博弈论的分类

势博弈（Potential Game）是博弈论里重要分支。势函数与向量场分析中的势类似，是势博弈中最重要的组成部分，是一个将博弈的策略空间映射到实数空间的函数。依据势函数与玩家效用函数之间的关系，可以将势博弈分为[61]精确势博弈（Exact Potential Game，EPG）、伪势博弈（Pseudo Potential Game，PPG）、最优响应势博弈（Best-response Potential Game，BPG）、加权势博弈（Weighted Potential Game，WPG）、广义势博弈（Generalized Potential Game，GPG）、序数势博弈（Ordinal Potential Game，OPG）等类别。

不同的势博弈的区别在于势函数的差异，精确势博弈的定义如下：

定义 7.1　（精确势博弈）：一个博弈 $\mathcal{G}=[\mathcal{P},\mathbb{S},\{U_i\}_{i\in\mathcal{P}}]$ 是精确势博弈，当且仅当，存在函数 $\phi(a):\mathbb{S}\mapsto\mathbb{R},\forall i\in\mathcal{P}$ [61]，使得：

$$U_i(a_i',a_{-i})-U_i(a_i,a_{-i})=\phi(a_i',a_{-i})-\phi(a_i,a_{-i}),\quad \forall a_i,a_i'\in A_i,\forall a_{-i}\in A_{-i} \tag{7-16}$$

式中各个符号的含义如表 7-5 所示。

表 7-5　精确势博弈定义中各个符号的含义

符　　号	含　　义
$\mathcal{P}=\{\mathcal{P}_1,\mathcal{P}_2,\cdots,\mathcal{P}_N\}$	有 N 个玩家参与博弈
$A_i=\{a_i \mid a_i\text{是玩家}i\text{ 的单个策略}\}$	玩家 i 的策略集合
$\mathbb{S}=A_1\times\cdots\times A_N$	所有玩家策略空间
a_{-i}	除 i 外的玩家执行的联合策略
a_i'	玩家 i 的尝试动作
$a=(a_1,a_2,\cdots,a_N)=(a_i,a_{-i})$	所有玩家的策略组合
U_i	玩家 i 的效用函数
$U_i(a_i,a_{-i})$	玩家采取策略组合 a 时玩家 i 的效用
$\phi(a_i,a_{-i})$	精确势博弈的势函数

在精确势博弈中，势函数并非是唯一的，但势函数必须满足玩家由于改变自身策略导致效用函数的变化与其引起势函数的变化必须是完全一致的条件，否则不能称为精确势博弈。如定义所见，精确势博弈要求精确的等式条件，而其他的势博弈可以适当放松这一条件。精确势博弈却是最重要的势博弈，在理论研究和实际应用中都受到了高度的关注。

定义 7.2　（纯策略纳什均衡）一个纯策略组合 $a^*\in\mathbb{S}$ 为纯策略纳什均衡，当且仅当[61]：

$$U_i(a_i^*,a_{-i}^*)\geqslant U_i(a_i',a_{-i}^*),\quad \forall a_i',a_i^*\in A_i,\forall a_{-i}^*\in A_{-i},\forall i\in\mathcal{P} \tag{7-17}$$

当系统处于纳什均衡状态时，说明此时的博弈系统没有玩家能通过改变自己的博弈策略来使自身获得更大的收益。值得注意的是，一个精确势博弈论可能存在多个纳什均衡解。

举一个简单例子，假设在囚徒困境中，效用函数和势函数分别如表 7-6 和表 7-7 所示。

表 7-6　囚徒困境中的效用函数

A \ B	K	T
K	（-1，-1）	（-6，0）
T	（0，-6）	（-4，-4）

表 7-7　囚徒困境中的势函数

A \ B	K	T
K	1	2
T	2	4

不难发现，在上述博弈中，由于博弈参与者改变自身策略而导致效用函数的变化与其引起的势函数的变化是完全一致的，因此表 7-6 中的博弈为精确势博弈，博弈系统中玩家 A 从 (K,K) 状态到 (T,K) 状态转移过程中，效用函数变化为：

$$U_1(K,K)-U_1(T,K)=(-1)-0=-1 \tag{7-18}$$

相对应地，势函数的变化为：

$$\phi(K,K)-\phi(T,K)=1-2=-1 \tag{7-19}$$

即效用函数的变化与势函数的变化是完全一致的。同理可知，对于其他的转移策略也一样，故囚徒困境中的博弈为精确势博弈。在此精确势博弈中，博弈系统中玩家 A 的最优决

策为停留在 T 状态，而玩家 B 的最优决策为也停留在 T 状态。值得注意的是，博弈系统的纳什均衡解不等同于其最优解。在表 7-6 及表 7-7 所示的囚徒困境中，最优解是状态 (K,K)，而纳什均衡解是状态 (T,T)。

7.4.3 基于精确势博弈的多无人机协同覆盖方法

精确势博弈是一种可以有效求解分布式多智能体协同控制问题的方法，将多无人机协同覆盖搜索问题建模成为精确势博弈问题，主要由三部分组成：参与搜索的无人机集合、无人机的动作策略集合、无人机执行单次搜索得到的效用函数，与精确势博弈的元素对应如下：

- 精确势博弈的参与玩家，对应于参与协同搜索的无人机；
- 玩家策略集，对应于无人机在给定位置时可以选择的动作集合；
- 玩家效用函数，对应于无人机执行单次搜索得到的效用函数。

在使用多无人机进行协同覆盖搜索中，假设利用粗略估计得到的关于目标的先验知识来覆盖感兴趣区域，将感兴趣区域完全覆盖即完成了搜索任务。在估计目标的先验知识过程中，目标在任务区域中可能存在的概率信息使用密度函数 $\eta(\boldsymbol{c}):\boldsymbol{\Omega}\to\mathbb{R}_+$ 表示，$\eta(\boldsymbol{c})\geqslant 0,\forall \boldsymbol{c}\in\Omega$，$\sum_{c\in\Omega}\eta(\boldsymbol{c})=1$。密度函数的值越大，表明目标的存在概率越高。本节假设任务环境中的多个待搜索目标的存在概率利用高斯混合模型（Gaussian Mixture Model，GMM）中的各个高斯分量代表，具体定义如下：

$$\eta(\boldsymbol{c})=\sum_{j=1}^{M}\eta(j)\eta(\boldsymbol{c}\mid j)=\sum_{j=1}^{M}w_j N(\boldsymbol{c}\mid\boldsymbol{\mu}_j,\boldsymbol{\Theta}_j) \tag{7-20}$$

高斯混合模型是多个高斯分量的加权和。式（7-20）中的 M 为高斯分量的数量，即任务环境中的目标数量；w_j 为第 j 个高斯分量的权重。为了保证该高斯混合模型恰好是任务区域所有目标的概率密度函数和，需要保证 $\sum_{j}^{M}w_j=1$；函数 $N()$为一个高斯函数，定义如下：

$$N(\boldsymbol{c}\mid\boldsymbol{\mu}_j,\boldsymbol{\Theta}_j)=\frac{1}{2\pi\left|\boldsymbol{\Theta}_j\right|^{1/2}}\exp\left[\frac{-1}{2}(\boldsymbol{c}-\boldsymbol{\mu}_j)^{\mathrm{T}}\boldsymbol{\Theta}_j^{-1}(\boldsymbol{c}-\boldsymbol{\mu}_j)\right]\boldsymbol{\Theta}_j \tag{7-21}$$

式中，$\boldsymbol{c}$ 为位置向量；$\boldsymbol{\mu}_j$ 为均值向量（代表为目标 j 的位置）；$\boldsymbol{\Theta}_j$ 为高斯分量 j 的协方差矩阵。

下面介绍效用函数的设计。把所有无人机的效用之和称为总效用，表示为每个单元中的密度函数 $\eta(\boldsymbol{c})$ 和信号衰减函数 $f()$ 乘积的积分，即：

$$\Phi(a)=\Phi(\boldsymbol{\mu}_1,\boldsymbol{\mu}_2,\cdots,\boldsymbol{\mu}_n)=\int_{\Omega}f\left(\min_{i\in\{1,2,\cdots,n\}}\left\|\boldsymbol{c}-\boldsymbol{\mu}_i\right\|\right)\eta(\boldsymbol{c})\mathrm{d}\boldsymbol{c} \tag{7-22}$$

在覆盖问题中，定义式中的 $f()$ 为：

$$f(\left\|\boldsymbol{c}-\boldsymbol{\mu}_i\right\|)=\begin{cases}1, & \left\|\boldsymbol{c}-\boldsymbol{\mu}_i\right\|\leqslant r_{i\mathrm{S}}\\ 0, & \text{其他}\end{cases} \tag{7-23}$$

在搜索问题中，信号随着距离的增长存在衰减现象，$f()$ 的定义如下：

$$f(\left\|\boldsymbol{c}-\boldsymbol{\mu}_i\right\|)=\begin{cases}\mathrm{e}^{-\left\|\boldsymbol{c}-\boldsymbol{\mu}_i\right\|}, & \left\|\boldsymbol{c}-\boldsymbol{\mu}_i\right\|\leqslant r_{i\mathrm{S}}\\ 0, & \text{其他}\end{cases} \tag{7-24}$$

无人机总效用可表示为图 7.23（a）。本节将无人机 g_i 的效用函数 $U_i(a_i,a_{-i})$ 设计为系统内所有无人机整体效用的边际贡献值。图 7.23（b）所示为无人机个体效用，用不同的图案描述。无人机个体效用函数的计算公式如下：

$$U_i(a_i,a_{-i})=\int_{\Omega} f\left(\min_{i\in\{1,2,\cdots,n\}}\|\boldsymbol{c}-\boldsymbol{\mu}_i\|\right)\eta(\boldsymbol{c})\mathrm{d}\boldsymbol{c}-\int_{\Omega} f\left(\min_{i\in\{1,2,i-1,i+1,\cdots,n\}}\|\boldsymbol{c}-\boldsymbol{\mu}_i\|\right)\eta(\boldsymbol{c})\mathrm{d}\boldsymbol{c} \tag{7-25}$$

（a）无人机总体效用

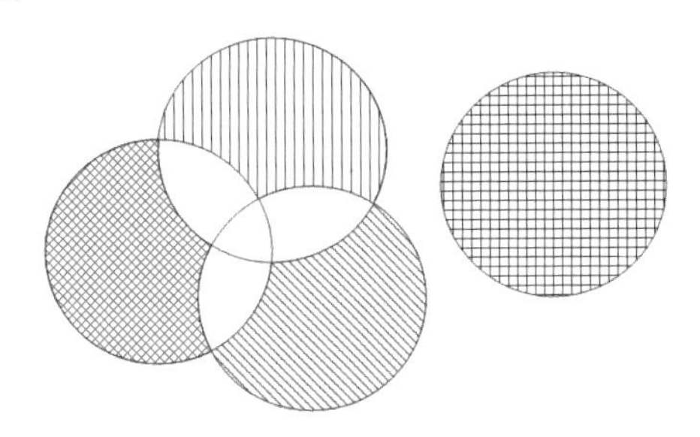

（b）无人机个体效用

图 7.23　无人机总体效用和无人机个体效用

令 $a_i=\boldsymbol{\mu}_i$ 及 $a_i'=\boldsymbol{\mu}_i'$ 表示为无人机 g_i 的可能动作， a_{-i} 表示剩余其他无人机的动作，可以将式（7-25）重写为：

$$U_i(a_i,a_{-i})=\varPhi(a_i,a_{-i})-\int_{\Omega} f\left(\min_{i\in\{1,2,i-1,i+1,\cdots,n\}}\|\boldsymbol{c}-\boldsymbol{\mu}_i\|\right)\eta(\boldsymbol{c})\mathrm{d}\boldsymbol{c} \tag{7-26}$$

使用上式，可得：

$$\begin{aligned}U_i(a_i',a_{-i})-U_i(a_i,a_{-i})&=\varPhi(a_i',a_{-i})-\varPhi(a_{-i})-\left[\varPhi(a_i,a_{-i})-\varPhi(a_{-i})\right]\\&=\varPhi(a_i',a_{-i})-\varPhi(a_i,a_{-i})\end{aligned} \tag{7-27}$$

由精确势博弈的定义可知，在多无人机协同覆盖搜索控制中，如果无人机个体效用函数定义为式（7-25），则多无人机协同覆盖搜索控制问题将被建模为精确势博弈问题，并且该精确势博弈模型的势函数为式（7-22）。在基于精确势博弈的协同覆盖搜索控制问题中，每一个参与者都将独自地最大化自己的效用函数，而全局效用函数也伴随着各个参与者博弈过程得到最优化。

1. 精确势博弈模型求解

学者们针对博弈模型的求解提出了不同的学习算法，常用的有最优响应（Best Response）学习算法、虚拟对局（Fictitious Play）学习算法以及对数线性学习（Log-Linear Learning）算法等。对数线性学习算法可以保证使势函数最大化的联合动作组合是随机稳定的，在决策过程中引入了允许玩家偶尔犯错误的噪声，而错误代表了次优行为的选择。当噪声消失时，玩家选择次优的概率同时也变为零。

多无人机协同覆盖搜索实验是在有边界限制和存在障碍物的区域进行的。无人机的有限动作集如图 7.24 所示。对数线性学习算法本身不考虑无人机选择动作集的限制，认为无人机附近的位置均可作为下一步的可行位置，并且需要计算所有位置的效用函数，算法的计算量很大。

Marden 等人[18]提出的二值对数线性学习（Binary Log-Linear Learning，BLLL）算法则能处理由于障碍物等引起的有限动作集的情况。在二值对数线性学习算法中，系统随机等概地从无人机集合 $G=\{g_1,g_2,\cdots,g_N\}$ 中选择一架无人机 g_i 并改变其位置，即根据式（7-28）所示的概率从它的约束动作集合中选择一个动作来改变其位置，得到尝试位置 a_i' 。剩下的未被选择的无人机将维持在当前位置不动，即 $a_{-i}(t)=a_{-i}(t-1)$ 。

$$\begin{cases} P(a_i'=a_i)=\dfrac{1}{z_i}, & a_i\in R_i[a_i(t-1)]\setminus a_i(t-1) \\ P[a_i'=a_i(t-1)]=1-\dfrac{\left|R_i[a_i(t-1)]\right|-1}{z_i} \end{cases} \tag{7-28}$$

式中，$a(t-1)$ 代表所有无人机在 $t-1$ 时刻的联合行动；无人机 g_i 在 t 时刻的约束动作集合是 $t-1$ 时刻的动作集合的函数，表示为 $R_i[a_i(t-1)]\subseteq A_i$ ， $a_i\in R_i(a_i)$ 表明允许无人机停留在上一时刻的位置； z_i 表示无人机 g_i 在任意一个约束动作集的最大动作数，表示为 $z_i=\max\limits_{a_i\in A_i}|R_i(a_i)|$，在本节中，在任意给定时刻，任意一架无人机最多有 9 个可能的动作，故对所有的无人机来说， $z_i=9$； $\left|R_i[a_i(t-1)]\right|$ 表示当前约束动作集中可行动作的数目。

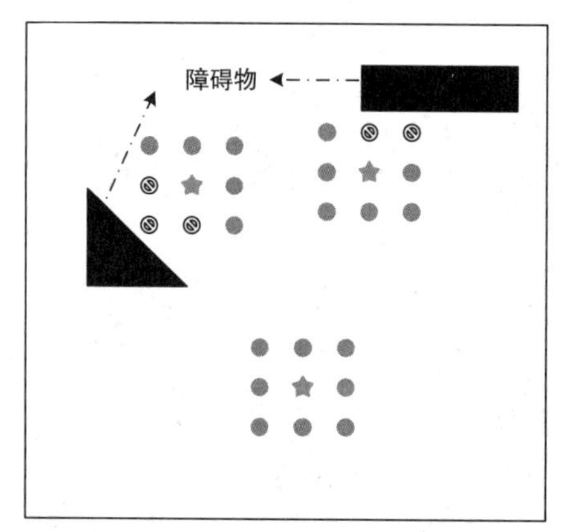

图 7.24　无人机的有限动作集

在 t 时刻，无人机 g_i 得到一个尝试位置之后，使用式（7-29）选择一个新的位置作为本次博弈的策略，即：

$$\begin{cases} P\left[a_i(t)=a_i(t-1)\right]=\dfrac{e^{\beta U_i[a(t-1)]}}{e^{\beta U_i[a(t-1)]}+e^{\beta U_i[a_i',a_{-i}(t-1)]}} \\ P\left[a_i(t)=a_i'\right]=\dfrac{e^{\beta U_i[a_i',a_{-i}(t-1)]}}{e^{\beta U_i[a(t-1)]}+e^{\beta U_i[a_i',a_{-i}(t-1)]}} \end{cases} \tag{7-29}$$

式中，$\beta\geqslant 0$ 为无人机选择次优动作的噪声强度。如果 β=0，无人机 g_i 随机等概地选择动作 $a_i\in A_i$；如果 $\beta\to\infty$，无人机 g_i 将以概率 1 选择最优应对动作改变其位置。

在各个参与者选择动作可达性和可逆性已知的前提下，可将多无人机协同覆盖控制问题建模成为式（7-22）所示的精确势博弈，并且各个参与者采取二值对数线性学习算法来选择下一步的博弈策略，可有如下结论：最终覆盖性能 $\Phi(a)$ 在 $\beta\to\infty$、$t\to\infty$ 时，必定渐进增加，并最终趋于最优性能，即：

$$\lim_{\beta\to\infty,t\to\infty}P\left[a=\arg\max_{\tilde a\in A}\Phi(\tilde a)\right]=1 \tag{7-30}$$

可以证明，二值对数线性学习算法的学习过程是一个在状态空间 $\pi(a)\in\Delta(A)$ 上有唯一平稳分布的马尔可夫过程，描述为：

$$\pi(a)=\frac{e^{\beta\Phi(a)}}{\sum_{\tilde{a}\in A}e^{\beta\Phi(\tilde{a})}},\qquad \forall a\in A \tag{7-31}$$

式（7-31）所示的马尔可夫过程具有不可约性和非周期性的特点。为了证明最终的覆盖性能趋于最优，仅需要证明式（7-31）描述的马尔可夫过程是一个具有唯一平稳分布的可逆过程即可，可进一步转换为验证 $\pi(a)$ 在状态空间上是一个固定点即可。令 $\pi_t=\boldsymbol{P}\pi_{t-1}$，其中 π_{t-1} 为时刻 t 的概率分布，$\boldsymbol{P}$ 为上一时刻的转移概率矩阵，得：

$$\pi_t(y)=\sum_{x\in A}\pi_{t-1}(x)P_{x\to y}=\sum_{x\in A}\pi_{t-1}(y)P_{y\to x}=\pi_{t-1}(y) \tag{7-32}$$

因此，$\pi(a)$ 服从唯一平稳分布。当所有的博弈参与者采用二值对数线性学习算法选择自己的博弈策略时，式（7-30）的结论成立，即最终覆盖性能 $\Phi(a)$ 在 $\beta\to\infty$、$t\to\infty$ 时，必定渐进增加，并最终趋于最优性能。

通过实验分析，使用二值对数线性学习算法求解精确势博弈模型存在如下两个问题[62-63]：

（1）由于算法本身存在的随机性［式（7-28）所示的动作选择过程］，二值对数线性学习算法容易出现收敛于纳什均衡点速度过慢现象，从而增加系统内博弈的次数.

（2）当无人机处于零效用区域，即该区域的目标信息概率密度函数为零时，无人机能获取的效用函数值也必定为零，由于式（7-28）所示的动作选择过程存在随机性，容易使系统中的无人机在零效用区域徘徊游荡，无法逃离零效用区域。

针对以上存在问题，本节对该求解过程进行改进，使其更高效。

2. 精确势博弈模型改进求解

二值对数线性学习算法在第一次选择尝试动作时，会随机等概地从自身的可行动作集中随机选择下一个可行动作，而不考虑该动作是否能最快地使自己获得最大的效益，此过程容易出现收敛于纳什均衡点速度过慢现象，使系统的运行时间变长，不利于实际场景应用。本节基于二值对数线性学习算法，提出一种新的动作选择策略，主要分为两部分：

（1）考虑实际应用中无人机之间的碰撞问题，假设无人机不存在拐弯半径等飞行约束，将无人机看成只有重量的质点。本节采用了一个简单的方法规避无人机之间的碰撞，即在任意时刻同一位置上不能同时存在两架及以上的无人机，即：

$$\mu_{i,t}\neq\mu_{j,t},\qquad j\neq i;\ \ i,j\in\{g_1,g_2,\cdots,g_N\} \tag{7-33}$$

式中，$\mu_{i,t}$、$\mu_{j,t}$ 分别表示在 t 时刻无人机 g_i 和 g_j 的位置。

（2）为了让系统中的无人机快速收敛于纳什均衡解，减少在各轮次博弈中的策略选择的随机性，本节提出一种改进的二值对数线性学习算法（简称改进学习算法）来求解精确势博弈模型。在改进学习算法中，各架无人机的策略选择方案与最大化自身效用有关，关系如下：

$$\begin{cases}P(a_i'=a_i)=\dfrac{1}{z_i}, & a_i=\arg\max\{U_i[a_i,a_{-i}(t-1)]\},a_i\in C_{a_i(t-1)}\setminus a_i(t-1)\\[2ex] P[a_i'=a_i(t-1)]=1-\dfrac{|C_{a_i(t-1)}|-1}{z_i}\end{cases} \tag{7-34}$$

式中，与文献[62]类似，无人机 g_i 依据一定的概率，停留在上一个时刻的位置，目的是确保无人机在选择策略时有一定的探索性，从而避免无人机陷入局部最优。另外，无人机以较大概率选择除上一个时刻位置之外的能让其获得最大效用的位置作为尝试位置。改进学习算法可以保证无人机 g_i 所选的动作让其获得最大效用。选择尝试动作位置之后，各架无人机仍然按照式（7-29）更新动作选择策略，系统仍能避免陷入局部最优。以上的改进无疑可以使无人机快速收敛于纳什均衡解。

在任务环境中，目标存在可能性最高的区域是无人机感兴趣区域，需要重点协同覆盖搜索，而目标的存在概率是使用高斯混合模型表示的，此感兴趣区域是利用目标的先验知识来粗略估计得到的。为了更好地说明本节提出的改进学习算法及其应用场景，本节假设将感兴趣区域完全被覆盖后即完成了搜索任务。

由式（7-22）可知，系统中的效用为各个单元（Cell）中密度函数$\eta(\boldsymbol{c})$和信号衰减函数的乘积的积分。而任务环境会存在零效用区域，即该区域的概率密度函数为零。尽管使用改进学习算法能加快无人机收敛于纳什均衡解，但当无人机处于零效用区域时，无人机可选的策略能获得的效用均为零，并且由于式（7-28）的动作选择存在的随机性，容易使无人机出现在零效用区域徘徊游荡的现象，无法逃离零效用区域。针对这一现象，本节提出如下改进：

$$P[a_i(t)=a_i']=1, \quad \text{s.t.} \begin{cases} a_i' = \arg\min(\|\boldsymbol{\mu}' - \boldsymbol{\mu}_{j,t}\|) \\ U_j[a_j(t-1), a_{-j}(t-1)] \neq 0 \\ j \in N_i(t) \end{cases} \tag{7-35}$$

式中，$\boldsymbol{\mu}'$为无人机g_i选择a_i'动作之后的位置。式（7-35）表明，当无人机g_i处于零效用区域时，即$\max\{U_i[a_i, a_{-i}(t-1)]\}=0$，无人机$g_i$在其邻域中选择一个邻居$g_j$，即$j \in N_i(t)$，此邻居的效用不为零，即$U_j[a_j(t-1), a_{-j}(t-1)] \neq 0$。通过从$a_i \in C_{a_i(t-1)} \backslash a_i(t-1)$中选择一个动作，即$a_i' = \arg\min(\|\boldsymbol{\mu}' - \boldsymbol{\mu}_{j,t}\|)$，利用邻域信息共享机制，可以让无人机$g_i$向邻居$g_j$移动，这样可以让无人机$g_i$快速跳出零效用区域。通过上述改进，随着时间推移，各架无人机均能避免在零效用区域徘徊游荡。离开零效用区域后，使用式（7-34）和式（7-29）选择策略，可确保无人机快速收敛于纳什均衡状态。

利用本节提出的改进二值对数线性学习算法求解多无人机协同覆盖搜索问题伪代码如下：

```
//利用改进二值对数线性学习算法求解多无人机协同覆盖搜索问题的伪代码
ModifiedBinaryLogLinearLearning()
{
    ParameterInitial();
    %输入：任务环境目标存在性概率密度函数、限制动作集合、无人机初始位置集合
    PartitionTheEnvironment();                %将任务环境平均分为多个单元
    while(感兴趣任务环境没有被完全覆盖)
    {
        for(无人机集合中所有无人机)
        {
            RandomSelect();                   %从无人机集合依次随机选择无人机策略
            if  ( max{U_i(a_i,a_-i(t-1))} == 0 )   %效用为零
            {
                CrashCheck();                 %按照式（7-33）进行碰撞判断
                ComputeUtility();             %按照式（7-35）计算效用函数，并选择新策略
            }
            else
            {
                CrashCheck();           %按照式（7-33）进行碰撞判断
                ComputeUtility();       %按照式（7-34）和式（7-29）计算效用，并选择新策略
```

```
            }end if
        }end for
        Iteration = Iteration + 1;
        if(Iteration >IterationMax)
        {
            break;                          %大于最大迭代次数，退出程序
        }
    }end while
}
```

7.4.4　实验及结果分析

为了验证改进二值对数线性学习算法的可行性及有效性，本节进行了多无人机协同覆盖搜索实验。在实验中，无人机需要避免和环境中其他无人机或建筑物发生碰撞，假设建筑物的高度均高于无人机的飞行高度，因此会对无人机的视线造成遮挡，形成无人机探测盲区。本节使用一种可视化算法[64]来计算可探测区域，即以无人机当前位置为视点，求解其探测范围和视线可达区域的交集。图 7.25 所示为在障碍物遮挡下的无人机的探测范围，目标 1 在探测范围内；由于建筑物的遮挡，目标 2 不在无人机的探测范围内。图 7.26 所示为俯视情形下无人机的探测范围。

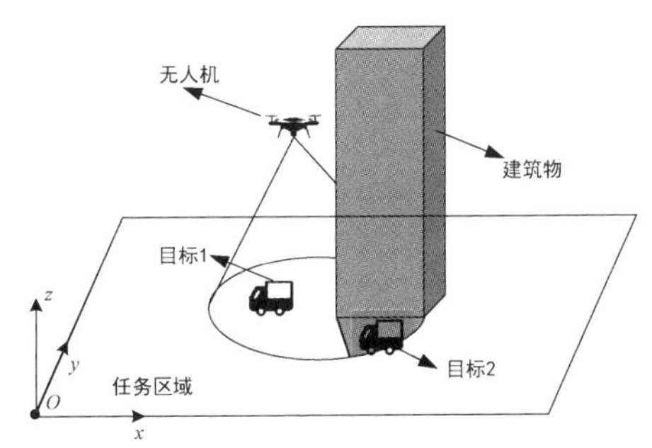

图 7.25　在障碍物遮挡下的无人机的探测范围

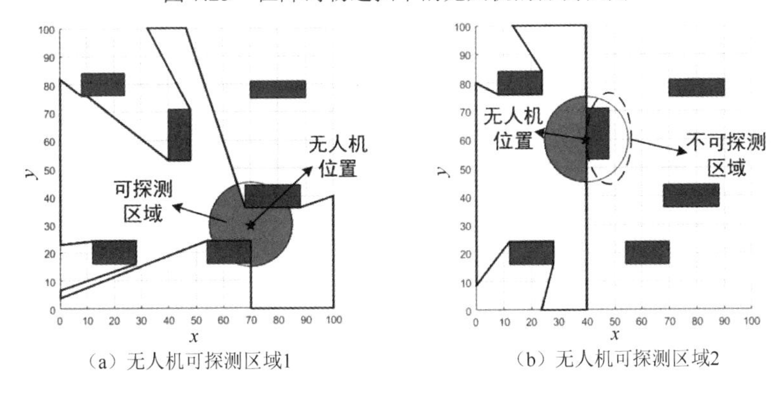

图 7.26　俯视情形下无人机的探测范围

在俯视情形下，在无人机的圆形探测范围内，红色部分为当前无人机在当前位置的可视区域，而圆形内无颜色部分为障碍物遮挡区域，如果目标存在于该区域，则该目标不能被无人机探测到。

1．简单环境协同全覆盖搜索实验

在简单环境协同全覆盖搜索实验中，任务区域大小为 100 km×100 km，使用 16 架探测距离 $r_{iS}=12$ km、通信距离 $r_{iC}=40$ km 的无人机，噪声参数为 $\beta=0.02$。假设无人机从任务区域的左上角进入，如图 7.27（a）所示。图 7.27（b）所示为使用改进二值对数线性学习算法（简称改进学习算法）进行精确势博弈求解的最终的无人机位置图。图 7.27（c）和（d）所示为不同时刻使用二值对数线性学习算法（简称原始学习算法）的多无人机覆盖情况。图 7.28 所示为两种学习算法的系统总效用函数对比曲线。改进学习算法在 t=140 时刻处完成了任务区域的覆盖，此后效用函数稳定在一定范围；而原始学习算法在 t=400 时刻才基本完成任务区域的覆盖，最终稳定时的性能也略差于改进学习算法。

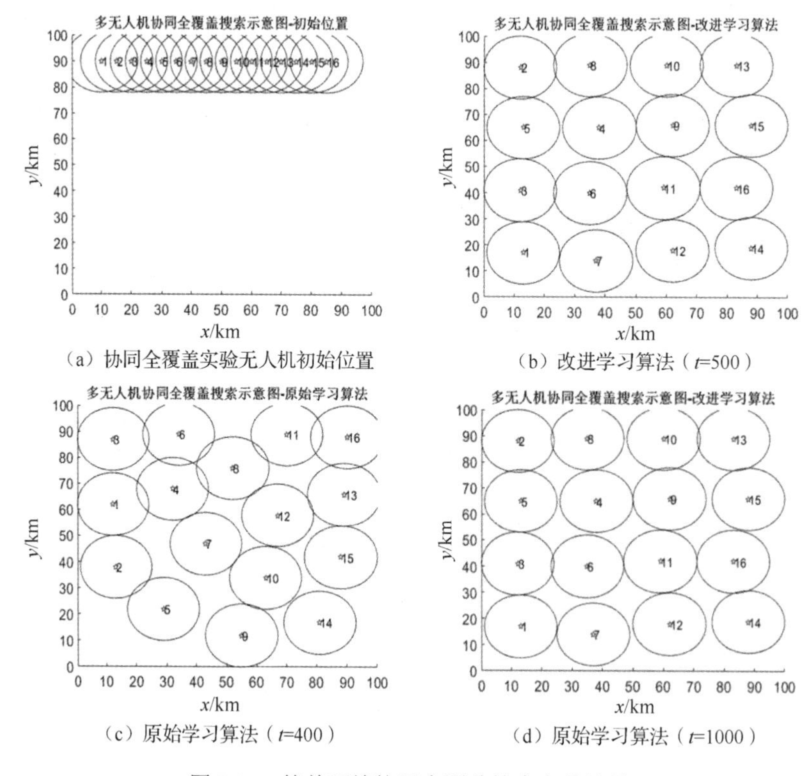

（a）协同全覆盖实验无人机初始位置　（b）改进学习算法（t=500）

（c）原始学习算法（t=400）　（d）原始学习算法（t=1000）

图 7.27　简单环境协同全覆盖搜索实验结果

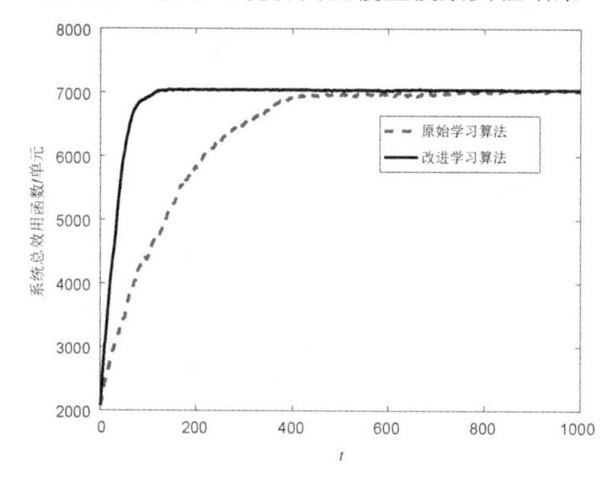

图 7.28　两种学习算法的系统总效用函数对比曲线

表 7-8 给出了简单环境协同全覆盖搜索实验系统总效用随时间变化的情况，由此可见，改进学习算法可以比原始学习算法更快地收敛于最大值，表明了改进学习算法的有效性。

表 7-8　简单环境协同全覆盖搜索实验系统总效用函数随时间的变化情况

t	原始学习算法/%	改进学习算法/%
20	27.27	39.51
40	32.85	54.50
80	42.38	68.32
160	53.89	70.37
320	65.93	70.43
640	69.44	70.44

2．感兴趣区域协同覆盖搜索实验

为进一步验证改进学习算法的有效性，本节进行了感兴趣区域协同覆盖搜索实验，该实验使用 16 架探测距离 $r_{iS}=10$ km、通信距离 $r_{iC}=40$ km 的无人机，设置噪声参数为 $\beta=0.02$，无人机的初始位置如图 7.29（a）所示。

感兴趣区域的概率密度函数如图 7.29 中的环状所示。无人机使用原始学习算法和改进学习算法求解精确势博弈模型。由图 7.29（c）可看出，在使用原始学习算法求解精确势博弈模型时，容易出现个别无人机在零效用区域徘徊游荡的现象。如在 t=1000 时刻，16 号无人机在零效用区域徘徊游荡，未能快速进入概率密度函数不为零的区域。随着时间的推移，所有无人机在 t=2500 时刻才完全覆盖感兴趣区域。与之对比，使用改进学习算法求解精确势博弈模型时，无人机在 t=500 时刻基本完成了任务区域的协同覆盖搜索，如图 7.29（b）所示，表明改进学习算法的效率好于原始学习算法。

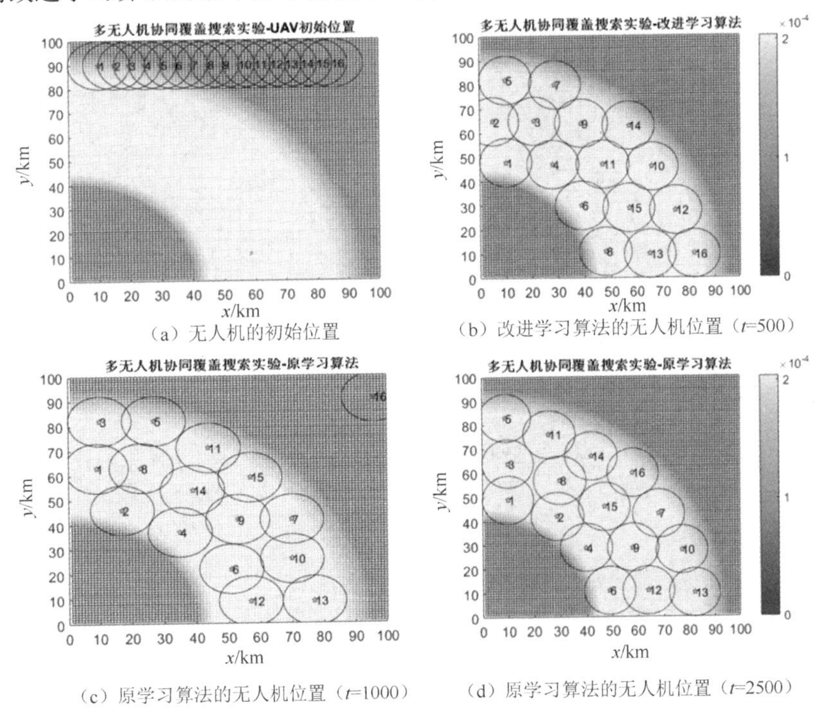

（a）无人机的初始位置　（b）改进学习算法的无人机位置（t=500）

（c）原学习算法的无人机位置（t=1000）　（d）原学习算法的无人机位置（t=2500）

图 7.29　感兴趣区域协同覆盖搜索实验的结果

本节提出的改进学习算法依据最大化自身效用的原则和邻域信息共享机制，改变了博弈参与者的策略选择机制，使无人机可以快速收敛于纳什均衡解，并离开零效用区域。图 7.30（a）所示为总体效用函数对比曲线，使用改进学习算法时，无人机收敛于最大效用函数值的速度非常快，在迭代次数不足 200 次时，已经实现概率密度值不为零的区域的协同覆盖搜索；使用原始学习算法时，无人机收敛于最大效用函数值的速度比较慢，不利于工程应用。为了进一步说明改进学习算法的有效性，图 7.30（b）给出系统中各架无人机的最短间距，最短间距变化也和性能曲线的收敛趋势相一致。

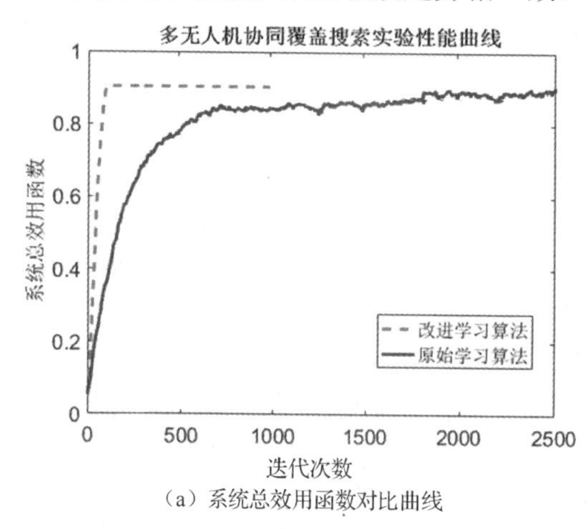

（a）系统总效用函数对比曲线

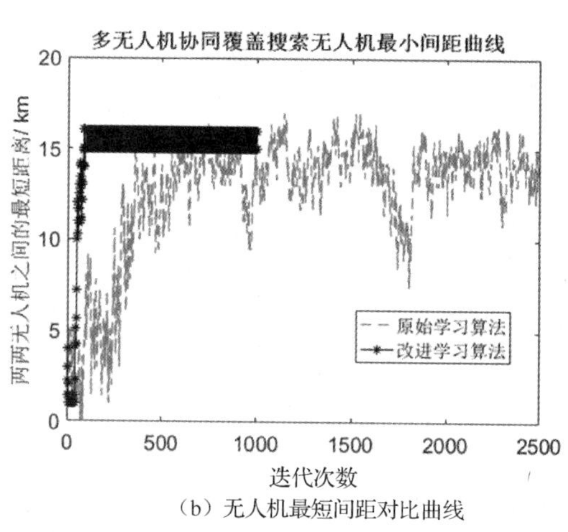

（b）无人机最短间距对比曲线

图 7.30　感兴趣区域协同覆盖搜索实验的系统总效用函数变化曲线和无人机最短距离的对比曲线

表 7-9 给出感兴趣区域协同覆盖搜索实验系统总效用随时间变化的情况，由此可见，采用改进学习算法，无人机能更快地收敛于最大效用函数值，证明了改进学习算法的有效性。

表 7-9　感兴趣区域协同覆盖搜索实验系统总体效用函数随时间的变化情况

t	原始学习算法/%	改进学习算法/%
50	22.62	61.93
100	36.26	90.29
200	57.82	90.38
400	75.63	90.38
800	84.11	90.38
1600	85.74	90.38

3．复杂环境协同覆盖搜索实验

在复杂的三维城市环境中，由于城市建筑物的遮挡，无人机的探测范围会发生变化，此时进行协同覆盖搜索较普通环境存在更多挑战。本节使用 6 架探测范围 $r_{iS}=10$ km、通信范围 $r_{iC}=40$ km 的无人机进行了复杂环境协同覆盖搜索实验，设置噪声参数为 $\beta=0.02$，无人机的初始位置及任务区域概率密度示意图如图 7.31 所示。

在复杂环境协同覆盖搜索实验中，无人机不仅需要最大化自身的效用函数，还需要规避障碍物的遮挡。利用可视算法，无人机可探测可达区域内目标存在的可能性，尽最大可能覆盖感兴趣区域，从而搜索感兴趣区域内的目标。图 7.32（a）到（c）所示为使用原始学习算法时无人机的位置变化情况，可见，在 t=400 时刻，无人机仍无法最大化协同覆盖搜索区域，直到 t=600 时刻才逐步覆盖了搜索区域，系统效用函数达到最大值。图 7.32（d）到（f）所示为使用改进学习算法时无人机的位置变化情况，可见，在 t=200 时刻时，无人机已经实现了协同覆盖搜索区域的最大化。

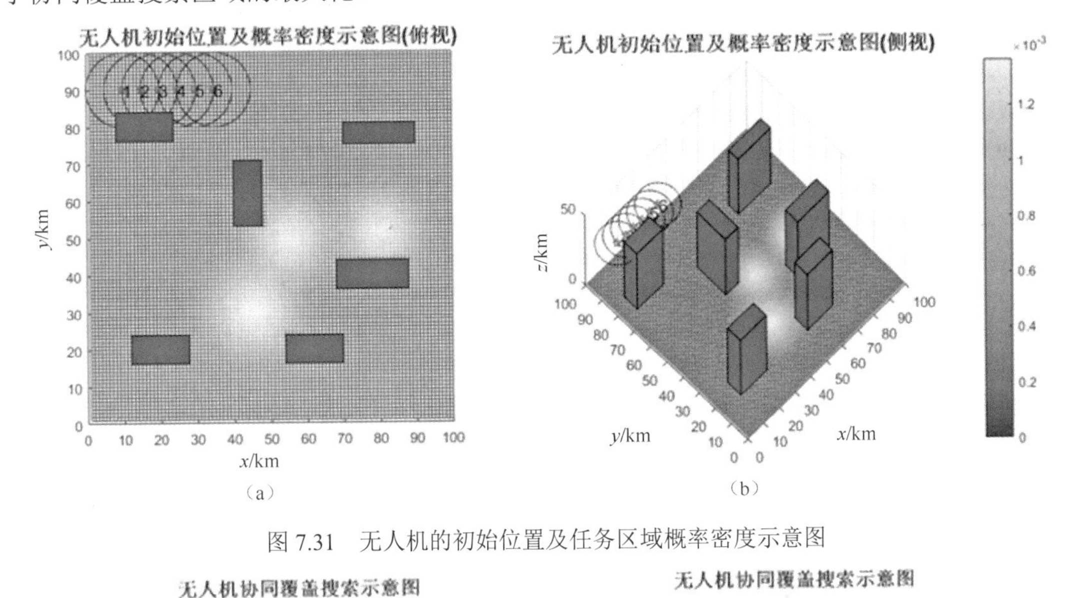

图 7.31　无人机的初始位置及任务区域概率密度示意图

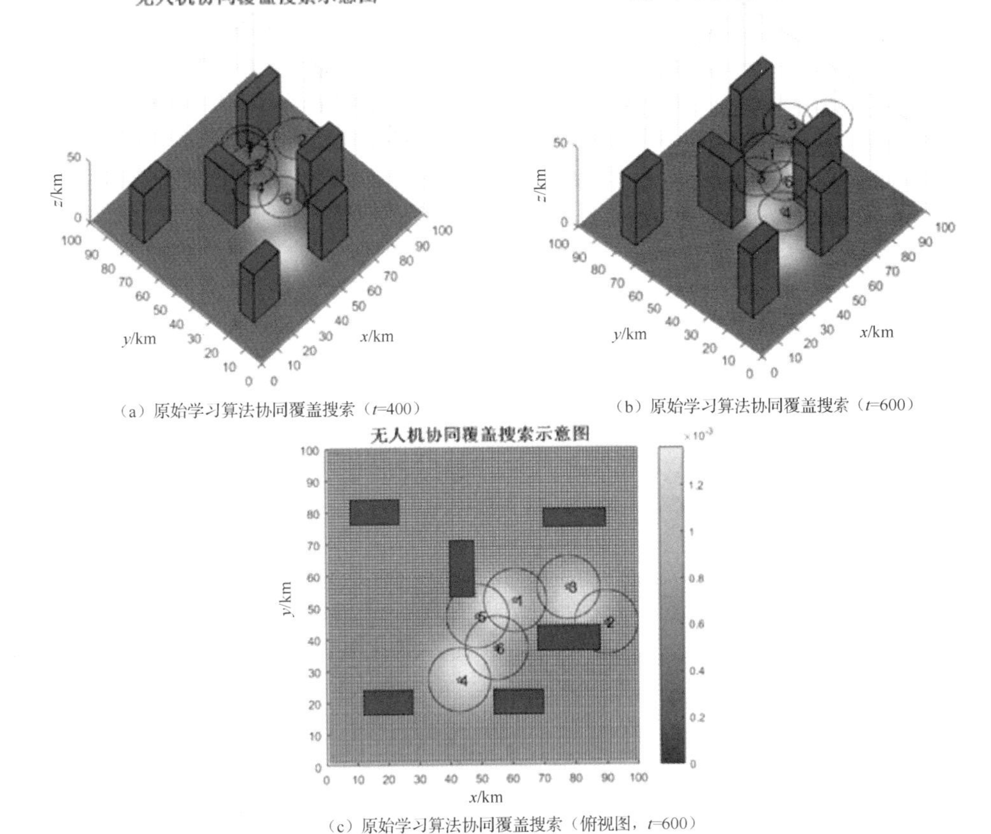

（a）原始学习算法协同覆盖搜索（t=400）

（b）原始学习算法协同覆盖搜索（t=600）

（c）原始学习算法协同覆盖搜索（俯视图，t=600）

图 7.32　使用两种算法时的无人机位置变化情况

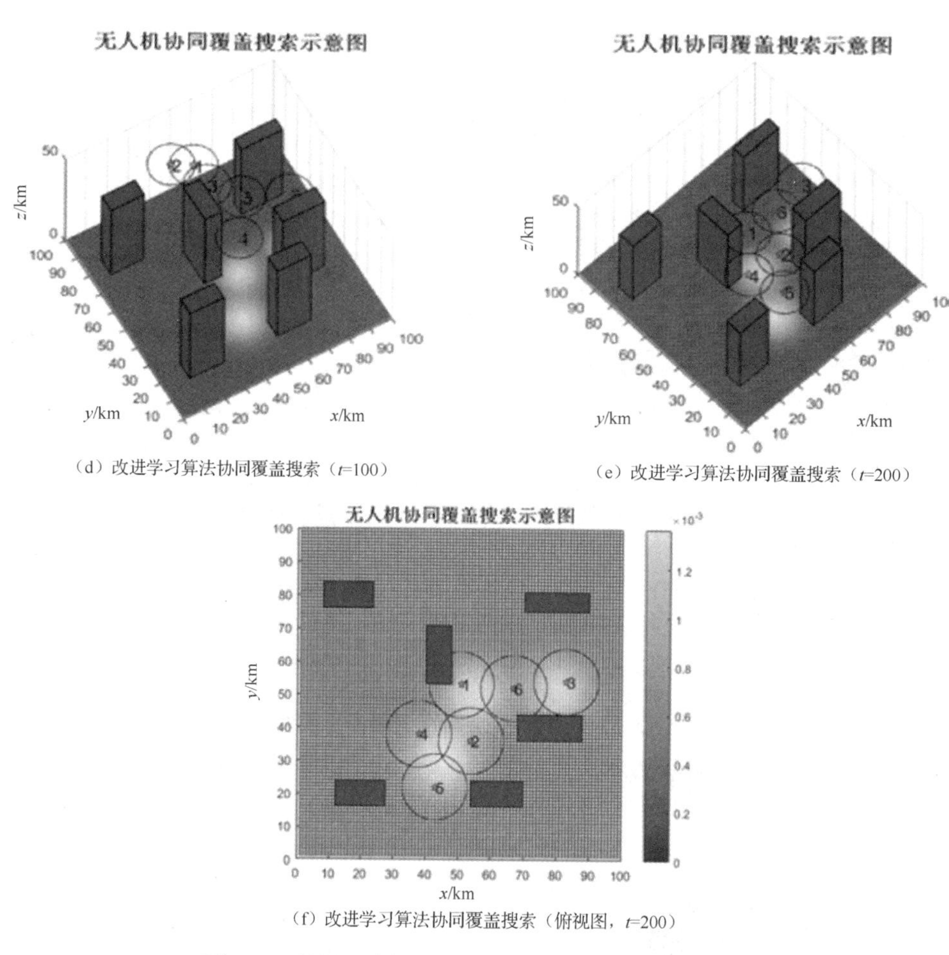

（d）改进学习算法协同覆盖搜索（t=100）

（e）改进学习算法协同覆盖搜索（t=200）

（f）改进学习算法协同覆盖搜索（俯视图，t=200）

图 7.32　使用两种算法时的无人机位置变化情况（续）

图 7.33 所示为复杂环境协同覆盖搜索实验的系统总效用函数变化曲线和无人机最短距离的对比曲线。由图 7.33（a）可知，改进学习算法在复杂环境协同覆盖搜索实验中，其收敛速度快于原始学习算法。由图 7.33（b）可以看出改进学习算法在规避障碍物遮挡时的有效性，无人机的最短间距变化和总效用函数的变化基本一致，可进一步说明，使用改进学习算法的无人机可以规避障碍物和其他无人机。

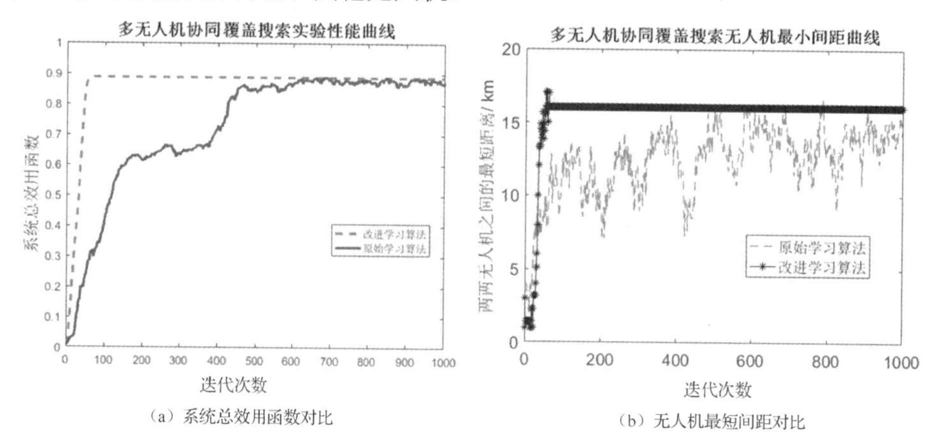

（a）系统总效用函数对比

（b）无人机最短间距对比

图 7.33　复杂环境协同覆盖搜索实验的系统总效用函数变化曲线和无人机最短距离的对比曲线

表 7-10 给出复杂环境协同覆盖搜索实验系统总效用随时间变化的情况，由此可见，采用改进学习算法，无人机能更快地收敛于最大效用函数值，证明了改进学习算法的有效性。

表 7-10　复杂环境协同覆盖搜索实验系统总体效用函数随时间的变化情况

t	原始学习算法/%	改进学习算法/%
20	3.89	30.38
40	19.50	67.49
80	32.97	88.70
160	61.53	88.70
320	64.27	88.70
640	87.95	88.70

本节首先将多无人机协同覆盖搜索问题建模成为精确势博弈问题，利用改进学习算法求解了该问题；然后进行了简单环境协同全覆盖搜索实验、感兴趣区域协同覆盖搜索实验和复杂环境协同覆盖搜索实验，实验结果表明改进学习算法相对于原算法更加有效。

7.5 本章小结

当环境范围较大、情况复杂多变，或者工作任务规模庞大时，单个机器人将很难顺利完成任务，这时就需要多机器人协作开展工作。目前，多机器人协作是移动机器人领域的重点研究内容之一，本章在对多机器人协作的主要任务及发展现状进行概述的基础上，重点研究了多机器人系统任务分配、编队控制，以及多无人机协同覆盖等问题，并提出改进方案。

参考文献

[1] 姚俊武，黄丛生．多机器人系统协调协作控制技术综述[J]．黄石理工学院学报，2007, 23(6):1-6.

[2] 谭民，王硕，曹志强．多机器人系统[M]．北京：清华大学出版社，2005.

[3] 吴军，徐昕，连传强，等．协作多机器人系统研究进展综述[J]．智能系统学报，2011, 6(01):13-27.

[4] 段勇，徐心和．基于多智能体强化学习的多机器人协作策略研究[J]．系统工程理论与实践，2014, 34(5):1305-1310.

[5] 段海滨，刘森琪．空中/地面机器人异构协同技术研究:现状和展望[J]．中国科学：技术科学，2010, 40(9):1029-1036.

[6] Paola D D, Milella A, Cicirelli G, et al. An autonomous mobile robotic system for surveillance of indoor environments[J]. International Journal of Advanced Robotic Systems, 2010, 7(1):19-26.

[7] 苑全德，关毅，洪炳镕，等．一种异质多移动机器人系统及其基于 MAS 的协作机制[J]．吉林大学学报（工学版），2013, 43(1):141-146.

[8] Murphy R R, Dreger K L, Newsome S, et al. Marine heterogeneous multirobot systems at the great Eastern Japan Tsunami recovery[J]. Journal of Field Robotics, 2012, 29(5):819–831.

[9] 倪建军，史朋飞，罗成名．人工智能与机器人[M]．北京：科学出版社，2019.

[10] 原魁，李园，房立新．多移动机器人系统研究发展近况[J]．自动化学报，2007, 33(8): 785-794.

[11] Arait T, Pagello E, Parker L E. Advances in multi-robot systems [J]. IEEE Transactions on Robotics and Automation, 2002, 18(5): 655-661.

[12] Fukuda T, Kawauchi Y. Cellular robotic system (CEBOT) as one of the realization of self-organizing intelligent universal manipulator[C]// Proceedings of the 1990 IEEE International Conference on Robotics and Automation, Cincinnati, OH, USA, May 13-18, 1990.

[13] Kube C R, H. Zhang. Task Modeling in Collective Robotics [J]. Autonomous Robots, 1997, 4(1): 53-72.

[14] Mararic M J, Nilsson M, Simsarian K T. Cooperative multi-robot box-pushing [C]// Proceedings of the 1995 IEEE/RSJ International Conference on Intelligent Robots and Systems. Part 3, Pittsburgh, PA, USA, August 5-9, 1995.

[15] 梁璨．多机器人协作探索环境和地图构建系统设计与实现[D]．南京：东南大学，2019.

[16] 王超越，谈大龙，黄闪，等．一个多智能体机器人协作装配系统[J]．高技术通讯，1998, 8(7): 6-10.

[17] 苏智龙．面向城市场景的异构机器人系统协作追踪策略[D]．深圳：中国科学院大学（中国科学院深圳先进技术研究院），2021.

[18] 胡子峰，陈洋，郑秀娟，等．空地异构机器人系统协作巡逻路径规划方法[J]．控制理论与应用，2022, 39(1): 48-58.

[19] Li J, Deng G, Luo C, et al. A hybrid path planning method in unmanned air/ground vehicle (UAV/UGV) cooperative systems [J]. IEEE Transactions on Vehicular Technology, 2016, 65(12): 9585-9596.

[20] 张文安，梁先鹏，仇翔，等. 基于激光与 RGB-D 相机的异构多机器人协作定位[J]. 浙江工业大学学报，2019, 47(1): 63-69.

[21] Palleschi A, Pollayil G J, Pollayil M J, et al. High-level planning for object manipulation with multi heterogeneous robots in shared environments [J]. IEEE Robotics and Automation Letters, 2022, 7(2): 3138-3145.

[22] Gomes J, Mariano P, Christensen A L. Challenges in cooperative coevolution of physically heterogeneous robot teams [J]. Natural Computing, 2019, 18(1): 29-46.

[23] 闫路平．多机器人合作追捕目标问题研究[D]．哈尔滨：哈尔滨工业大学，2008.

[24] 蔡自兴，陈白帆，王璐，等．异质多移动机器人协同技术研究的进展[J]．智能系统学报，2007, 2(3): 1-7.

[25] Iocchi L, Nardi D, Salerno M. Reactivity and deliberation: a survey on multi-robot systems [J]. Lecture Notes in Computer Science, 2001, 21(3): 9-32.

[26] 柳林．多机器人系统任务分配及编队控制研究[D]．长沙：国防科技大学，2006.

[27] Parker L E. Lifelong adaption in heterogeneous multi-robot teams: Response to continual variation in individual robot performance [J]. Autonomous Robots, 2000, 8(3): 239-267.

[28] 陈昊天，张彪，孙凤池，等．基于分层词袋模型的室外环境增量式场景发现[J]．控制理论与应用，2020, 37(7): 1471-1480.

[29] Mohan N, Kumar M. Room layout estimation in indoor environment: a review [J]. Multimedia Tools and Applications, 2022, 81(2):1921–1951.

[30] Farinelli A, Iocchi L, Nardi D. Multi-robot systems: a classification focused on coordination [J]. IEEE Transactions on System, Man, and Cybernetics, part B (Cybernetics), 2004, 34(5): 2015-2028.

[31] Kwok K S, Driessen B J, Phillips C A, et al. Analyzing the multiple target multiple agent scenario using optimal assignment algorithms [J]. Robot Syst., 2002, 35(1):111-122.

[32] Orlin J B. A polynomial time primal network simplex algorithm for minimum cost flows [C]// 7th Annual ACM-SIAM Symposium on Discrete Algorithms, SODA 1996, Atlanta, GA, United states, January 28-30, 1996.

[33] Akkiraju R, Keskinocak P, Murthy S, et al. An agent-based approach for scheduling multiple machines [J]. Applied Intelligence, 2001, 14(2): 135-144.

[34] Higgins A J. A dynamic tabu search for large-scale generalized assignment problems [J]. Computers and Operations Research, 2001, 28(10): 1039-1048.

[35] Starke J, Schanz M, and Haken H. Self-organized behavior of distributed autonomous mobile robotic systems by pattern formation principles [J]. Distributed Autonomous Robotic Systems, 1998: 89-100.

[36] Beard R W, McLain T W, Goodrich M A. Coordinated target assignment and intercept for unmanned air vehicles [J]. IEEE Transactions on Robotics and Automation, 2002, 18(6): 911-922.

[37] Miyata N, Ota J, Arai T, et al. Cooperative transport by multiple mobile robots in unknown static environments associated with real-time task assignment [J]. IEEE Transactions on Robotics and Automation, 2002, 18(5): 769-780.

[38] Uchibe E, Kato T, Asada M, et al. Dynamic task assignment in a multi-agent/multitask environment based on module conflict resolution [C]// 2001 IEEE International Conference on Robotics and Automation (ICRA), Seoul, Korea (South), May 21-26, 2001.

[39] Brandt F, Brauer W, Wei G. Task assignment in multiagent systems based on vickrey-type auctioning and levelled commitment contracting [C]// 4th International Workshop on Cooperative Information Agents, CIA 2000, Boston, MA, United states, July 7-9, 2000.

[40] Passino K M. Biomimicry for Optimization [J]. Biomimicry for Optimization, Control, and Automation, 2005.

[41] Kohonen T. Analysis of a simple self-organizing process [J]. Biol. Cybern, 1982, 44(2): 135 -140.

[42] Kohonen T. Self-organizing formation of topologically correct feature maps [J]. Biolog. Cybern, 1982, 43: 59-69.

[43] Zhu A, Yang S X. A neural network approach to dynamic task assignment of multi-robots [J]. IEEE Transactions on Neural Network, 2006, 17(5): 1278-1287.

[44] Lawton J R T, Beard R W, Young B J. A decentralized approach to formation maneuvers [J]. IEEE Transactions on Robotics and Automation, 2003, 19(6): 933-941.

[45] Yuan J, Tang G Y. Formation control for mobile multiple robots based on hierarchical virtual structures [C]// IEEE International Conference on Control and Automation, Xiamen, China, June 9-11, 2010.

[46] Ghommam J, Mehrjerdi H, Saad M. Leader-follower formation control of nonholonomic robots with fuzzy logic based approach for obstacle avoidance [C]// IEEE International Conference on Intelligent Robots and Systems, San Francisco USA, September 25-30, 2011.

[47] 张玉礼，吴怀宇，程磊．基于领航者模式的多机器人编队实现[J]．信息技术，2010, 34(11): 17-19, 23.

[48] Viguria A, Howard A M. An Integrated Approach for Achieving Multirobot Task Formations [J]. IEEE Transactions on Mechatronics, 2009, 14(2): 176-186.

[49] 张捍东，黄鹂，岑豫皖．改进的多移动机器人混合编队方法[J]．计算机应用，2012, 32(7) : 1955-1957, 1964.

[50] Ni J, Yang S X. Bioinspired Neural Network for Real-Time Cooperative Hunting by Multirobots in Unknown Environments [J]. IEEE Transactions on Neural Networks, 2011, 22(12): 2062-2077.

[51] 仰晓芳，倪建军．基于生物刺激神经网络的多机器人编队方法[J]．计算机应用，2013, 33(5): 1298-1300, 1304.

[52] Yang S X, Meng M. Neural network approaches to dynamic collision-free trajectory generation [J]. IEEE Transactions on Cybernetics, 2001, 31(3): 302-318.

[53] Yang S X, Meng M Q H. Real-time collision-free motion planning of a mobile robot using a neural dynamics-based approach [J]. IEEE Transactions on Neural Networks, 2003, 14(6): 1541-1552.

[54] Holland J H. Adaptation in natural and artificial systems [M]. A Bradford Book, 1992.

[55] Ranjbar-Sahraei B, Shabaninia F, Nemati A. A novel robust decentralized adaptive fuzzy control for swarm formation of multiagent systems [J]. IEEE Transactions on Industrial Electronics, 2012, 59(8): 3124-3134.

[56] Chen J, Sun D, Yang J, et al. Leader-follower formation control of multiple non-holonomic mobile robots incorporating a receding-horizon scheme [J]. International Journal of Robotics Research, 2010, 29(6): 727-747.

[57] Dierks T, Jagannathan S. Neural network control of mobile robot formations using RISE feedback [J]. IEEE Transactions on Systems, 2009, 39(2): 332-347.

[58] Amoozgar M H, Alipour K, Sadati S H. A fuzzy logic-based formation controller for wheeled mobile robots [J]. Industrial Robot, 2011, 38(3): 269-281.

[59] Khan A, Rinner B, Cavallaro A. Cooperative robots to observe moving targets: review[J]. IEEE Transactions on Cybernetics, 2018, 48(1): 187-198.

[60] Riehl J R, Collins G E, Hespanha J P. Cooperative search by UAV teams: A model predictive approach using dynamic graphs[J]. IEEE Transactions on Aerospace and Electronic Systems, 2011, 47(4): 2637-2656.

[61] Monderer D, Shapley L S. Potential games[J]. Games and Economic Behavior, 1996, 14(1): 124-143.

[62] Marden J R, Arslan G, Shamma J S. Cooperative control and potential games[J]. IEEE Transactions on Systems, Man, and Cybernetics, Part B (Cybernetics), 2009, 39(6): 1393-1407.

[63] Li P, Duan H. A potential game approach to multiple UAV cooperative search and surveillance[J]. Aerospace Science and Technology, 2017, 68: 403-415.

[64] Erdem U M, Sclaroff S. Automated camera layout to satisfy task-specific and floor plan-specific coverage requirements[J]. Computer Vision and Image Understanding, 2006, 103(3): 156-169.

第 8 章 移动机器人自主控制进展

宋健院士曾指出：机器人学的进步和应用是 20 世纪自动控制最有说服力的成就，是当代最高意义上的自动化。近年来，随着人工智能理论和方法的快速发展，以及人们对机器人技术智能化本质认识的加深，人们对移动机器人自主化、智能化以及人机交互等方面的要求不断提高。人工智能赋予了机器人思考的能力，机器人应承了人工智能的外在表现，两者相互促进，形成了紧密不可分的关系。移动机器人的发展已离不开人工智能理论和方法的发展。本章首先对与移动机器人自主控制密切相关的两大人工智能领域，即生物启发式算法和深度神经网络的相关研究进展情况进行概述；然后结合对异构多机器人协同围捕、机器人故障自恢复这两个机器人研究领域的热点和难点问题进行探讨，分析和展望移动机器人自主控制的未来研究方向和应用前景。

8.1 移动机器人自主控制的研究进展

8.1.1 基于生物启发式算法的移动机器人自主控制

1. 生物启发式算法概述

自古以来，自然界就是各种科学技术原理及重大发明的源泉，极大地开阔了人类的视野，吸引着人们去想象和模仿它，如鲁班从一种能划破皮肤的带齿的草叶得到启示，发明了锯子；人们根据鸟类飞行的原理制造了能够载人飞行的滑翔机；受蝙蝠与生俱来的回声定位功能启发，设计了回声定位声呐系统等。这些仿生设计为人们带来了巨大的便利，也让人们认识到了自然界的无限魅力。

随着科学技术的发展，人们面临和需要解决的问题越来越复杂，提出了多种确定性算法来求解这类复杂优化问题，如分支定界方法、填充函数方法、打洞函数方法、积分水平集算法、径向基函数等。然而随着问题规模的增大，求解问题的复杂度也越来越高，确定性算法显得心有余而力不足，不能有效地解决 NP 难等问题。到了 20 世纪 80 年代末，研究者们开始尝试启发式算法来处理这类问题，先后提出了顺序贪婪启发式算法、遗传算法、模拟退火算法、禁忌搜索算法、人工神经网络算法等，这些算法取得了令人满意的结果。遗传算法、蚁群算法、人工神经网络等算法的出现，把研究者们的目光又一次聚焦到了大自然身上。随后，出现了微分进化算法、粒子群算法、人工蜂群算法等，这类算法因其模仿自然生态系统机制、机理等特点而被科学研究者们称为生物启发（式）算法。

顾名思义，生物启发式算法就是在生物行为习性、系统机制等启发下，发明的启发式算法，因此受物理或化学现象、原理等启发而发明的算法，如模拟退火算法、烟花算法、磁铁优化算法等，不应列入生物启发式算法的范畴[1-4]。为了更好地理解生物启发式算法，根据算法的来源，可以将生物启发式算法分为受生物习性启发的算法、受生物个体结构启发的算法、受生物/社会进化过程启发的算法等，如图 8.1 所示。

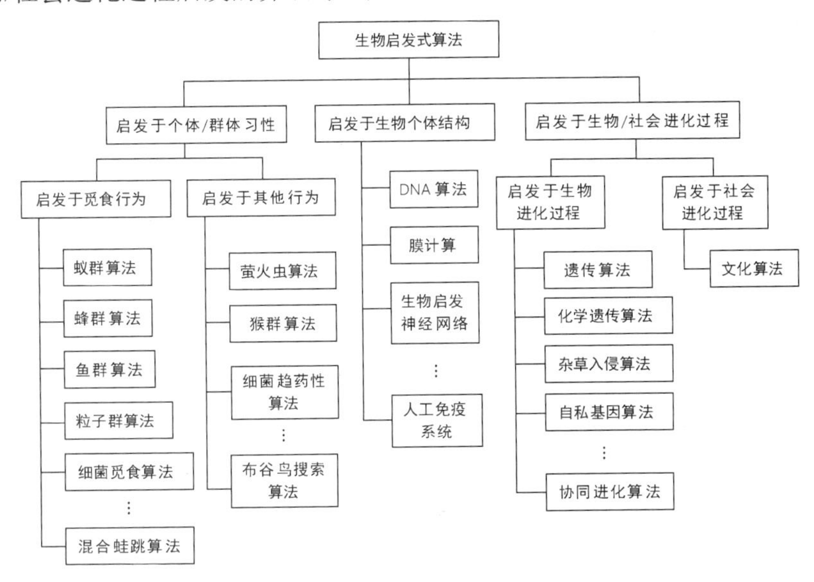

图 8.1　生物启发式智能算法分类图

本书前面的章节已经介绍过一些常用的生物启发式算法，本节在每种类型中选择一些常用且相对新颖的算法进行介绍，包括受生物习性启发的细菌觅食算法和猴群算法、受生物个体结构启发的 DNA 算法、受生物/社会进化过程启发的杂草入侵算法和文化算法。

1）细菌觅食算法

2002 年，Passino 基于大肠杆菌（Ecoli）在人体肠道内吞噬营养和食物的行为，提出了一种新型的生物启发式算法——细菌觅食算法[5-6]。尽管该算法产生的时间较晚，但已经获得了不错的成果，尤其在图像分割技术中，细菌觅食算法的应用已经相当成熟。

细菌觅食算法具有对初值和参数选择不敏感、鲁棒性强、简单易于实现、并行处理和全局搜索等优点，这些特点主要得益于算法的三种特殊的行为模式：趋化行为、复制行为和驱散行为。

（1）趋化行为：即细菌向营养区域聚集的行为，其运动模式包括翻转和前进。翻转运动指向任意方向运动单位步长，而前进运动则决定着细菌运动的方向，细菌的每一次翻转都会刷新细菌的适应度，细菌将向同一方向翻转直到其适应度不再得到改善或者达到预定运动步数为止。在数学表达中，翻转运动可用如下公式表示：

$$\theta^i(j+1,k,l)=\theta^i(j,k,l)+C(i)\frac{\Delta(i)}{\sqrt{\Delta^T(i)\Delta(i)}} \tag{8-1}$$

式中，i 表示细菌序号；k 表示复制次数；j 表示趋化次数；l 表示驱散次数；$\theta^i(j,k,l)$ 表示第 i 个细菌的第 j 次趋化、第 k 次复制、第 l 次驱散的状态；$\theta^i(j+1,k,l)$ 表示该细菌翻转后的状态。

而公式

$$\theta^{i}(j+1,k,l)=\theta^{i}(j+1,k,l)+C(i)\frac{\Delta(i)}{\sqrt{\Delta^{T}(i)\Delta(i)}} \tag{8-2}$$

则表示细菌在同一运动方向的适应度不再改善而向前运动。趋化行为赋予了细菌连续局部寻优的能力。

（2）复制行为：即根据优胜劣汰原则进行选择性的细菌繁殖。在所有的细菌中，选择适应度较高的细菌进行繁殖，其子细菌将具有与母细菌相同的位置及步长，而适应度较低的细菌则会被淘汰。淘汰机制以趋化行为完成时各细菌的适应度累加和为准，公式如下：

$$J_{\text{health}}^{i}=\sum_{j=1}^{N_c+1}J(i,j,k,l) \tag{8-3}$$

式中，$J(i,j,k,l)$ 表示第 i 个细菌的成本，成本越高，则细菌的健康度越低；N_c 表示第 i 个细菌的生命周期长度。复制行为可加快细菌寻优的速度。

（3）驱散行为：即将细菌以一定概率驱散到搜索空间的任意位置。与蚁群算法中蚂蚁以一定概率随机选择路径、鱼群算法中的鱼随机游动行为、人工蜂群算法中的侦查蜂随机搜索蜜源行为相似，驱散行为是为了避免细菌陷入局部极值，以达到全局搜索的目的。

细菌觅食算法如图 8.2 所示。

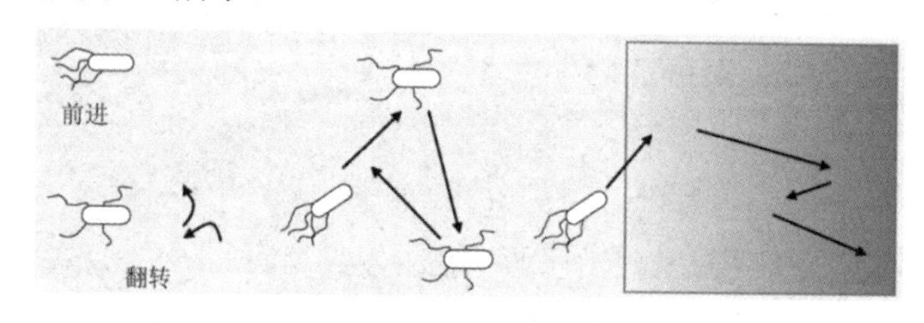

图 8.2 细菌觅食算法

2）猴群算法

猴群算法是由 Zhao 和 Tang 于 2008 年提出的，该算法受猴群爬山过程中的爬、望、跳等动作启发而来，模拟了猴群爬山至最优处的整个过程[7-8]。

猴群算法有三大行为方式，分别是爬、望-跳、翻。

（1）爬：代表算法的局部搜索过程。猴群从初始位置开始爬行，找到各自的局部最优位置。这一过程通过迭代逐步改善优化问题的目标函数值。

（2）望-跳：代表从局部最优到全局最优的搜索过程。猴群中的猴子在找到各自的局部最优位置后，会在视野范围内四周张望，如果发现有比自己所处位置更好的地方，则会跳到更好的地方，否则不动。

（3）翻：代表避免陷入局部极值的搜索过程。猴子会在一定概率下翻腾到一个新的地方进行搜索。

根据上述三个主要行为，设计猴群算法，其基本步骤如下：

步骤 1：设定猴群的规模参数 M 等，为猴群随机生成初始位置。初始位置可利用 rand() 函数来生成。

步骤 2：模拟爬的过程，根据伪梯度优化猴群的位置。伪梯度向量表示如下：

$$f_{ij}'(x_i)=\frac{f(x_i+\Delta x_i)-f(x_i-\Delta x_i)}{2\Delta x_{ij}} \tag{8-4}$$

步骤 3：望-跳过程，在视野参数范围内搜索更优位置，并将猴群位置更新到更优位置。在区间 $(x_{ij}-b,x_{ij}+b)$ 中随机生成 y_j，令 $y=(y_1,y_2,\cdots,y_n)$，若 $f(y)\geqslant f(x_i)$ 且 y 可行，则该猴子的位置由 x_i 到 y，重新爬过程，进行局部搜索。

步骤 4：翻过程，在跳区间内选取，并据此迫使猴群到新的范围内重新搜索。在区间 (c,d) 内取实数 α，令：

$$y_j = x_{ij} + \alpha(p_j - x_{ij}) \tag{8-5}$$

式中，$p_j=\frac{1}{M}\sum_{i=1}^{M}x_{ij}$，$j=1,2,\cdots,n$。猴子的位置由 x_i 到新的位置 y，重新进行搜索。

步骤 5：检验是否满足结束条件，若满足则算法结束；否则跳转到步骤 2。

步骤 6：输出最优目标函数解及对应的最优位置向量。

3）DNA 算法

1994 年，南加利福尼亚大学的 Adleman 博士在 Science 上发表的文章 *Molecular Computation of Solutions to Combinatorial Problems* 标志着一个新的研究领域——DNA 计算的诞生[9-10]。现代分子生物学的研究表明，生物体异常复杂的结构正是对由 DNA 序列表示的遗传信息执行简单操作的结果。正如计算机中用 0 和 1 表示信息一样，DNA 单链可以看成在字母表 $\Sigma=\{A,G,C,T\}$ 上表示和译码信息的一种方法，生物酶及其他一些生化操作则是作用在 DNA 序列上的算子。因此，DNA 计算的出现表明了计算不仅是一种物理性质的符号变换，而且可以是一种化学性质的符号变换。应用 DNA 分子的切割和粘贴、插入和删除等来完成计算的这种变革是前所未有的，具有划时代意义。

DNA 算法解决计算问题的基本思想是：利用 DNA 特殊的双螺旋结构和碱基互补配对原则对问题进行编码，把要运算的对象映射成 DNA 分子链，在 DNA 溶液的试管里，在生物酶的作用下，生成各种数据池，然后按照一定的规则将原始问题的数据运算高度并行地映射成 DNA 分子链的可控的生化过程。最后，利用分子生物技术，如聚合酶链式反应（PCR）、聚合重叠放大（POA）、超声波降解、亲和层析、克隆、诱变、分子纯化、电泳、磁珠分离等，获得运算结果。

4）杂草入侵算法

2006 年，伊朗德黑兰大学的 A. R. Mehrabian 和 C. Lucas 在 Ecological Informatics 杂志上发表了论文，首次提出了杂草入侵算法，该算法模拟了杂草入侵过程[11-12]。中国有诗云：野火烧不尽，春风吹又生。杂草超级强大的生存能力与生存策略确实对我们有很大的启发，值得我们钻研。

杂草入侵算法采用了三种运算机制：繁殖机制、扩散机制和竞争机制。

（1）繁殖机制：即根据适应度的高低给予不同的繁殖机会。优胜劣汰是亘古不变的自然法则，杂草也不例外。适应度越高，越能在环境中生存下来，繁殖能力越强；相反，适应度越低，繁殖能力越低，获得的繁殖机会越小。

（2）扩散机制：即杂草子代以父代为轴线，以正态分布的方式在空间内进行扩散。大量子代扩散在父代近处，保证了局部搜索，少量子代扩散到离父代较远处，也能保证全局搜索，这种方式兼顾了局部搜索与全局搜索。

（3）竞争机制：即当杂草数量达到种群上限时，子父代杂草将会被择优选择。子父代杂草要一起面临竞争，根据适应度进行择优选择，这能最大限度地保留有用信息。

根据以上三种运算机制，杂草入侵算法的操作流程如下：

步骤 1：种群初始化。一定数目的杂草以随机方式在 D 维空间中扩散分布。

步骤 2：生长繁殖。每个杂草种子生长到开花，根据父代杂草的适应度产生种子。父代杂草的适应度与产生种子个数成线性关系是计算种子数量的一种方式，算法如下：

$$N_s = \frac{f - f_{\min}}{f_{\max} - f_{\min}}(s_{\max} - s_{\min}) + s_{\min} \tag{8-6}$$

式中，f 表示杂草适应度，$f_{\max}$、$f_{\min}$、$s_{\max}$ 和 $s_{\min}$ 分别为最大适应度、最小适应度、最大种子数和最小种子数。

步骤 3：空间扩散。以父代杂草为轴线，子代种子以正态分布的方式扩散到 D 维空间中，且每次迭代的正态分布标准差按式（8-7）所示的规律变化：

$$\sigma_i = \frac{(i_{\max} - i)^n}{(i_{\max})^n}(\sigma_{\text{initial}} - \sigma_{\text{final}}) + \sigma_{\text{final}} \tag{8-7}$$

式中，i、$i_{\max}$、σ_{initial}、σ_{final}、σ_i 和 n 分别为迭代次数、最大迭代次数、初始标准差、最终标准差、第 i 次迭代的标准差和非线性调和指数。

步骤 4：竞争排斥。经过数代后，繁殖产生的后代超过了环境资源的承受能力，淘汰父代和子代杂草中的弱势群体，即适应度较低的杂草。

步骤 5：重复步骤 2 到步骤 4，直到满足最优解条件或者达到最大迭代次数为止。

5）文化算法

在智能计算向更高层次的发展过程中，文化算法的概念被提出，并逐渐引起许多研究人员的极大兴趣和广泛关注。上述一些生物启发式算法从机理上更接近生物个体/群体习性或者生物个体组织，而文化算法则从更高层次的生物——人类的发展演化中受到启发而发展出来的一种新的计算模式。人类社会的进化是以文化的发展演化为主要特征的，这是自然界其他生物所不具备的。人类社会中个体所获得的知识，以一种公共认知的形式影响着社会中的其他个体，加速整体进化，帮助个体更加适应环境，从而形成文化。已证明，在文化作用下的进化远优于单纯依靠基因遗传的生物进化[13-14]。受到这一启发，Reynolds[15]在 1994 年提出了一种源于文化进化的双层进化模型，标志着文化算法的正式提出。下面对文化算法的基本原理进行简要介绍[16-17]。

文化算法模拟人类社会的文化进化过程，采用双层进化机制，在传统的基于种群的进化算法基础上，构建信度空间来提取隐含在进化过程中的各类信息，并以知识的形式加以存储，最终用于指导进化过程。其基本结构如图 8.3 所示。

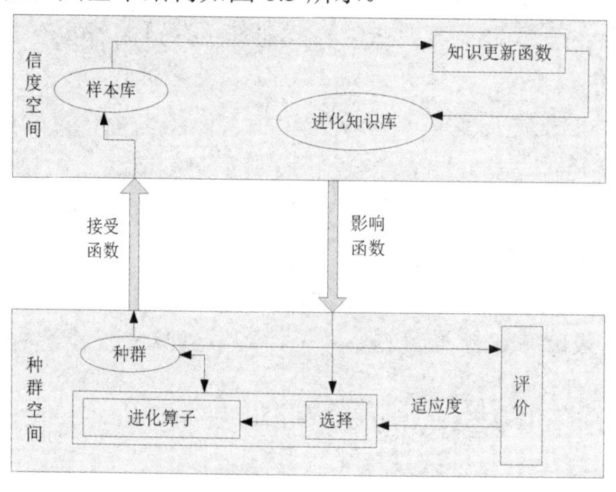

图 8.3 文化算法的基本结构

从图 8.3 中可以看出，文化算法主要包括三大部分内容：种群空间、信度空间以及沟通渠道。种群空间用于实现任何基于种群的进化算法，一方面对个体进行评价，并面向种群实施选择、交叉、变异等进化操作；另一方面将优良个体作为样本提供给信度空间。

信度空间通过接受函数从种群空间各代已评价种群中选取样本个体，并在知识更新函数的作用下，提取样本个体所携带的隐含信息，以知识的形式加以概括、描述和存储。最终各类知识通过影响函数作用于种群空间，从而实现对进化操作的引导，以加速进化收敛，并提高算法随环境变化的适应度。

沟通渠道包括接受函数（Acceptance Function）、知识更新函数（Knowledge Update Function）、影响函数（Influence Function）。种群空间和信度空间是相互独立的两个进化过程，而接受函数和影响函数为上层知识模型和下层进化过程提供了作用通道，称为接口函数。

综上所述，文化算法采用的是由种群空间、信度空间和接口函数构成的一种双层进化结构。上层信度空间中的知识进化是以底层种群空间中的个体进化为基础的，且知识是个体经验的高度概括，呈现粗粒度。因此，该双层进化结构还表现为个体微观进化和知识宏观进化两个不同粒度进化层面。

2. 生物启发式算法在移动机器人中的应用[3,18-19]

在文献[20]中，Milford 和 Wyeth 研究了自主机器人的持续导航和建图问题，并提出了一种基于啮齿动物海马区映射模型的仿生 SLAM 系统（RatSLAM）。所提出的 RatSLAM 由三个部分组成：一系列的局部视觉细胞、一个位置细胞网络和一个经验地图，其框架如图 8.4 所示。

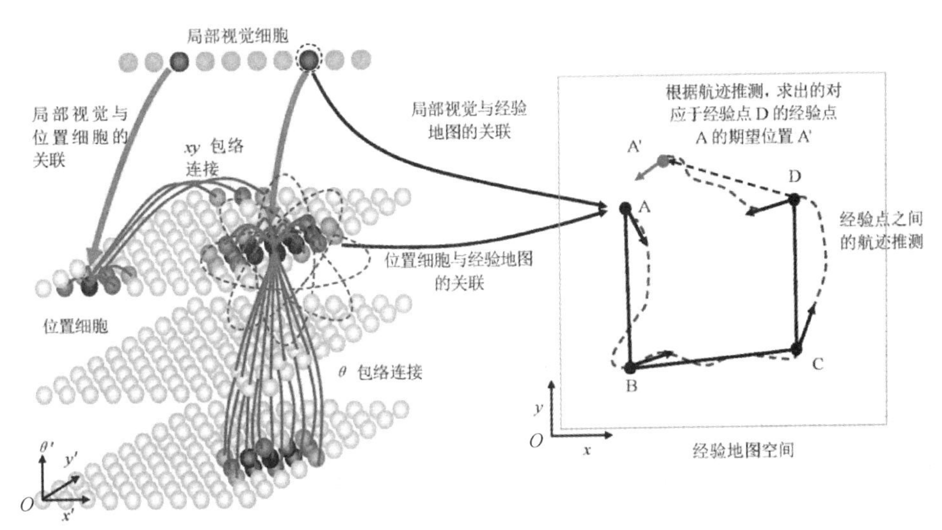

图 8.4 RatSLAM 算法的框架

其中的位置细胞是一个三维连续吸引子网络（CAN）。对于每个位置细胞，局部激励和抑制是通过加权连接的三维高斯分布 ε 实现的，具体由下式给出：

$$\varepsilon_{a,b,c} = \mathrm{e}^{-(a^2+b^2)/k_{\mathrm{p}}^{\mathrm{exc}}}\mathrm{e}^{-c^2/k_{\mathrm{d}}^{\mathrm{exc}}} - \mathrm{e}^{-(a^2+b^2)/k_{\mathrm{p}}^{\mathrm{inh}}}\mathrm{e}^{-c^2/k_{\mathrm{d}}^{\mathrm{inh}}} \tag{8-8}$$

式中，k_{p} 和 k_{d} 分别是位置和方向的变量常数；a、b、c 分别表示细胞 x' 、y' 和 θ' 坐标系中的距离。局部视觉细胞是一组速率编码单元，用于表示移动机器人看到的内容。局部视觉细胞 V_i 和位置细胞 $P_{x',y',\theta'}$ 之间的连接存储在矩阵 $\boldsymbol{\beta}$ 中，其计算公式如下：

$$\beta_{i,x',y',\theta'}^{t+1} = \max(\beta_{i,x',y',\theta'}^{t}, \lambda V_i P_{x',y',\theta'}) \tag{8-9}$$

式中，λ 是学习率。经验地图是一个半度量的拓扑地图，包含了对位置的描述（称为经验），以及用于描述这些位置之间变化的经验之间的连接。RatSLAM 系统连续执行 SLAM 过程，同时与全局导航系统和局部导航系统互动。真实的移动机器人实验是在澳大利亚昆士兰大学的两栋不同建筑里进行的，结果表明 RatSLAM 系统可以为不同环境中的移动机器人系统提供可靠的建图。

在文献[21]中，Tan 等人提出了一种基于 B-T 细胞免疫网络模型的多机器人协同控制算法，用于环境探索。在他们提出的算法中，将被探索的环境视为抗原，机器人被认为一个 B 细胞，机器人的行为策略被认为 B 细胞产生的抗体。该算法的控制参数相当于 T 细胞的调节作用。抗体的激励和浓度水平的动态方程如下：

$$\Theta_i(t) = \Theta_i(t-1) + \Delta\Theta_i(t-1)\cdot\theta_i(t-1) \tag{8-10}$$

$$\Delta\Theta_i(t-1) = \alpha\left(\frac{\sum_{j=1}^{N} m_{ij}\theta_j(t-1)}{N} - \frac{\sum_{k=1}^{N} r_{ki}\theta_k(t-1)}{N}\right) - c_i(t-1) - k_i + \beta g_i \tag{8-11}$$

式中，$\Theta_i(t)$ 表示第 i 个抗体的激励水平；$\theta_i(t)$ 表示第 i 个抗体的浓度；N 表示抗体的数量；m_{ij} 表示第 i 个和第 j 个抗体之间的亲和系数；r_{ki} 表示第 k 个和第 i 个抗体之间的排斥系数；α 表示第 i 个抗体与其他抗体的相互作用率；β 表示第 i 个抗体与抗原的相互作用率；$c_i(t)$ 表示调节 B 细胞抗体浓度的 T 细胞浓度；k_i 表示第 i 个抗体的自然死亡率；g_i 表示第 i 个抗体与抗原的匹配率。每个机器人根据抗体与抗原的匹配率探测环境，直到环境探索完毕。

在文献[22]中，Villacorta-Atienza 等人提出了一个内部表征神经网络（IRNN），它可以创建动态情况的紧凑内部表征（CIR），用于描述在有动态障碍物环境中的移动机器人的行为。IRNN 中 CIR 的出现可以看成对环境进行虚拟探索的结果。IRNN 的一般架构如图 8.5 所示，它由两个耦合子网络组成：轨迹建模 RNN（TM-RNN）和因果神经网络。TM-RNN 的输出与时间无关，因此它只是将静态物体映射到因果神经网络中，其动力学模型模拟了整个虚拟探索过程：

$$\dot{r}_{ij} = d\cdot\Delta r_{ij} - r_{ij}\cdot p_{ij} \tag{8-12}$$

式中，r_{ij} 是神经元状态变量，表示位置细胞 (i,j) 处虚拟机器人的浓度；时间导数是相对于心理（内部）时间 τ 而言的；$\Delta r_{ij} = (r_{i+1,j} + r_{i-1,j} + r_{i,j+1} + r_{i,j-1} - 4r_{ij})$ 表示描述局部（近邻）神经元间耦合的离散拉普拉斯算子，其强度由 d（一个常数）控制；p_{ij} 表示目标占据情况，如果位置细胞 (i,j) 被一个目标占据，则 $p_{ij}=1$；否则 $p_{ij}=0$。在文献[21]中，IRNN 的有效性通过在不同模拟环境中的测试得到了证明。

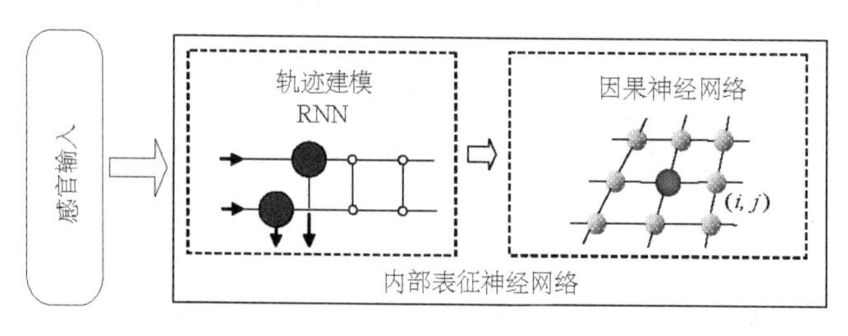

图 8.5 内部表征神经网络（IRNN）的一般架构

在文献[23]中，Sturzl 和 Moller 提出了一种受昆虫启发的全景图像方向估计算法。该算法通过简单的计算图像旋转来估计当前图像的相对转向，即计算当前图像 I^b 与参考图像 I^a 的差异最小化：

$$\hat{\phi}^{ab}=\arg\min_{\phi}\left\{\left[\sum_i \omega_i^{ab}(\phi)\right]^{-1}\sum_i \omega_i^{ab}(\phi)[I_i^a(\phi)-I_i^b]^2\right\} \tag{8-13}$$

式中，$I^a(\phi)$ 表示图像 I^a 绕轴旋转 ϕ；权重 $\omega_i^{ab}(\phi)$ 用公式 $\omega_i^{ab}(\phi)=[\mathrm{var}_i^a(\phi)+\mathrm{var}_i^b(0)]^{-1}$ 来计算，其中，var_i^{-1} 用于提供旋转估计的像素质量信息。例如，如果像素属于显示接近物体的图像部分，则说明其质量比较低。

8.1.2　基于深度神经网络的移动机器人自主控制

1. 深度神经网络概述

在过去的十多年中，深度学习已被证实是人工智能领域的一项优秀技术。深度神经网络已被用于解决各种问题，如图像处理[24]、语音识别[25]和自然语言处理[26]等。由于深度学习可以通过对原始信号进行逐层特征转换，自动学习稳健有效的特征表示，因此可以较好地应对移动机器人领域的一些挑战性问题。为了清楚地介绍深度神经网络在移动机器人领域的应用，我们将简要介绍 4 种深度神经网络，它们都是移动机器人自主控制中常用的深度学习方法。

1）卷积神经网络

卷积神经网络（Convolutional Neural Network，CNN）是迄今为止最流行的深度神经网络之一，通常由 1 个输入层、1 个或多个卷积和池化层、1 个全连接层和 1 个输出层组成，如图 8.6 所示。

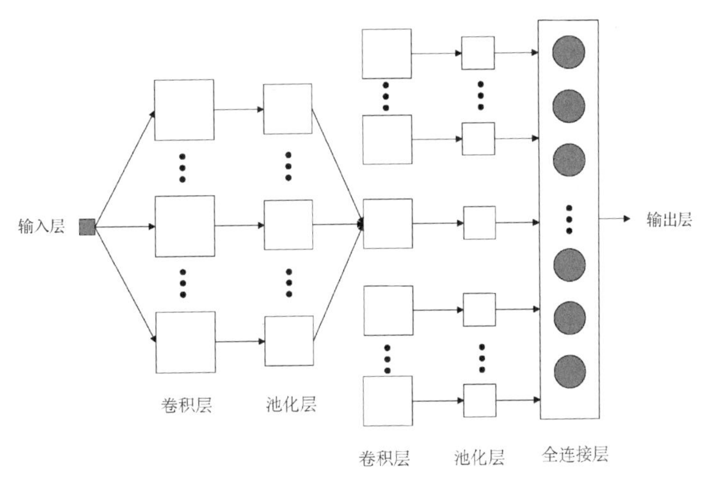

图 8.6　卷积神经网络的结构

尽管 CNN 的具体结构可能有所不同，但卷积层都是 CNN 的核心组成部分。卷积核（即滤波器矩阵）用于和输入信号的局部区域进行卷积操作，即：

$$y_j=\sum w_{ij}*x+b_j \tag{8-14}$$

式中，*表示二维离散卷积运算；$\boldsymbol{w}$ 表示滤波器矩阵；b 是偏置参数；x 是输入特征映射；y 表示输出特征映射。卷积核一般初始化为 3×3 或 5×5 的小矩阵。在 CNN 的训练过程中，卷积核会通过学习不断更新，最终得到一个合理的权重。

卷积运算的输出通常由非线性激活函数得到。激活函数可以更好地解决线性不可分割问题。Sigmoid、Tanh 和 ReLU 等函数是常用的激活函数，如下所示：

$$
\begin{aligned}
&\text{Sigmoid函数}: R=\frac{1}{1+\mathrm{e}^{-y}} \\
&\text{Tanh函数}: R=\frac{\mathrm{e}^{y}-\mathrm{e}^{-y}}{\mathrm{e}^{y}+\mathrm{e}^{-y}} \\
&\text{ReLU函数}: R=\max(0,y)
\end{aligned}
\tag{8-15}
$$

当训练梯度下降时，首选 ReLU 函数，因为它比传统的饱和非线性函数具有更快的收敛速度。此外，卷积运算的输出通常需要用一个池化函数来进行修正。平均池化和最大池化是最常用的两种方式。

CNN 的成功归因于其三个重要特征：局部感受野、共享权重和空间采样。共享权重减少了网络层之间的连接，并降低了过度拟合的可能性。

最近，CNN 在计算机视觉以及图像分类任务中取得了突出的成果。由于许多移动机器人自主控制技术依赖于图像特征表示，因此利用 CNN 可以很容易地实现这些目标，如障碍物检测、场景分类等。

2）循环神经网络

由于移动机器人自主控制的很多功能取决于从不断变化的周围环境中感知信息，因此通过存储和跟踪过去获得的所有相关信息，并以此获得周围环境更完整的表示是非常重要的。循环神经网络（Recurrent Neural Network，RNN）可以用来有效处理这个问题。

RNN 通过一个反馈回路在一段时间内保持对其隐藏状态的记忆，并建立当前输入与先前状态之间的依赖关系模型[27]。一种特殊类型的 RNN 是长短期记忆（Long Short Term Memory，LSTM）网络，它控制输入、输出和记忆状态，从而学习长期的依赖关系[28]。RNN 的结构如图 8.7 所示。

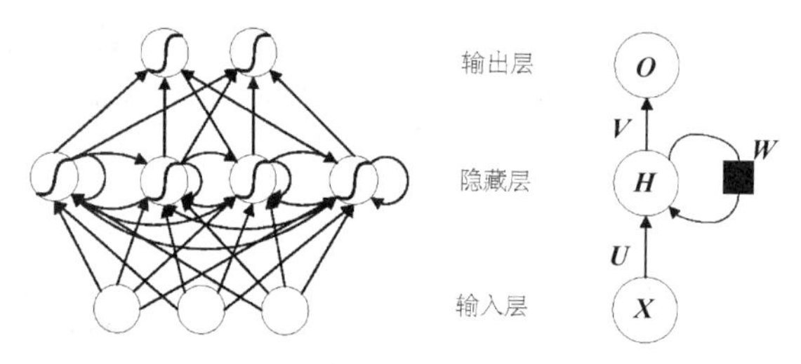

图 8.7 RNN 的结构

在 RNN 中，每个循环单元的当前状态都是由当前时刻的输入和上一个状态决定的。例如，给出学习数据输入序列 $\boldsymbol{X}=\{x_1,x_2,\cdots,x_t\}$， t 时刻的隐藏状态可通过以下公式更新：

$$H_t=\varphi(\boldsymbol{U}X_t+\boldsymbol{W}H_{t-1}+\boldsymbol{b}) \tag{8-16}$$

式中，权重矩阵 $\boldsymbol{U}$ 和 $\boldsymbol{W}$ 分别决定了对当前输入 X_t 和上一个状态 H_{t-1} 的重要性； $\varphi()$ 是一个激活函数； $\boldsymbol{b}$ 是偏置矩阵。输出 O_t 由以下公式计算：

$$O_t = \boldsymbol{V}H_t + \boldsymbol{c} \tag{8-17}$$

式中，$\boldsymbol{V}$ 是权重矩阵； $\boldsymbol{c}$ 是偏置矩阵。

3）自动编码器（AE）

在移动机器人自主运行过程中，获得的大量图像可能导致维度的爆炸性增长，这将降低计算的有效性。为了解决这个问题，通常使用自动编码器（Auto Encoder，AE）来降低维度和特征学习。AE 主要由编码器网络和解码器网络组成，如图 8.8 所示。

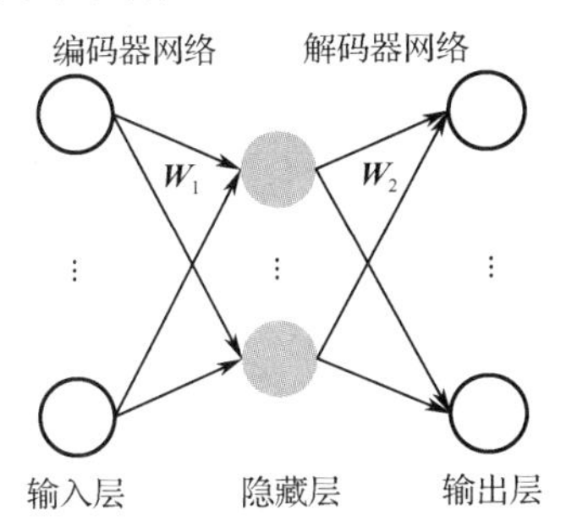

图 8.8　自动编码器的结构

编码器网络用于将高维原始数据转换为低维向量，以便压缩后的低维向量可以保留输入数据的典型特征。解码器网络用于恢复原始数据。AE 的训练目标是最大程度地减少输入和输出之间的误差[29]。

在 AE 的基础上，许多改进的方法被提出来了，在隐藏层上增加一些约束条件，迫使隐藏层与输入的表达不同。例如，卷积自动编码器（CAE）使用卷积层和池化层来代替传统 AE 的全连接层，可以保留二维信号的空间信息。在 CAE 的解码过程中，使用反卷积，可以将其视为卷积的逆操作。通过构建反卷积网络，可以将特征表示的低分辨率映射到输入分辨率，并且该网络通过像素级的监督生成准确的边界定位[30]。

4）深度强化学习（DRL）

近年来，深度强化学习方法已被广泛采用，以应对移动机器人领域的各种控制问题[31]。在本书前面的章节，对强化学习（RL）已经有介绍，其核心思想是，移动机器人与环境互动时，可以根据奖赏或惩罚来修改其行为。RL 的工作过程可以描述为马尔可夫决策过程（MDP）。通常，MDP 由一组状态 $s \in S$，一系列的动作 $a \in A$，一个奖赏函数 R 和一个过渡模型 P 组成[32]。

深度强化学习（Deep Reinforcement Learning，DRL）技术将深度学习和强化学习结合起来，解决了容量限制和样本关联的问题。DRL 既有深度学习的感知能力，又有 RL 的决策能力。DRL 可以学习从原始输入到行动输出的映射。DRL 方法之一是深度 Q 网络（DQN），它可以利用深度神经网络来映射动作和状态的关系，这与 Q 学习算法类似[33]。DQN 使用一个 CNN 作为函数近似器，并且函数近似器是权重为 θ 的 Q 网络，如下所示：

$$y_i = Q_i^*(s_t, a_t) = E\left[r(s_t, a_t) + \gamma \max_{a_{t+1}} Q(s_{t+1}, a_{t+1}; \theta_{i-1}) \middle| s_t, a_t \right] \tag{8-18}$$

可以通过在每次迭代中更新参数 θ_i 来训练 Q 网络，使其均方误差最小化，如下所示：

$$L_i(\theta_i) = E\{[y_i - Q(s_t, a_t; \theta_t)]^2\} \tag{8-19}$$

2．深度神经网络在移动机器人中的应用

1）路径规划

在文献[34]中，Yu 等人提出了一种基于深度强化学习（DRL）的路径规划算法，该算法可以解决输入输出连续的模型训练问题，因此可以直接输出控制动作和轨迹序列。该算法的流程如图 8.9 所示。

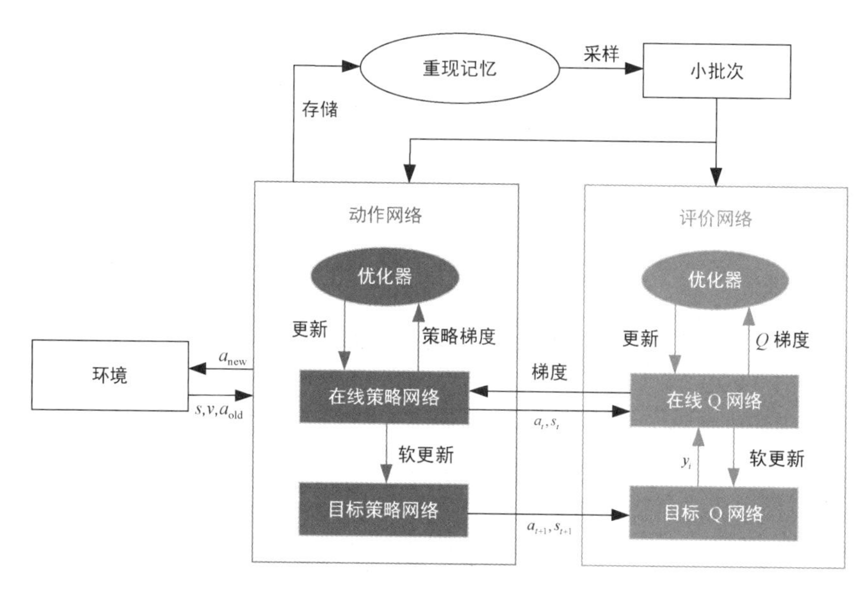

图 8.9 基于深度强化学习的路径规划算法的流程

从图 8.9 中可以看出，该算法包括一个动作网络和一个评价网络。这两个网络都是基于 DenseNet（密集卷积网络）的。动作策略网络的输入为 $s_a=(s,v,a_{old})$，其中 s 为传感器获得的状态，v 是速度，a_{old} 是旧动作，采用三个全连接层作为动作策略网络的隐藏层，该网络最后一层的激活函数为 Tanh 函数，动作网络的输出是新的动作 a_{new}。评价网络的输入是状态 s_a 和新的动作 a_{new} 的结合。而评价网络的输出是对应的 Q 值 $Q(s_a,a_{new})$，也就是：

$$y = kx + b \tag{8-20}$$

式中，y 是输出 Q 值；x 是输入；k 是权重；b 是偏差。

在 Yu 等人提出的算法中，动作网络包括在线策略网络和目标策略网络。在动作网络中，根据当前状态的确定性策略来获得一个动作，并使用抽样梯度更新的方法更新在线策略网络：

$$\nabla_{\theta^\mu}\mu\big|s_i \approx \frac{1}{N}\sum_i \nabla_a Q(s,a\big|\theta^Q)_{s=s_i,a=\mu(s_i)}\ \nabla_{\theta^\mu}\mu(s\big|\theta^\mu)_{s_i} \tag{8-21}$$

式中，θ^Q 和 θ^μ 分别是评价在线 Q 网络和在线策略网络的参数；N 为批次数；$\mu(s_i)$ 表示状态 s_i 的当前策略。

评价网络包括在线 Q 网络和目标 Q 网络。在评价网络中，Bellman 方程被用来评价行动的质量。评价网络中的在线 Q 网络的更新方式为：

$$L=\frac{1}{N}\sum_i[y_i - Q(s_i,a_i\big|\theta^Q)]^2 \tag{8-22}$$

在 Yu 等人提出的算法中，采用基于深度确定性策略梯度和移动机器人动态模型对强化学习模型进行训练，因此该算法具有深度 Q 网络的优点，能保证网络的收敛性。实验表明该方法的性能优于传统的移动机器人路径规划方法。

2）行人检测

在文献[35]中，Shen 等人提出了一种单镜头行人检测算法，该算法使用了基于多感知场的框架。Shen 等人所提出的算法中的行人检测框架如图 8.10 所示。首先，将图像作为视觉几何组（VGG）网络的输入，然后建立多分辨率、多接收域特征金字塔。

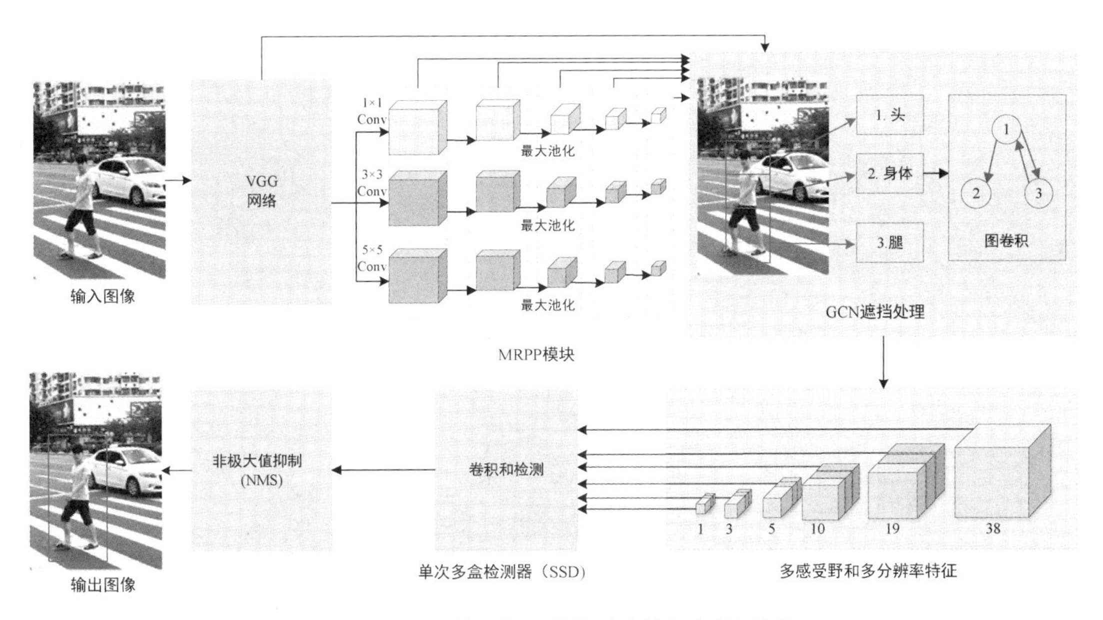

图 8.10 Shen 等人提出的算法中的行人检测框架

如图 8.10 所示，Shen 等人使用一个多接收池金字塔（MRPP）模块来提取特征映射。该 MRPP 模块中有 4 个最大池化层，用于处理最终 VGG 特征映射的空间大小。MRPP 模块将输出 5 个不同空间分辨率的特征图。基于 MRPP 模块的输出和一个 VGG 特征，使用一个 Graph CNN（GCN）模块即可处理遮挡问题。基于单次多盒检测器（SSD）和非极大值抑制可以得到最终的检测结果。

在 Shen 等人所提算法的训练过程中，目标函数中有两部分，即分类损失（记为 L_{cls}）和定位损失（记为 L_{loc}）。L_{cls} 是一种多类 Softmax 损失，其定义为：

$$L_{\text{cls}} = -\frac{1}{N}\sum_{i=1}^{N}\sum_{j=1}^{k} t_{i,j}\log(p_{i,j}) = -\frac{1}{N}\sum_{i=1}^{N} y\log(p_{i,j}) \tag{8-23}$$

式中，$t_{i,j}$ 为第 j 类、第 i 个样本的指标；$p_{i,j}$ 是预测输出；y 是基础真值的类标签。L_{loc} 是一种边界框回归损失，其定义为：

$$L_{\text{loc}} = \sum_{i=1}^{N} t_{i,j}\text{Smooth}_{L_1}(p_{\text{box}}, g_{\text{box}}) \tag{8-24}$$

式中，p_{box} 和 g_{box} 分别是预测边界框和地面实际边界框的参数；Smooth_{L1} 为光滑 L_1 范数损失函数。总损失函数的定义为：

$$L = L_{\text{cls}} + \lambda L_{\text{loc}} \tag{8-25}$$

式中，λ 是两个损失项的平衡参数。

3）障碍物检测

障碍物检测是移动机器人自主运动的基本功能之一，采用双目视觉进行检测。相对于单目视觉，双目视觉的优点是可以直接获得场景的三维信息。基于双目视觉技术的障碍物检测的流程如图 8.11 所示。

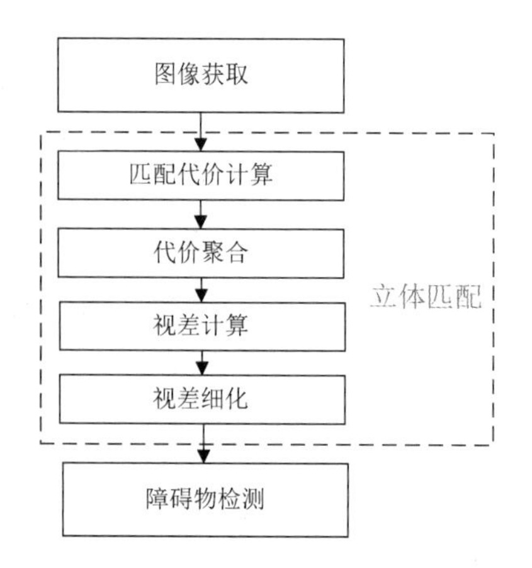

图 8.11 基于双目视觉技术的障碍检测流程

首先，用双目相机获取双目图像，通过立体匹配算法得到视差图；然后计算视差图来确定障碍点；最后提取障碍物区域。典型的立体匹配算法包括以下四个步骤：匹配代价计算、代价聚合、视差计算、视差细化。基于深度学习的双目视觉障碍检测已有许多研究成果，如 Zbontar 等人设计了一个双卷积结构的 MC-CNN（Matching Cost-Convolutional Neural Network），其中 CNN 用于图像相似性度量和匹配代价计算[36]。双卷积结构的 MC-CNN 结构如图 8.12 所示。

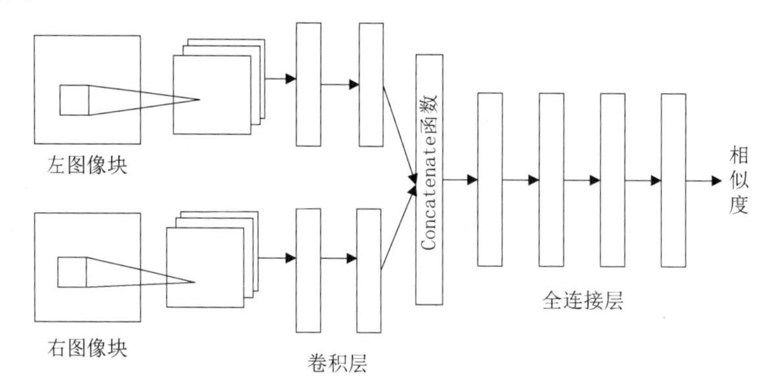

图 8.12 双卷积结构的 MC-CNN 结构

在双卷积结构的 MC-CNN 中，有许多卷积层，每一层后面都有一个整流线性单元。首先通过 Concatenate 函数可以将得到的两个向量串联起来，接着通过全连接层进行传播，然后由最后的一个全连接层产生单个数值，这个数值表示输入块之间的相似度。在 Zbontar 等人提出的算法中，匹配代价计算直接在网络的输出中进行初始化，即：

$$C_{\mathrm{CNN}}(p,d) = -s[< P^{\mathrm{L}}(p), P^{\mathrm{R}}(p-d) >] \tag{8-26}$$

式中，$s()$为输出函数；$< P^{\mathrm{L}}(p), P^{\mathrm{R}}(p-d) >$表示由左图像块$P^{\mathrm{L}}(p)$和右图像块$P^{\mathrm{R}}(p-d)$组成的输入块对；$p$表示位置$(x,y)$；$d$是该位置的正确视差。

在双卷积结构的 MC-CNN 中，代价聚合的过程如下：

$$C_{\mathrm{CBCA}}^{0} = C_{\mathrm{CNN}}(p,d), \qquad C_{\mathrm{CBCA}}^{i} = \frac{1}{|U_d(p)|}\sum_{q\in U_d(p)} C_{\mathrm{CBCA}}^{i-1}(q,d) \tag{8-27}$$

式中，$U_d(p)$为p的联合支持区域；i是迭代次数。最终的匹配代价$C_{\mathrm{SGM}}(p,d)$定义为四个方向的C_r平均值，即：

$$C_{\text{SGM}}(p,d)=\frac{1}{4}\sum_{r}C_{r}(p,d) \tag{8-28}$$

$$C_{r}(p,d)=C_{\text{CBCA}}^{4}(p,d)-\min_{k}C_{r}(p-r,k)+\min\begin{Bmatrix}C_{r}(p-r,d),\\C_{r}(p-r,d-1)+P_{1},\\C_{r}(p-r,d+1)+P_{1},\\\min\limits_{k}C_{r}(p-r,k)+P_{2}\end{Bmatrix} \tag{8-29}$$

式中，P_1 和 P_1 是惩罚参数。通过找到使 $C(p,d)$ 最小的视差 d 可以计算视差图 D，其表达式为：

$$D(p)=\arg\min_{d}C(p,d) \tag{8-30}$$

在计算出视差后，就可以检测出障碍物区域，从而可以检测出移动机器人运动过程中的障碍物。

4）基于深度学习的视觉 SLAM

基于模型的 SLAM 算法通常是利用多幅图像的相机视差来估计深度的。随着深度学习的发展，数据驱动方法为深度估计提供了另一种选择。基于深度学习的深度估计可分为有监督方法和无监督方法。

在文献[37]中，Tateno 等人所提出了在有监督方法中结合深度估计与视觉 SLAM 的算法，称为 CNN-SLAM。它是一个单目 SLAM 系统，由 CNN 预测的深度图是密集的，具有绝对比例尺。与基于模型的方法相比，CNN 只估计深度，其他部分（如位姿估计和图优化）与基于特征的 SLAM 相同。CNN-SLAM 在位姿估计和映射构建方面具有良好的鲁棒性和精确性。

近年来出现了使用无监督深度学习的深度估计方法，主要思想来自于自动编码器的表示能力。如 Garg 等人[38]提出的算法中的编码器是一个 CNN，CNN 首先预测左输入图像的深度图，解码器是一个 wrap 函数，可将右输入图像和预测的深度图合成一个重建的左输入图像，然后利用重构误差作为代价函数训练 CNN。具体来说，对于两幅立体图像之间的重叠区域，一幅图像中的每个像素都能在另一幅图像中找到其对应的水平距离为 H 的像素：

$$H=Bf/D \tag{8-31}$$

式中，B 为立体相机的基线；f 为焦距；D 为对应像素的深度值。利用几何约束的 D 映射，可以由右输入图像合成左输入图像，也可以由左输入图像合成右输入图像。光度损失函数 E 定义如下：

$$E=\sum\|I-I'\|_{2} \tag{8-32}$$

式中，I 是原始图像；I' 是合成图像。通过最小化原始左输入图像和合成左输入图像之间的光度损失函数 E，可以对网络进行端到端的完全无监督训练。由于使用无监督深度学习的深度估计方法在测试时只需要单目图像，因此可以成一个单目深度估计系统。在深度估计的准确性方面，它甚至超过了一些有监督方法。

5）多机器人协作探索

利用一组机器人对未知区域进行有效探索是移动机器人研究的一个基本问题。在过去的几十年里，人们已经提出了许多分布式方法，这些方法主要是通过较低层次的启发式信息，如障碍物的距离和机器人的位置来提高协作效率的。相反，人们可以在类似的任务中做出决定，但他们利用的是高层次的知识，如建筑物的共同结构模式。

文献[39]的作者针对结构化环境，提出了一种基于深度强化学习（DME-DRL）的新型分布式多机器人探索算法，使移动机器人能够基于深度强化学习的高级知识来进行决策，其目标是找到一条最优路径，使移动机器人运动的距离或所花费的时间最短，以探索整个环境。文献[39]的作者试图使距离代价最小，一方面，降低距离成本可以降低能源消耗；另一方面，当任务平均分配时，较短的距离意味着花费的时间更少。

在网格地图上，环境探索问题可以描述为找到一个最优路径 $P*$，它由几个点组成，以最小化探索距离的代价。最优路径 $P*$ 可表示为：

$$P* = \underset{p \in P}{\arg\min} \sum_{i=1}^{N} \sum_{t_i=1}^{T_i} [g(p_i^{t_i})] \tag{8-33}$$

式中，P 是网格地图上所有点的集合；T_i 是移动机器人 i 的总时间步长；N 是移动机器人的数量；$p_i^{t_i}$ 是由移动机器人 i 在时间 t_i 选择的点；$g()$ 是一个用于计算移动机器人当前位置到点 p 距离的函数。

DME-DRL 的训练过程如下：

（1）所有的移动机器人都在一定的时间内对环境进行探索，以收集足够的经验并存储在回放缓冲区中，而这个过程更像一次随机的探索。

（2）移动机器人开始它们的训练过程，即从回放缓冲区中采样一批数据，并为移动机器人 i 计算数据记录 j 的估计值：

$$y_j = r_i^j + \gamma Q_i'(o'^j, a_{1:N}')|_{a_k' = \mu_k'(o_k^j)} \tag{8-34}$$

式中，r_i^j 是移动机器人在当前步骤中获得的奖赏；$Q_i'(o'^j, a_{1:N}')$ 是未来的奖赏，所以 y_i 是移动机器人 i 的当前状态真实值。

（3）通过最小化真实值与估定值 $Q_i'(o'^j, a_{1:N}')$ 之间的差异（称为损失），可更新权重 θ_i^Q，即：

$$L(\theta_i^Q) = \frac{1}{N}\sum_j [y^j - Q_i(o^j, a_{1:N}^j)]^2 \tag{8-35}$$

经过多次迭代，评估网络可以给出更好的估计，行动者试图最大化评估值，并使用一个抽样的策略梯度来更新其权值 θ_i^μ，即：

$$\nabla_{\theta_i^\mu} J \approx \frac{1}{N}\sum_j \nabla_{\theta_i^\mu} \mu_i(o_i^j) \nabla_{a_i} Q_i[o_{1:N}^j, \sigma_{a_i}^{a_i^j}(a_{1:N}^j)] \tag{8-36}$$

式中，$\sigma_y^x(Z)$ 是一个将 Z 中的 x 替换为 y 的函数；$a_i = \mu_i(o_i^j)$。

（5）DME-DRL 在每个时间步上更新所有移动机器人的权值，直到环境被探索完或时间步 $t = T$（T 是一个片段中的最大时间步长）为止。

（6）利用 τ 对目标网络进行软更新，以避免目标网络出现巨大变化。

当训练过程结束时，只需要行动者网络来指导探索过程。移动机器人先将正在探索的当前地图和观察序列作为神经网络的输入，并接收作为动作命令（即运动方向）的输出；然后在该方向上选择最近的边界点前进。

8.2 基于改进脊椎神经系统的异构多 AUV 协同围捕算法

8.2.1 异构多 AUV 协同围捕问题描述

本节主要介绍未知三维环境下的异构多水下机器人（Autonomous Underwater Vehicle,

AUV）协同围捕问题，提出了一种基于改进脊椎神经系统的协同围捕算法。在异构多 AUV 协同围捕中，环境信息和目标的位置是完全未知的，但每个 AUV 都被看成一个全方位的机器人，有 360° 的视觉能力，以及与其他 AUV 通信的能力，可以互相识别，确定目标，实时检测障碍物并确定其位置。

本节研究的协同围捕任务（Ψ）采用异构多 AUV 系统（Ω_H），其中的搜索 AUV（A_{si}）与追捕 AUV（A_{pi}）不同。搜索 AUV 具有更先进的目标探测传感器和更大的能量存储能力，可以高效快速地完成搜索任务。追捕 AUV 也具有一定的特殊能力（如良好的运动能力和较高的协作智能），适合进行追捕。

异构多 AUV 系统协同围捕的工作流程如下：

（1）搜索任务由搜索 AUV 完成，直到指定区域完全覆盖，并找到该区域内所有的目标为止。

（2）标记所有的目标，并将其信息发送给追捕 AUV。

（3）追捕 AUV 形成动态联盟，根据目标信息进行协同围捕。

（4）当所有的目标都被捕获时，协同围捕任务完成。

异构多 AUV 系统协同围捕的工作流程如图 8.13 所示，8.2.2 节将介绍三个主要环节的解决方案。注意：本节主要研究异构多 AUV 系统的协同围捕，其他具体的技术实现，如故障诊断、环境检测、水下通信等，这里不再详细介绍。

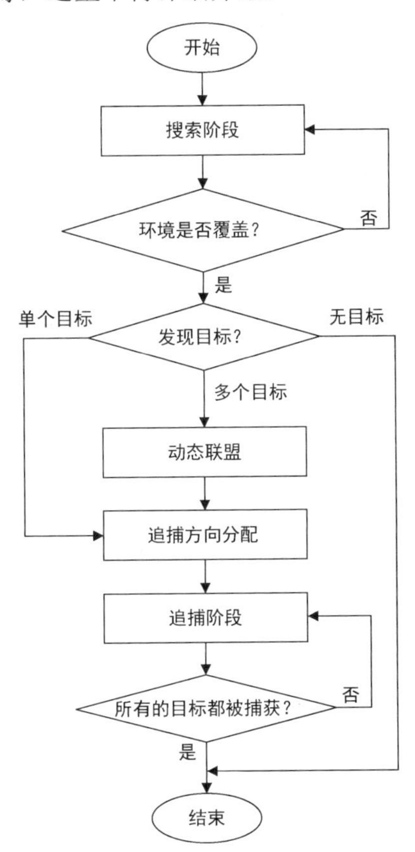

图 8.13　异构多 AUV 系统协同围捕的工作流程

8.2.2 异构多 AUV 协同围捕算法

为了在未知三维水下环境下完成异构 AUV 系统协同围捕任务，需要有效地解决搜索阶段的搜索编队控制、动态联盟的构建和追捕方向分配等关键问题。本节提出了一种基于改进脊椎神经系统的协同围捕算法，具体内容如下。

1. 基于脊椎神经系统的多 AUV 搜索编队控制

在搜索阶段，如何提高搜索效率和搜索成功率是关键问题。根据三维水下环境的障碍物分布情况和搜索 AUV 的动力学特性，本节采用基于水下深度的分区搜索策略（见图 8.14），搜索区域划分如下：

$$\text{Area}_i = d_i \sim d_{i+1}, \qquad i = 1, 2, \cdots, N \tag{8-37}$$

式中，Area_i 表示第 i 个子区域；d_i 为深度；N 为子区域总数，由搜索 AUV 的探测能力和环境深度决定。

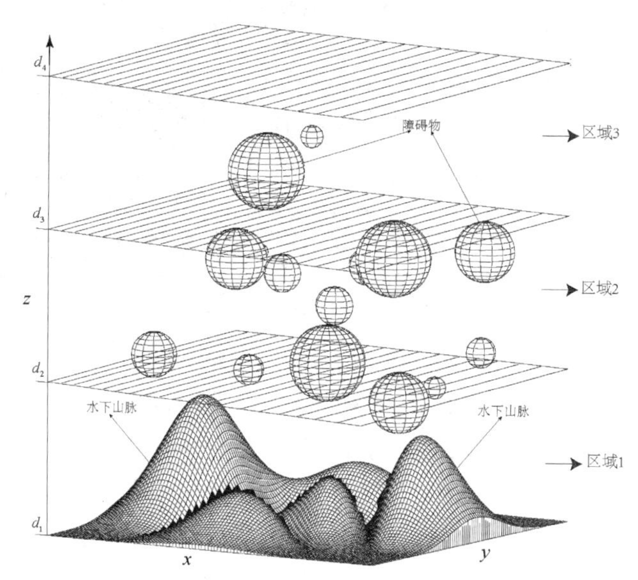

图 8.14　基于水下深度的分区搜索策略

为了尽可能减少搜索 AUV 的数量、扩大搜索范围，搜索 AUV 不仅需要避开障碍物，还需要与其他所搜 AUV 保持一定的搜索编队[40]。因此，本节采用一种列并行搜索策略（见图 8.15）。搜索编队控制对于提高搜索成功率非常重要，本节采用一种基于改进脊椎神经系统的启发式算法，并将该算法用于多 AUV 的搜索编队控制。

采用基于改进脊椎神经系统的启发式算法的主要原因是，该算法既具有基于行为的方法的优点，又具有基于经验的方法的优点[41-42]。脊椎神经系统的基本工作机制是，脊椎神经系统能获取感觉器官输入的环境信息，融合环境信息后会产生反应，从而刺激简单的基本动作（如跳跃、爪动等）。基于改进脊椎神经系统的启发式算法简化了感知信息与行为决策规则的融合，能够高效地进行决策，适用于复杂未知的三维水下环境下多 AUV 系统的搜索编队控制。

基于改进脊椎神经系统的启发式算法主要有三个步骤，即传感器数据融合、脊椎神经场的行为映射和模糊控制。这里假设感知到的数据足够正确，因此本节不引入传感器数据融合（传感器数据融合请参考文献[42]）。输入信息与脊椎神经系统过程之间的映射如图 8.16 所示。

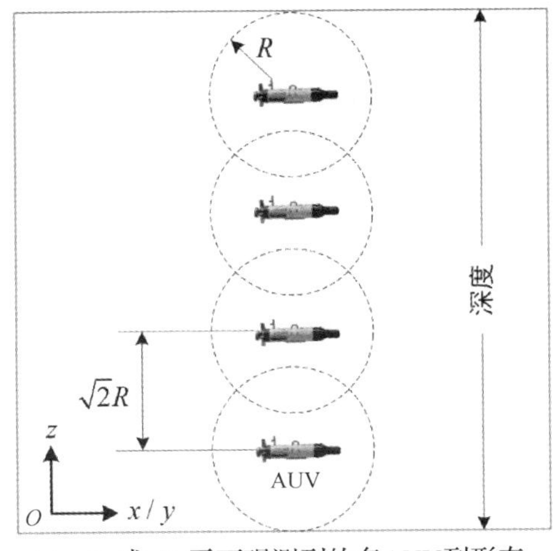

（a）xOz或yOz平面观测到的多AUV列形态

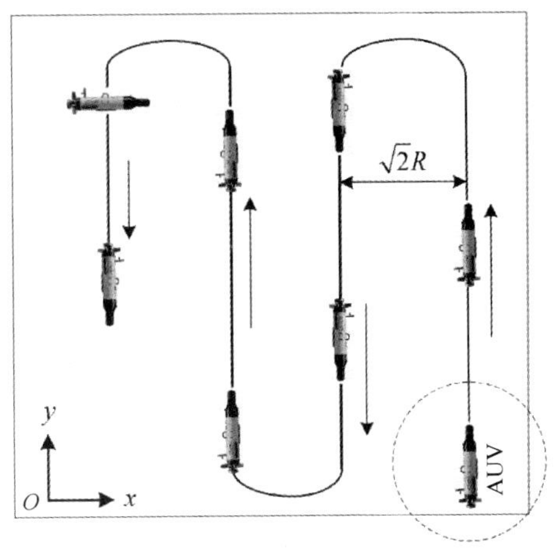

（b）AUV从xOy平面观测到的预定搜索路径

图 8.15　列并行搜索策略

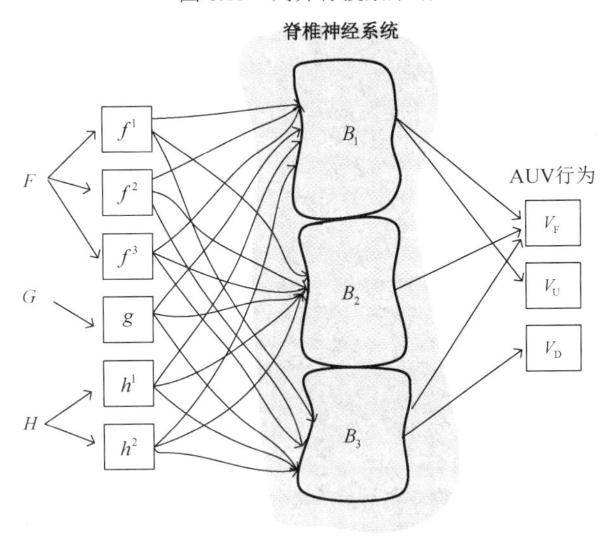

图 8.16　输入信息与脊椎神经系统之间的映射

图 8.16 中基于改进脊椎神经系统的启发式算法的最终决策是基于环境信息 F、位置信息 G 和团队信息 H，从而得到行为 B。环境信息 F 由搜索 AUV 的机载传感器获得，可表示为：

$$
\begin{aligned}
&f_i^1=\begin{cases}0, & \text{没有前进障碍的搜索AUV}\\ 1, & \text{前方有一定障碍的搜索AUV}\end{cases}\\
&f_i^2=\begin{cases}0, & \text{没有前进障碍的搜索AUV}\\ 1, & \text{前方有一定障碍的搜索AUV}\end{cases}\\
&f_i^3=\begin{cases}0, & \text{没有前进障碍的搜索AUV}\\ 1, & \text{前方有一定障碍的搜索AUV}\end{cases}
\end{aligned}
\tag{8-38}
$$

位置信息 G 是第 i 个搜索 AUV 相对于其实际位置的期望位置，可表示为：

$$g_i = \begin{cases} -1, & \text{位于前下方} \\ 0, & \text{位于正前方} \\ 1, & \text{位于前上方} \end{cases} \tag{8-39}$$

团队信息 H 由相邻搜索 AUV 相对于当前搜索 AUV 的运动状态决定，可表示为：

$$h_i^k = \begin{cases} -1, & \text{向下运动} \\ 0, & \text{向前运动} \\ 1, & \text{向上运动} \end{cases} \tag{8-40}$$

式中，$k=1$或2，分别表示 A_i 上方和下方的相邻搜索 AUV。如果当前的搜索 AUV 上方或下方均无任何搜索 AUV，则 h_i^k 设为 0。

行为 B 有三种情况，分别为向前上方运动、向前运动、向前下方运动，可表示为：

$$B_1 = \{V_\text{F}, V_\text{U}\}, \quad B_2 = \{V_\text{F}\}, \quad B_3 = \{V_\text{F}, V_\text{D}\} \tag{8-41}$$

式中，V_F 表示向前运动，V_U 表示向上运动，V_D 表示向下运动。

在基于改进脊椎神经系统的启发式算法中，模糊控制用于确定搜索 AUV 的运动状态，实现搜索编队控制。模糊规则如图 8.17 所示。

规则库

(1) If $f^1 == 0$ & $f^2 == 1$ & $f^3 == 1$, Then $B = \{V_\text{F}, V_\text{U}\}$
(2) If $f^1 == 1$ & $f^2 == 0$ & $f^3 == 1$, Then $B = \{V_\text{F}\}$
(3) If $f^1 == 1$ & $f^2 == 1$ & $f^3 == 0$, Then $B = \{V_\text{F}, V_\text{D}\}$
(4) If $f^1 == 1$ & $f^2 == 1$ & $f^3 == 1$ & $h^1 \neq -1$, Then $B = \{V_\text{F}, V_\text{U}\}$
(5) If $f^1 == 1$ & $f^2 == 1$ & $f^3 == 1$ & $h^1 == -1$, Then $B = \{V_\text{F}, V_\text{D}\}$
(6) If $f^1 == 0$ & $f^2 == 0$ & $f^3 == 1$ & $h^1 == 1$, Then $B = \{V_\text{F}, V_\text{U}\}$
⋮
(12) If $f^1 == 0$ & $f^2 == 1$ & $f^3 == 0$ & $h^2 == 0$ & $g == -1$, Then $\{V_\text{F}, V_\text{D}\}$
(13) If $f^1 == 0$ & $f^2 == 1$ & $f^3 == 0$ & $h^2 == 0$ & $g \neq -1$, Then $\{V_\text{F}, V_\text{U}\}$
⋮
(17) If $f^1 == 0$ & $f^2 == 0$ & $f^3 == 0$ & $h^1 == 1$ & $h^2 == -1$, Then $B = \{V_\text{F}\}$
(18) If $f^1 == 0$ & $f^2 == 0$ & $f^3 == 0$ & $h^1 == -1$ & $h^2 == 1$, Then $B = \{V_\text{F}\}$
(19) If $f^1 == 0$ & $f^2 == 0$ & $f^3 == 0$ & $h^1 == 1 \| h^2 == 1$, Then $B = \{V_\text{F}, V_\text{U}\}$
(20) If $f^1 == 0$ & $f^2 == 0$ & $f^3 == 0$ & $h^1 == -1 \| h^2 == -1$, Then $B = \{V_\text{F}, V_\text{D}\}$

图 8.17 基于改进脊椎神经系统的启发式算法中的模糊规则

基于改进脊椎神经系统的启发式算法中的搜索过程如下：

步骤 1：将三维水下环境划分为 N 个子区域，每个子区域分配一个包含 M 个搜索 AUV 的搜索组。

步骤 2：搜索组形成列平行搜索编队，规划搜索路径。

步骤 3：搜索组中的每个搜索 AUV 根据当前环境、其他搜索 AUV 的位置和搜索路径，使用基于改进脊椎神经系统的启发式算法来决定自己的运动。

步骤 4：每个搜索 AUV 开始在自己的搜索区域内进行搜索。如果完成环境的搜索，并且找到所有的目标，则搜索任务结束；否则执行步骤 3。

2. 基于双向协商的多 AUV 动态联盟构建

在搜索阶段结束后，将所有目标的信息发送给追捕 AUV，开始追捕任务。在开始追捕任务开始前，每个目标都要分配到一个追捕团队，这是一个动态联盟构建问题，本节提出了一种基于双向协商的多 AUV 动态联盟构建策略。

在本节提出的动态联盟构建策略中，不仅考虑了追捕 AUV 到目标的距离，还考虑了每个目标所需要的追捕 AUV 数量以及各个追捕团队之间的平衡。基于双向协商的多 AUV 动态联盟构建策略如图 8.18 所示。

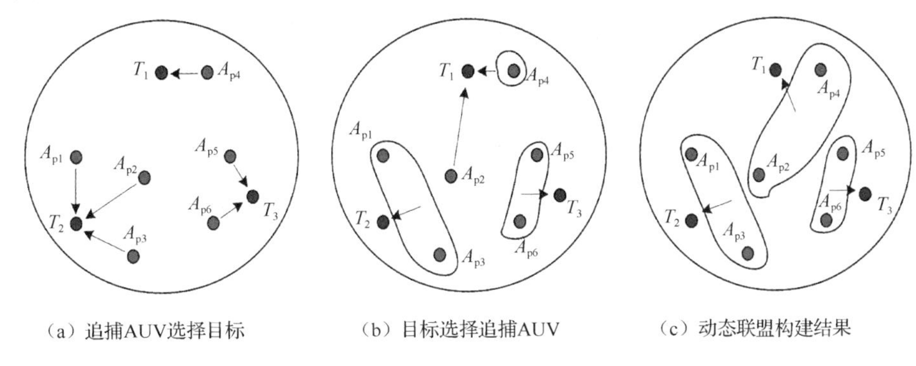

图 8.18　基于双向协商的多 AUV 动态联盟构建策略

追捕 AUV 首先根据目标位置和自身情况选择期望的追捕目标，这就是选择过程。例如，追捕 AUV1（A_{p1}）选择目标 2（T_2）、A_{p4} 选择 T_1 等，如图 8.18（a）所示。在追捕 AUV 选择目标后，目标开始选择追捕 AUV，如图 8.18（b）所示，除 A_{p2} 外，有 5 个追捕 AUV 被其期望目标选择。此时会进行另一轮的选择，被期望目标抛弃的追捕 AUV 不仅可以选择一个新的目标，而且它也会被目标再次选择。经过多轮的双向协商选择后，即可构建动态联盟，如图 8.18（c）所示。基于双向协商的多 AUV 动态联盟构建策略简单而有效。

注意：根据基于双向协商的多 AUV 动态联盟构建策略，当其他追捕 AUV 的情况、环境和目标发生变化时，动态联盟中的每个追捕 AUV 将自动决定其追捕目标，因此基于双向协商的多 AUV 动态联盟构建策略是分布式的，这一性能对于多 AUV 在具有诸多不确定性的复杂三维水下环境下的协同围捕具有重要意义。

3．基于遗传算法的追捕方向分配

动态联盟构建后的最后一个阶段，也是最重要的阶段，是目标的协同围捕。为了高效地完成协同围捕任务，需要为动态联盟内的每个追捕 AUV 分配一个追捕方向，这是一个最优解搜索问题[43-44]。本节没有为追捕 AUV 显式地分配一个追捕位置坐标，而是分配了一个追捕方向（追捕方向由一个高度 θ 和倾角 ϕ 表示）。确定这些追捕方向后，追捕 AUV 在追捕过程中根据其与目标之间的距离调整追捕位置坐标。

为此，本节提出了一种基于改进遗传算法的追捕方向分配算法，其中，遗传算法的染色体长度可以随着动态联盟成员数量的增加而自适应变化，并采用了新的适应度函数，下面将对该算法进行详细介绍。

（1）染色体长度自适应编码方案。使用遗传算法进行最优搜索的首要任务是编码，本节的最优追捕方向分配问题的求解是每个追捕 AUV 对应方向的序列集合，因此染色体长度应等于追捕 AUV 数目（记为 Num_A）。由于追捕团队中追捕 AUV 的数量不相同，而且还可能在追捕的过程中发生变化，因此染色体长度需要根据追捕 AUV 的数量进行自适应调整。另 p 为遗传算法中使用的染色体，可表示为：

$$p = \{(\theta_{i,1}, \phi_{i,1}), (\theta_{i,2}, \phi_{i,2}), \cdots, (\theta_{i,\text{Num}_\text{A}}, \phi_{i,\text{Num}_\text{A}})\} \tag{8-42}$$

（2）适应度函数。适应度函数用于检验每个解的适应度，在追捕方向分配中，适应度函数应考虑以下因素：

➲ 追捕方向上是否有障碍物。

➲ 追捕方向是否均匀地分布在目标周围。

➲ 每个追捕 AUV 到被追捕目标的距离之和是否尽可能小。

根据以上因素，本节提出了新的适应度函数 $f(p)$：

$$f(p)=b(p)\left[\frac{w_{\mathrm{Cir}}}{\mathrm{gapVarCir}(p)+1}+\frac{w_{\mathrm{Dis}}}{\mathrm{totalDis}(p)+1}\right] \tag{8-43}$$

式中，$b()$ 用于判断追捕方向上是否存在障碍物；gapVarCir() 是计算追捕方向分布程度的函数；w_{Cir} 为分布的权重；w_{Dis} 是距离的权重；totalDis() 是计算追捕 AUV 当前位置与目标之间距离之和的函数。

（3）遗传算子。本节对遗传算法中的遗传算子进行了改进：

① 将变异算子改为内部变异算子和外部变异算子。内部变异算子是染色体不同部位的变异，外部变异算子是不同染色体的变异。内部变异算子随机改变一条染色体的某些基因，外部变异算子随机用一条新的染色体替换一条染色体，详见文献[45-46]。

② 使用人口迁移算子。根据迁移概率产生一部分新个体进入种群，取代适应度低的个体，大大增加了种群的多样性，避免了过早收敛到局部极值。在选择过程中，采用轮盘赌选择策略[45]，适应度越高，被选中的概率就越高。第 i 个个体 p_i 被选为下一代的概率 $P(p_i)$ 由下式确定：

$$P(p_i)=\frac{f(p_i)}{\sum_{i=1}^{\mathrm{PopSize}} f(p_i)} \tag{8-44}$$

确定每个追捕 AUV 的追捕方向后，接下来要计算每个追捕目标的位置。本节采用圆弧集中策略（即圆弧半径会随着追捕 AUV 的运动而减小），追捕方向与圆圆的交点就是追捕 AUV 的下一个期望位置。确定下一个期望位置后，追捕 AUV 可使用一些实时导航方法来导航到这个位置，具体可参考本书第 2 章的相关内容。

基于改进脊椎神经系统的异构多 AUV 协同围捕算法的整个工作流程总结如下：

步骤 1：划分三维水下环境，采用基于改进脊椎神经系统的启发式算法对搜索 AUV 进行便对控制，开始搜索任务。

步骤 2：在环境被完全搜索的情况下，采用双向协商的方法构建追捕 AUV 的动态联盟。

步骤 3：根据基于遗传算法的追捕方向分配策略为动态联盟中的每个追捕 AUV 分配一个追捕方向，开始追捕任务。

步骤 4：利用移动机器人的实时导航算法，根据追捕 AUV 的追捕方向，将其导航到目标位置。

步骤 5：如果所有目标都被捕获，则结束协同围捕任务。

8.2.3 实验和结果分析

为了基于改进脊椎神经系统的异构多 AUV 协同围捕算法在未知的三维动态环境下的有效性，本节在 MATLAB 平台上进行实验，实验使用的是内存为 4 GB、工作频率为 2.9 GHz

的 CPU（i5-4460S）的计算机。为简化实现，本节的实验假设：

- 假设 AUV 和目标是没有任何形状的点。
- 假设目标具有一些简单的智能，以避免被追捕 AUV 捕获。
- 追捕 AUV 的运动速度大于目标的运动速度，否则难以捕获目标。
- 捕获一个目标时，最少需要 4 个追捕 AUV。

每次实验的参数均相同，如表 8-1 所示。搜索 AUV（ $A_{s1} \sim A_{s4}$ ）的初始位置坐标分别为（10,10,16）、（10,10,32）、（10,10,48）、（10,10,64）。注意：①搜索 AUV 的外形是搜索编队控制中的一个非常重要的因素，因此在实验中对障碍物进行了适当的放大；②追捕 AUV 的方向角就是其运动方向；③对于一个目标，如果分配的追捕 AUV 数量少于 4 个，则追捕任务失败。

表 8-1　所提出的方法和仿真的参数

参　数	数　值	备　注
M	4 个	搜索 AUV 的数量
R	10 m	搜索 AUV 的探测距离
S	100 m×100 m×70 m	环境规模
PopSize	80	人口规模（人口迁移算子中的参数）
Ceneration	100	人口代数（人口迁移算子中的参数）
CrossProb	0.6	交叉概率
MutInProb	0.15	内部变异概率
MutOutProb	0.1	外部变异概率
SuppleProb	0.2	迁移概率

1. 单目标协同围捕实验

在单目标协同围捕实验中，环境中只有一个目标。首先，搜索 AUV 从初始位置以一个列开始搜索，如图 8.19（a）所示。搜索 AUV 的搜索过程如图 8.19（b）所示，为展示协同搜索过程中多搜索 AUV 的搜索编队控制，图 8.19（c）为搜索 AUV 搜索轨迹的 xOzY 面截屏（其中 y=58）。单目标搜索过程及结果如图 8.19 所示，搜索 AUV 可以根据障碍物信息和相邻搜索 AUV 之间的距离自适应调整搜索编队，最终有效找到目标。此实验中目标坐标为 $T=(50,55,15)$，该坐标将立即发送给追捕 AUV。

因为只有一个目标，所以追捕任务只需要一个动态联盟。动态联盟建构建后，分配 6 个追捕 AUV 执行追捕任务。6 个追捕 AUV（ $A_{p1} \sim A_{p6}$ ）的初始位置如图 8.20（a）所示，其坐标分别为（10,10,5）、（30,20,15）、（15,75,15）、（15,90,30）、（80,15,20）、（85,65,20）。首先，每个追捕 AUV 将通过基于遗传算法的追捕方向分配策略获得一个追捕方向；然后，开始追捕目标，如图 8.20（b）所示。当追捕 AUV 进入目标的探测范围时，目标会向没有追捕 AUV 的区域逃跑，如图 8.20（c）所示。尽管如此，目标还是被追捕 AUV 从各个方向于坐标为 $(57,62,32)$ 的位置捕获，如图 8.20（d）所示。在本次实验中，捕获目标的步数为 551 步，基于改进脊椎神经系统的异构多 AUV 协同围捕算法的总响应时间为 0.0915 s，总的响应效率为 0.0332 毫秒/步。单目标追捕过程及结果如图 8.20 所示，结果表明，基于改进脊椎神经系统的异构多 AUV 协同围捕算法的响应速度快，对协同围捕任务具有重要意义。

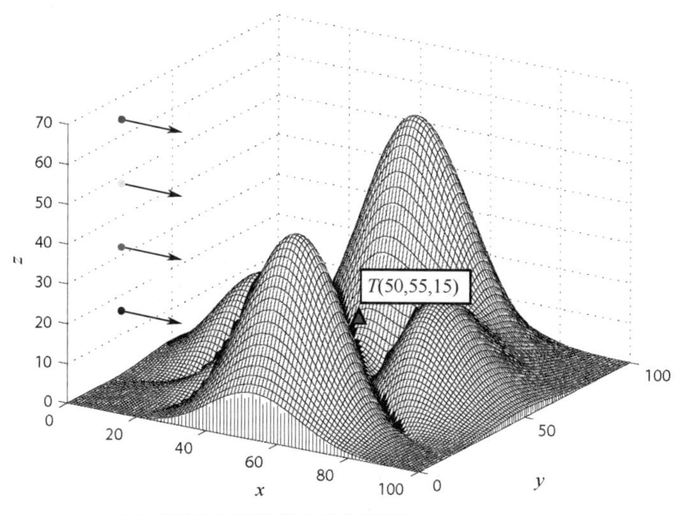

（a）搜索AUV初始位置及搜索编队，view=（31°,18°）

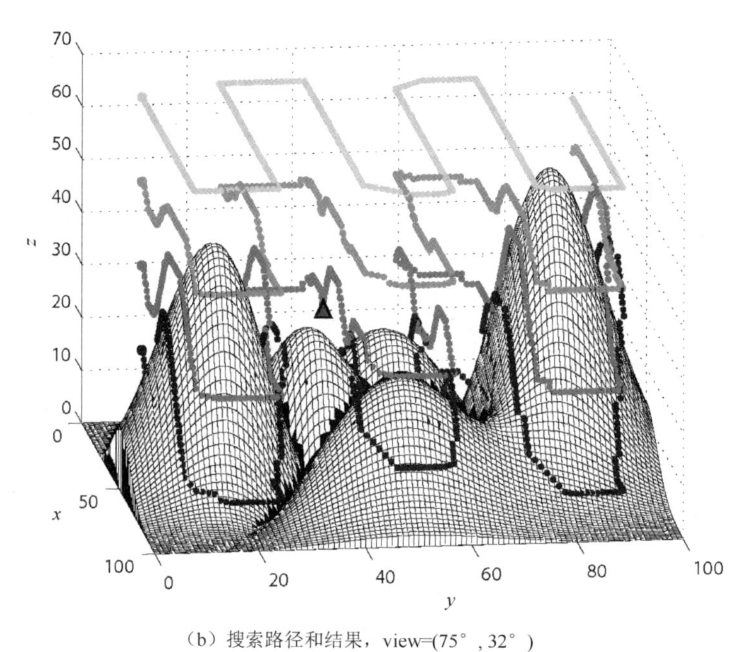

（b）搜索路径和结果，view=(75°, 32°)

（c）搜索路径的xOz平面截屏，y=58

图 8.19　单目标搜索过程及结果

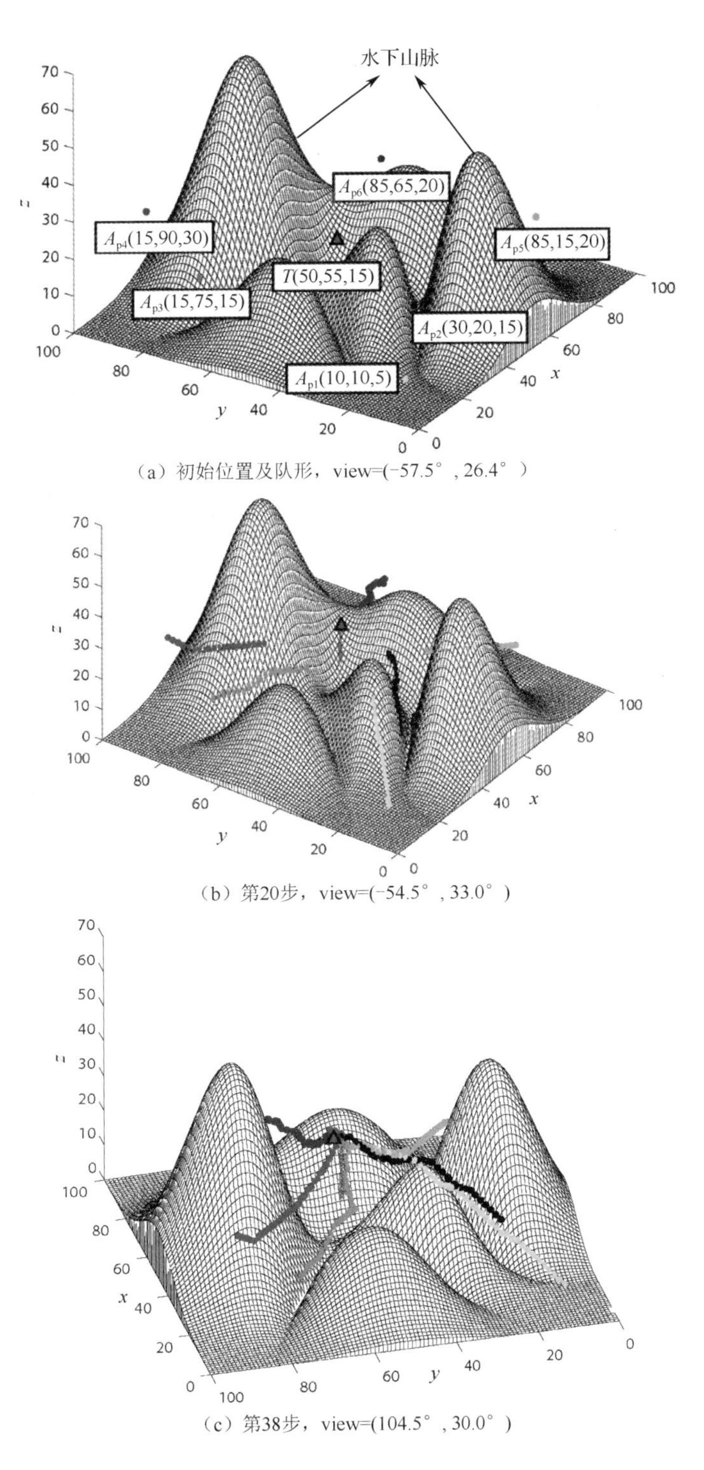

（a）初始位置及队形，view=(−57.5°，26.4°）

（b）第20步，view=(−54.5°，33.0°）

（c）第38步，view=(104.5°，30.0°）

图 8.20　单目标追捕过程及结果

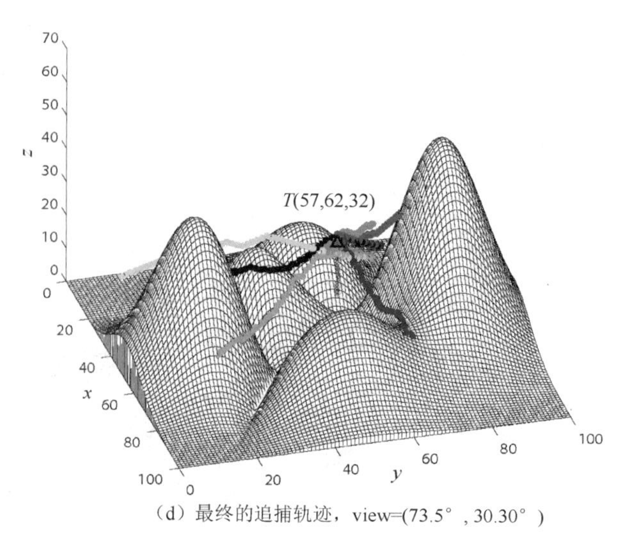

（d）最终的追捕轨迹，view=(73.5°，30.30°)

图 8.20 单目标追捕过程及结果（续）

2．多目标协同围捕实验

为了测试基于改进脊椎神经系统的异构多 AUV 协同围捕算法在多目标围捕中的性能，本节进行了多目标协同围捕实验。在多目标协同围捕实验中，有两个目标，搜索结果如图 8.2 所示，成功找到 2 个目标（T_1 和 T_2），其位置坐标分别为（40,72,15）和（70,45,20）。搜索阶段完成后，将目标信息发送给追捕 AUV。

由于在环境中发现了 2 个目标，因此需要通过基于双向协商的方法来构建 2 个动态联盟。在本实验中，分配到追捕任务的追捕 AUVAUV 共 11 个，分别为 $A_{p_1} \sim A_{p_{11}}$，它们的初始坐标分别为（10,10,8）、（30,10,15）、（60,15,10）、（15,85,12）、（30,95,15）、（10,40,10）、（95,20,10）、（80,15,18）、（85,65,28）、（5,60,24）、（90,90,30），如图 8.22（a）所示。基于动态联盟的构建算法，可得到 T_1 和 T_1 的追捕团队分别为 $\{A_{p_3}, A_{p_7}, A_{p_8}, A_{p_9}, A_{p_{11}}\}$ 和 $\{A_{p_1}, A_{p_2}, A_{p_4}, A_{p_5}, A_{p_6}, A_{p_{10}}\}$。

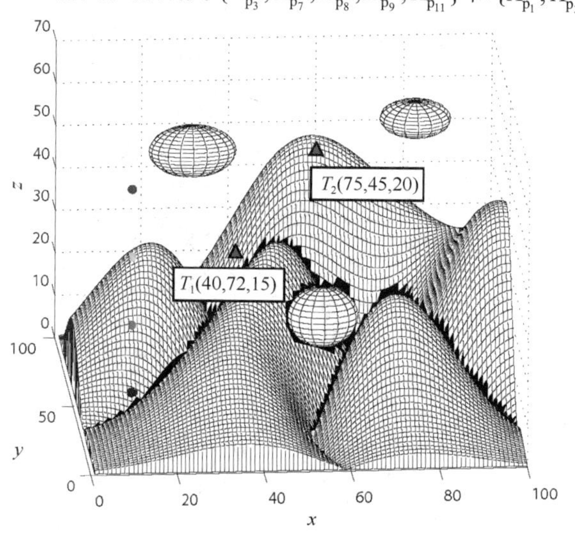

（a）搜索AUV初始位置及搜索编队，view=(−5°，18°)

图 8.21 多目标搜索过程及结果

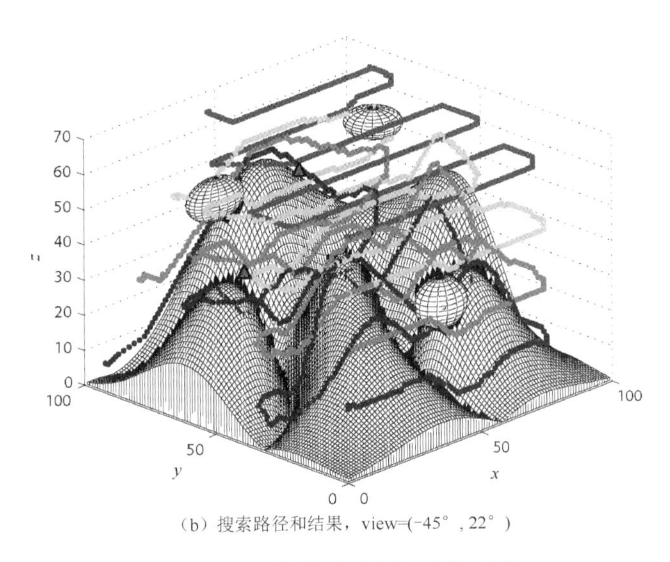

（b）搜索路径和结果，view=(−45°，22°)

图 8.21　多目标搜索过程及结果（续）

在所有追捕 AUV 都能正常工作的情况下，每个动态联盟中的追捕 AUV 只会捕获自己的目标，不会干扰其他追捕 AUV。多目标追捕过程及结果如图 8.22 所示。2 个目标（T_1 和 T_2）的坐标分别为（30,79,26）和（58,76,51）位置被捕获，如图 8.22（d）所示。多目标协同围捕实验的结果表明，本节提出的测试基于改进脊椎神经系统的异构多 AUV 协同围捕算法是有效和实用的。

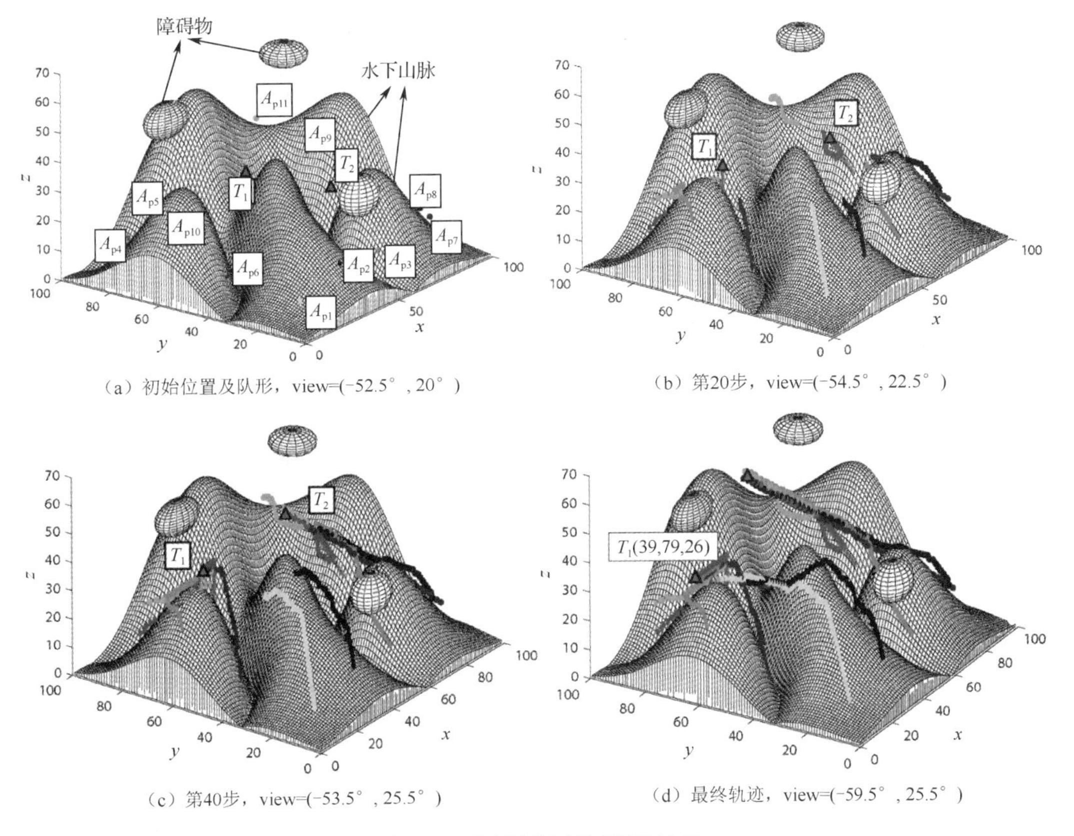

（a）初始位置及队形，view=(−52.5°，20°)

（b）第20步，view=(−54.5°，22.5°)

（c）第40步，view=(−53.5°，25.5°)

（d）最终轨迹，view=(−59.5°，25.5°)

图 8.22　多目标追捕过程及结果

3. 追捕 AUV 发生故障情况下协同围捕实验

在追捕过程中，追捕 AUV 可能会因意外事故发生故障。为了进一步测试基于改进脊椎神经系统的异构多 AUV 协同围捕算法在这种情况下的性能，本节进行了追捕 AUV 发生故障情况下的协同围捕实验。本实验的初始条件和搜索过程与多目标协同围捕实验相同，但一个追捕 AUV（A_{p8}）会发生故障。在此状态下的仿真结果如图 8.23 所示。

在追捕 AUV 发生故障情况下的协同围捕实验中，假设目标 T_1 的追捕团队中的 A_{p8} 在第 30 步时［位置坐标为（78,43,29)］出现故障，如图 8.23（b）所示。因此目标 T_1 只有 4 个追捕 AUV，无法完成目标的协同围捕任务，并且破坏了 T_1 和 T_2 的动态联盟平衡，因此需要根据实时情况修改两个目标的动态联盟。根据目标信息、追捕 AUV 信息和环境信息，重新开始双向协商过程。在双向协商过程中，A_{p4} 前往 T_1 的追捕团队，这时形成的两个新的追捕团队分别是 $\{A_{p_1}, A_{p_4}, A_{p_5}, A_{p_6}, A_{p_{10}}\}$ 和 $\{A_{p_2}, A_{p_3}, A_{p_7}, A_{p_9}, A_{p_{11}}\}$，如图 8.23（c）所示。目标 T_1 和 T_2 分别在坐标为（44,76,47）和（75,78,53）的位置被捕获，如图 8.23（d）所示。追捕 AUV 发生故障情况下的协同围捕实验的过程及结果如图 8.23 所示，实验结果表明，即使追捕 AUV 在追捕过程中发生故障，基于改进脊椎神经系统的异构多 AUV 协同围捕算法也能完成协同围捕任务。

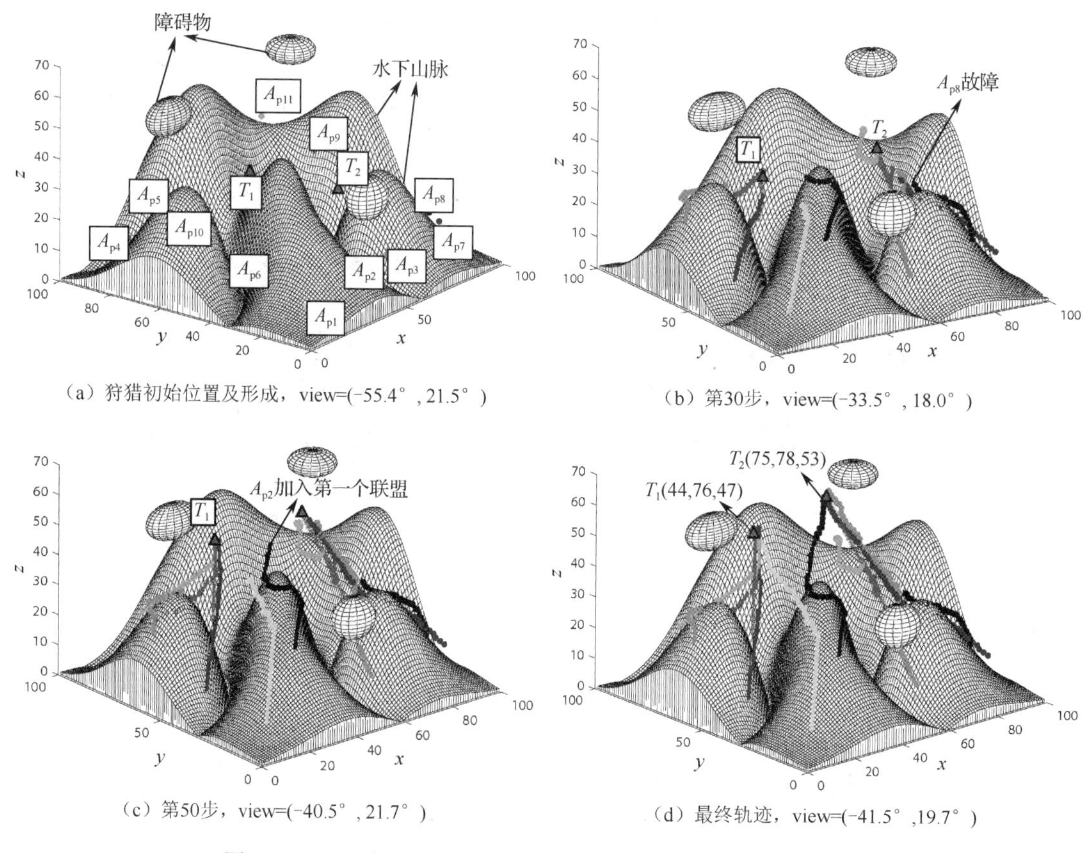

（a）狩猎初始位置及形成，view=(−55.4°，21.5°)

（b）第30步，view=(−33.5°，18.0°)

（c）第50步，view=(−40.5°，21.7°)

（d）最终轨迹，view=(−41.5°，19.7°)

图 8.23　追捕 AUV 发生故障情况下协同围捕实验的过程及结果

8.3 基于改进肉芽肿形成算法的移动机器人故障自恢复算法

由于动物的免疫系统机制与移动机器人系统中的自恢复问题极为相似，因此生物免疫启发算法是移动机器人自恢复问题的主要研究方向之一。然而，对于复杂的移动机器人自恢复问题，现有的生物免疫启发算法过于简单，不能有效解决问题。本节提出了一种基于改进肉芽肿形成算法的移动机器人故障自恢复算法。该算法以群聚集算法为基础，将生物免疫启发算法与传统的人工智能相结合，其中包括离散粒子群算法、模糊控制算法。在基于改进肉芽肿形成算法的移动机器人故障自恢复算法中，将离散粒子群算法和退火算法进行融合形成混合算法，使用混合算法来有效地选取供体机器人。此外，模糊控制算法用于提高自恢复算法的性能。

8.3.1　移动机器人故障自恢复问题描述

本节主要研究移动机器人在未知环境中的故障自恢复问题。在本节的多机器人系统中有 N 个移动机器人，其标号为 R_i（i=1,2,⋯,N），每个移动机器人都是全向运动的并且能够和其他移动机器人进行信息交换。在未知环境中有一个红外辐射发光器，可发出能够被移动机器人感知的一些信息。该多机器人系统的核心任务是移动机器人以聚集状态成功到达发光器所在的区域。

为了使移动机器人在保持聚集状态同时一起向正确的方向运动，本节制定了以下几个协作规则：

- 防止聚集状态被破坏，如果某个移动机器人远离多机器人系统的中心，那么它必须返回并向多机器人系统的中心运动。
- 为了避免碰撞，各个移动机器人之间必须保持某一最小的安全距离。
- 为了确保多机器人系统准确地向发光器运动，引入对称破坏机制[47]，其原理是位于被发光器照亮的区域的移动机器人的避碰半径大于处于暗处的移动机器人的避碰半径。

对称破坏机制如图 8.24 所示，方格表示被照亮的移动机器人，斜线表示未被照亮的移动机器人。移动机器人 B 被发光器照亮，移动机器人 A 未被发光器照亮。由于移动机器人 A 位于移动机器人 B 的避碰半径内，因此移动机器人 B 将远离移动机器人 A 并向发光器运动；而移动机器人 A 的避碰半径范围内检测不到移动机器人 B，因此不会产生避碰行为。

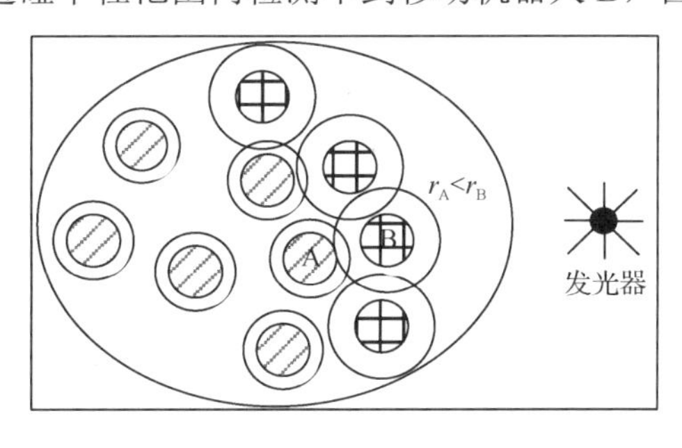

图 8.24　对称破坏机制

在移动机器人运动的过程中，多机器人系统的中心位置与发光器之间的距离 D_{RC} 可表示如下：

$$D_{\mathrm{RC}}=\sum_{i=1}^{N}\frac{\sqrt{[R_x(i)-B_x]^2+[R_y(i)-B_y]^2}}{N} \tag{8-45}$$

式中，$R_x(i)$ 和 $R_y(i)$ 是移动机器人 R_i 的位置坐标；B_x 和 B_y 是发光器的位置坐标。本节中的移动机器人的运动过程被称为 ω 算法[47]。在 ω 算法中，移动机器人之间通过一些简单的传感器和一个定时机制进行信息交流。多机器人系统在 ω 算法中有两个行为：群体聚集和群体趋向目标运动。这意味着多机器人系统作为一个群体保持整体的一致性，向发光器运动。群体聚集是通过短程排斥和远程吸引机制的联合协作来完成的。各个移动机器人之间的短程排斥是通过使用机器人近距离传感器和一个简单的避碰行为来完成的。远程吸引是通过使用一个简单的定时机制来完成的，每个移动机器人在完成一次避碰行为之后都开始计时，当计时的时间超过某一阈值 ω 后，该移动机器人将转向多机器人系统的中心方向，并在一定的时间内向中心方向运动。ω 算法的状态关系图如图 8.25 所示。

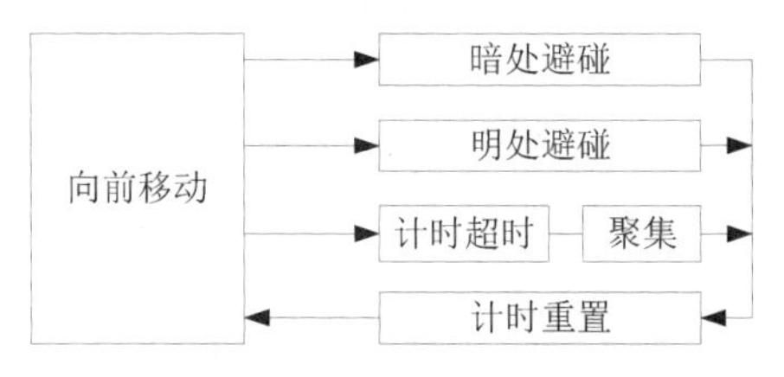

图 8.25　ω 算法的状态关系图

从图 8.25 可以看出，当某一移动机器人运动时，计时器的值不断增加，该计时器称为聚集计时器。移动机器人每完成一次避碰行为，聚集计时器就会被清 0。如果聚集计时器到达某一预设的阈值 ω，此时该移动机器人有可能远离多机器人系统中心，它将需要转向。转向不是转 180°，而是转向通过传感器估算的多机器人系统的中心。可以看出，阈值 ω 控制着多机器人系统的群体密度。

本节提到的移动机器人故障特指能量短缺故障。当发生这种故障时，可以有充足的能量使移动机器人进行信息交互，但没有足够的能量驱动电机使移动机器人运动。基于上面介绍的移动机器人系统运动机制，能量短缺故障将对多机器人系统有着非常严重的影响，出现故障的移动机器人将干扰其他移动机器人的正常工作，进而阻碍多机器人系统向目标运动。有无故障机器人对多机器人系统的运动影响如图 8.26 所示。

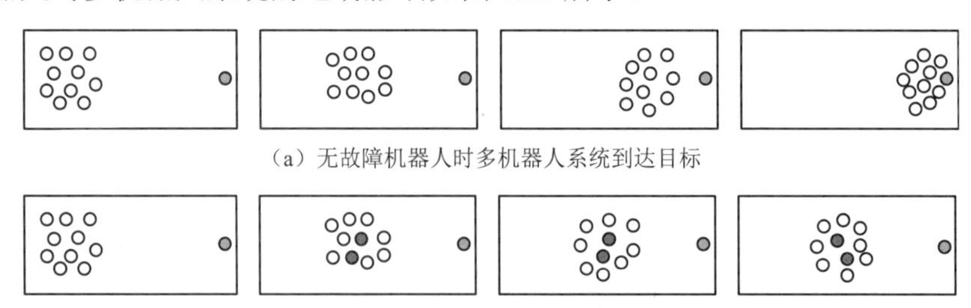

（a）无故障机器人时多机器人系统到达目标

（b）有故障机器人时多机器人系统不能到达目标

图 8.26　有无故障机器人对多机器人系统的运动影响

从图 8.26 可以看出，无故障机器人时多机器人系统能够到达目标（发光器），有故障机器人时多机器人系统无法到达目标。图 8.27 所示为多机器人系统的中心与目标之间的距离（D_{RC}）变化，此箱形图结果来自在无故障机器人和有故障机器人时的各 10 次实验。从图中也可以看出，故障机器人对多机器人系统有严重影响。为了保证多机器人系统能够正常工作、完成任务并提高系统的可靠性，需要对故障机器人的自恢复进行研究。

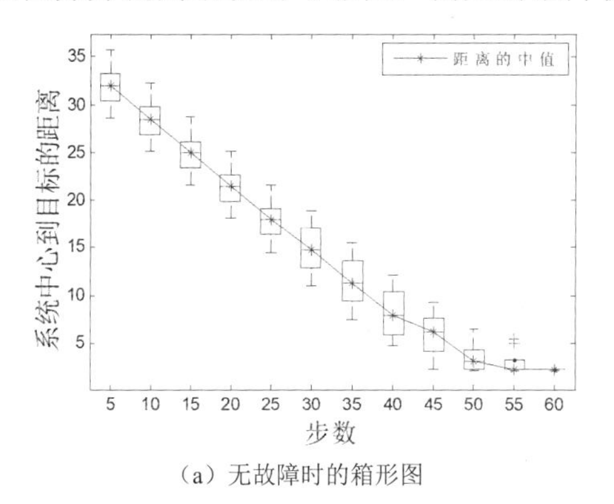

（a）无故障时的箱形图

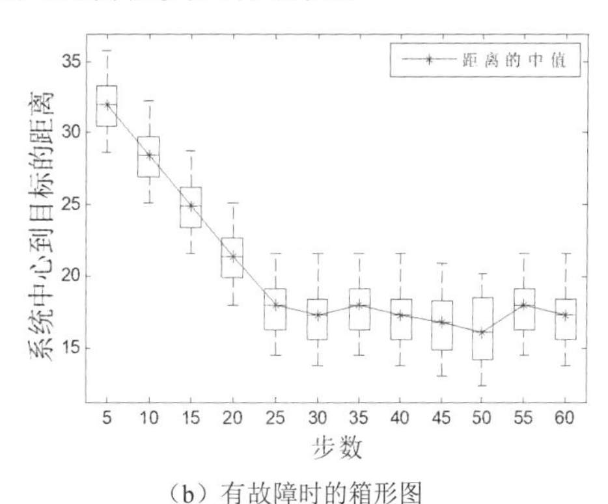

（b）有故障时的箱形图

图 8.27　多机器人系统中心与目标的距离的箱形图

为了解决上述故障问题，文献[47]提出了基于免疫原理的肉芽肿形成算法。在生物免疫系统中，肉芽肿对宿主的防御至关重要，肉芽肿缺失将使细菌不受控制地生长和扩散，进而大大增加致命性的感染。肉芽肿形成的工作机制如下：

（1）抗原呈递细胞激活 T 细胞。

（2）巨噬细胞、被激活的 T 细胞和树突细胞释放趋化因子和细胞因子，被释放这些因子将吸引和保留诸如巨噬细胞、T 细胞等特定细胞群。

（3）特定的细胞群将移向被感染的细胞并形成肉芽肿。

（4）形成的肉芽肿将已感染的细胞和未感染的细胞区分开来，进而将细菌从健康的细胞中隔离，因此绝大多数细胞将不会受病变细胞的影响。

生物免疫系统中的肉芽肿形成机制适用于移动机器人的故障自恢复。本节将肉芽肿形成中的相关概念映射到肉芽肿形成算法，如表 8-2 所示。

表 8-2　肉芽肿形成中的相关概念到肉芽肿形成算法的映射

肉芽肿形成中的相关概念	肉芽肿形成算法
被感染的巨噬细胞	故障机器人（低电量的移动机器人）
未被感染的巨噬细胞	非故障机器人（电量充足的移动机器人）
T 细胞	供体机器人
趋化因子等	故障机器人发送的信号

肉芽肿形成算法的工作过程如下：

（1）随机分配各个移动机器人的初始位置，并且移动机器人之间可以相互通信。

（2）多机器人系统向目标运动。

（3）在运动过程中若出现故障机器人，则故障机器人将停止运动，并发送能被非故障机器人识别的故障信号。

（4）通过故障信号将非故障机器人选为供体机器人，并向故障机器人运动。供体机器人将隔离故障机器人，并与故障机器人分享能量将其修复，剩余的其他移动机器人将忽视故障机器人和供体机器人继续进行正常的工作。

图 8.28 所示为基于肉芽肿形成算法的移动机器人故障自恢复的各个阶段。供体机器人的数量是不确定的，并且在不同的条件下数量也是不同的。供体机器人的数量将取决于故障机器人的位置、其所需要的能量及候选供体机器人所具有的能量。当故障机器人出现时，它发送故障信息给在某一预设半径内的候选供体机器人，候选供体机器人接收到故障信息并与故障机器人交换它们当前的位置和能量信息。如果与故障机器人最近的候选供体机器人拥有足够的能量，则将其作为供体机器人与故障机器人分享能量。如果该供体机器人的能量足以使故障机器人恢复，故障机器人将停止向周围发送故障信息；否则故障机器人将继续请求其他候选供体机器人分享能量。此过程一直重复，直到故障机器人能获取足够的能量为止，然后隔离故障机器人并对其进行修复。

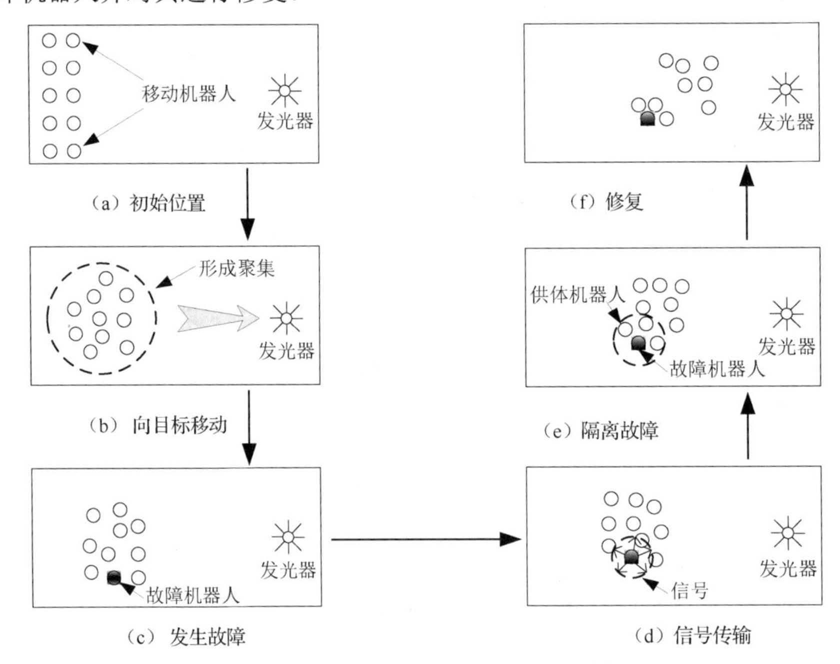

图 8.28 基于肉芽肿形成算法的移动机器人故障自恢复的各个阶段

8.3.2 机器人故障自恢复方法

在本节介绍的移动机器人故障自恢复中，有两个重要问题需要解决：一是如何选取合理的非故障机器人作为供体机器人去修复相应的故障机器人；二是如何使多机器人系统保持良好的聚集度，使多机器人系统快速且安全地到达发光器。为解决上述两个问题，基于 8.3.1 节介绍的肉芽肿形成算法，通过引入离散粒子群算法、模拟退火算法、模糊控制算法等，本节提出了一种基于改进肉芽肿形成算法的移动机器人故障自恢复算法，该算法的具体流程如图 8.29 所示。

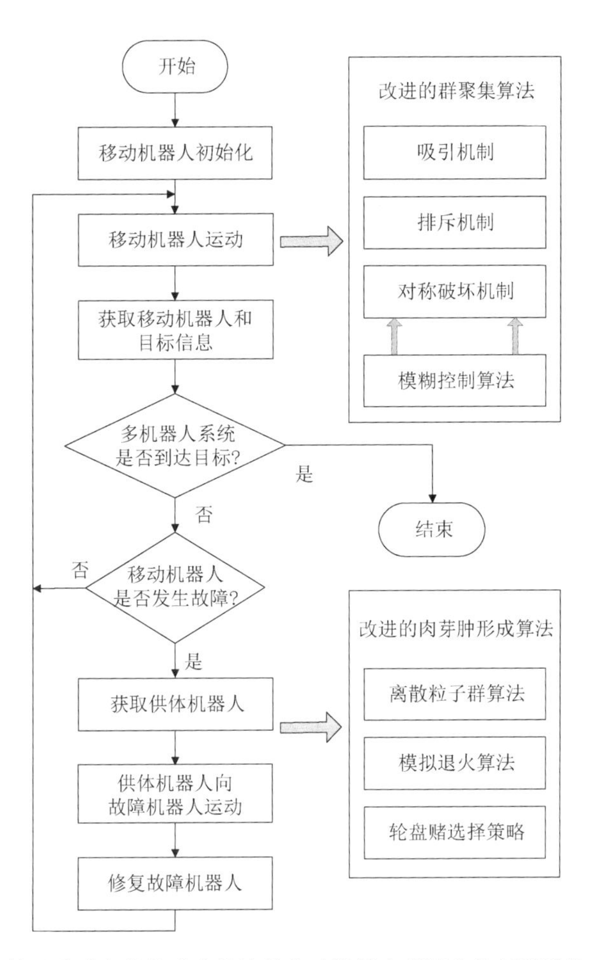

图 8.29　基于改进肉芽肿形成算法的移动机器人故障自恢复算法的具体流程

1. 离散粒子群算法

粒子群算法来源于鸟群觅食行为的研究，是对鸟群整个群体行为的社会化模拟。粒子群算法是一种基于群体智能的全局优化算法，其所描述的粒子位置和速度都是基于连续变量的，为了解决在离散空间的建模问题，需要将粒子群算法离散化，粒子的迭代更新不再按照速度-位置操作，而是按照交叉变异操作。本节使用基于整数编码的离散粒子群算法，根据研究问题的特点，建立粒子和研究问题的对应关系，并对离散粒子群算法进行相应的改进。本节将故障机器人的数量标记为 F，非故障机器人的数量标记为 H，总移动机器人的数量 $N=F+H$。

1）离散编码方式

本节引入一些假设条件来简化所研究问题的模型：有 F 个需要修复的故障机器人 R_f（$f=1,2,\cdots,F$），H 个候选供体机器人（非故障机器人）R_h（$h=1,2,\cdots,H$），每个故障机器人要从 R_h 中分别选取供体机器人对其进行修复，该问题的约束条件如下：

（1）每个供体机器人在某个时刻只能修复一个故障机器人。

（2）每个故障机器人最少拥有一个供体机器人，同时为了确保多机器人系统的工作效率，规定每个故障机器人最多拥有 M 个供体机器人。

（3）每个供体机器人修复故障机器人的速度是相同的。

（4）供体机器人一旦开始修复故障机器人，就不允许出现暂停，即中间打断的现象，直到故障机器人被修复完成为止。

（5）若出现某一供体机器人需要修复多个故障机器人，则要待某个故障机器人修复完成后再对下一个故障机器人进行修复。

不难看出，选取合适的供体机器人的过程就是在上述模型的假设约束下，寻求一种最优分配方案。在离散粒子群算法中，每个粒子都代表为故障机器人分配供体机器人的一种方式。利用供体机器人和故障机器人的标号进行编码，粒子的长度为 $M\times F$，第 k 个粒子可表示为：

$$X_k=(X_{k1}^1,X_{k2}^1,\cdots,X_{km}^1,X_{k1}^2,X_{k2}^2,\cdots,X_{km}^2,\cdots,X_{k1}^F,X_{k2}^F,\cdots,X_{km}^F) \tag{8-46}$$

式中，X_{ki}^j 定义如下：

$$X_{ki}^j=\begin{cases}R_h, & \text{有足够的候选供体机器人作为供体机器人时}\\ R_f, & \text{候选供体机器人不足时}\\ 0, & \text{无须供体机器人时}\end{cases}, \quad i=1,2,\cdots,m \tag{8-47}$$

式中，$j=1,2,\cdots,F$，表示故障机器人的数目；R_h 是供体机器人的标号；R_f 是故障机器人的标号。粒子编码示例如图 8.30 所示。在有 10 个移动机器人的多机器人系统中，有 2 个故障机器人且 m=3 时粒子的编码情况，即候选供体机器人充足时的粒子编码如图 8.30（a）所示，在粒子 X_1 中，3 号供体机器人修复故障机器人 R_1，1 号供体机器人修复故障机器人 R_2。则表示了在有 10 个机器人的群体中，有 6 个故障机器人且 m=1 时粒子的编码情况，即候选供体机器人不足时的粒子编码如图 8.30（b）所示，在粒子 X_4 中，2 号供体机器人先修复故障机器人 R_1，再向故障机器人 R_2 运动并进行修复。

粒子	故障机器人 R_1			故障机器人 R_2		
X_1	3	0	0	1	0	0
X_2	1	0	0	2	4	0
X_3	5	1	4	6	0	0
X_4	1	3	7	2	6	0

供体机器人标号　无供体机器人

（a）候选供体机器人充足时粒子编码

粒子 \ 故障机器人	R_1	R_2	R_3	R_4	R_5	R_6
X_1	2	4	3	1	R_2	R_3
X_2	R_5	2	3	4	1	R_2
X_3	2	R_3	R_6	1	3	4
X_4	2	4	1	3	R_4	R_1

非故障机器人标号　故障机器人标号

（b）候选供体机器人不足时粒子编码

图 8.30　粒子编码示例

2）粒子更新方式

在粒子群算法中，粒子的位置和运动是基于粒子的当前状态、自身最优状态和群体最优状态之间相互作用的结果，与此类似，离散粒子群算法的粒子更新公式如下：

$$X_k(t+1)=c_2 \otimes F_1\{\alpha,P_g(t)\}, \qquad \alpha=c_1 \otimes F_2\{\beta,P_k(t)\} \tag{8-48}$$

式中，$P_k(t)$ 和 $P_g(t)$ 分别是 t 时刻第 k 个粒子经历的个体最优位置和所有粒子经历的全局最优位置；β 表示粒子对先前状态的思考，计算如下：

$$\beta=\omega(t) \otimes F_3[X_k(t)]=\begin{cases} F_3[X_k(t)], & r<\omega(t) \\ X_k(t), & r \geqslant \omega(t) \end{cases} \tag{8-49}$$

式中，r 代表[0,1]之间的随机数，当产生的随机数小于 $\omega(t)$ 时，执行 $F_3[X_k(t)]$ 操作；否则保持原粒子 $X_k(t)$ 不变；$\omega(t)$ 为惯性权重，可表示为：

$$\omega(t)=\omega_{\max}-\frac{\omega_{\max}-\omega_{\min}}{T}t \tag{8-50}$$

式中，$\omega_{\max}$ 和 $\omega_{\min}$ 分别是惯性权重的最大值和最小值；T 和 t 分别是最大的迭代次数和当前迭代次数。$F_3[X_k(t)]$ 相当于对粒子 X_k 的变异操作，通过变异操作来扩展粒子的搜索空间，引导粒子的进化。为了使粒子在进化过程中有更好的多样性，本节随机使用交换变异操作和插入变异操作两种变异方法的一种[67]。两种变异方式的操作如图 8.31 所示。

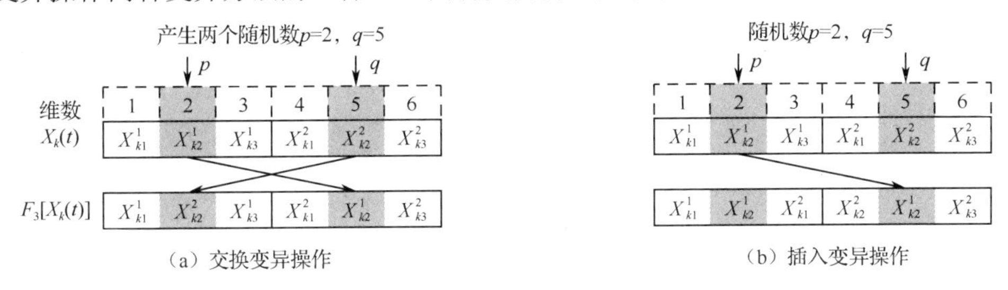

图 8.31　变异操作示意图

式（8-48）中的 α 表示粒子对自身的学习，具体计算方式如下：

$$\alpha=\begin{cases} F_2\{\beta,P_k(t)\}, & r<c_1 \\ \beta, & r \geqslant c_1 \end{cases} \tag{8-51}$$

式中，c_1 为个体因子；r 代表[0,1]之间的随机数，$F_2\{\beta,P_k(t)\}$ 相当于粒子 β 和 $P_k(t)$ 的交叉操作，表示粒子根据自己的最优位置 $P_k(t)$ 进行调整。本节使用基于工件优先顺序的交叉操作方法[48]，其操作示意图如图 8.32 所示。

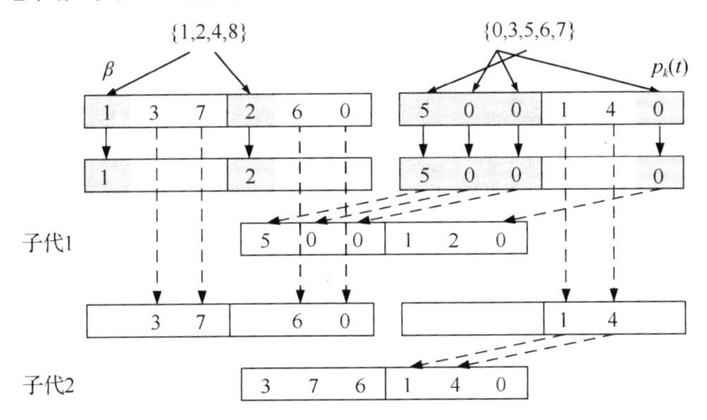

图 8.32　基于工件优先顺序的交叉操方法的操作

粒子 X_k 根据群体的最优位置进行调整，更新如下：

$$X_k(t+1)=\begin{cases}F_1\{\alpha,P_{\mathrm{g}}(t)\}, & r<c_2\\ \alpha, & r\geqslant c_2\end{cases} \tag{8-52}$$

式中，c_2 为群体因子；$F_1\{\alpha,P_{\mathrm{g}}(t)\}$ 相当于粒子 α 和 $P_{\mathrm{g}}(t)$ 的交叉操作，表示粒子根据全局的最优位置进行调整，具体操作过程交叉方法跟 $F_2\{\beta,P_k(t)\}$ 相同。

3）适应度函数

适应度函数是判断粒子群进化过程中粒子优劣的依据，合理的适应度函数对选择合适的供体机器人至关重要。本节在综合考虑各故障机器人和非故障机器人的距离信息和能量信息的基础上，定义适应度函数为：

$$\mathrm{Fit}(X_k)=\omega_1\sum_{j=1}^{F}\frac{\max(D_{jd})}{\max(D_{jh})}+\omega_2\sum_{j=1}^{F}\mathrm{e}^{-\rho_j} \tag{8-53}$$

式中，ω_1 和 ω_2 分别是距离信息和能量信息的贡献权值；D_{jh} 表示故障机器人 R_j 与所有的非故障机器人之间的距离；D_{jd} 表示故障机器人 R_j 与其相应的供体机器人之间的距离；优化函数 ρ_j 的定义为：

$$\rho_j=\begin{cases}0, & E(i,j)\leqslant 0\\ E(i,j), & E(i,j)>0\end{cases} \tag{8-54}$$

式中，能量比 $E(i,j)$ 为供体机器人所能分享的能量和故障机器人被修复所需要的能量之比，具体定义为：

$$E(i,j)=\frac{\psi(i)-E_{\mathrm{T}}}{\phi(j)} \tag{8-55}$$

式中，$\psi(i)$ 为当前第 i 个供体机器人所具有的能量；$\phi(j)$ 为第 j 个故障机器人被修复所需要的能量；E_{T} 为机器人能保持正常工作所需要的能量阈值。如果多个供体机器人修复同一个故障机器人，将考虑所有供体机器人的能量总和。

根据适应度函数的定义可知，某粒子的适应度越小，该粒子越可能成为最优粒子。从 D_{jd} 的角度来看，候选供体机器人（非故障机器人）越靠近故障机器人，越可能去包围并修复故障机器人。同时，供体机器人所具有的能量因素也被充分考虑，当某个候选供体机器人当前状态所拥有的能量 $\psi(i)$ 小于预定义的能量阈值 E_{T} 时，该机器人将不具有成为供体机器人的资格。

2．模拟退火算法

为了解决离散粒子群算法极易陷入局部最优值的缺点，本章引入模拟退火算法[49]。该算法来源于固体退火原理，通过模拟热力学系统中适当控制温度的下降过程实现退火，具有极强的全局优化能力，并且具有运行效率高、使用灵活等优点。模拟退火算法由某一较高初温开始，利用具有概率突跳特性的 Metropolis 抽样策略在解空间中进行随机搜索，伴随温度的不断下降，重复抽样过程，最终得到问题的全局最优。

在本节中，通过模拟退火算法从个体最优值 P_k 中选取群体最优值 P_{g}。

首先，每个粒子个体最优值 P_k 的接受概率计算如下：

$$P(P_k)=\frac{\mathrm{e}^{-\frac{\mathrm{Fit}(P_k)-\mathrm{Fit}(P_{\mathrm{g}})}{\mathrm{Tem}}}}{\sum_{k=1}^{N}\mathrm{e}^{-\frac{\mathrm{Fit}(P_k)-\mathrm{Fit}(P_{\mathrm{g}})}{\mathrm{Tem}}}} \tag{8-56}$$

式中，Tem 表示温度值；Fit()代表适应度函数，参见式（8-53）。

然后，新的最优值 P'_g 从个体最优值 P_k 中选取并代替 P_g。因此离散粒子群中的粒子更新公式如下：

$$X_k(t+1) = c_2 \otimes F_1\{\alpha, P'_g(t)\} \tag{8-57}$$

式中，c_2、α 及 $F_1\{\ \}$ 的定义与含义与式（8-52）相同。

通过以上的介绍，基于离散粒子群算法和模拟退火算法的混合算法流程如图 8.33 所示，其伪代码如下：

```
//基于离散粒子群算法和模拟退火算法的混合算法伪代码
Initialization ( DPSO_SA );                          %初始化粒子群和各参数信息
for k=1:N do
    Call_Fit();                                      %计算各个粒子的适应度
end for
for k=1:N do
    Pg={Fit(P1),Fit(P2),…,Fit(PN)};                  %计算全局最优值
end for
Tem0 = Fit(Pg)/ln5;                                  %计算初始温度
while t < tmax do
    for k=1:N do
        while flagg=0 do
            Call_P(Pk);                              %计算接受概率
            if P(Pk)>rand() then
                Pg=P'g=Pk;                           %更新全局最优值
                flagg=1
            end if
        end while
    end for
    for k=1:N do
        Call_Update_position();                      %更新每个粒子的位置
    end for
    for k=1:N do
        Call_Fit();                                  %对每个粒子计算新的适应度
    end for
    if Fit(P'k) < Fit(Pk) then                       %判断适应度的关系
        Pk=P'k, Fit(Pk)=Fit(P'k)
    end if
    if Fit(Pk) < Fit(Pg) then                        %判断适应度的关系
        Pg=Pk, Fit(Pg)=Fit(Pk)
    end if
    Tem(z+1) = cTem(z)                               %降低温度，z = 0,1,2…
end while
```

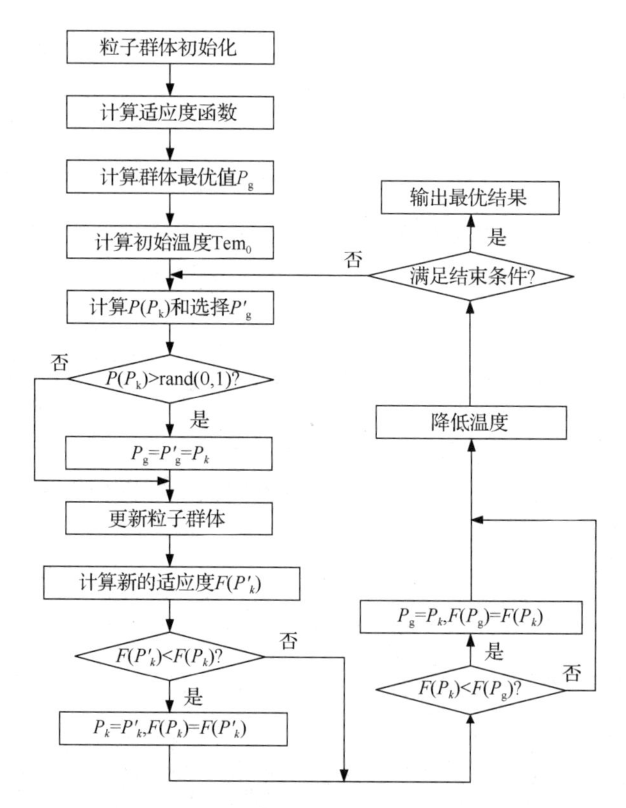

图 8.33　基于离散粒子群算法和模拟退火算法的混合算法流程

3. 改进的群聚集算法

在多机器人系统中，在移动机器人无故障的情况下，传统的群聚集算法可以使多个移动机器人保持聚集状态并使整个多机器人系统成功到达目标位置。然而，一旦移动机器人发生故障，在进行故障修复的过程中，移动机器人之间的距离将会扩大，会造成多机器人系统的分散。

为了处理上述问题，本节将模糊控制算法引入群聚集算法的对称破坏机制。模糊控制算法的具体细节如下。

1）模糊控制模块的输入和输出

根据所研究的问题，在本节的模糊控制算法中，具有 2 个输入和 1 个输出。考虑到多机器人系统的覆盖范围，以及防止各移动机器人之间的碰撞，模糊控制算法的 2 个输入分别被定义为处于发光器暗处的移动机器人之间的最大距离 D_MAX 和最小距离 D_MIN。引入模糊控制模块是为了根据多机器人系统的密集程度来及时调整处于发光器暗处的移动机器人的避碰半径。因此，模糊控制模块的输出是处于暗处的移动机器人的避碰半径 R_SM。在本节中，避碰半径 R_SM 不能超过预定义的多机器人系统的半径 R_S，即 R_SM<R_S。

2）模糊化和反模糊化

模糊控制模块的输入必须通过模糊化才能用来控制输出。在本节的模糊控制模块中，使用高斯隶属度函数来描述模糊集合，使用重心法将模糊推理的结果转化为精确值[50]。将 2 个输入变量分别分为 3 个模糊集，即 VN（极近）、NR（近）、FR（远）；将输出变量分为 3 个模糊集，即 SM（小）、MI（中）、GR（大）。输入变量和输出变量的高斯隶属度函数如图 8.34 所示，图中输入变量和输出变量的横轴的值 H_1 和 H_2 是不同的。输入变量和输出变量高斯函数的区别如表 8-3 所示。

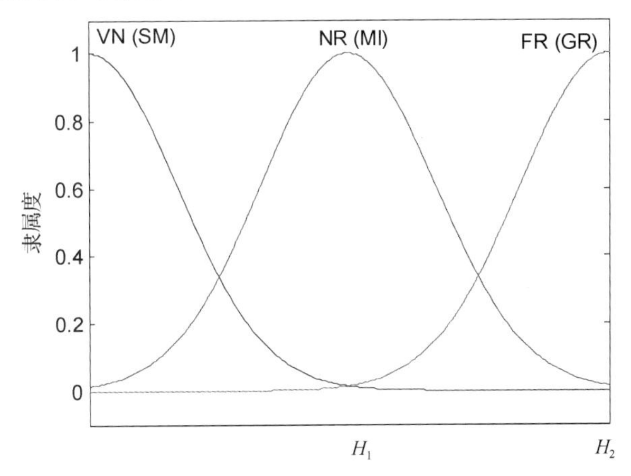

图 8.34　输入变量和输出变量的高斯隶属度函数

表 8-3　输入变量和输出变量的高斯隶属度函数的区别

	输入变量	输出变量
语言变量	VN，NR，FR	SM，MI，GR
H_1	R_S/2	R_S/4
H_2	R_S	R_S/2

3）模糊控制规则

本节中的模糊控制规则来源于现实世界的经验，具体如下：

Rule1：if D_MAX is VN and D_MIN is VN，then R_SM is GR;
Rule2：if D_MAX is NR and D_MIN is VN，then R_SM is GR;
Rule3：if D_MAX is FR and D_MIN is VN，then R_SM is GR;
Rule4：if D_MAX is NR and D_MIN is NR，then R_SM is MI;
Rule5：if D_MAX is FR and D_MIN is NR，then R_SM is MI;
Rule6：if D_MAX is FR and D_MIN is FR，then R_SM is SM;

基于前面的介绍，位于发光器照亮区域的移动机器人的避碰半径 R_GT 将大于位于发光器暗处的移动机器人避碰半径 R_SM。因此，避碰半径 R_GT 为：

$$\mathrm{R\_GT} = \omega_r \times \mathrm{R\_SM} \tag{8-58}$$

式中，ω_r 是 1 与 3 之间的常量，R_GT<R_S。通过引入模糊控制方法不断地调整群聚集算法的对称破裂机制中的两个避碰半径 R_GT 和 R_SM，无论故障机器人是否出现，多机器人系统都将保持合理的群体密度，能够有效预防多机器人系统分散。

本节提出的改进肉芽肿形成算法的移动机器人故障自恢复算法的步骤如下：

步骤 1：将多机器人系统放置在工作环境中。

步骤 2：多机器人系统利用改进的群聚集算法进行运动。

步骤 3：利用移动机器人的传感器感知自身及目标的信息。

步骤 4：判断是否所有的移动机器人均到达目标位置，如果所有的移动机器人都到达目标位置，则说明任务结束；否则执行步骤 5。

步骤 5：判断是否有故障机器人。

步骤 6：如果发现故障机器人，则利用改进的肉芽肿形成算法从非故障机器人中选择供体机器人。

步骤 7：供体机器人向对应的故障机器人运动并与之分享能量进行修复操作，然后返回步骤 2。

改进肉芽肿形成算法的移动机器人故障自恢复算法的伪代码如下：

```
//改进肉芽肿形成算法的移动机器人故障自恢复算法的伪代码
Initialization();                              %多机器人系统初始化；
while robots_left>0 do                         %有些机器人没有到达目标位置
Evaluate situations();                         %获取移动机器人和目标的信息
if robots_failed>0 do                          %发现故障机器人
    Call_DPSO_SA ();                           %为故障机器人选取供体机器人
    Call_Fuzzy_ module ();                     %调整避碰半径
    Move (the donor robots);
    Move (the left robots);
    if reach_failed==0 do                      %如果供体机器人到达故障机器人的位置
        Call Repair ();                        %修复故障机器人
    end if
    else
        Call_Fuzzy_module ();
        Move (all the robots);
    end if
end while
```

8.3.3 实验及结果分析

为了验证改进的肉芽肿形成算法的移动机器人故障自恢复算法的有效性，本节进行了多项实验，对改进的肉芽肿形成算法的移动机器人故障自恢复算法（简称 P-SF 算法）与原来的肉芽肿形成算法的移动机器人故障自恢复算法（简称 G-GF 算法）进行了比较。在实验中，多机器人系统共 10 个移动机器人，多机器人系统的任务和故障模式已在 8.3.1 节中进行了说明。在所有的实验中，多机器人系统中所有的移动机器人电池能量均设定为 5000 J，驱动移动机器人运动所需要的最小能量为 500 J。一旦某个移动机器人的电池能量小于 500 J，则该移动机器人就被认为发生了故障，需要对其进行修复。实验参数如表 8-4 所示。

表 8-4 实验参数

参　数	参 数 值	备　注
c_1	2	个体学习因子
c_2	2	群体学习因子
c	0.85	退火系数
$\omega_{\max}$	1.5	权重最大值
$\omega_{\min}$	0.7	权重最小值
E_T	500 J	能量阈值
ω_1	0.6	距离权重
ω_2	0.4	能量权重
R_S	10 m	预定义的多机器人系统半径

本节所有实验环境的大小均为 70 m×70 m，并使用网格法建立多机器人系统的实验模型。为了简化实验，本节中做了如下假设：

- 忽略所有的移动机器人的实际大小，将其设定为无形状的质点。
- 对所有的移动机器人来说，目标（发光器）的初始位置是已知的。
- 所有的移动机器人都可以进行信息交互，并没有时延。
- 移动机器人的运动速度设定为 1/步，能量消耗被设定为 10 焦/步，供体机器人充电速度为 80 焦/步。
- 当多机器人系统到目标（发光器）的距离在 5 m 内时，可认为完成了任务。

为了减小算法随机性的影响，每次实验都进行 10 次。为了直观地评价算法在移动机器人自恢复中的性能，本节定义了 5 个指标：多机器人系统到达目标位置的运动步数（记为 STP）、多机器人系统完成任务后的剩余能量均值（记为 ARE）、多机器人系统的能量消耗百分比（记为 PE）、各移动机器人到多机器人系统中心的平均距离（记为 MD）、距离的标准差（记为 STD）。

PE 的定义为：

$$\mathrm{PE}=\frac{\sum_{i=1}^{N}\mathrm{IE}(i)-\sum_{i=1}^{N}\mathrm{RE}(i)}{\sum_{i=1}^{N}\mathrm{IE}(i)}\times 100\% \tag{8-59}$$

式中，$\mathrm{IE}(i)$和 $\mathrm{RE}(i)$分别是移动机器人 R_i 的初始能量和剩余能量。

MD 的定义为：

$$\mathrm{MD}=\frac{\sum_{t=1}^{S}\left[\sum_{i=1}^{N}D_t(i)/N\right]}{S} \tag{8-60}$$

式中，$D_t(i)$ 表示在第 t 步时移动机器人 R_i 到多机器人系统中心的距离；S 表示多机器人系统完成任务的总步数。

STD 的定义为：

$$\mathrm{STD}=\frac{\sum_{t=1}^{S}\sqrt{\frac{1}{2}\sum_{i=1}^{N}\left[D_t(i)-\sum_{i=1}^{N}D_t(i)/N\right]^2}}{S} \tag{8-61}$$

从各个指标的定义和实际意义可以看出，STP、PE、MD、STD 和 ARE 越小，算法性能越好。

1. 单个移动机器人故障自恢复实验

为了验证 P-SF 算法的有效性，进行了单个移动机器人故障自恢复实验。在实验过程中，只有一个移动机器人在运动时发生了故障。目标的位置坐标设定为（60,60），移动机器人 R_2 的初始能量设定为 600 J，其余移动机器人的初始能量均为 5000 J。单个移动机器人故障自恢复实验中多机器人系统中心到目标的距离变化如图 8.35 所示。

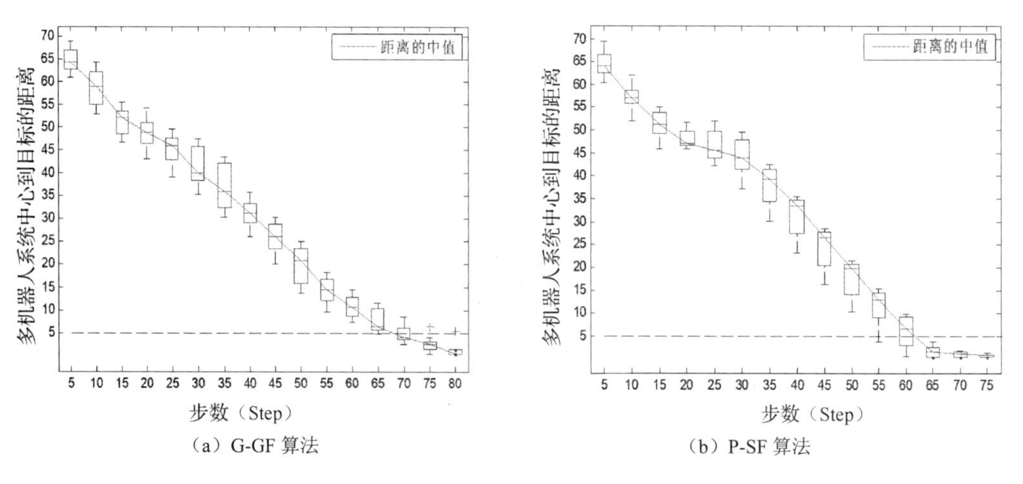

（a）G-GF 算法　　（b）P-SF 算法

图 8.35　多机器人系统中心到目标的距离变化

单个移动机器人故障自恢复实验的性能指标如表 8-5 所示。

表 8-5　单个移动机器人故障自恢复实验的性能指标

基于 G-GF 算法的实验结果											
实验次数	No.1	No.2	No.3	No.4	No.5	No.6	No.7	No.8	No.9	No.10	平均值
ARE	3932	3842	3825.5	3938	3961	3991	3959	3934	3958	3938	3927.85
PE	13.77%	15.74%	16.11%	13.64%	13.14%	12.48%	13.18%	13.73%	13.20%	13.64%	13.86%
STP	70	81	82	69	71	68	68	72	69	70	72
MD	5.415	6.083	5.505	5.565	5.352	5.299	5.430	5.640	5.677	5.265	5.523
STD	3.01	2.66	2.31	2.34	2.22	2.52	2.28	2.35	2.13	2.06	2.39
基于 P-SF 算法的实验结果											
实验次数	No.1	No.2	No.3	No.4	No.5	No.6	No.7	No.8	No.9	No.10	平均值
ARE	3952	3962	3948	4026	3985	3934	4016.5	3977	3932	3962	3969.45
PE	13.33%	13.14%	13.42%	11.71%	12.61%	13.73%	11.92%	12.79%	13.77%	13.11%	12.95%
STP	68	67	67	61	64	69	63	65	70	67	66.1
MD	4.897	4.565	4.562	4.593	4.476	4.538	4.384	4.247	4.578	4.566	4.541
STD	2.25	2.34	2.24	2.05	2.07	2.30	1.87	2.08	2.27	2.04	2.15

单个移动机器人故障自恢复实验的过程及结果如图 8-36 所示。

从实验结果可以看出，P-SF 算法和 G-GF 算法均能有效地完成修复任务。从图 8.36 可以看出，非故障机器人 R_4 被选为供体机器人来修复故障机器人 R_2。从图 8.35 中可以看出，两种算法中，多机器人系统中心与目标的距离变化的区别不明显。然而，从表 8-5 中看出，P-SF 算法的 PE 和 STP 比 G-GF 算法小。此外，P-SF 算法的 MD 和 STD 均比 G-GF 算法小，这说明 P-SF 算法比 G-GF 算法更稳定，且 P-SF 算法的多机器人系统的群体密度更高。

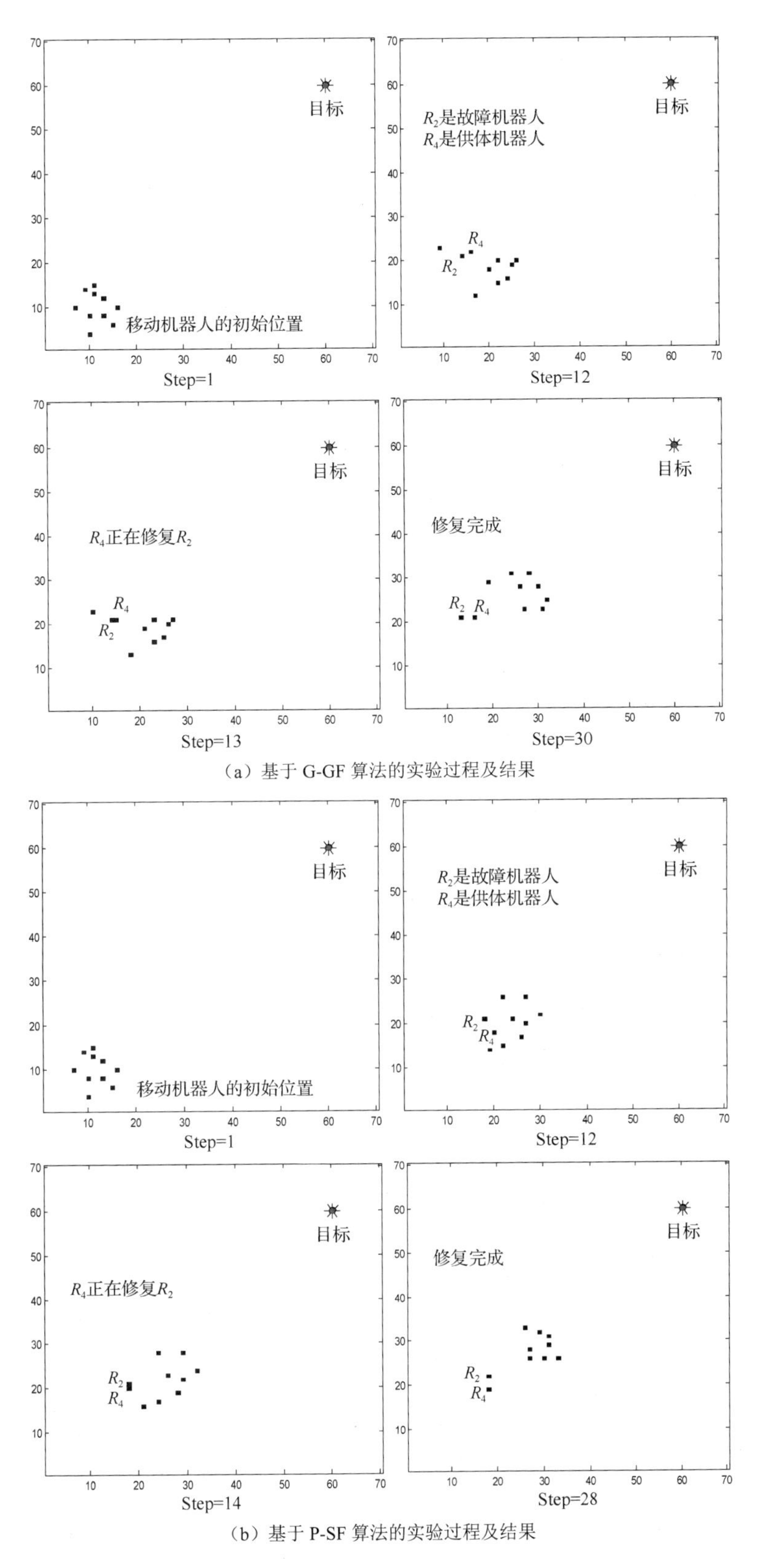

（a）基于 G-GF 算法的实验过程及结果

（b）基于 P-SF 算法的实验过程及结果

图 8.36　单个移动机器人故障时自恢复过程

2．多个移动机器人故障自恢复实验

为了进一步验证 P-SF 算法的性能，本节又进行了多个移动机器人故障自恢复实验。根据故障机器人的数目不同，将此实验分为两种情况：候选供体机器人充足（故障机器人数目少于非故障机器人数目）和候选供体机器人不足（故障机器人数目多于非故障机器人数目）

1）候选供体机器人充足

在实验中，设定 3 个移动机器人同时处于故障状态，且候选供体机器人（非故障机器人）的数目充足。故障机器人 R_2、R_4 和 R_7 的初始能量均设为 800 J，其余移动机器人的初始能量设为 5000 J。多机器人系统中心到目标的距离变化如图 8.37 所示。

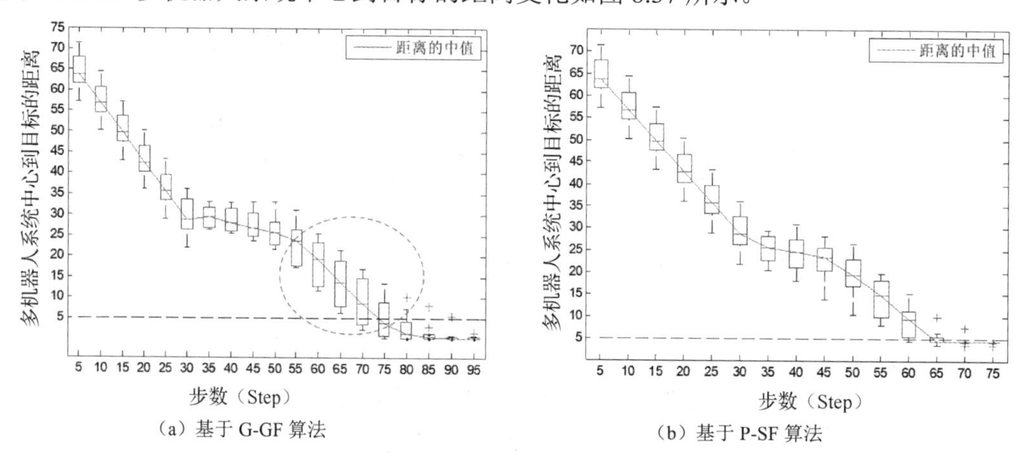

图 8.37　多机器人系统中心到目标的距离变化（候选供体机器人充足）

多个移动机器人故障自恢复实验（候选供体机器人充足）的性能指标如表 8-6 所示。

表 8-6　多个移动机器人故障自恢复实验（候选供体机器人充足）的性能指标

G-GF 算法的实验结果											
实验次数	No.1	No.2	No.3	No.4	No.5	No.6	No.7	No.8	No.9	No.10	平均值
ARE	3108	3101	2999	3032	3007	2935	2997	3121	3071.5	3096	3046.75
PE	16.90%	17.09%	19.81%	18.93%	19.60%	21.52%	19.87%	16.55%	17.87%	17.22%	18.54%
STP	75	77	89	84	88	95	73	91	80	76	82.8
MD	5.088	5.220	6.626	6.005	6.997	5.767	6.244	5.472	5.766	5.396	5.858
STD	2.20	2.13	2.43	2.63	2.66	2.86	3.23	2.23	2.32	2.35	2.50
P-SF 算法的实验结果											
实验次数	No.1	No.2	No.3	No.4	No.5	No.6	No.7	No.8	No.9	No.10	平均值
ARE	3147.5	3118.0	3139.5	3174.0	3157.0	3165.5	3154.0	3155.5	3143.0	3166.0	3152.0
PE	15.84%	16.63%	16.05%	15.13%	15.59%	15.36%	15.67%	15.63%	15.96%	15.35%	15.72%
STP	70	72	72	68	70	68	69	70	71	67	69.7
MD	4.758	4.876	4.324	4.917	4.007	5.036	4.528	4.583	4.743	4.743	4.651
STD	1.72	1.87	1.97	2.16	1.78	1.72	1.83	1.55	1.70	1.81	1.81

多个移动机器人故障自恢复实验的过程及结果（候选供体机器人充足）如图 8-38 所示。

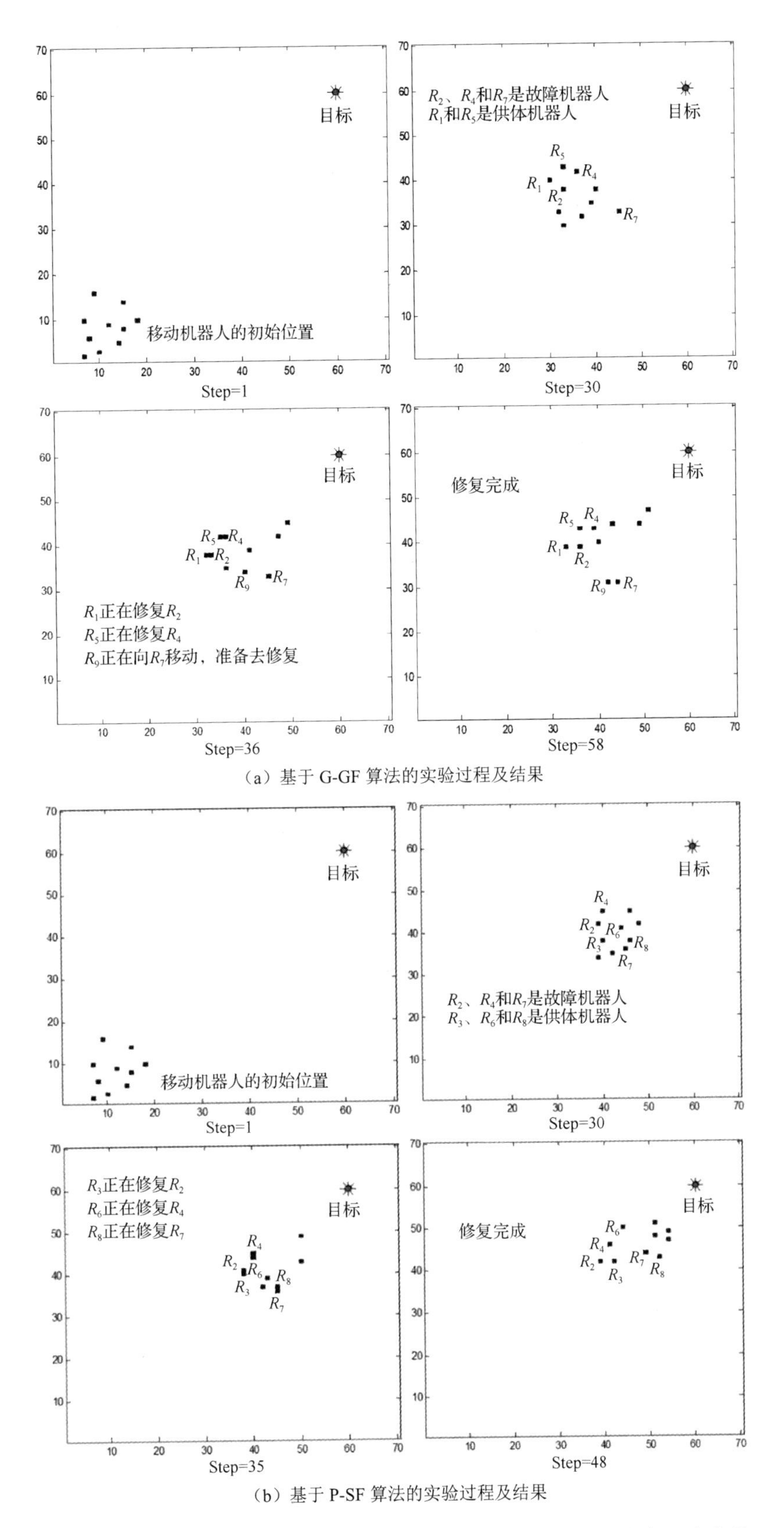

图 8.38　多个移动机器人故障自恢复的实验过程及结果（候选供体机器人充足）

在多个移动机器人同时发生故障时（Step=30），使用 P-SF 算法能为故障机器人快速安排相应的供体机器人，如图 8.38（b）所示。在 Step=35 时，所有的故障机器人都已经在修复中。而使用 G-GF 算法时，在 Step=36 时，有一个故障机器人获得供体机器人，如图 8.38（a）所示。同时结合表 8-6 的实验结果可以看出，虽然两种算法下的能量消耗都有所提高，但是 P-SF 算法的 ARE 比 G-GF 算法大，PE 和 STP 比 G-GF 算法小，这表明 P-SF 算法的执行时间少、消耗能量少。从图 8.37 可以看出，使用 G-GF 算法时，在一些时刻箱形图过于分散（图中的虚线部分）。结合表 8-6 中 G-GF 算法的 MD 和 STD 大于 P-SF 算法，表明使用 G-GF 算法时，各个移动机器人到多机器人系统中心的距离偏大，聚集度差，且不稳定。

以上实验结果说明，使用 P-SF 算法可以处理多个移动机器人的故障自恢复，并且系统性能没有明显下降；而使用 G-GF 算法时，系统性能有明显下降。

2）候选供体机器人不足

在此实验中，设定有 6 个机器人同时处于故障状态，且候选供体机器人（非故障机器人）的数目（4 个）不足。故障机器人 R_1、R_2、R_3、R_4、R_9 和 R_{10} 的初始能量均设为 800 J，其余机器人的初始能量设为 5000 J。多机器人系统中心到目标的距离变化如图 8.39 所示。

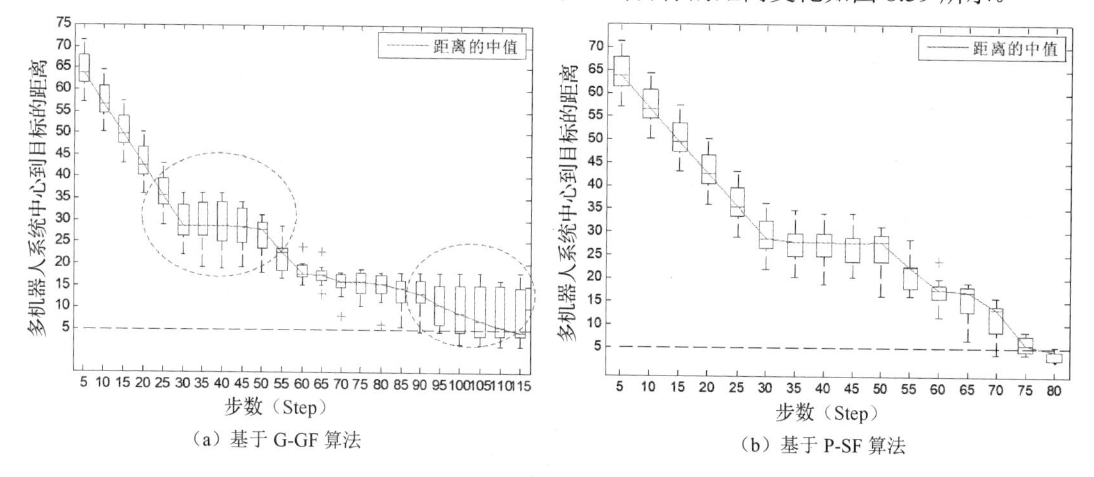

图 8.39 多机器人系统中心到目标的距离变化（候选供体机器人不足）

多个移动机器人故障自恢复实验（候选供体机器人不足）的性能指标如表 8-7 所示。

表 8-6 多个移动机器人故障自恢复实验（候选供体机器人不足）的性能指标

G-GF 算法的实验结果										
实验次数	No.1	No.2	No.3	No.4	No.5	No.6	No.7	No.8	No.9	No.10	平均值
ARE	1649.5	1626.0	1588.0	Failure	Failure	Failure	1661.0	Failure	1605.0	1566.5	1616.0
PE	33.49%	34.44%	35.97%	Failure	Failure	Failure	33.02%	Failure	35.28%	36.83%	34.84%
STP	107.0	112.0	119.0	Failure	Failure	Failure	104.0	Failure	117.0	121.0	113.3
MD	5.688	5.500	5.951	Failure	Failure	Failure	6.023	Failure	5.710	5.557	5.738
STD	2.21	2.70	2.59	Failure	Failure	Failure	2.83	Failure	2.57	2.63	2.59
P-SF 算法的实验结果											
实验次数	No.1	No.2	No.3	No.4	No.5	No.6	No.7	No.8	No.9	No.10	平均值
ARE	1937.0	1952.5	1953.0	1903.0	1919.5	1909.0	1943.0	1903.0	1954.5	1947.0	1932.2

续表

PE	21.90%	21.27%	21.25%	23.27%	22.60%	23.02%	21.65%	23.26%	21.19%	21.49%	22.09%
STP	79.0	78.0	78.0	82.0	80.0	81.0	78.0	82.0	78.0	78.0	79.4
MD	4.682	4.411	4.587	4.537	4.132	4.816	4.370	3.582	4.871	4.545	4.454
STD	1.75	1.74	1.82	1.90	2.01	2.07	1.80	1.42	2.35	1.95	1.88

多个移动机器人故障自恢复实验的过程及结果（候选供体机器人不足）如图 8-40 所示。

从图 8.39 可以看出，使用 G-GF 算法与 P-SF 算法相比，多机器人系统中心到目标的距离变化范围大（图中虚线部分）。结合表 8-7 中的 MD 和 STD 及图 8.40 中各移动机器人在运动时的分布情况，说明使用 P-SF 算法能保持多机器人系统的稳定，聚集度更高。在图 8.40 中，在 Step=30 时，6 个移动机器人同时发生故障，P-SF 算法能同时对所有的故障机器人分配好供体机器人，即 $R_5 \rightarrow R_1$、$R_6 \rightarrow R_2 \rightarrow R_9$、$R_7 \rightarrow R_3$、$R_8 \rightarrow R_4 \rightarrow R_{10}$，$R_6$ 先修复故障机器人 R_2 再修复故障机器人 R_9，R_8 同理。在 Step=47 时，部分故障机器人已经修复完成，开始修复剩余故障机器人 R_9 和 R_{10}。而 G-GF 算法在 Step=30 时，由于候选供体机器人不足，先为 4 个故障机器人分配供体机器人，即 $R_5 \rightarrow R_1$、$R_6 \rightarrow R_4$、$R_7 \rightarrow R_2$、$R_8 \rightarrow R_3$，剩余故障机器人 R_9 和 R_{10} 待定。在 Step=58 时，才分配 R_5 去修复 R_9；在 Step=71 时，R_7 才开始修复 R_{10}。结合表 8-7 中的 ARE 和 STP，可以看出，G-GF 算法的执行步数更长，能量消耗更多。在 10 次实验中，P-SF 算法都能完成故障修复并到达目标位置，而 G-GF 算法有 4 次修复失败。综合以上实验结果可知，P-SF 算法比 G-GF 算法更能处理故障机器人过多这种极端复杂情况的故障自恢复问题。

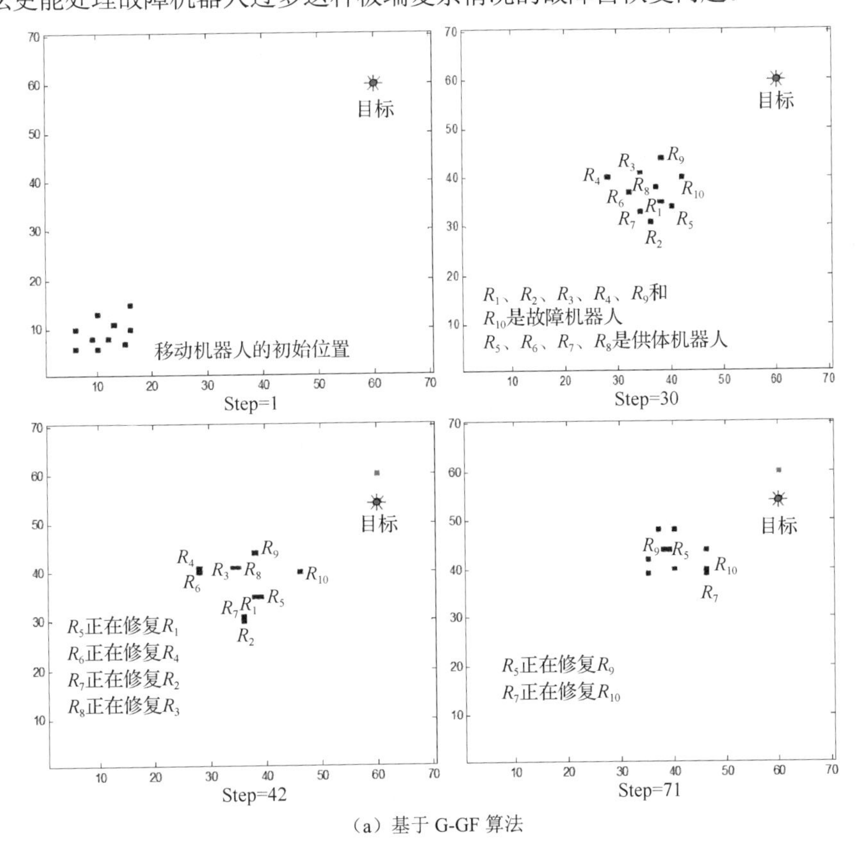

（a）基于 G-GF 算法

图 8.40　多个移动机器人故障自恢复实验的过程及结果（候选供体机器人不足）

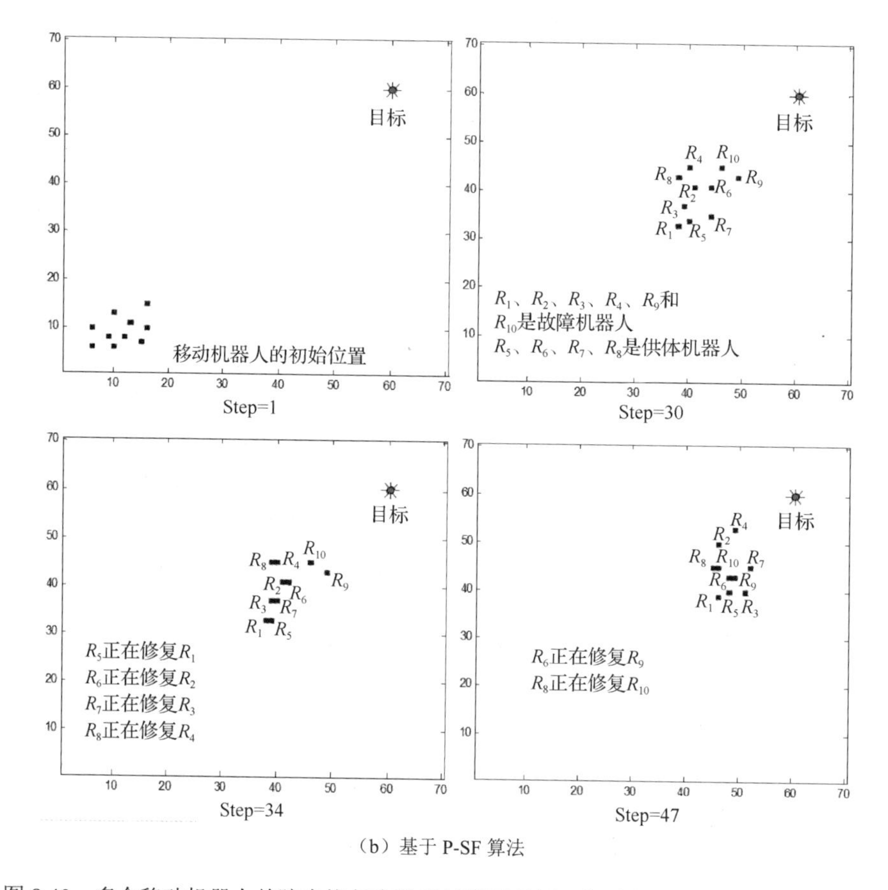

（b）基于 P-SF 算法

图 8.40　多个移动机器人故障自恢复实验的过程及结果（候选供体机器人不足）（续）

8.4 本章小结

移动机器人的应用越来越广泛，随着仿生技术以及深度学习技术的发展，未来移动机器人将朝着更高智能、更大自主性等方向发展。本章主要对生物启发式算法以及深度神经网络技术在移动机器人自主控制方面的研究进展进行了全面的概述，并通过异构多 AUV 协同围捕、故障机器人自恢复两个方面的具体研究课题，对移动机器人自主控制相关内容进行了补充。

参考文献

[1] Binitha S, Sathya S S. A survey of bio inspired optimization algorithm[J]. International Journal of Soft Computing & Engineering, 2012, 2(2): 137-151.

[2] Ni J, Yang S. Bioinspired neural network for real-time cooperative hunting by multirobots in unknown environments[J]. IEEE Transactions on Neural Networks, 2011, 22(12): 2062-2077.

[3] Ni J, Wu L, Fan X, et al. Bioinspired intelligent algorithm and its applications for mobile robot control: a survey[J]. Computational Intelligence and Neuroscience, 2016, Article number: 3810903.

[4] Bongard J. Biologically inspired computing[J]. Computer, 2009, 42(4): 95-98.

[5] Passino K. Biomimicry of bacterial foraging for distributed optimization and control[J]. IEEE control systems magazine, 2002, 22(3): 52-67.

[6] Bhushan B, Singh M. Adaptive control of DC motor using bacterial foraging algorithm[J]. Applied Soft Computing, 2011, 11(8): 4913-4920.

[7] Zhao R, Tang W. Monkey algorithm for global numerical optimization[J]. Uncertain Systems, 2008, 2(3):165-176.

[8] Zheng L. An improved monkey algorithm with dynamic adaptation[J]. Applied Mathematics and Computation, 2013, 222: 645-657.

[9] Ezziane Z. DNA computing: applications and challenges[J]. Nanotechnology, 2005, 17(2): R27-R39.

[10] Jiao H, Zhong Y, Zhang L. An unsupervised spectral matching classifier based on artificial DNA computing for hyperspectral remote sensing imagery[J]. IEEE Transactions on Geoscience and Remote Sensing, 2013, 52(8): 4524-4538.

[11] Mehrabian A R, Lucas C. A novel numerical optimization algorithm inspired from weed colonization[J]. Ecological informatics, 2006, 1(4): 355-366.

[12] Yin Z, Wen M, Ye C. Improved invasive weed optimization based on hybrid genetic algorithm[J]. Journal of Computational Information Systems, 2012, 8(8): 3437-3444.

[13] 皮埃罗•斯加鲁菲．智能的本质[M]．任莉，张建宇，译．北京：人民邮电出版社，2017.

[14] 牛振勇，杜正春，方万良，等．基于进化策略的多机系统 PSS 参数优化[J]．中国电机工程学报，2004, 24(2): 22-27

[15] 段海滨．蚁群算法原理及其应用[M]．北京：科学出版社，2005.

[16] Moscato P, Norman M G. A memetic approach for the traveling salesman problem implementation of a computational ecology for combinatorial optimization on message-passing systems [C]// Proceedings of the International Conference on Parallel Computing and Transputer Applications - PACTA'92, Barcelona, Spain, 21-24 September, 1992.

[17] Radcliffe N J, Surry P D. Formal memetic algorithms[C]// AISB Workshop on Evolutionary Computing, Leeds, U.K., 11-13 April, 1994.

[18] 倪建军，史朋飞，罗成名．人工智能与机器人[M]．北京：科学出版社，2019.

[19] 朱云龙，申海，陈瀚宁，等．生物启发计算研究现状与发展趋势[J]．信息与控制，2016, 45(5):600-614.

[20] Milford M, Wyeth G. Persistent navigation and mapping using a biologically inspired SLAM system[J]. The International Journal of Robotics Research, 2010, 29(9): 1131-1153.

[21] Tan Y, Fang Y, Yu J. Application of improved immune algorithm to multi-robot environment exploration[J]. International Journal of Advancements in Computing Technology, 2012, 4(16): 158-164.

[22] Yang J, Zhuang Y. An improved ant colony optimization algorithm for solving a complex combinatorial optimization problem[J]. Applied Soft Computing, 2010, 10(2): 653-660.

[23] Stürzl W, Möller R. An insect-inspired active vision approach for orientation estimation with panoramic images[C]// 2nd International Work-Conference on the Interplay Between Natural and Artificial Computation, IWINAC, La Manga del Mar Menor, Spain, 18-21 June, 2007.

[24] Zhao B, Feng J, Wu X, et al. A survey on deep learning-based fine-grained object classification and semantic segmentation[J]. International Journal of Automation and Computing, 2017, 14(2): 119-135.

[25] Agrawal P, Ganapathy S. Modulation filter learning using deep variational networks for robust speech recognition[J]. IEEE journal of selected topics in signal processing, 2019, 13(2): 244-253.

[26] Young T, Hazarika D, Poria S, et al. Recent trends in deep learning based natural language processing[J]. IEEE Computational Intelligence Magazine, 2018, 13(3): 55-75.

[27] Yu Y, Si X, Hu C, et al. A review of recurrent neural networks: LSTM cells and network architectures[J]. Neural computation, 2019, 31(7): 1235-1270.

[28] Gers F A, Schmidhuber J, Cummins F. Learning to forget: Continual prediction with LSTM[J]. Neural computation, 2000, 12(10): 2451-2471.

[29] Bouwmans T, Javed S, Sultana M, et al. Deep neural network concepts for background subtraction: A systematic review and comparative evaluation[J]. Neural Networks, 2019, 117: 8-66.

[30] Fu J, Liu J, Li Y, et al. Contextual deconvolution network for semantic segmentation[J]. Pattern Recognition, 2020, 101(4): 107152. DOI:10.1016/j.patcog.2019.107152.

[31] Woo J, Kim N. Collision avoidance for an unmanned surface vehicle using deep reinforcement learning[J]. Ocean Engineering, 2020, 199c(2): 107001. DOI: 0.1016/j.oceaneng.2020.107001

[32] Ding Y, Ma L, Ma J, et al. Intelligent fault diagnosis for rotating machinery using deep Q-network based health state classification: A deep reinforcement learning approach[J]. Advanced Engineering Informatics, 2019, 42: 100977. DOI:10.1016/j.aei.2019.100977.

[33] Mnih V, Kavukcuoglu K, Silver D, et al. Human-level control through deep reinforcement learning[J]. nature, 2015, 518(7540): 529-533.

[34] Yu L, Shao X, Wei Y, et al. Intelligent land-vehicle model transfer trajectory planning method based on deep reinforcement learning[J]. Sensors, 2018, 18(9): 2905. DOI: 10.3390/s18092905.

[35] Shen C, Zhao X, Fan X, et al. Multi - receptive field graph convolutional neural networks for pedestrian detection[J]. IET Intelligent Transport Systems, 2019, 13(9): 1319-1328.

[36] Zbontar J, LeCun Y. Stereo matching by training a convolutional neural network to compare image patches[J]. Journal of Machine Leaning Research, 2016, 17(1): 2287-2318.

[37] Tateno K, Tombari F, Laina I, et al. CNN-SLAM: Real-time dense monocular SLAM with learned depth prediction[C]// 30th IEEE/CVF Conference on Computer Vision and Pattern Recognition (CVPR), Honolulu, HI, 21-26 July, 2017.

[38] Garg R, Bg V, Carneiro G, et al. Unsupervised CNN for single view depth estimation: Geometry to the rescue[C]// 21st ACM Conference on Computer and Communications Security, CCS, Scottsdale, AZ, United states, 3-7 November, 2014.

[39] He D, Feng D, Jia H, et al. Decentralized exploration of a structured environment based on multi-agent deep reinforcement learning[C]// 26th IEEE International Conference on Parallel and Distributed Systems, ICPADS, Virtual, Hong Kong, Hong kong, 2-4 December, 2020.

[40] Hao L, Gu H, Kang F, et al. Virtual-leader based formation control with constant bearing guidance for underactuated AUVs[J]. ICIC Express Letters, 2017, 11(1): 117-125.

[41] Rusu P, Petriu E M, Whalen T E, et al. Behavior-based neuro-fuzzy controller for mobile robot navigation[J]. IEEE Transactions on Instrumentation and Measurement, 2003, 52(4): 1335-1340.

[42] Siddique N H, Amavasai B P. Bio-inspired behaviour-based control[J]. Artificial Intelligence Review, 2007, 27(2): 131-147.

[43] Tsalatsanis A, Yalcin A, Valavanis K P. Dynamic task allocation in cooperative robot teams[J]. Robotica, 2012, 30(5): 721-730.

[44] Yi X, Zhu A, Yang S X, et al. A bio-inspired approach to task assignment of swarm robots in 3-D dynamic environments[J]. IEEE transactions on cybernetics, 2016, 47(4): 974-983.

[45] Qu H, Xing K, Alexander T. An improved genetic algorithm with co-evolutionary strategy for global path planning of multiple mobile robots[J]. Neurocomputing, 2013, 120: 509-517.

[46] Wu X, Feng Z, Zhu J, et al. GA-based path planning for multiple AUVs[J]. International Journal of Control, 2007, 80(7): 1180-1185.

[47] Timmis J, Ismail A R, Bjerknes J D, et al. An immune-inspired swarm aggregation algorithm for self-healing swarm robotic systems[J]. Biosystems, 2016, 146: 60-76.

[48] Piroozfard H, Hassan A, Moghadam A M, et al. A Hybrid Genetic Algorithm for Solving Job Shop Scheduling Problems[C]// 1st International Materials, Industrial, and Manufacturing Engineering Conference, MIMEC, Johor Bahru, Malaysia, 4-6 December, 2013.

[49] Gao Y, Xie N, Hu K, et al. An optimized clustering approach using simulated annealing algorithm with HMM coordination for rolling elements bearings' diagnosis[J]. Journal of Failure Analysis and Prevention, 2017, 17(3): 602-619.

[50] Zhang L, Tan B. Analysis on temperature control of tubular furnace based on fuzzy control[J]. Sensors & Transducers, 2013, 155(8): 205-213.

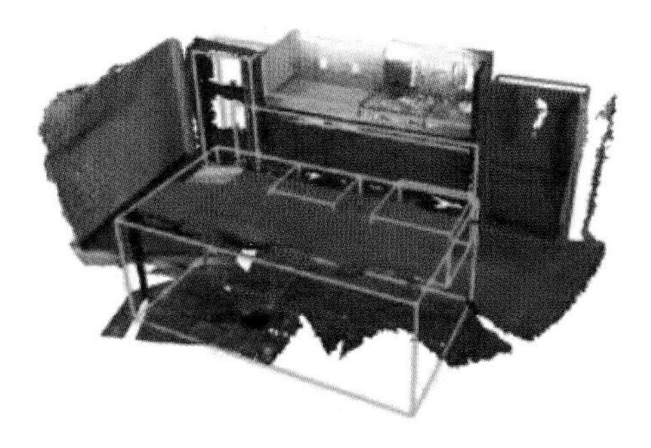

图 1.4　三维物体检测结果

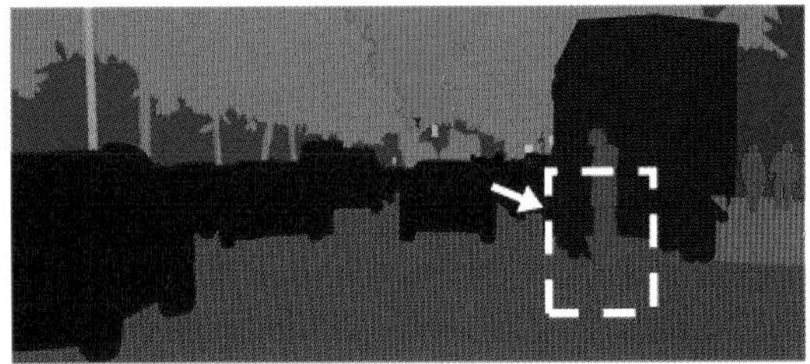

图 1.5　场景语义标注示意图

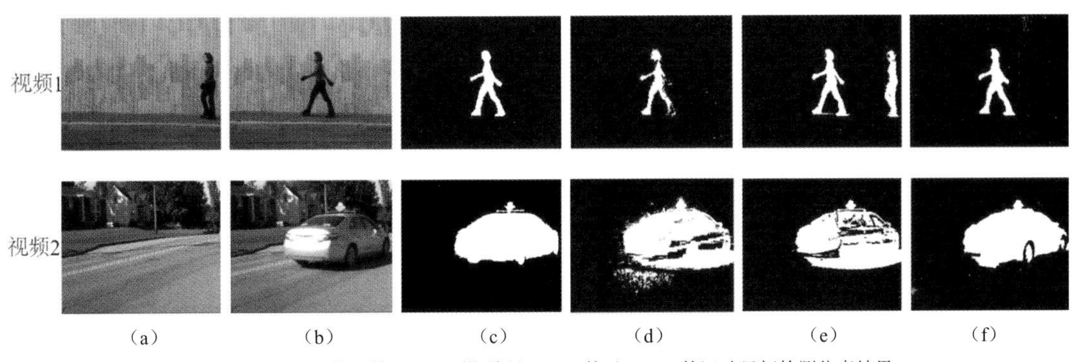

（a）第一帧；（b）检测帧；（c）预期结果；（d）基于 GMM 的运动目标检测仿真结果；
（e）基于 G-ViBe 的运动目标检测仿真结果；（f）基于 I-ViBe 的运动目标检测仿真结果

图 4.4　单目标检测的仿真结果

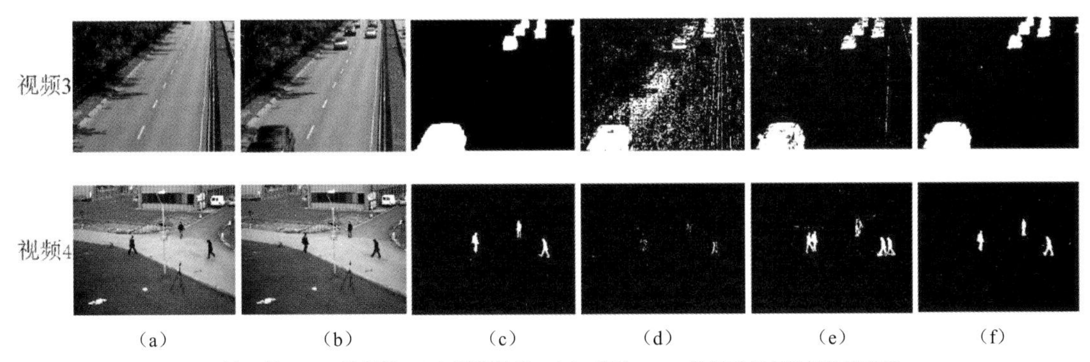

（a）第 1 帧；（b）检测帧；（c）预期结果；（d）基于 GMM 的运动目标检测仿真结果；
（e）基于 G-ViBe 的运动目标检测仿真结果；（f）基于 I-ViBe 的运动目标检测仿真结果

图 4.5　多目标检测的仿真结果

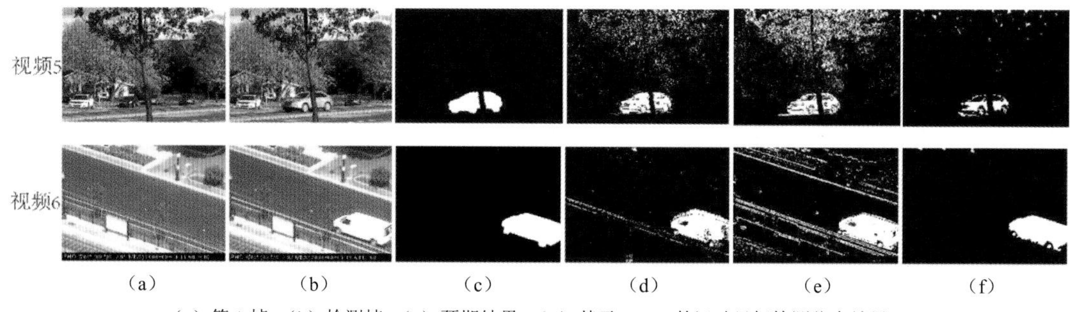

（a）第 1 帧；（b）检测帧；（c）预期结果；（d）基于 GMM 的运动目标检测仿真结果；
（e）基于 G-ViBe 的运动目标检测仿真结果；（f）基于 I-ViBe 的运动目标检测仿真结果

图 4.6　复杂场景下的仿真结果

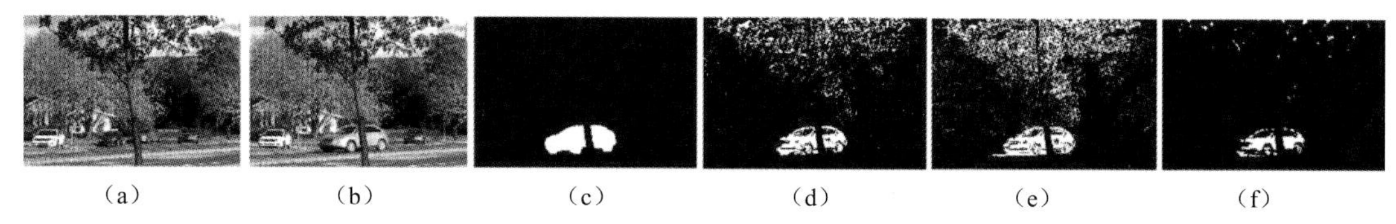

（a）第 1 帧；（b）检测帧；（c）预期结果；（d）基于 G-ViBe 的运动目标检测仿真结果；
（e）基于 F-ViBe 的运动目标检测仿真结果；（f）基于 I-ViBe 的运动目标检测仿真结果

图 4.7　在数据集 Fall 中的仿真结果

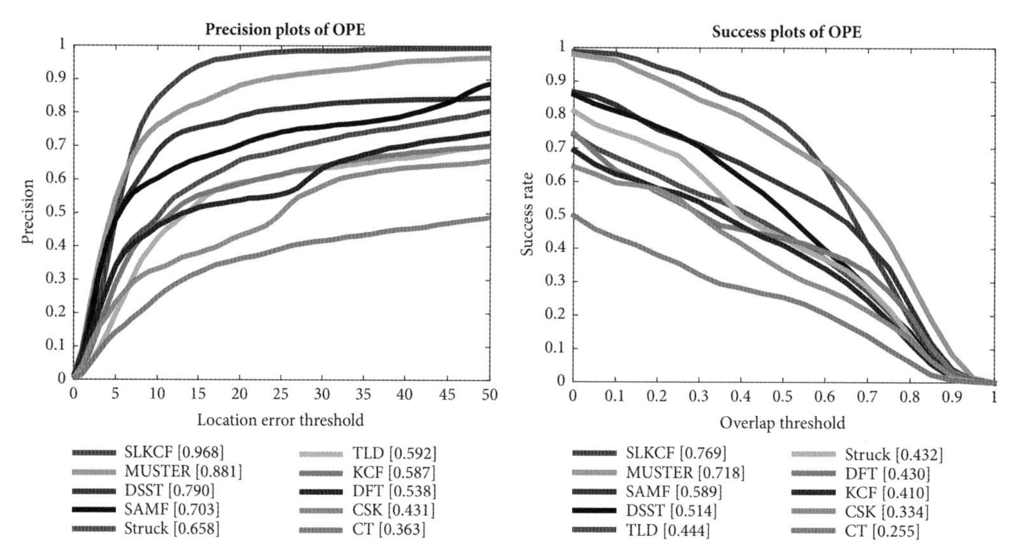

图 4.11　在 11 种视频数据集中不同跟踪算法的平均准确度曲线图和平均成功率曲线图

图 4.12　不同跟踪算法在视频数据集上的跟踪结果

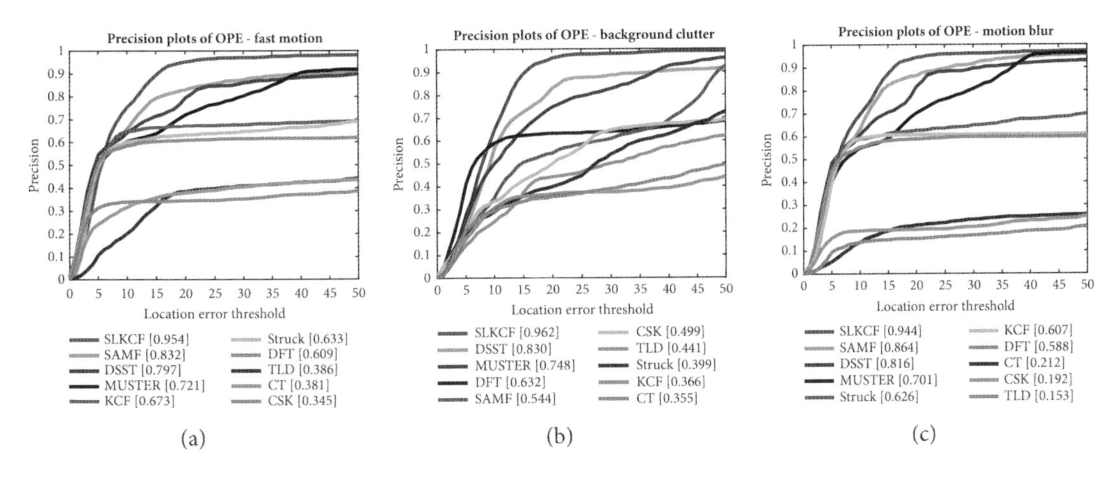

图 4.13　各种跟踪算法在 9 种具有挑战性环境下的准确度曲线

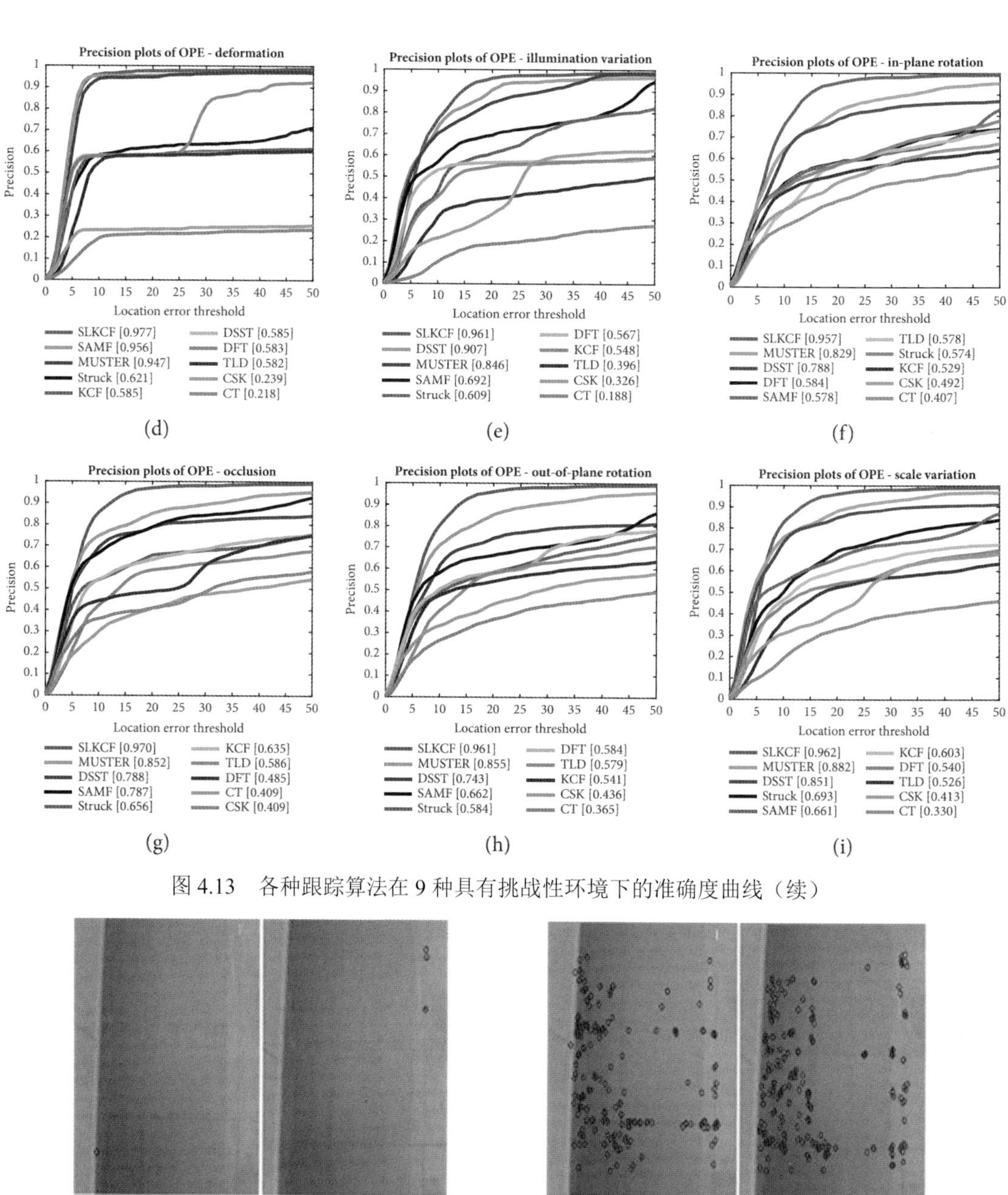

图 4.13　各种跟踪算法在 9 种具有挑战性环境下的准确度曲线（续）

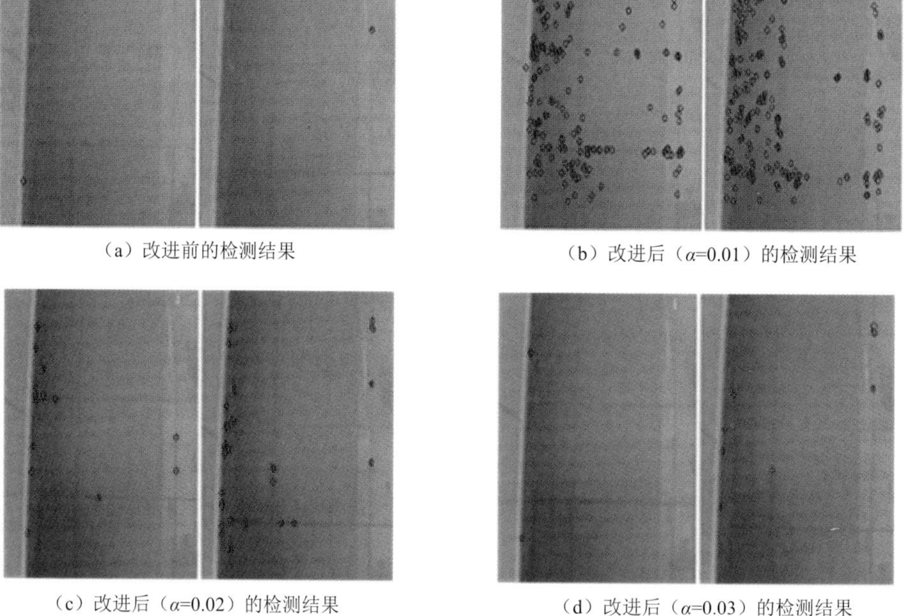

（a）改进前的检测结果　（b）改进后（α=0.01）的检测结果

（c）改进后（α=0.02）的检测结果　（d）改进后（α=0.03）的检测结果

图 5.7　改进自适应角点检测算法的检测结果

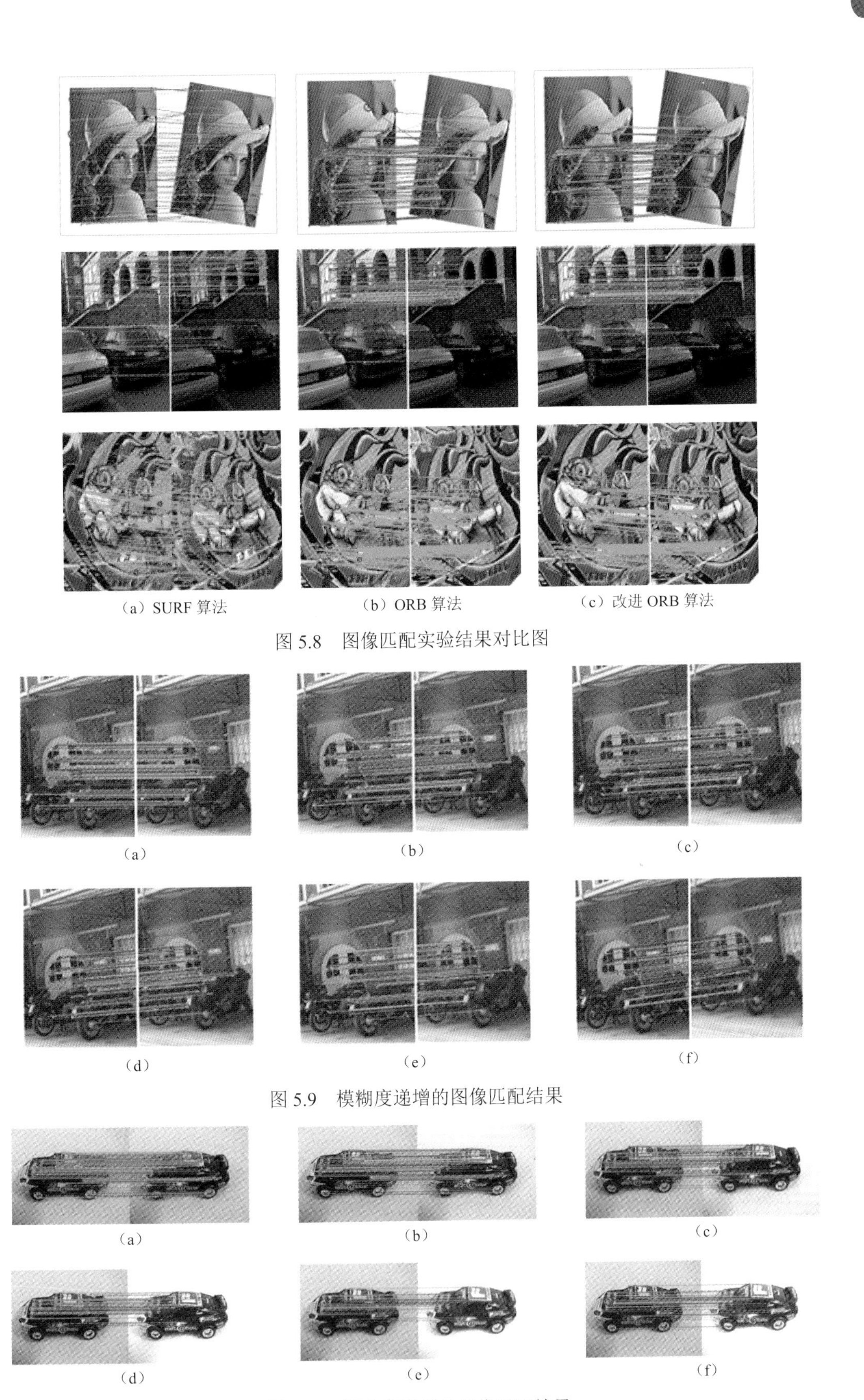

（a）SURF 算法　（b）ORB 算法　（c）改进 ORB 算法

图 5.8　图像匹配实验结果对比图

（a）（b）（c）（d）（e）（f）

图 5.9　模糊度递增的图像匹配结果

（a）（b）（c）（d）（e）（f）

图 5.10　曝光度递增的图像匹配结果

（a）街道

（b）人行横道

（c）停车场 1

（d）停车场 2

图 5.17　一些具有识别难度的场景示例

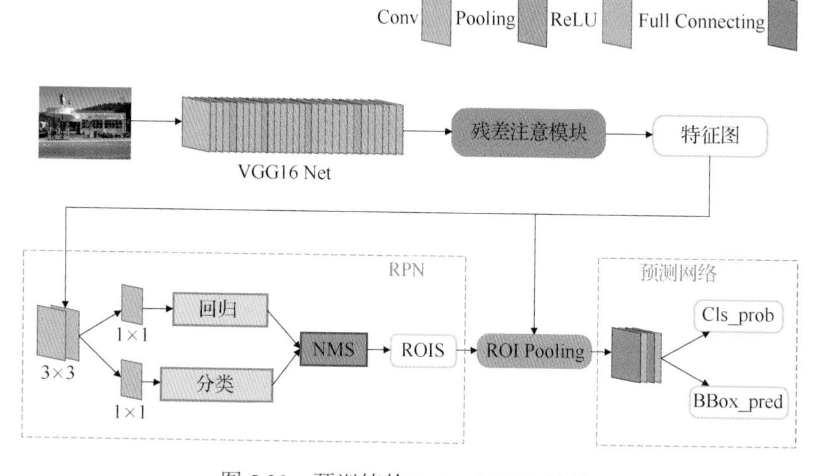

图 5.20　预训练的 Faster RCNN 结构

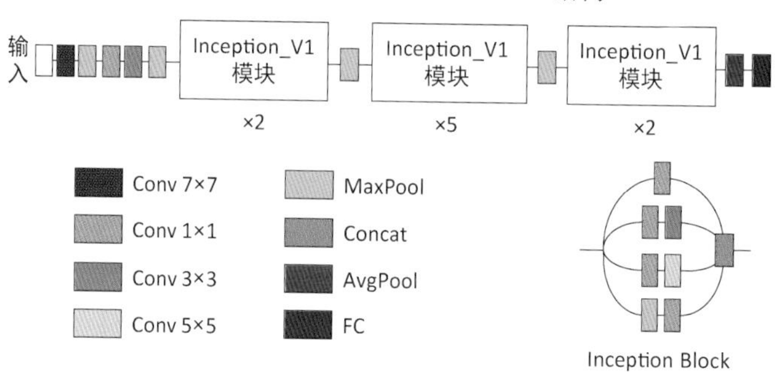

图 5.21　全局网络结构

图 5.22　部分道路场景图像

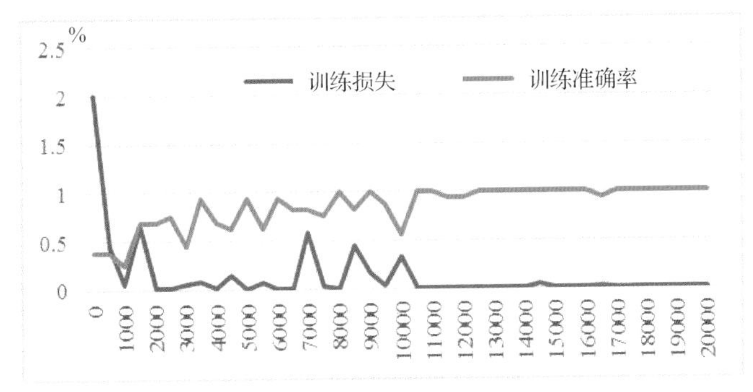

图 5.23　改进 Faster RCNN 在训练集上经过 20000 次迭代后的训练损失和训练准确率曲线

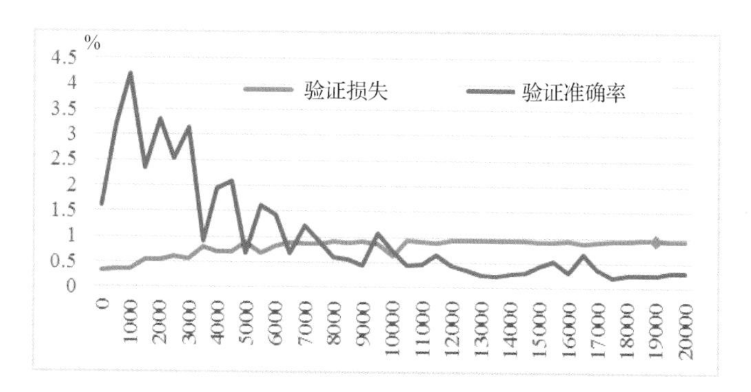

图 5.24　改进 Faster RCNN 在验证集上经过 20000 次迭代后的验证损失与验证准确率曲线

类别：人行横道
MobileNet：0.6271
ResNet：0.6569
AlexNet：0.8251
Inception_V1：0.8931
本网络：0.9188

类别：停车场
MobileNet：0.7548
ResNet：0.7581
AlexNet：0.8899
Inception_V1：0.9557
本网络：0.9892

类别：加油站
MobileNet：0.5854
ResNet：0.6059
AlexNet：0.8275
Inception_V1：0.9662
本网络：0.9984

类别：高速公路
MobileNet：0.6080
ResNet：0.6457
AlexNet：0.8363
Inception_V1：0.9024
本网络：0.9398

类别：街道
MobileNet：0.7115
ResNet：0.7701
AlexNet：0.9028
Inception_V1：0.9839
本网络：0.9988

图 5.26　常用深度学习方法和改进 Faster RCNN 的道路场景分类结果部分示例

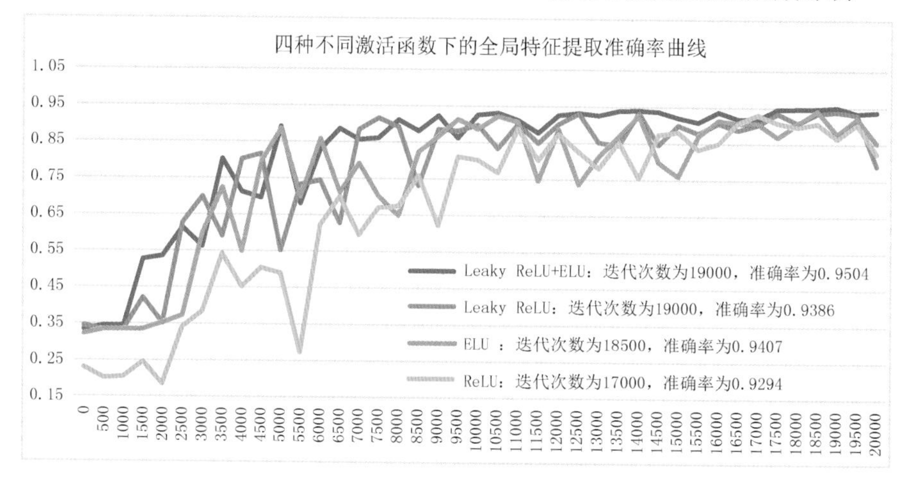

图 5.28　基于 Inception_V1 不同激活函数的实验的准确率

图 6.6　基于深度学习和移动机器人三维点云的语义地图

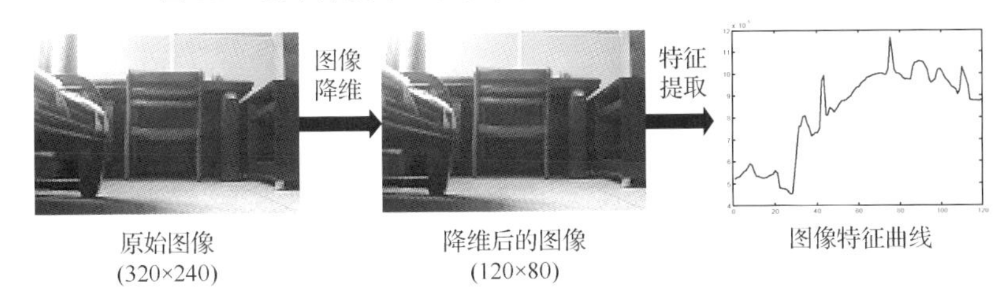

图 6.21　视觉模板的建立过程

图 6.27　部分存储在场景模板中的图像

图 6.32　复杂环境中部分存储在场景模板中的图像

图 6.41　图像预处理过程

图 6.44　无语义标注的环境映射地图

501实验室　走廊　洗手间

图 6.50　室内复杂场景下的环境语义地图

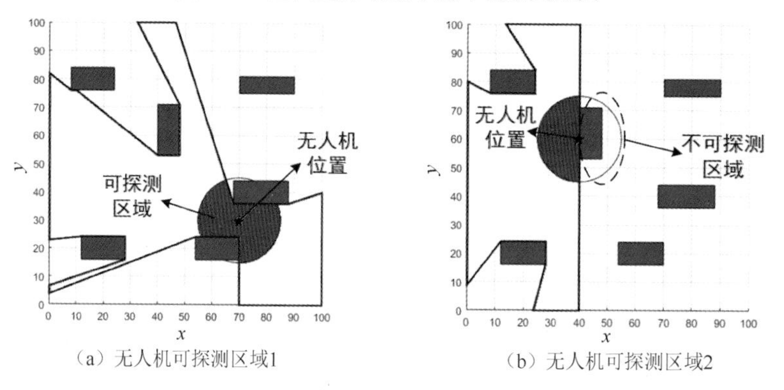

（a）无人机可探测区域1　（b）无人机可探测区域2

图 7.26　俯视情形下无人机的探测范围